电子线路实验

与课程设计

主　编　王素青　鲍宁宁
副主编　魏　芬　卢家凰

清华大学出版社
北　京

内容简介

本书是一本综合性实验和课程设计教材，是根据“电子线路实验与课程设计”课程教学大纲的要求，并结合多年的教学经验以及当前实验教学改革的要求编写而成的。本书内容包括电子线路实验基础知识、常用电子仪器的使用、模拟电子技术实验、数字电子技术实验、模拟电子技术课程设计、数字电子技术课程设计和 Multisim 软件七部分。

本书在内容上具有很强的通用性和选择性，可作为工科院校电子类及非电子类相关专业的本科学生的“模拟电子技术实验”“数字电子技术实验”“模拟电子技术课程设计”和“数字电子技术课程设计”等课程的实验和实践教材，也可供从事电子产品开发、设计、生产的工程技术人员学习和参考。

图书在版编目(CIP)数据

电子线路实验与课程设计/王素青，鲍宁宁主编. —北京：清华大学出版社，2019 (2023.9重印)
ISBN 978-7-302-53513-3

Ⅰ. ①电… Ⅱ. ①王… ②鲍… Ⅲ. ①电子电路－实验 ②电子电路－课程设计 Ⅳ. ①TN710

中国版本图书馆 CIP 数据核字(2019)第 180091 号

责任编辑：王　欣
封面设计：常雪影
责任校对：刘玉霞
责任印制：宋　林

出版发行：清华大学出版社
网　　址：http://www.tup.com.cn，http://www.wqbook.com
地　　址：北京清华大学学研大厦 A 座　　**邮　　编**：100084
社 总 机：010-83470000　　**邮　　购**：010-62786544
投稿与读者服务：010-62776969，c-service@tup.tsinghua.edu.cn
质量反馈：010-62772015，zhiliang@tup.tsinghua.edu.cn
印 装 者：三河市科茂嘉荣印务有限公司
经　　销：全国新华书店
开　　本：185mm×260mm　　**印　　张**：18.75　　**字　　数**：450 千字
版　　次：2019 年 9 月第 1 版　　**印　　次**：2023 年 9 月第 6 次印刷
定　　价：52.80 元

产品编号：083598-02

前言

电子线路实验和课程设计是高等院校电子类、电气类、自动化类及其他相近专业的重要专业基础课，其实践性很强。通过实验与课程设计环节的教学，帮助学生掌握电子技术方面的基本实验知识、实验方法和实验技能，提高学生对电子线路的综合认知能力、分析问题及解决问题的能力，培养学生在电子技术应用中具有一定的创新性和严谨、踏实的工作作风。

本书是一本综合性实验和课程设计教材，以"模拟电子技术"和"数字电子技术"理论课程的教学大纲为基础，结合现代先进的仿真软件和实验教学方法，按照当前实验教学改革的要求，在已使用7年的自编讲义基础上修订而成的。本教材的编写充分考虑课程教学体系的完整性以及社会发展对应用型和创新型人才的需求，在实验项目安排上突出应用性和创新性，增强设计性和综合性。实验和课程设计项目内容丰富、层次清晰，既有验证性实验，又有设计性、综合性实验，旨在培养学生的学习兴趣、实践能力、综合应用能力、创新能力，以达到高素质人才培养目标的要求。

本书共分7章。第1章介绍电子线路实验基础知识，主要介绍电子测量技术、误差分析和数据处理、常用电子元器件的识别、电子电路安装技术以及电子电路的调试与故障分析；第2章介绍常用电子仪器的使用，分别对电子线路实验中用到的直流稳压电源、双踪示波器、函数信号发生器、交流毫伏表、半导体管特性图示仪以及DS1000U系列数字示波器进行详细介绍；第3章和第4章分别介绍模拟电子技术实验和数字电子技术实验中的多个实验项目，每章分别安排了12个不同层次、不同难度的实验项目，其中大多数实验项目都是设计性和综合性较强的实验项目，并将Multisim软件应用到实验项目中，利用先进的仿真技术解决电子线路实验中的实际问题；第5章和第6章分别介绍模拟电子技术课程设计和数字电子技术课程设计中的多个课程设计项目，每章都安排了多个不同类型、不同难度的课程设计项目，旨在提高学生设计电子系统的能力；第7章对Multisim软件以及使用方法进行简单介绍；附录A给出了常用集成电路的型号、功能及引脚图；附录B给出了实验以及课程设计报告的撰写要求。

本书由王素青、鲍宁宁、魏芬、卢家凰、沈莉丽、侯瑞、张建兵、徐效成共同编写。第1章的1.1节、1.2节，第3章的3.2节、3.3节、3.5节、3.7节、3.9节、3.10节、3.11节，第5章的5.1节、5.4节、5.5节、5.6节由王素青编写。第1章的1.5节、第2章的2.1节、2.2节、2.3节，第4章的4.1节、4.3节、4.5节、4.6节、4.8节、4.9节、4.10节、4.11节，第6章的6.1节、6.3节、6.5节、6.7节，附录B由鲍宁宁编写。第2章的2.5节、2.6节，第3章的3.1节、3.4节、3.8节，第5章的5.2节、5.3节，附录A由魏芬编写。第1章的1.3节、1.4节，第3章的3.12节，第4章的4.2节、4.7节、4.12节，第6章的6.2节、6.6节、6.8节、6.9节，第7章由卢家凰编写。第2章的2.4节由沈莉丽编写。第6章的6.4节由侯瑞编写。第3章的3.6节由张建兵编写。第4章的4.4节由徐效成编写。全书由王素青统稿。

本书承蒙南京工程学院郁汉琪教授和南京晓庄学院张林教授审阅，并提出了很多宝贵的建议和修改意见，作者在此深表谢意。

本书在编写过程中得到许多老师的大力支持与帮助，他们对教材的编写提出了宝贵的意见，作者在此表示感谢。

由于编者水平有限，时间仓促，书中的错误及不足之处在所难免，恳请读者批评指正。

编　者

2019 年 7 月

目录

电子线路实验基础知识

1.1 电子测量技术

1.1.1 电子测量概述

1. 电子测量

测量是为确定被测对象的量值而进行的实验过程。在这个过程中，人们常借助专门的测试仪器，将被测对象的大小直接或间接地与同类已知单位进行比较，取得用数值和单位共同表示的测量结果。测量结果由数值和单位两部分组成。

电子测量，从广义上讲，是指利用电子技术进行的测量；从狭义上讲，是指在电学中测量有关电的量值。

电子线路中的电子测量主要是指测量电子电路中的有关电的量值，其测量内容主要包括以下几个方面。

(1) 电量的测量，即电流、电压、功率等的测量。

(2) 电信号特性的测量，即信号波形和失真度、频率、相位、调幅度、逻辑状态等的测量。

(3) 电路性能的测量，即电路的增益、衰减、灵敏度、频率特性等的测量。

(4) 电路中元件参数的测量，即电阻、电容、电感、阻抗、品质因数等电子元件的参数测量。

2. 测量方法的分类

(1) 按照测量手段分类，有直接测量法、间接测量法和组合测量法。

① 直接测量法，是指直接得到被测量值的测量方法。如用电压表测量稳压电源的输出电压、欧姆表测量电阻等。

② 间接测量法，是指利用直接测量的量与被测量之间已知的函数关系，得到被测量值的测量方法。例如，测量放大器的电压放大倍数 A_u，一般是分别测量交流输出电压 U_o 与交流输入电压 U_i，然后通过函数关系 $A_u=U_o/U_i$，即可计算 A_u。这种测量方法常用于被测量不便直接测量，或者利用间接测量法测量的结果比直接测量法测量的结果更为准确的场合。

③ 组合测量法，是兼用直接测量和间接测量的方法。在某些测量中，被测量与几个未知量有关，需要通过改变测量条件进行多次测量，根据被测量与未知量之间的函数关系联立

求解。

(2) 按照被测量性质分类，有时域测量法、频域测量法、数据域测量法和随机量测量法。

① 时域测量法，是指用于测量与时间有函数关系的量，如电压、电流等。它们的稳态值和有效值大多用仪表直接测量，而瞬时值可以通过示波器观察其波形，观察其值随时间变化的规律。

② 频域测量法，是指用于测量与频率有函数关系的量，如电路的电压增益、相移等。可以通过分析电路的幅频特性、相频特性等进行测量。

③ 数据域测量法，是指对数字逻辑量进行测量，如用逻辑分析仪可以同时观察许多单次并行的数据。

④ 随机量测量法，是指对各种噪声、干扰信号等随机量进行测量。

1.1.2 电压测量

电压是表征电信号特性的一个重要参数。电子电路的许多参数，如增益、频率特性、电流、功率等均可看作电压的派生量。各种电路的工作状态，如饱和、截止等，通常也都以电压的形式反映出来。因此，电压测量是许多电参数测量的基础。

在电压测量中，要根据被测电压的性质(直流或交流)、工作频率、波形、被测电路的阻抗、测量精度要求等来选择测量仪表的量程、阻抗、频率、准确度等级等。

1. 直流电压的测量

直流电压的测量方法主要有直接测量法和间接测量法两种。

1) 直接测量法

利用模拟式万用表或数字式万用表的直流电压挡对直流电压进行测量的方法是直流电压的直接测量法。

用模拟式万用表测量直流电压时，测量前应对万用表进行机械调零，注意被测电量的极性，选择合适的量程挡位，并能正确读数。一般来说，模拟式万用表的直流电压挡测量直流电压只适用于被测电路等效内阻很小或信号源内阻很小的情况。

数字式万用表不仅可以测量直流电压，还能显示被测直流电压的数值和极性。一般数字式万用表直流电压挡的输入电阻较高，至少在兆欧级，对被测电路影响很小。但极高的输出阻抗使其易受感应电压的影响，在一些电磁干扰比较强的场合测出的数据可能误差比较大。

2) 间接测量法

利用示波器对直流电压进行测量的方法是直流电压的间接测量法，即用已知电压值(一般为峰-峰值)的信号波形与被测信号电压波形比较，计算出电压值。用示波器测量直流电压时，首先应将示波器的通道灵敏度微调旋钮置校准挡，否则电压读数不准确。输入信号的耦合方式选择“直流耦合”，测量时可以根据垂直灵敏度“V/div”旋钮的指示值和显示屏上直流信号与地电位之间的相对高度“div”来计算电压值。另外，输入信号的大小不能超出示波器的最大允许输入电压(一般为400V)。

2. 交流电压的测量

由于放大电路的输入/输出信号一般是交流信号，对于一些动态指标经常用加入正弦电压信号的方法进行间接测量。实验中对正弦交流电压的测量，一般只测量有效值，特殊情况下才测量峰值。由于万用表结构的特点，其虽然也能测量交流电压，但对频率有一定的限制。因此，测量交流电压前，应根据测量的频率范围，选择合适的测量仪器和方法。

交流电压的测量方法主要有直接测量法和间接测量法两种。

1）直接测量法

用模拟式万用表的交流电压挡测量交流电压时，应注意其内阻对被测电路的影响。另外，测量交流电压的频率范围较小，一般只能测量频率在 1kHz 以下的交流电压，测量的值为有效值。

用数字式万用表的交流电压挡测量交流电压时，由于其输入阻抗高，对被测电路的影响小，但同样存在测量频率范围小的缺点。

当信号频率较高时，可以采用不同规格的交流毫伏表测量交流电压。若信号频率在 1MHz 以内，可使用一般的交流毫伏表（最大量程为 300V）来测量交流电压，所测量的交流电压一般为有效值。交流毫伏表的输入阻抗高，量程范围广，使用频率范围宽。一般交流毫伏表的金属机壳为接地端，另一端为被测信号输入端。因此，交流毫伏表只能测量电路中各点对地的交流电压，不能直接测量任意两点之间的交流电压。

2）间接测量法

用示波器测量交流电压同测量直流电压一样，都需要将通道灵敏度微调旋钮置校准挡。用示波器测量交流电压时，若输入信号的耦合方式选择“直流耦合”，则交流电压中的直流分量将被保留；若输入信号的耦合方式选择“交流耦合”，则交流电压中的直流分量将被滤除。测量时可以根据垂直灵敏度“V/div”旋钮的指示值和波形在显示屏上的 Y 方向所占的格数值“div”来计算交流电压的峰-峰值，然后根据公式计算交流电压的有效值。

3. 脉冲电压的测量

如果数字电路中的信号电平要么是高电平要么是低电平，则这种信号称为脉冲信号。如果被测信号能稳定在某个电平上，则可以采用与测量直流电压相同的方法测量脉冲电压。

如果被测信号在高、低电平间不断变化，则需要采用示波器进行测量。用示波器不仅可以测出信号的高、低电平值，还可以观察到信号的变化规律以及信号的其他参数。

1.1.3　电流测量

电流测量也是电参数测量的基础，静态工作点、电流增益、功率等的测量以及许多实验调试、电路参数的测量，都离不开对电流的测量。与电压测量类似，由于测量仪器的接入会对测量结果带来一定的影响，也可能影响到电路的工作状态，实验中尽可能采用内阻较小的电流表进行测量。

电流的测量方法也有直接测量法和间接测量法两种。

1. 直流电流的测量

直流电流的直接测量法要求断开回路后，再将电流表串联接入回路中，根据电流表的读数即可对电路的电流进行测量。由于将电流表串联接入回路往往比较麻烦，容易因疏忽而造成测量仪表的损坏，因此，对直流电流的测量通常采用间接测量法。可以先测出取样电阻两端的电压 U，然后根据欧姆定律 $I=U/R$ 计算电流。

如果被测支路中没有现成的取样电阻，也可以串入一个取样电阻进行间接测量。取样电阻的选取原则是对被测电路的影响越小越好，一般在 1～10Ω 之间。

2. 交流电流的测量

交流电流的测量一般都采用间接测量法。用间接法测量交流电流的方法与用间接法测量直流电流的方法相同，只是对取样电阻有一定的要求。

(1) 当电路工作频率在 20kHz 以上时，就不能选用普通线绕电阻作为取样电阻，高频时应选用薄膜电阻。

(2) 在测量时，需要将所有的接地端共地，取样电阻要连接在接地端，在 LC 振荡电路中，要接在低阻抗端。

1.1.4 幅频特性测量

放大器的频率特性分为幅频特性和相频特性。放大器的幅频特性是指，在输入正弦信号时放大电路的电压放大倍数与输入信号频率之间的关系曲线，由幅频特性可以得到放大器的通频带和选择性。幅频特性的测量方法有逐点测量法和仪器测量法，测量幅频特性的仪器主要是扫频仪。

1. 逐点测量法

用逐点测量法测量幅频特性时，利用示波器观察，保持输入正弦信号 U_i 为常数，改变输入信号的频率，分别测出不同的频率对应的不失真输出电压 U_o，即可绘出幅频特性曲线，并能计算电压增益 $A_u=U_o/U_i$。

用逐点测量法测试幅频特性的框图如图 1.1.1 所示。测量时用一个频率可调的正弦信号发生器，使其输出电压的幅值恒定，将其信号作为被测电路的输入信号。每改变一次信号发生器的频率，用毫伏表或双踪示波器测量被测电路的输出电压值（注意：测量仪器的频带宽度要大于被测电路的带宽，在改变信号发生器的频率时，应保持信号发生器的输出电压值不变，同时要求被测电路的输出波形不能失真）。

图 1.1.1 用逐点测量法测试幅频特性的框图

测量时，应根据对电路幅频特性所预期的结果来选择频率点数；测量后，将所测各点的数值连接成曲线，就是被测电路的幅频特性曲线，常用的归一化幅频特性曲线如图 1.1.2 所示。在幅频特性曲线中,当增益下降到中频区增益的 0.707 倍,即下降 3dB 时,相对应的低频频率和高频频率分别称为下限截止频率 f_L 和上限截止频率 f_H,则电路的通频带为 $f_{BW}=f_H-f_L$。

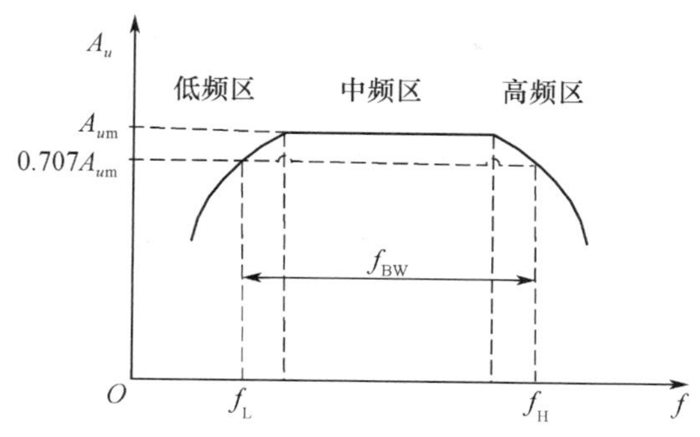

图 1.1.2　放大器的幅频特性曲线

2. 扫频法

扫频法就是用频率特性测试仪(扫频仪)测量二端口网络幅频特性的方法,是广泛使用的方法。

扫频仪集成了信号发生器和示波器的部分功能,其信号发生电路可以产生频率连续变化的等幅正弦信号,送至被测电路。扫频仪的信号检测电路对被测电路的输出信号进行测量,将结果与信号发生器的输出相除,得到电路在各个频率点的增益,并通过示波管显示出来。扫频仪所显示的电压增益一般用 dB 表示。

1.2　误差分析和数据处理

1.2.1　误差的来源和分类

1. 误差的来源

在测量过程中,由于受到测量仪器精度、测量方法、环境条件或测量者能力等因素的影响,测量结果和待测量的真值之间总存在一定差别,即测量误差。

测量误差的来源主要有以下几种。

1) 仪器误差

仪器误差是由于仪器本身的电气或机械性能不良所产生的误差,如校准误差、刻度误差等。消除仪器误差的方法为:事先对仪器进行校准,根据精度高的仪器确定修正值,在测量过程中根据修正值加入适当的补偿来抵消仪器误差。

2) 方法误差

方法误差又称为理论误差,是由于使用的测量方法不完善、理论依据不严密、采用不适当的简化和近似公式等所产生的误差。例如,用伏安法测量电阻时,若直接用电压指示值与电流指示值之比作为测量结果,而不计算电表本身内阻的影响,就可能引起误差。

3）使用误差

使用误差又称为操作误差，是在使用仪器过程中，因安装、调节、布置不当或使用不正确等所引起的误差。测量者应严格按照操作规程使用仪器，提高实验技巧和对各种仪器的操作能力。

4）人为误差

人为误差是由于测量者本身的原因所引起的误差，如测量者的分辨能力、习惯等。

5）环境误差

环境误差是指由于受到温度、湿度、大气压、电磁场、机械振动、光照等影响所产生的附加误差。

2. 误差的分类

根据测量误差的性质及产生的原因，可分为系统误差、随机误差和粗大误差三种。

1）系统误差

系统误差是指在相同条件下，重复测量同一参数值时，误差的大小和符号保持不变，或按照一定规律变化的误差。

系统误差产生的原因主要有：测量仪器本身的不完善或不准确等；测量时的环境条件和仪器要求的环境条件不一致；测量者读数误差等。

系统误差一般可通过实验或分析方法，查明其变化规律及产生原因，因此这种误差是可以预测的，也是可以减小或消除的。

2）随机误差

随机误差是指在相同条件下，重复测量同一参数值时，误差大小和符号是无规律变化的误差。

随机误差不能用实验的方法消除。但在多次重复测量时，可以根据随机误差的统计规律了解其分布特性，对其大小及测量结果的可靠性进行估计，或通过多次重复测量，取其平均值来消除随机误差。

3）粗大误差

粗大误差是指在一定测量条件下，由于测量者对仪器不了解或粗心而导致读数不正确，使其测量值远远偏离实际值时所对应的误差。粗大误差的特点是误差大小明显超过正常测量条件下的系统误差和随机误差。含有粗大误差的测量值为坏值，需要将其从测量数据中剔除。

1.2.2 误差的表示方法

误差可以用绝对误差和相对误差来表示。

1. 绝对误差

设被测量的真值为 X_0，测量仪器的示值为 X，则绝对误差为

$$\Delta X = X - X_0 \tag{1.2.1}$$

被测量的真值虽然是客观存在的，但一般无法测得，只能尽量逼近它。通常用高级标准

仪表测量的示值来代替真值。

2. 相对误差

绝对误差的大小往往不能确切地反映被测量的准确程度。工程上，常采用相对误差来比较测量结果的准确程度。

相对误差又分为实际相对误差、示值相对误差和引用（或满度）相对误差。

1）实际相对误差

实际相对误差 γ_0 是绝对误差 ΔX 与被测量的真值 X_0 之比，即

$$\gamma_0=\frac{\Delta X}{X_0}\times 100\% \tag{1.2.2}$$

2）示值相对误差

示值相对误差 γ_X 是绝对误差 ΔX 与测量仪器的示值 X 之比，即

$$\gamma_X=\frac{\Delta X}{X}\times 100\% \tag{1.2.3}$$

3）引用（或满度）相对误差

引用（或满度）相对误差简称满度误差。满度误差 γ_m 是绝对误差 ΔX 与测量仪器某一量程的满刻度值 X_m 之比，即

$$\gamma_m=\frac{\Delta X}{X_m}\times 100\% \tag{1.2.4}$$

满度误差是应用最多的表示方法。我国电工仪表的准确度就是按满度误差来规定等级的。

1.2.3　实验数据的处理

在实验中，通过各种仪器观察得到的数据和波形是分析实验结果的主要依据。直接观察仪器显示得到的数据称为原始数据，经过分析、计算、综合后用来反映实验结果的数据称为结论数据。原始数据很重要，读取、记录原始数据时，方法和读数应正确。

1. 实验数据的读取

仪器显示的测量结果有指针指示、波形显示和数字显示共三种类型。使用不同类型的仪器进行测量时，应采用正确的数据读取方法，减小读数误差。

1）指针指示式仪器的数据读取

读取指针指示式仪器的数据时，首先要确定表盘刻度线上各分度线所表示的刻度值，然后根据指针所指示的位置进行读数。当指针指在刻度上两条分度线之间时，需要估读一个近似的读数。使用指针指示式仪表时，应根据测量值的大小合理选用量程，以减小误差。

2）数字显示式仪器的数据读取

数字显示式仪器是靠发光二极管显示屏或液晶显示屏或数码管显示屏来直接显示测量结果。使用数字显示式仪器，可以直接读取数据，有的仪器还可以显示测量单位。使用数字显示式仪器读取的数据比较准确。使用数字显示式仪表时，应根据测量值的大小合理选用量程，尽可能多地显示几位有效数字，以提高测量精度。

3）波形显示式仪器的数据读取

波形显示式仪器可将被测量的波形直观地显示在荧光屏上，根据波形即可读出被测量的相关数据。波形显示式仪器的数据读取方法：先根据量程旋钮分别确定在 X 轴、Y 轴方向每一坐标格所代表的值，然后根据波形在 X 轴、Y 轴方向所占的格数计算相关数据。使用波形显示式仪器时，首先应调整好仪器的“亮度”和“聚焦”，使显示出的波形细而清晰，以便准确地读数。

2. 实验数据的记录

实验数据的正确记录很重要。记录的实验数据都应注明单位，必要时需要记下测量条件。

实验过程中，所测量的结果都是近似值，这些近似值通常用有效数字的形式表示。有效数字是指从数据左边第一个非零数字开始直到右边最后一个数字为止所包含的数字。右边最后一位数字通常是测量时估读出来的，称为欠准数字，其左边的有效数字都是准确数字。

记录数据时，应只保留 1 位欠准数字。欠准数字和准确数字都是有效数字，对测量结果都是不可缺少的。

3. 实验数据的处理

实验结果可以用数字、表格或曲线来表示。

1）有效数字的处理

对于测量或通过计算获得的数据，在规定精度范围外的数字，一般都应按照“四舍五入”的规则进行处理。

当测量结果需要进行中间运算时，其运算应遵循有效数字的运算规则。有效数字的取舍，原则上取决于参与运算的各数中精度最差的那一项。

2）表格的绘制

在数字电路实验中，常用真值表描述组合电路的输出与输入之间的关系，用状态表描述时序电路的输出和次态与输入和现态之间的关系。在实验过程中，应根据测量的数据及已知数据绘制相应表格，更加直观地显示两个物理量之间的关系。

3）曲线的绘制

在模拟电路实验中，常用曲线表示输出信号随输入信号连续变化的规律，如放大器的电压增益随信号频率的变化规律。

根据测量数据进行曲线绘制时，需要注意以下几点。

(1) 合理选择坐标系。最常用的是直角坐标系，自变量用横轴(X 轴)表示，因变量用纵轴(Y 轴)表示。

(2) 合理选择坐标分度，标明坐标轴的名称和单位。纵轴和横轴的分度不一定选取一样，应根据具体情况适当选择。其原则是既能反映曲线的变化特征以便于分析，又不至于产生错觉。

(3) 合理选择测量点。通常自变量和因变量的最小值点与最大值点都需要测量出来，在曲线变化剧烈的区域多取几个测量点，在曲线平坦的区域可以少取几个测量点。

(4) 正确拟合曲线。根据各测量点的位置，用直线或适当的曲线将各测量点用平滑的线连接起来。由于测量数据本身存在测量误差，因此在拟合曲线时，并不要求所有的测量点都要在曲线上，但要求曲线比较平滑且尽可能地靠近各测量点，使测量点均匀地分布在曲线的两边。

1.3　常用电子元器件的识别

任何电子电路都是以电子元器件为基础，常用的电子元器件有电阻、电容、电感、半导体器件(二极管、晶体管、场效应管)以及集成电路等。

1.3.1　电阻、电容、电感的识别

1. 电阻器

电阻器是电子电路中最常用的元件之一，简称电阻。在电路中，电阻的主要作用是降压、分压、限流、分流。电阻器按结构和应用场合，通常可以分为固定电阻器、电位器、敏感电阻器和排阻。各类电阻器的图形符号见表 1.3.1。

表 1.3.1　电阻器图形符号表

图形符号	说　明	图形符号	说　明
	电阻器一般符号		0.125W 电阻器
	可变(可调)电阻器		0.25W 电阻器
U	压敏电阻器		0.5W 电阻器
θ	热敏电阻器		1W 电阻器
	光敏电阻器		滑线式变阻器

下面对上述四类电阻器进行逐一介绍。

1) 固定电阻器

固定电阻器是一种阻值固定不变的电阻器，由于制作材料和工艺不同，可分为膜式电阻(包括碳膜电阻 RT、金属膜电阻 RJ、合成膜电阻 RH 和氧化膜电阻 RY)、实芯式电阻和金属线绕电阻 RX，目前实验中常用的为碳膜电阻和金属膜电阻，实物外形如图 1.3.1 所示。

(1) 标称阻值

标注在电阻器上的阻值称为标称阻值。为了便于生产，同时考虑能够满足实际使用的需要，国家规定了一系列数值作为产品的标准，这一系列值就是电阻的标称系列值。电阻器是厂家生产出来的，但标称值是根据国家制定的标准系列标注的，不是厂家任意标定的。国家规定了电阻器阻值的系列标称值，该标称值分 E-24、E-12 和 E-6 三个系列，具体见表 1.3.2。

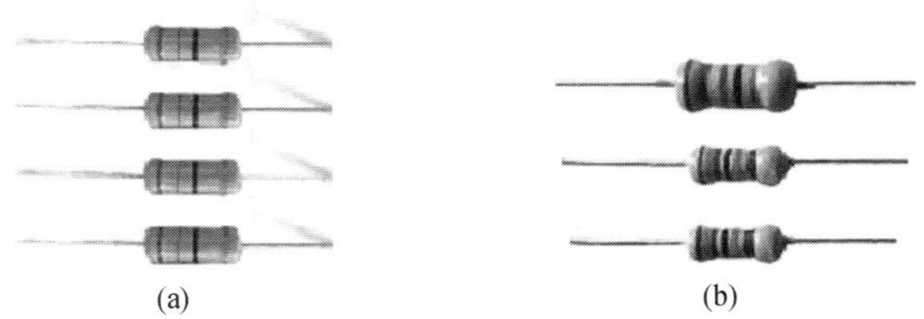
(a) (b)

图 1.3.1 碳膜电阻和金属膜电阻实物

(a) 碳膜电阻；(b) 金属膜电阻

表 1.3.2 标称阻值表

标称阻值系列	允许误差/%	误差等级	标 称 值
E-24	±5	Ⅰ	1.0、1.1、1.2、1.3、1.5、1.6、1.8、2.0、2.2、2.4、2.7、3.0、3.3、3.6、3.9、4.3、4.7、5.1、5.6、6.2、6.8、7.5、8.2、9.1
E-12	±10	Ⅱ	1.0、1.2、1.5、1.8、2.2、2.7、3.3、3.9、4.7、5.6、6.8、8.2
E-6	±20	Ⅲ	1.0、1.5、2.2、3.3、3.9、4.7、6.8

国家标准规定，生产某系列的电阻器，其标称阻值应等于该系列中标称值的 10^n（n 为正整数）倍。如生产 E-24 系列的电阻器，厂家可以生产标称阻值为 1.3Ω、13Ω、130Ω、1.3kΩ、13kΩ、130kΩ、1.3MΩ…的电阻器，而不能生产标称阻值为 1.4Ω、14Ω、140Ω…的电阻器。

电阻器的实际阻值与标称阻值往往有一定的差距，称为误差。电阻器阻值和误差的标注方法有直标法和色环法。

① 直标法

直标法是指用文字符号（包括数字和字母）在电阻器上直接标注出阻值和误差的方法。直标法的阻值单位有欧姆（Ω）、千欧（kΩ）和兆欧（MΩ）。误差大小表示一般有两种：一是用罗马数字Ⅰ、Ⅱ、Ⅲ分别表示误差±5%、±10%、±20%，如果不标注误差，则误差为±20%；二是用字母来表示，各字母对应的误差见表 1.3.3，如 J、K 分别表示误差±5%、±10%。

表 1.3.3 字母误差表

字母	对应误差	字母	对应误差
W	±0.05%	G	±2%
B	±0.1%	J	±5%
C	±0.25%	K	±10%
D	±0.5%	M	±20%
F	±1%	N	±30%

直标法常见形式主要有以下几种。

a. 用"数值＋单位＋误差"表示。图 1.3.2(a)所示的 4 只电阻器都是采用这种表示方法，表示电阻器阻值为 12kΩ，误差±10%。

b. 用"数值＋单位"表示。这种标注法没有标出误差，表示误差默认±20%，图 1.3.2(b)中所示的两只电阻器阻值均为 12kΩ，误差±20%。

c. 用单位代表小数点表示。图 1.3.2(c)所示的 4 只电阻采用这种表示方法。

d. 用数字直接表示。图 1.3.2(d)所示的两只电阻均采用数字直接表示法。

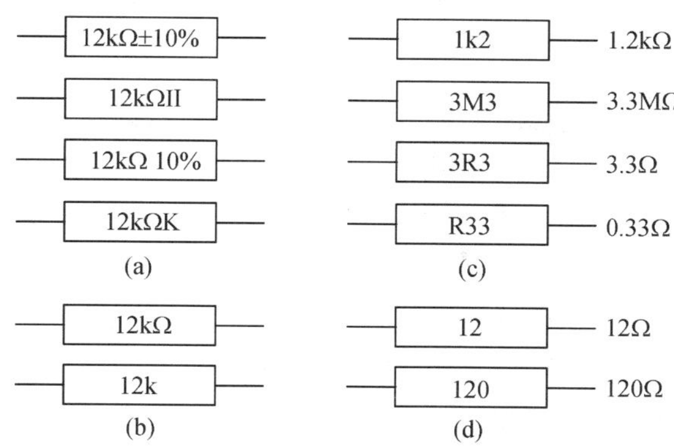

图 1.3.2　四种电阻直标法图

② 色环法

色环法是指在电阻器上标注不同颜色圆环来表示阻值和误差的方法。图 1.3.3 所示的两个电阻器就采用了色环法来标注阻值和误差，其中一个是四环电阻器，一个是五环电阻器，五环电阻器的阻值精度比四环电阻器的阻值精度更高。

图 1.3.3　四环电阻和五环电阻

a. 色环含义如图 1.3.4 所示。

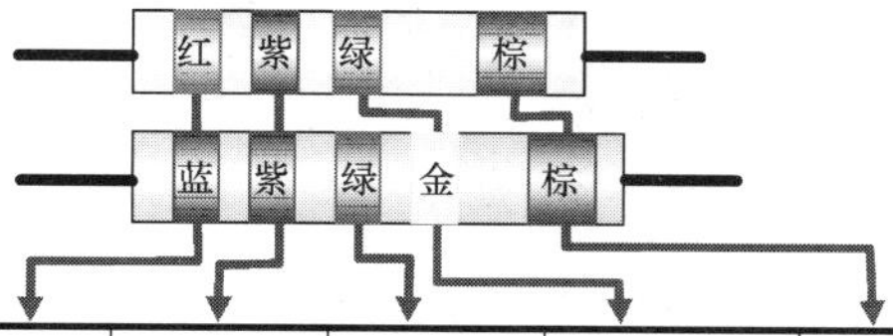

红　紫　绿　棕

蓝　紫　绿　金　棕

颜色	I	II	III	倍率	误差/%
黑	0	0	0	10^0	
棕	1	1	1	10^1	±1
红	2	2	2	10^2	±2
橙	3	3	3	10^3	
黄	4	4	4	10^4	
绿	5	5	5	10^5	±0.5
蓝	6	6	6		±0.25
紫	7	7	7		±0.1
灰	8	8	8		
白	9	9	9		
金				10^{-1}	±5
银				10^{-2}	±10

图 1.3.4　电阻色环图

b. 色环电阻器的识读。

第一步：判别色环排列顺序，找到误差环。辨别方法：误差环一般为金色或银色且误差环一般远离阻值环。

第二步：根据色环找出对应该颜色的数值。

第三步：读出电阻值。

例如：四环电阻的第一、二、三、四道色环分别为棕、绿、红、金色，则首先判断出金色环为该电阻的误差环，误差±5%，电阻值为$(1\times10+5)\times10^{2}\Omega=1500\Omega$。

(2) 检测

固定电阻器常见故障有开路、短路和变值。检测固定电阻器使用万用表的欧姆挡(即电阻挡)。在检测前，先识读出电阻器的标称阻值，然后选用合适的挡位并进行欧姆挡校零，然后开始检测，如万用表读数与标称值一致，则表示电阻完好，可正常使用。

2) 电位器

电位器是一种阻值可按某种变化规律调节的电阻元件，是可变电阻器的一种。常见电位器的实物外形如图1.3.5所示。

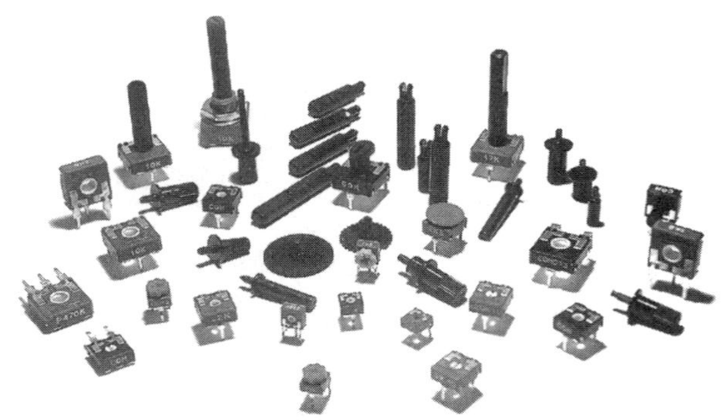

图1.3.5 电位器实物

(1) 种类

电位器种类很多，通常可分为普通电位器、微调电位器、带开关电位器和多联电位器等。

① 普通电位器

普通电位器一般是指带有调节手柄的电位器，常见的有旋转式和直滑式两种。

② 微调电位器

微调电位器又称微调电阻器，通常是指没有调节手柄并且不经常调节的电位器。

③ 带开关电位器

带开关电位器是一种将开关和电位器结合在一起的电位器，收音机中调音量兼开关机的部件就是带开关电位器。

④ 多联电位器

多联电位器是将多只电位器结合在一起同时调节的电位器。

(2) 标称阻值

与固定电阻器一样，电位器也有标称阻值，电位器有线绕和非线绕两种类型，对于线绕电位器，允许误差有±1%、±2%和±10%；对于非线绕电位器，允许误差有±5%、±10%和±20%。

(3) 检测

电位器检测使用万用表的欧姆挡。在检测时，先测量电位器两个固定端之间的阻值，测

量值应与标称阻值一致,然后再测量一个固定端与滑动端之间的阻值,同时旋转转轴,测量值应在 0Ω 到标称值范围内变化。若是带开关电位器,还应检测开关是否正常。

3）敏感电阻器

敏感电阻器是指阻值随某些外界条件的改变而变化的电阻器。敏感电阻器种类很多,常见的有热敏电阻器、光敏电阻器、湿敏电阻器、压敏电阻器、力敏电阻器、气敏电阻器和磁敏电阻器等。

4）排阻

排阻又称电阻排,是将多只电阻器按一定方式制作并封装在一起而构成的,具有安装密度高、安装方便等优点,广泛应用在数字电路系统中。实物外形如图 1.3.6 所示。图 1.3.6(a)为直插封装式(SIP)排阻,图 1.3.6(b)为表面贴装式(SMD)排阻。

图 1.3.6　排阻实物外形

(a) 直插封装式排阻;(b) 表面贴装式排阻

2. 电容器

电容器是一种可以存储电荷的元件,由两块相距很近且中间隔有绝缘介质(如空气、纸和陶瓷等)的导电极板构成。在电路中主要用于调谐、滤波、耦合、旁路、能量转换和延时等。电容器的实物外形如图 1.3.7 所示,图形符号如图 1.3.8 所示。

图 1.3.7　电容器实物外形

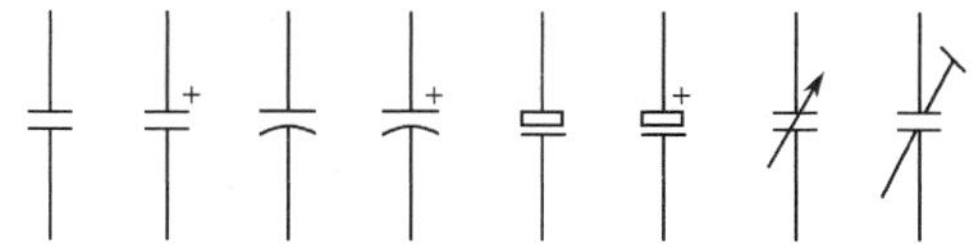

图 1.3.8　电容器图形符号

1）分类

按电容量是否可调,可将电容器分为固定电容器和可变电容器,其中固定电容器又可分为无极性电容器和有极性电容器,可变电容器又可分为半可变电容器(又称为微调电容器,电容量可在小范围内变化)和一般可变电容器。

2）标称容量

电容器能存储电荷的多少称为容量,这点与蓄电池类似,只不过蓄电池存储电荷的能力比电容器大得多。电容器的容量越大,存储的电荷越多。电容量常用的单位是法(F)、微法(μF)和皮法(pF),三者的关系为 $1\text{pF}=10^{-6}\mu\text{F}=10^{-12}\text{F}$。

一般电容器上都直接标出其容量，也有用数字来标识容量的。例如，电容器上标识为"332"，那么左起两位数字表示电容量的第一、二位数字，而第三位数字则表示附加上"0"的个数，单位为 pF，因此该电容器的电容量为 3300pF。

3. 电感器

电感器一般由线圈构成，为了增加电感量 L、提高品质因数 Q 和减小体积，通常在线圈中加入软磁性材料的磁芯。电感器的实物外形如图 1.3.9 所示，图形符号如图 1.3.10 所示。

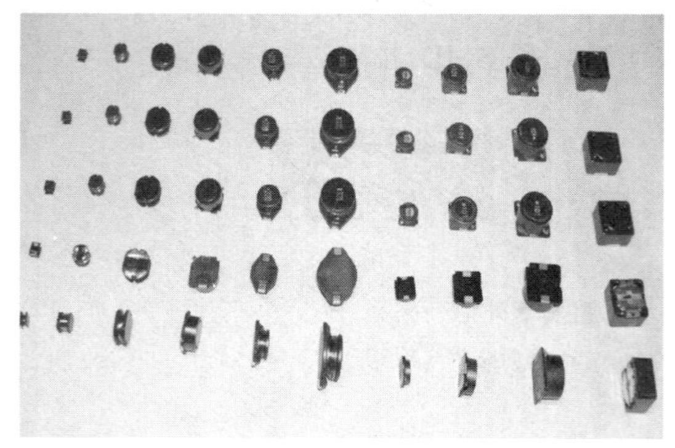

图 1.3.9 电感器实物外形

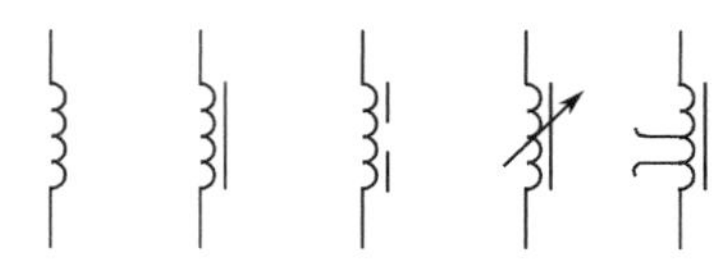

图 1.3.10 电感器图形符号

1.3.2 半导体分立元件的识别与检测

二极管和晶体管是组成分立元件电子电路的核心元件。

1. 二极管

二极管具有单向导电性，常用于整流、检波、稳压、混频等电路。

按二极管的特性和用途主要可以分为以下几种。

(1) 普通二极管常用于检波和钳位电路，具有频率特性较高、功率损耗较小、允许通过的正向电流较小等特性。普通二极管有玻璃封装和塑料封装两种，其外壳上标有型号和极性(有标记的一端是阴极)，如图 1.3.11 所示。

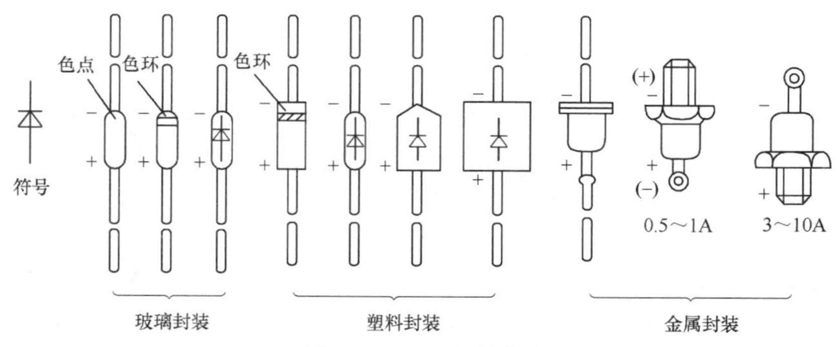

图 1.3.11 二极管集合

(2) 整流二极管主要应用在整流电路中，把交流电压转换为脉动的直流电压，允许通过的正向导通电流较大，可达几百毫安、几安甚至几千安，功率损耗也较大。

(3) 稳压二极管(又称为齐纳二极管或反向击穿二极管)具有反向击穿并自动恢复特性。当稳压管反向击穿时，其两端的电压 U_Z 几乎不受其通过电流 I_Z 的影响，始终保持一个相对稳定的数值，所以，与其并联的电路就能在一定条件下获得稳压特性。稳压二极管除了有玻璃和塑料封装，还有金属封装，实物如图 1.3.12 所示，图形符号如图 1.3.13 所示。

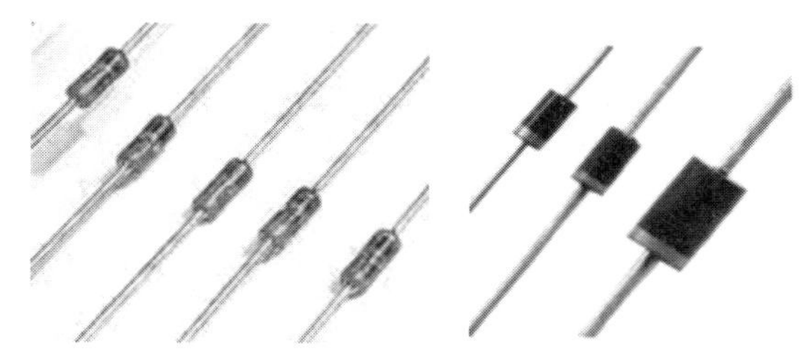

图 1.3.12　稳压二极管实物

图 1.3.13　稳压二极管符号

(4) 发光二极管主要用于数字电路中指示信号的逻辑电平或构成各种显示器，有红、黄、绿、白等多种颜色。发光二极管与普通二极管一样具有单向导电性，且正向导通时才能发光，不允许反向加电。为了不影响发光效果，发光二极管外壳上一般没有标记，出厂时，发光二极管的阳极(又称为正极)引脚比阴极(又称为负极)引脚稍长，实物如图 1.3.14 所示，图形符号如图 1.3.15 所示。

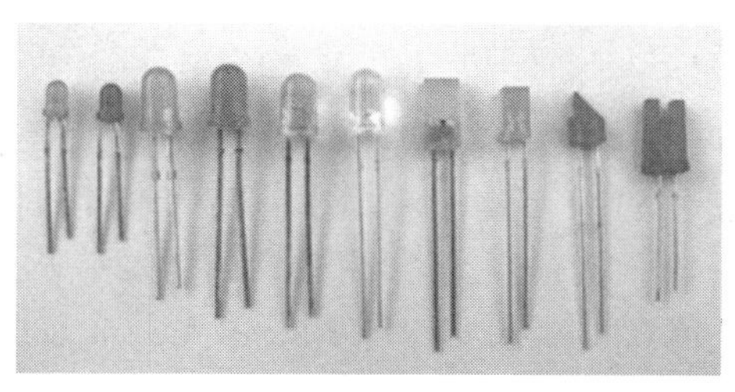

图 1.3.14　发光二极管实物

图 1.3.15　发光二极管图形符号

发光二极管的正向工作电压通常为 1.5～3V，允许通过的电流为 2～20mA，发光强度与通过的电流成正比，但电流超过允许范围时可能会损坏器件。

二极管的种类还有很多，如变容二极管、光敏二极管、微波二极管等。以上介绍的二极管都可以用指针式万用表的欧姆挡来简单判别其极性以及是否完好。具体方法：首先用万用表的红、黑表笔分别接二极管的两个引脚测量其电阻(图 1.3.16)，然后把红、黑表笔互换再测一次。若两次测量的阻值差别很大，则说明该二极管完好，其中阻值小的那次测量中黑表笔所接的引脚是二极管的阳极；若两次测量得到的阻值相差不大，则说明二极管已损坏。

2. 晶体管(也称三极管)

晶体管具有放大和开关作用，常用于放大、振荡、调制等电路。晶体管分为 NPN 型和 PNP 型两大类。根据工作信号允许的频率范围可分为低频、高频晶体管；根据允许通过的电流大小可分为小功率管、中功率管、大功率管等类别，实物如图 1.3.17 所示。

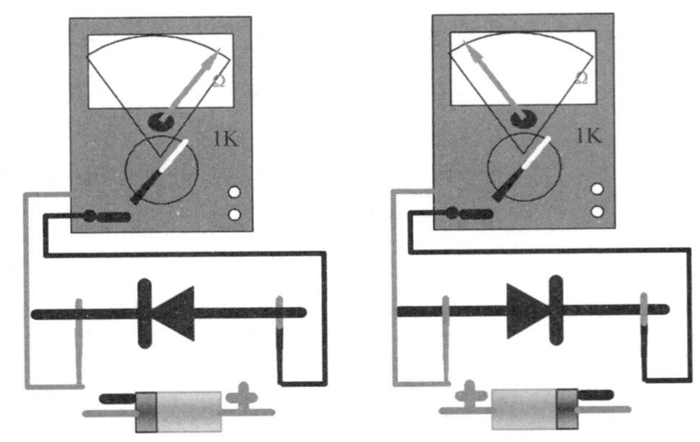

图 1.3.16 用指针式万用表判别二极管好坏及正负极

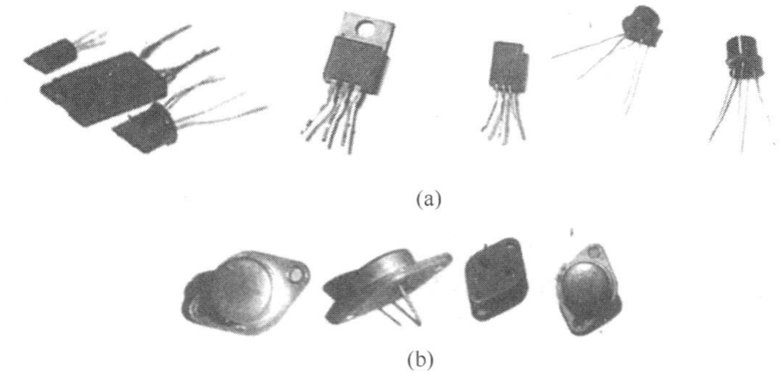

(a)

(b)

图 1.3.17 晶体管实物

(a) 低频小功率三极管；(b) 低频大功率三极管

通过晶体管外壳上所标的规格与型号，可以区分管子的类型、材料、功耗、频率高低等性能。例如：晶体管管壳上印的是3DG6，表明是NPN型高频小功率硅晶体管，同时还可以从管壳上黄色的色点来判断管子的电流放大系数β值范围为30～60；绿色表示β值在50～110；蓝色表示β值在90～160；白色表示β值在140～200。有的厂家也并非按此规定，使用时要注意。

从管壳上知道晶体管的型号、类型和β值后，还应进一步辨别3个电极。对于常用的小功率晶体管来说，有金属外壳封装和塑料外壳封装两种。金属外壳封装的管壳上带有定位销，将管脚朝上，从定位销旁的那个管脚起，按顺时针方向，3个电极依次为e、b、c，如图1.3.18所示。塑料外壳封装的管子上无定位销，且管子一般呈半圆柱形，将半圆柱切面朝向自己，3个电极依次为e、b、c，如图1.3.19所示。

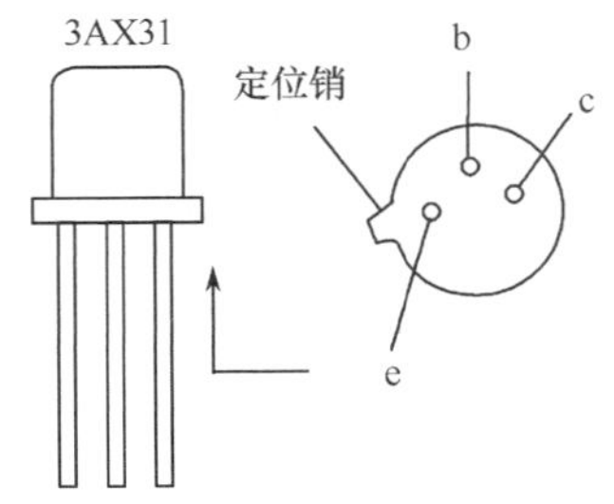

图 1.3.18 金属封装的晶体管极性判断

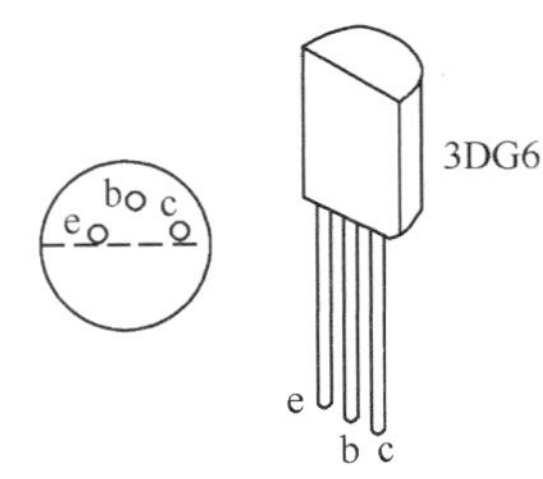

图 1.3.19 塑料封装的晶体管极性判断

当一个晶体管没有任何标记或由于长时间使用，管壳上的符号被磨掉时，可用万用表来初步确定该晶体管的好坏及其类型(NPN 型还是 PNP 型)，以及辨别出 e、b、c 三个电极。

首先，判断基极 b 和晶体管的类型。

将指针式万用表欧姆挡置于“$R\times100$”或“$R\times1\text{k}$”挡，先假设晶体管的某极为“基极”，并将黑表笔接在假设的基极上，再将红表笔先后接在其余两个电极上，如果两次测得的阻值都很大(或都很小)，约为几千欧姆至几十千欧姆(或约为几百欧姆至几千欧姆)，而对换表笔后测得的两个阻值都很小(或都很大)，则可确定假设的基极是正确的。如果两次测得的阻值是一大一小，则可肯定原假设的基极是错误的，这时就需要重新假设另一电极为“基极”，再重复上述的测试。最多重复两次就可找出真正的基极。

当基极确定以后，将黑表笔接基极，红表笔分别接其他两极。此时，若测得的电阻值都很小，则该晶体管为 NPN 型管；反之，则为 PNP 管。

然后，判断集电极 c 和发射极 e。

以 NPN 型管为例，将黑表笔接到假设的集电极 c 上，红表笔接在假设的发射极 e 上，并用手捏住 b 和 c 极(不能使 b、c 直接接触)，通过人体，相当于在 b、c 之间接入偏置电阻。读出表头所示 c、e 间的电阻值，然后将红、黑两表笔反接重测。若第一次电阻值比第二次小，说明原假设成立，黑表笔所接为晶体管集电极 c，红表笔所接为晶体管发射极 e。因此 c、e 间电阻值小则说明通过万用表的电流大，偏置正常。

1.3.3　半导体集成电路的识别与检测

集成电路(integrated circuit)又称为微电路(microcircuit)、微芯片(microchip)、芯片(chip)，是一种微型电子器件或部件。它采用一定的工艺，把一个电路中所需的晶体管、二极管、电阻、电容和电感等元件及布线互连一起，制作在一小块或几小块半导体晶片或介质基片上，然后封装在一个管壳内，成为具有所需电路功能的微型结构。所有元件在结构上已组成一个整体，使电子元件向微小型化、低功耗和高可靠性方面迈进了一大步，在电路中用字母“IC”表示。集成电路发明者为杰克·基尔比(发明了基于硅的集成电路)和罗伯特·诺伊思(发明了基于锗的集成电路)。当今半导体工业大多数应用的是基于硅的集成电路。

常用集成电路有 TTL 电路和 CMOS 电路。TTL 电路包括 TTL(中速 TTL 或称标准 TTL)、STTL(肖特基 TTL)、LSTTL(低功耗肖特基 TTL)、ALSTTL(先进低功耗肖特基 TTL)。CMOS 电路包括 CMOS(标准 CMOS4000 系列)、HC(高速 CMOS 系列)、HCT(与 TTL 兼容的 HCMOS 系列)。

1. 集成电路的分类

集成电路的常见封装材料有塑料、陶瓷、玻璃、金属等，现在基本采用塑料封装。按封装形式分，有普通双列直插式、普通单列直插式、小型双列扁平、小型四列扁平、圆形金属以及体积较大的厚膜电路等，如图 1.3.20 所示。

按其功能、结构分，有模拟集成电路、数字集成电路和数/模混合集成电路三大类。

按应用领域分，有标准通用集成电路、专用集成电路和可编程器件。可编程器件又分为可编程逻辑器件和可编程模拟器件。

按数字集成电路中包含的门电路或元器件数量分，有小规模集成器件(small scale

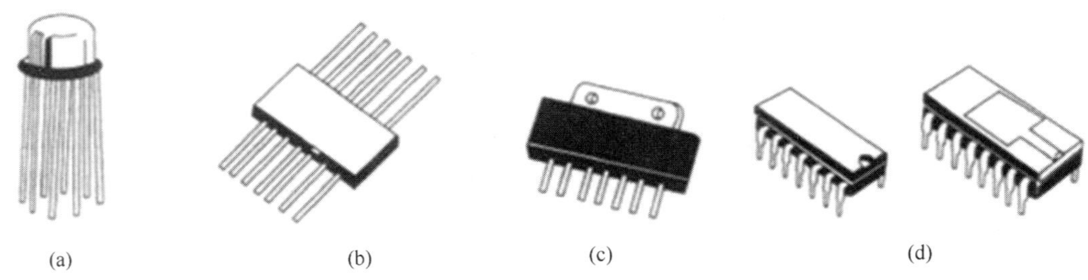

图 1.3.20 常见的集成电路封装形式

(a) 金属壳圆形；(b) 扁平型；(c) 单列直插式；(d) 双列直插式

integration，SSI，通常包含的门电路在 10 个以内）、中规模集成器件（medium scale integration，MSI，通常包含的门电路在 10～100）、大规模集成器件（large scale integration，LSI，通常包含的门电路在 100 个以上）、超大规模集成器件（very large scale integration，VLSI，通常包含的门电路在 1 万个以上）、甚大规模集成器件（ultra large scale integration，ULSI，通常指含有十万个逻辑门以上）、巨大规模集成器件（giga scale integration，GSI，也被称作极大规模集成器件或超特大规模集成器件，含有百万个逻辑门以上）。

2. 数字集成电路命名法

我国国家标准《半导体集成电路型号命名方法》（GB/T 3430—1989）规定了半导体集成电路型号的命名由五部分组成，各部分的符号及意义见表 1.3.4。

表 1.3.4 集成电路命名表

集成电路型号各部分的意义								
第 0 部分		第 1 部分		第 2 部分	第 3 部分		第 4 部分	
符号	意义	符号	意义	意义	符号	意义	符号	意义
C	C 表示中国制造	T	TTL 电路	用数字表示器件的系列代号	C	0～70℃	F	多层陶瓷扁平
		H	HTL 电路		G	－25～70℃	B	塑料扁平
		E	ECL 电路		L	－24～85℃	H	黑瓷扁平
		C	CMOS 电路		E	－40～85℃	D	多层陶瓷双列直插
		M	存储器		R	－55～85℃	J	黑瓷双列直插
		µ	微型机电路		M	－55～125℃	P	塑料双列直插
		F	线性放大器				S	塑料单列直插
		W	稳定器				K	金属菱形
		B	非线性电路				T	金属圆形
		J	接口电路				C	陶瓷芯片载体
		AD	A/D 转换器				E	塑料芯片载体
		DA	D/A 转换器				G	网络针栅陈列
		D	音响、电视电路					
		SC	通信专用电路					
		SS	敏感电路					
		SW	钟表电路					

3. 模拟集成电路

模拟集成电路用来产生、放大和处理各种模拟信号，常用的模拟集成电路有运算放大器（如 μA741）、模拟乘法器等。

1.4　电子电路安装技术

电子电路的安装与调试在电子技术中是非常重要的。这是把原理设计转变成产品的过程，也是对理论设计做出检验、修改，是一个完善的过程。一个好的设计方案都是安装、调试后再经过多次修改才得到的。

1.4.1　面包板、万能板和覆铜板的使用

电子电路的安装技术主要分为以下几种。

(1) 电路板的焊接。在电子工业中，焊接技术应用极为广泛，它不需要复杂的设备和昂贵的费用，就可将多种元器件连接在一起。

(2) 面包板上插接。使用面包板做实验方便，容易更换线路和器件，而且可以多次使用。但多次使用容易使插孔变松，造成接触不良。

(3) 万能板上焊接。综合以上两种的优点，使用灵活，适用各种标准集成电路，通过焊接连接，可靠方便。

1. 面包板

之所以称为面包板，是由于板子上有很多小插孔，很像面包中的小孔，如图 1.4.1 所示。使用面包板时只需将元件引脚和硬电线裸露的金属线头（现在已有专门用于面包板连接的专用连接线，图 1.4.2）插入孔中就可完成电路连接，使用方便。

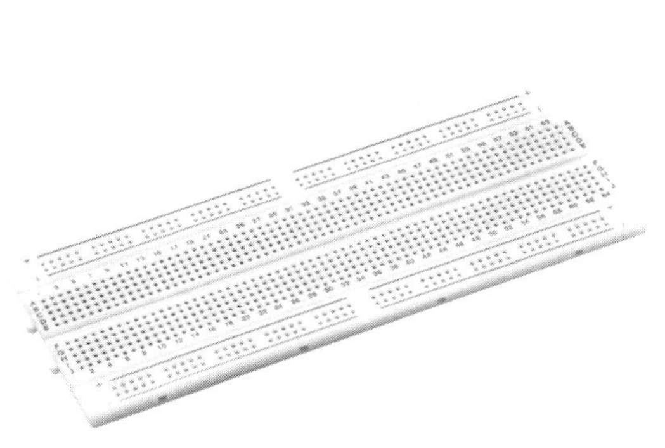

图 1.4.1　面包板外观

图 1.4.2　面包板专用连接线

整板使用热固性酚醛树脂制造，板底有金属条，在板上对应位置打孔使得元件插入孔中时能够与金属条接触，从而达到导电的目的，面包板结构如图 1.4.3 所示。

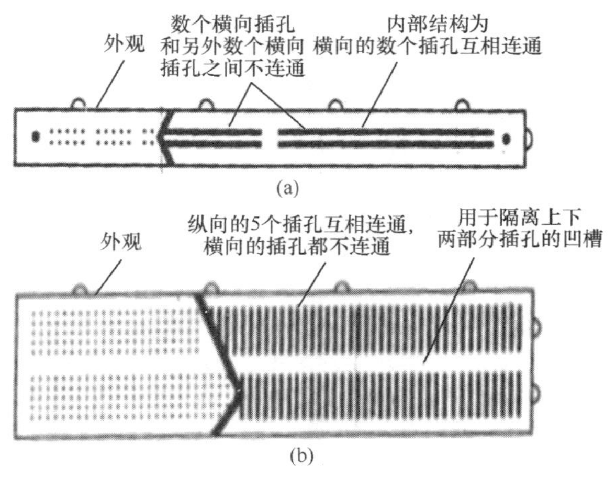

图 1.4.3　面包板结构

(a) 面包板上半部分结构；(b) 面包板中间部分结构

图 1.4.4　芯片起拔钳

为防止集成电路芯片受损，在面包板上插入或拔出时要非常小心。插入时，应使器件的方向一致，使所有引脚都对准面包板上的小孔，均匀用力按下；拔出时，最好使用专门拔钳（图 1.4.4），夹住集成块两头，垂直往上拔起，或用小起子对撬，以免其受力不均匀使引脚弯曲或断裂。

2. 万能板

万能板是一种按照标准 IC 间距（2.54mm）布满焊盘，可按自己的意愿插装元器件及连线的印制电路板，如图 1.4.5 所示为一个万能板。万能板没有特定的用途，可以用于制作任何电路，板上的小孔是孤立的，元器件可以插在上面，然后焊接，再把导线焊上。

图 1.4.5　万能板

(a) 单孔板；(b) 双连孔板

3. PCB

PCB(printed circuit board)，中文名称为印制电路板，又称印刷电路板、印刷线路板，是重要的电子部件，是电子元器件的支撑体，是电子元器件电气连接的提供者。由于它是采用电子印刷术制作的，故被称为“印刷”电路板。PCB 按电路层数可以分为三种类型，即单面板、双面板和多层板，如图 1.4.6(a)、(b)、(c)所示。

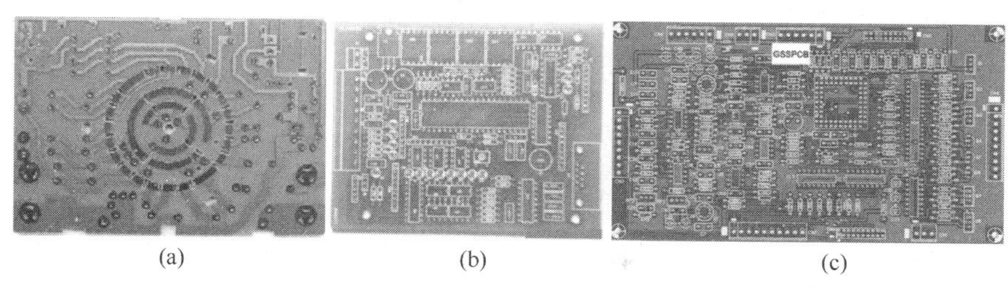

(a) (b) (c)

图 1.4.6 印制电路板实物

(a) 单面板；(b) 双面板；(b) 多层板

1.4.2 电子电路布线原则

实践证明，虽然元器件完好，但由于布线不合理，也可能造成电路工作失常。

一般布线原则如下。

(1) 布线前，要弄清管脚或集成电路各引出端的功能和作用。尽量使电源线和地线靠近电路板的周边，以起一定的屏蔽作用。

(2) 应按电路原理图中元器件图形符号的排列顺序进行布线。多级实验电路要尽量呈一条直线布局。

(3) 所有导线的直径应和面包板的插孔粗细相配合，太粗会损坏面包板的插孔内的簧片，太细会接触不良；所用导线最好分颜色，以区分不同的用途，即正电源、负电源、地、输入与输出用不同颜色导线加以区分，如习惯上正电源用红色导线、地线用黑色导线等。

(4) 布线一般先接电源线、地线等固定电平连接线，然后按信号传输方向依次接线并尽可能地使连线贴近面包板。

(5) 信号电流强与弱的引线要分开；输出与输入信号引线要分开；应避免两条或多条引线互相平行；在集成电路芯片上方不得有导线(或元件)跨越。

实验中常用数字集成电路芯片多为 DIP，其引脚数有 14、16、20、24 等多种。标准型 TTL/CMOS 集成电路中，电源端 V_{CC}/V_{DD} 一般排在左上端，接地端 GND/V_{SS} 一般排在右下端。芯片引脚图中字母 A、B、C、D、I 为电路的输入端，EN、G 为电路的使能端，NC 为空脚，Y、Q 为电路的输出端，V_{CC}/V_{DD} 为电源，GND/V_{SS} 为地，字母上的非号表示低电平有效。

数字电路实验中使用 TTL 和 CMOS 集成电路芯片的注意事项如下。

1) 使用 TTL 集成电路芯片应注意的问题

(1) 电源电压。TTL 电路芯片的电源均采用+5V，电源电压不能高于+5.5V，且使用时不能将电源与地颠倒接错，否则将会因为电流过大而造成器件损坏。

(2) 工作环境温度。74(民用)系列为 0～75℃，54(军用)系列为－55～＋125℃。

(3) 输入端的接法。TTL 集成电路输入端若需输入高电平，则直接接电源正极(+5V)；若需输入低电平，则直接接电源负极(0V)。

多余输入端的接法：TTL 集成电路的输入端悬空相当于接高电平，但悬空容易引入干扰信号，会破坏电路功能，因此，多余的输入端应根据集成电路的逻辑功能做相应的处理。例如，对于或非门、或门，多余输入端应接地；而对于与门、与非门，应将多余的输入端接高电平或有用的信号线并接。

(4) 输出端的接法。除 OC 门以外，TTL 电路的输出端不允许并联使用，且不允许直接接电源或地，否则可能会造成器件损坏。

(5) 不得带电插、拔、焊接 TTL 器件。

2) 使用 CMOS 集成电路芯片应注意的问题

(1) 电源电压。CMOS 集成电路的电源电压变化范围较大。CC4000 系列的电源变化范围为 3～18V。一般来说，集成电路的电源电压宜选择在电源电压变化范围的中间值，但为了与 TTL 电源电压相同，在实验电路中，CC4000 系列的电源电压取＋5V。CMOS 电路在不同的电源电压下工作，其输入阻抗、工作频率、功耗会有所变化。值得注意的是，集成电路的 V_{DD} 接电源正极，V_{SS} 接电源负极，不得接反。

(2) 输入端的接法。CMOS 集成电路输入端的电压不得超过电源电压范围，即 $U_I \leqslant V_{DD}$。另外，通电时，应先接电源，再接输入信号；断电时，应先撤去输入信号，再断电源。

多余端的处理：多余输入端不能悬空，必须根据其逻辑功能接 V_{SS}(或非门)、V_{DD}(与非门)，或与有用的输入端并接在一起。

(3) 输出端的接法。CMOS 电路的输出端不允许直接接 V_{SS} 或 V_{DD}，除三态门和 OC 门以外，不允许两个不同芯片的输出端并接使用，但对于同一芯片，相同门的输入端和输出端并联使用可提高电路的驱动能力。

(4) 不得带电插、拔、焊接 CMOS 芯片，存放 CMOS 电路时应注意静电屏蔽。

1.5 电子电路的调试与故障分析

1.5.1 电子电路的调试

在电子电路设计和安装过程中，需要利用符合指标要求的各种电子测量仪器，如示波器、万用表、信号发生器等，对安装好的电路或电子装置进行调整和测量，以检测设计电路的正确与否和发现设计与安装中的问题，通过采取相应的改进措施使所设计的电路达到预期的技术指标，这个过程称为电子电路的调试。

一般来说，电子电路调试包括通电前的检查、通电检查、分块调试和整机联调等几个方面。

1. 通电前的检查

电路安装完毕后，通电前应先对照电路图认真检查电路是否正确，有无错接、漏接或多接等。尤其需要注意检查电源电压，电源电压必须可靠地接入电路，电源正负极不能接反或短路，以免通电后烧坏器件。

连线检查完毕后，还需检查元器件连线，包括集成芯片有无插反或接触不良的情况，集成芯片是否严格按照管脚图进行连线，二极管、三极管、电解电容等有极性元器件正负极有无错接。

通电前，还应将电源与电路间的连线断开，准确调节电源电压值，再将电源断开后接入电路。

2. 通电检查

通电后首先应仔细观察有无异常现象，包括是否有冒烟、有无异常气味出现、手摸元器件是否发烫、是否有电源短路等。若有异常现象出现，则应立即切断电源，重新检查线路，排除故障。

3. 分块调试

在调试规模较大的电路时，先将电路按照实现功能的不同分成几个部分（单元），按照信号的流向对这几个部分进行局部调试，局部调试无误后再进行整机联调。分块调试可分为静态调试和动态调试。

1）静态调试

正确的直流工作状态是电子电路正常工作的基础，静态调试即电路只加上电源电压而不加输入信号时对电路的测试与调整过程。如测量与调整模拟电路的静态工作点、通过测量各个输入端和输出端的高低电平值来判定数字电路中各个输入与输出之间的逻辑关系等。

静态调试不仅可以确定元器件的好坏，还可以准确判断各部分电路的工作状态。若发现元器件已损坏，则可及时更换。若发现元器件工作状态不正常，则可调整相关参数，使之符合要求。

2）动态调试

动态调试是在静态调试的基础上进行的。动态调试时需要加入合适的输入信号，然后沿着信号的走向检测各级的波形、参数和性能指标是否符合规范。若存在问题，则需调整电路参数直至满足要求为止。

4. 整机联调

各部分正确无误后进行整机联调时，不要急于观察电路的最终输出是否符合设计要求，而要先做一些简单的检查，如检查电源线是否连上、电路的前级输出信号是否加到后级输入上等。一般来说，只要各个功能模块之间的接口电路调试没有问题，再将整个电路全部接通，即可实现整机联调。

1.5.2　电子电路的故障分析

1. 电子电路的故障类型

在电子电路实验中，当电路达不到预期的逻辑功能时，就称为故障。出现故障是不可避免的，关键要分析问题，找到出现问题的原因，排除故障。电子电路产生故障的原因很多，通常有四种类型的故障，即器件故障、接线错误、电路设计错误和测试方法不正确。

1）器件故障

器件故障是器件失效或器件接插问题引起的故障，表现为器件工作不正常。若检测器件确实已损坏则要进行更换。而对于器件接插不当引起的故障，如引脚折断、器件的某个（或某些）引脚没插到面包板中或与面包板接触不良等，也会使器件工作不正常。器件接插故障有时不易发现，需仔细检查，判断器件失效的方法是用集成电路测试仪进行测试。

2）接线错误

接线错误是最常见的错误。在实验过程中，绝大多数故障是由于接线错误引起的。常见的接线错误包括：器件的电源和地漏接或接反；连线与面板插孔接触不良；连线内部线断；连线多接、漏接、错接；连线过长、过乱，造成干扰。

接线错误造成的现象多种多样。例如，器件的某个功能块不工作或工作不正常，器件不工作或发热，电路中一部分工作状态不稳定等。因此，必须熟悉所用器件的功能及其引脚，掌握器件每个引脚的功能；认真反复检查器件的电源和地的连接是否正确；检查连线和面包板插孔接触是否良好，特别是集成芯片有无弹起、元器件管脚是否牢固地插入面包板插孔中(元器件管脚插入面包板 8mm 左右，既不要太长也不要太短)；检查连线有无错接、多接、漏接、连线中有无断线。对于初学者来说，最好在接线前画出实际电路接线图，按图接线，切勿凭记忆随想随接；接线要规范、整齐，接线时尽量按照信号的走向连线，尽量走直线、短线，以免引起干扰。

3）电路设计错误

为防止电路设计错误的出现，实验前一定要认真理解实验要求，掌握实验原理，查找所用器件相关原理资料，精心设计，画好逻辑图及接线图。

4）测试方法不正确

有时测试方法不正确也会引起错误。例如，一个稳定的波形，若用示波器观测，则需将示波器调好同步，否则可能会造成波形不稳的假象，因此必须熟练掌握各种仪器仪表的正确使用方法。在电子电路实验中正确使用示波器尤其重要。此外，在测试电子电路的过程中，测试仪器、仪表加到被测电路上后，对被测电路来说相当于一个负载，因此在测试过程也有可能引起电路本身工作状态的改变，这一点应引起重视。

2. 常见的故障检查方法

实验中发现结果与预期不一致时，应仔细观察现象，冷静思考分析。首先检查用于测量的仪器、仪表的使用是否得当。在确认仪器、仪表使用无误后，按照逻辑图和接线图逐级查找，通常从开始发现问题的模块单元逐级向前测试，直到找出故障的初始位置。在故障的初始位置处，首先检查连线是否正确，包括连线、元器件的极性及参数、集成芯片的安装是否符合要求等。接着测量元器件接线端的电源电压，当用面包板实验出现故障时，应检查是否因接线端不良而导致元器件本身没有正常工作。最后，可断开故障模块输出端所接的负载，判断故障是来自模块本身还是负载。确认接线无误后，可检查器件使用是否得当或已损坏，包括引脚是否正确插进插座，有无引脚折断、弯曲、错插问题。确认无上述问题后，取下器件测试，以检查器件好坏，或者直接更换一个新器件。若经过上述检查均没有问题，则应当考虑电路设计是否存在问题。

综上所述，常用的排除故障方法有以下几种。

(1) 重新查线法。由于在实验中大部分故障都是由于连线错误引起的，因此，产生故障后，应着重检查有无漏线、错线，导线与插孔接触是否可靠，集成电路是否插牢、是否插反等。

(2) 测量法。用万用表、示波器等直接测量各集成块的 V_{CC} 端是否加上电源电压，然后把输入信号、时钟脉冲等加到实验电路上，观察输出端有无反应。针对某一故障状态，用万用表测试各输入/输出端的直流电平，从而判断是否由于集成块引脚连线等原因造成故障。

(3) 信号注入法。在电路的每一级输入端加上特定信号，观察该级输出响应，从而确定该级是否存在故障，必要时可以切断周围连线，避免相互影响。

(4) 信号寻迹法。在电路的输入端加上特定信号，按照信号流向逐级检查是否有响应，必要时输入不同信号进行测试。

(5) 替代法。对于怀疑有故障的元器件可以更换器件，以便快速判断出故障部位。

(6) 动态逐级跟踪检查法。对于时序电路，可输入时钟信号，按信号流向依次检查各级波形，直到找出故障点为止。

(7) 断开反馈线检查法。对于含有反馈线的闭合电路，应该设法断开反馈线进行检查，或进行状态预置后再检查。

总之，寻找并排除故障的方法是多种多样的，要根据实际情况灵活运用。想要快速有效地检测和排除故障，不仅要有理论知识的基础，更重要的是要积累实践经验，只有在实践中不断地总结积累经验，才能既好又快地排除故障，培养和提高实践的能力。

第2章 常用电子仪器的使用

2.1 直流稳压电源

DF1731SC2A 型双路稳压电源具有稳压和稳流两种工作模式，这两种工作模式是随负载的变化自动进行转换的。该稳压源又称为“2+1”稳压源，即可以同时输出三路高精度的直流电压信号，包括两路彼此完全独立的 0～30V、2A 连续可调的直流电压及一路+5V 固定直流电压输出。其中两路 0～30V 连续可调直流电压用作电源时既可用作独立电源输出，也可进行串联或并联输出。用作串联或并联输出时可由一路主电源(master)调节输出电压，此时从电源(salve)输出电压严格跟踪主电源输出电压值。用作并联或稳流输出时，也可由主电源(master)电流调节输出电流，此时从电源(salve)输出电流严格跟踪主电源输出电流值。此外，该电源还具有较强的过流与输出短路保护功能，当外接负载过重或输出短路时电源都会自动地进入稳流工作状态。

2.1.1 DF1731SC2A 型直流稳压电源的基本组成

可调电源由整流滤波电路、辅助电源电路、基准电压电路、稳压和稳流比较放大电路、调整电路以及稳压、稳流取样电路等组成。其工作原理框图如图 2.1.1 所示。

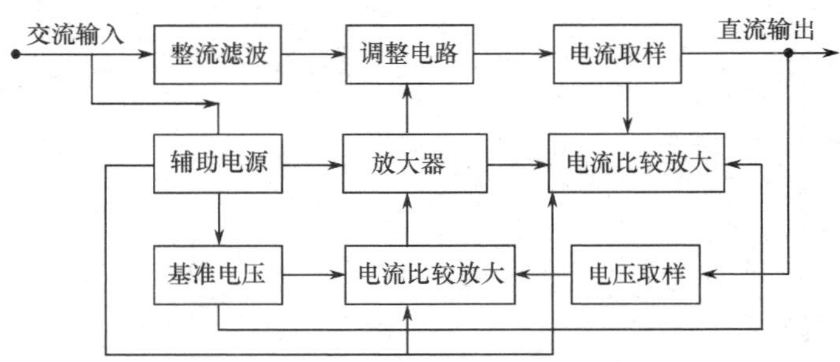

图 2.1.1 直流稳压电源工作原理框图

当输出电压由于电源电压或负载电流变化引起变动时，则变动的信号经稳压取样电路与基准电压相比较，所得误差信号经比较放大器放大后，再通过放大电路控制调整管，将输出电压调整为给定值。比较放大器由集成运算放大器组成，增益很高，因此即使输出端有微小的电压变动，也能得到调整，从而达到高稳定输出的目的。稳流调节与稳压调节基本一样，同样具有高稳定性。

2.1.2　DF1731SC2A 型直流稳压电源主要技术指标

(1) 输入电压：交流 220V±50%，频率 50Hz±2%。

(2) 额定输出电压：两路 0～30V(连续可调)，一路+5V(固定输出)。

(3) 额定输出电流：两路 0～2A(连续可调)，一路 3A(固定输出)。

(4) 电源效应：CV 不大于 1×10^{-4}mV+ 0.5mV；CC 不大于 2×10^{-3}mA+6mA。

(5) 保护：电流限制保护。

(6) 指示表头：电压表和电流表精度 2.5 级。

2.1.3　DF1731SC2A 型直流稳压电源使用说明

1. 电源面板及各部分功能

DF1731SC2A 型直流稳压电源的面板如图 2.1.2 所示。各部件的作用如下。

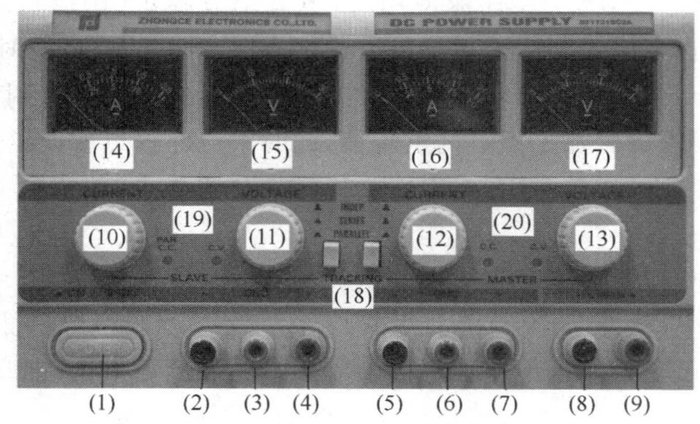

图 2.1.2　DF1731SC2A 型电源面板

(1) 电源开关：按下按钮接通电源；反之断开电源。

(2)/(5) "－"：从(SALVE)/主(MASTER)路直流电源输出端负极接线柱。

(3)/(6) "GND"：从(SALVE)/主(MASTER)路机壳接地端。

(4)/(7) "＋"：从(SALVE)/主(MASTER)路直流电源输出端正极接线柱。

(8)、(9) "－""＋"：固定 5V 直流电源输出负、正接线柱。

(10)/(12) 电流调节旋钮(CURRENT)：从/主路稳流输出电流调节。

(11)/(13) 电压调节旋钮(VOLTAGE)：从/主路稳压输出电压调节。

(14)、(15)、(16)、(17) 电表：共有 4 个指针式电表。分别指示主路和从路电源的输出电压和电流值。

(18) 跟踪(TRACKING)：两路电源独立、串联、并联开关。通过两个按键控制两路电源的跟踪方式。当两个按键为弹起状态时，两路电源的跟踪方式为独立跟踪。当左按键按下、右按键弹起时电源的跟踪方式为串联跟踪，即主路的负端接地，从路的正端接地。当两按键均按下时，两路电源的工作方式为并联跟踪，即主路与从路的输出正端相连。

(19)/(20) CC、CV 指示灯：当主路电源处于稳流工作状态时，主路 CC 指示灯亮(当从路电源处于稳流工作状态或二路电源处于并联状态时，从路指示 CC 灯亮)。当主路电源处于稳压工作状态时，主路 CV 指示灯亮（当从路电源处于稳压工作状态时，从路 CV 指示灯亮）。

2. 双路可调电源的使用

1）双路可调电源的独立使用

（1）将跟踪（TRACKING）的两个按键分别置于弹起位置。

（2）可调电源作为稳压源使用时，首先将电流调节旋钮（10）和（12）顺时针调到最大，然后将电源开关开启，并调节电压调节旋钮（11）和（13），使从路和主路输出电压值满足所需的输出电压要求，此时稳压状态指示灯 CV 应点亮。

（3）可调电源作为稳流源使用时，在开启电源开关前，先将电压调节旋钮（11）和（13）顺时针调至最大位置，同时将电流调节旋钮（10）和（12）逆时针调至最小位置，然后接上负载，再顺时针调节电流调节旋钮（10）和（12），改变从路和主路输出稳流源的输出电流值，满足输出电流要求。此时稳压指示灯 CV 应熄灭，稳流指示灯 CC 应点亮。

（4）限流保护设定：在作为稳压源使用时，电流调节旋钮（10）和（12）一般应该顺时针调至最大，但是也可以任意设定限流保护点。设定方法：打开电源，逆时针将电流调节旋钮（10）和（12）调至最小，然后将短接输出正、负端子，并顺时针调节电流调节旋钮（10）和（12），使输出电流等于所要求的限流保护点的电流值，此时限流保护点就设定好。

注意：当电源只带一路负载时，为了延长仪器的使用寿命，减少功率管的发热量，应尽量使用主路电源。

2）双路可调电源的串联使用

（1）将跟踪（TRACKING）的左按键按下，右按键置于弹起位置。此时调节主路电源的电压调节旋钮，从路电源输出的电压严格跟踪主路电源的输出电压（即与主路电源输出的电压大小一致）。此时，输出最高电压可达两路电压的额定值之和。

（2）两路电源串联之前，应先检查主路和从路电源的负端是否有连接片与接地端相连，若有则应将其断开，否则在两路电源串联使用时将会造成从路电源的短路。

（3）当两路电源处于串联状态时，两路的输出电压由主路控制。但是，两路的电流调节仍然是独立的，因此在两路串联时应注意从路的电流调节旋钮的位置，若其在逆时针到底的位置或从路输出电流超过限流保护点，此时从路的输出电压将不再跟踪主路的输出电压。所以一般两路串联时也应将从路电流调节旋钮顺时针调到最大。

3）双路可调电源的并联使用

（1）将跟踪（TRACKING）的两个按键均置于按下位置。此时两路电源并联输出，调节主路电源的电压调节旋钮，两路输出电压一样。同时从路稳流指示灯亮。

（2）当两路电源处于并联状态时，从路电源的稳流调节旋钮不起作用。当电源作为稳流源时，只需调节主路的电流调节旋钮，此时主路和从路的输出电流均受其控制且大小相同，其输出电流最大可达两路输出电流之和。

3. 单路固定电源的使用

当需要使用固定＋5V 直流电压输出时，只需要正确连接固定 5V 输出“－”“＋”接线柱（8）、（9），不需要调节任何旋钮，也没有表头指示＋5V 输出电压值。

2.2　双踪示波器

示波器全名为阴极射线示波器，它是观察和测量电信号的一种用途很广的电子仪器。它可以测出电信号与时间或与另一个输入量关系的 X-Y 关系图，可测量的电信号包括信号电压（或电流）的幅度、周期（或频率）、相位等。

2.2.1　示波器的基本组成

示波器的基本组成框图如图 2.2.1 所示，它主要由示波管电路、垂直系统（Y 轴偏转系统）、水平系统（X 轴偏转系统）、扫描时间校正器及电源等几部分组成。

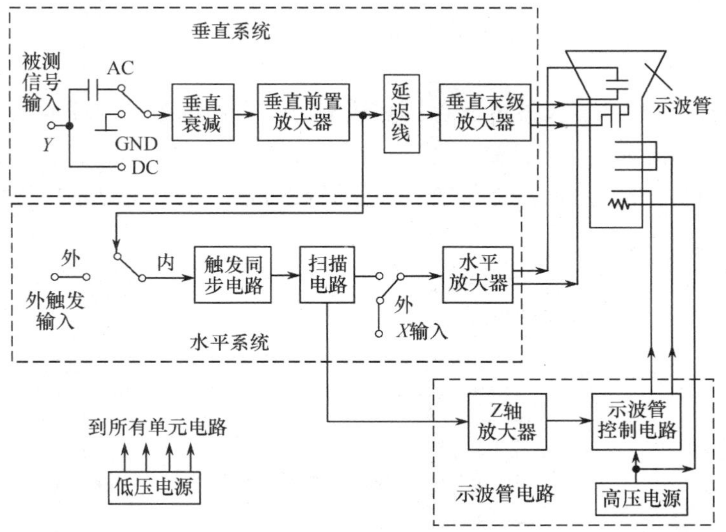

图 2.2.1　示波器基本组成框图

1. 示波管

示波管是示波器的核心器件。其作用是把所需观测的电信号转变为光信号并显示出来的一个光电转换器件，它主要由电子枪、偏转系统和荧光屏三部分组成，如图 2.2.2 所示。

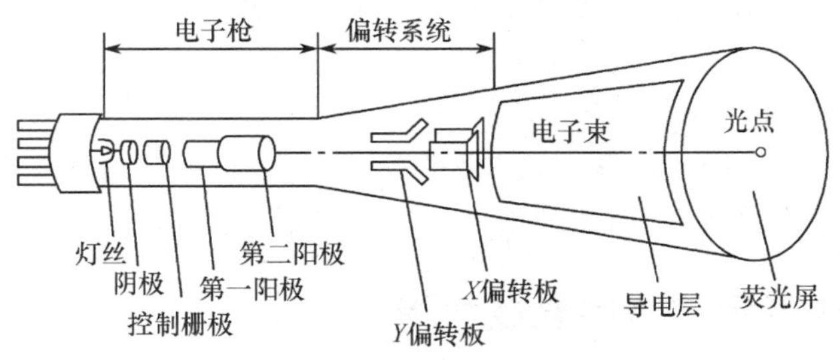

图 2.2.2　示波管结构

示波管波形显示原理：根据电子束的偏转量与加在偏转板上的电压成正比的原理，将被测正弦电压加到垂直（Y 轴）偏转板上，通过测量偏转量的大小就可以测出被测电压值。由于水平（X 轴）偏转板上没有加偏转电压，电子束只会沿着 Y 轴方向上下垂直移动，光点重合成一条竖线，无法观察到波形的变化过程。为了观察被测电压的变化过程，需要同时在水平（X 轴）偏转板上加一个与时间成线性关系的周期性的锯齿波。电子束在锯齿波电压作用下沿着 X 轴方向匀速移动即进行“扫描”。在垂直（Y 轴）和水平（X 轴）两个偏转板的共同作用下，电子束在荧光屏上显示出波形的变化过程，如图 2.2.3 所示。

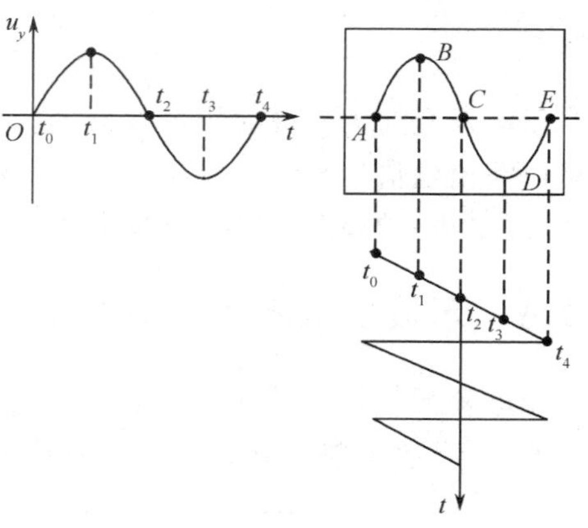

图 2.2.3 荧光屏合成波形原理

水平偏转板上所加的锯齿波电压称为扫描电压。当被测信号的周期与扫描电压的周期相等时，荧光屏上只显示一个正弦波。当扫描电压的周期是被测电压周期的整数倍时，荧光屏上将显示多个正弦波。示波器上的“扫描时间”旋钮是用来调整显示电压周期的。

2. 水平调节系统

水平调节系统结构框图如图 2.2.4 所示。

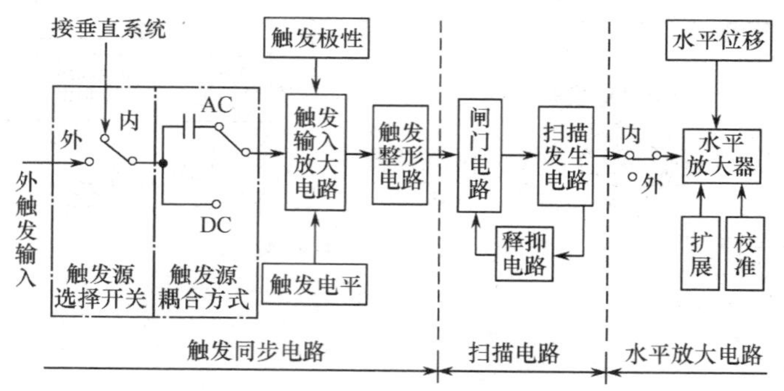

图 2.2.4 水平调节系统结构

其主要作用是产生锯齿波扫描电压并保持与 Y 通道输入被测信号同步，放大扫描电压或外触发信号，产生增辉或消隐作用以控制示波器 Z 轴电路。

3. 垂直系统

垂直系统主要由输入耦合选择器、衰减器、延迟电路和垂直放大器等组成，其作用是将被测信号送到垂直偏转板，以再现被测信号的真实波形。

2.2.2 XJ4316B 型示波器主要技术指标

XJ4316B 型 20MHz 双踪示波器，垂直灵敏度为 5mV/div～20V/div，分 12 挡。该示波

器操作简单,稳定可靠。

1. 垂直系统技术指标

(1) 灵敏度:5mV/div～20V/div,按 1-2-5 顺序分 12 挡。

(2) 精度≤3%,微调灵敏度为 1/2.5 或小于面板指示刻度。

(3) 频宽

① DC～20MHz。

② 交流耦合:小于 10Hz。

(4) 上升时间:约 17.5ns。

(5) 输入阻抗:约 1MΩ/25pF。

(6) 方波特性

① 前冲:≤5%(在 10mV/div 范围内)。

② 其他失真:在该值上加 5%。

(7) DC 平衡移动:5mV/div～20V/div 时为±0.5div;1～2mV/div 时为±2.0div。

(8) 线性:当波形在格子中心垂直移动时(2div)幅度变化小于±2.0div。

(9) 垂直模式

① CH1:只显示通道 1 探头所接波形。

② CH2:只显示通道 1 探头所接波形。

③ DUAL:通道 1 与通道 2 同时显示,任何扫描速度可选择交替或断续方式。

④ ADD:通道 1 与通道 2 波形做代数相加。

(10) 断续重复频率:约 250kHz。

(11) 输入耦合:AC-GND-DC。

(12) 最大输入电压:300V 峰值(AC:频率≤1kHz);当探头设置在 1∶1 时最大有效读出值为 160$V_{p\text{-}p}$(56V_{rms} 正弦波形);当探头设置在 10∶1 时最大有效读出值为 1600$V_{p\text{-}p}$(560V_{rms} 正弦波形)。

(13) 共模抑制比:在 50kHz 正弦波时大于 50∶1(设定 CH1 和 CH2 的灵敏度在相同的情况下)。

(14) 通道之间的绝缘(在 5V/div 范围内)

① >1000∶1 时 50kHz。

② >30∶1 时 20MHz。

(15) CH1 信号输出:最小 20mV/div(50Ω 输出频宽 50Hz～5MHz)。

(16) CH2 INV BAL:平衡点变化率不大于 1div(对应于刻度中心)。

2. 触发系统技术指标

(1) 触发信号源:CH1、CH2、LINE、EXT(在 DUAL 或 ADD 模式时,CH1、CH2 仅可选用一个,在 ALT 模式时,如果 TRIG. ALT 开关按下,可以用作两个不同信号的交替触发)。

(2) 耦合:交流时 20Hz 到整个频段。

(3) 极性:+/-。

(4) 触发模式

① AUTO：自动，当没有触发信号输入时扫描在自动模式下(适用于频率大于 25Hz 的重复信号)。

② NORM：常态，当没有触发信号时，踪迹处在待命状态下并不显示。

③ 电视场：当想要观察一场的电视信号时(仅当同步信号为负脉冲时，方可同步电视场)。

④ 电视行：当想要观察一行的电视信号时(仅当同步信号为负脉冲时，方可同步电视行)。

3. 水平系统技术指标

(1) 扫描时间：0.2～0.5μs/div，按 1-2-5 顺序分 20 挡。

(2) 精度：±3%。

(3) 微调：不大于 1/2.5 面板指示刻度。

(4) 扫描扩展：10 倍。

(5) ×10MAG 扫描时间精度：±5%。

(6) 线性：±3%，×10MAG 时为±5%。

(7) 由×10MAG 引起的位移：在 CRT 中心小于 2div。

2.2.3 XJ4316B 型示波器前面板介绍

XJ4316B 型示波器的前面板如图 2.2.5 所示。可将前面板分为 CRT 显示与调整系统、垂直调节系统、水平调节系统和触发系统几个部分。

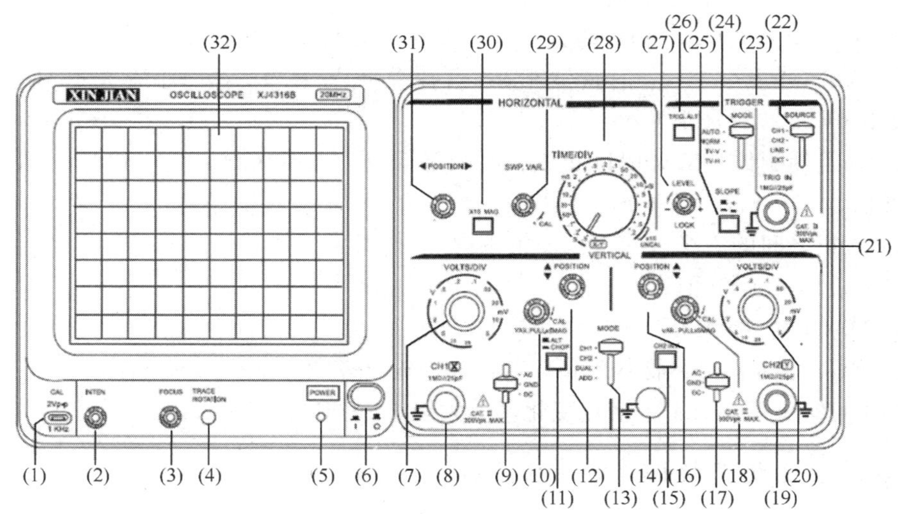

图 2.2.5 XJ4316B 型示波器前面板

1. CRT 显示与调整系统

(6)：主电源开关，当此开关开时发光二极管(5)点亮。

(2)：亮度调节旋钮，调节轨迹或亮点的亮度。

(3)：聚焦旋钮，调节轨迹或亮点的聚焦。

(4)：轨迹旋转，调整水平轨迹使之与刻度线保持平行。

2. 垂直调节系统

(8)：CH1(*X*)输入，在 *X*-*Y* 模式下，作为 *X* 轴输入端。

(19)：CH2(*Y*)输入，在 *X*-*Y* 模式下，作为 *Y* 轴输入端。

(9)、(17)：AC-GND-DC 耦合工作方式开关，用于选择垂直输入信号的输入方式。AC 为交流耦合；DC 为直流耦合；GND 为垂直放大器的输入端接地，输入信号被断开。

(7)、(20)：垂直衰减开关，用于调节垂直偏转灵敏度，从 5mV/div～20V/div 共 12 挡可调。

(10)、(18)：垂直微调旋钮，将该旋钮按照箭头指示方向旋转到底即为校准位置。

(12)、(16)：垂直位移调节旋钮，用于调节光迹在屏幕上的垂直位置。

(13)：垂直工作方式选择开关，用于选择 CH1 与 CH2 放大器的工作模式。CH1 或 CH2：通道 1 或通道 2 单独显示；DUAL：两个通道同时显示；ADD：显示两个通道的代数和 CH1＋CH2(按下 CH2 INV (15)按钮，为代数差 CH1－CH2)。

(11)：ALT/CHOP 旋钮，双踪显示且扫描速度较快时将此键弹起，表示通道 1 与通道 2 交替显示；扫描速度较慢时将此键按下，通道 1 与通道 2 同时断续显示。

(15)：CH2 INV 用作通道 2 的信号反相，当此键按下时，通道 2 的信号以及通道 2 的触发信号同时反相。

3. 水平调节系统

(28)：水平扫描速度开关，从 0.2μs/div～0.5s/div 共分 20 挡可调。当设置到 *X*-*Y* 位置时用作 *X*-*Y* 示波器。

(29)：水平微调旋钮，可以微调水平扫描时间，将该旋钮按照箭头指示方向旋转到底为校准位置。

(31)：水平位移调节旋钮，用来调节光迹在屏幕上的水平位置。

(30)：扫描扩展开关，将此开关按下可将扫描速度扩展 10 倍。

4. 触发系统

(23)：外触发输入端子，用于输入外部触发信号，当使用外触发功能时，开关(22)应当处在 EXT 的位置上。

(22)：触发源选择按钮。选择 CH1 即选择通道 1 作为内部触发信号源；选择 CH2 即选择通道 2 作为内部触发信号源；选择 LINE 表示选择交流电源作为触发信号；选择 EXT 表示选择(23)端口所接的外部触发信号作为触发信号源。

(26)：TRIG. ALT 按钮，当垂直工作方式开关(13)设定在 DUAL 或者 ADD 状态，并且触发源开关(22)选择了通道 1 或通道 2，再按下此按钮，则会交替选择通道 1 和通道 2 作为内触发信号源。

(25)：触发信号极性选择开关，“＋”表示上升沿触发，“－”表示下降沿触发。

(27)：触发电平调节旋钮，用于显示一个同步稳定的波形，设定一个波形的起始点。将该旋钮向逆时针方向旋转到底，可将触发电平锁定在一固定电平上，这时改变扫描速度或改变信号幅度时，不需要再调节触发电平即可获得同步信号。

(24)：触发方式选择开关。选择 AUTO 表示自动触发，没有触发信号输入时扫描在自由模式下；选择 NORM 表示常态触发，没有触发信号输入时踪迹处在待命状态并且没有显示；当想要观察一场/一行电视信号时，可选择 TV-V/TV-M(仅当同步信号为负脉冲时，方可同步电视场和电视行)。

2.2.4　XJ4316B 型示波器的使用

1. 示波器的检查

(1) 开机前，将示波器面板上有关旋钮按照表 2.2.1 进行设置。

表 2.2.1　开机前旋钮位置表

功　　能	旋　钮　号	设　　置
电源(POWER)	(6)	关
亮度(INTEN)	(2)	中间位置
聚焦(FOCUS)	(3)	中间位置
垂直工作方式(VERT MODE)	(13)	CH1 或 CH2
垂直微调	(10)/(18)	校准位置
交替/断续(ALT/CHOP)	(11)	释放
通道 2 反向(CH2 INV)	(15)	释放
垂直位移(POSITION)	(12)/(16)	居中
AC-GND-DC	(9)/(17)	GND
水平位移(POSITION)	(31)	居中
微调(SWP. VAR)	(29)	校准位置
扫描扩展(×10MAG)	(30)	释放
触发源(SOURCE)	(22)	CH1 或 CH2
极性(SLOPE)	(25)	+
触发方式(TRIGGER MODE)	(24)	AUTO
触发交替选择(TRIG. ALT)	(26)	释放
触发电平(LEVEL)	(27)	顺时针旋转到底锁定

(2) 开启电源。指示灯点亮，约半分钟后，荧光屏上应出现一条水平扫描线，调节亮度和聚焦旋钮使扫描线亮度适中且清晰可见。

(3) 将 AC-GND-DC 开关置于 AC 挡，调节垂直衰减(VOLTS/DIV)和扫描时间(TIME/DIV)开关，使波形在 CRT 上大小适中(横坐标可观察 1～2 个周期波形，纵坐标上波形“顶天立地”但不超出 CRT 范围)。

(4) 调整垂直和水平位移旋钮，使得波形的幅度与时间容易读出。

2. 示波器的校准

每次开机时，示波器的初始值设置可能会不同，即会出现一些偏差。为了提高测量的准确性，每次使用示波器之前均需要对示波器进行校准。

示波器校准就是将示波器的探头接在示波器的机内校准信号输出端(CAL)。这个机内校准信号输出端提供了幅度为 $2V_{p\text{-}p}$、频率为 1kHz 的方波信号。校准示波器即读取 CRT 上方波信号的幅值和频率是否符合要求，若不符合要求则需要调整微调(校准)旋钮使之符合要求。

校准方法如下。

(1) 电源接通，打开电源开关，电源指示灯亮，待出现扫描线后，调节亮度(INTEN)旋钮和聚焦旋钮(FOCUS)到适当的位置，使扫描线亮度适中且清晰可见。

(2) 将水平微调(SWP. VAR)旋钮(29)和垂直微调旋钮(10)、(18)旋转到校准位置(即沿箭头指示方向旋转到底)。

(3) 示波器探头接到机内校准信号输出端(CAL)(探头的黑色夹子不接)。

(4) 将垂直衰减(VOLTS/DIV)、垂直方式(VERT MODE)、扫描时间(TIME/DIV)、触发源(SOURCE)及触发方式(TRIGGER MODE)等开关都置于合适的位置上。由于机内校准信号幅度为 $2V_{p\text{-}p}$、频率为 1kHz，所以调节时可将垂直衰减开关和扫描时间开关分别置于 0.5V/div 和 0.2ms/div 的位置上。

(5) 将 AC-GND-DC 耦合工作方式开关置于 AC 位置，将波形调节并显示出来。

(6) 读取方波的周期和峰-峰值是否符合要求，即是否满足峰-峰值为 2V、周期为 1/(1kHz)=1ms 的要求，若不满足要求则需要调节水平微调(SWP. VAR)旋钮(29)和垂直微调旋钮(10)、(18)这 3 个旋钮，直至满足要求。

3. 电压的测量

1) 直流电压的测量

(1) 确定零电平参考基准线。

将示波器的输入耦合方式开关 AC-GND-DC 置于 GND 挡，调节 Y 轴位移(POSITION)旋钮，使扫描线(时基线)上下移动与 CRT 上某一条水平线对齐，则该水平线即为零电平参考基准线。注意：零电平参考基准线确定之后，在以后的测量中就不能再移动该基准线，即不能再调节垂直位移旋钮。

(2) 将输入耦合方式开关 AC-GND-DC 置于 DC 挡。

(3) 接入被测电压，调节 Y 轴灵敏度旋钮(VOLTS/DIV)，使扫描线有合适的偏移量(Y 轴灵敏度不合适时，扫描线可能因跳出 CRT 而消失，因此需要调整 Y 轴灵敏度)，如图 2.2.6 所示。

(4) 观察扫描线的偏转方向，若向上偏转，则被测直流电压为正极性，反之为负极性。读取扫描线在 Y 轴方向偏移零电平参考基准线的格数 H，则被测直流电压值为

$$U = Y\text{ 轴灵敏度旋钮位置} \times \text{偏移格数 } H$$

2) 交流电压的测量

确定零电平参考基准线。

(1) 将 AC-GND-DC 开关置于 GND 挡，调节 Y 轴位移(POSITION)旋钮，使扫描线上下移动与 CRT 上某一条水平线对齐，则该水平线即为零电平参考基准线。

(2) 将 AC-GND-DC 开关置于 AC 挡。

(3) 根据被测信号的幅度和频率，调节 Y 轴灵敏度旋钮(VOLTS/DIV)和 X 轴扫描时间(TIME/DIV)，选择合适的触发源和触发方式，使波形在 CRT 上稳定地显示出来，如图 2.2.7 所示。

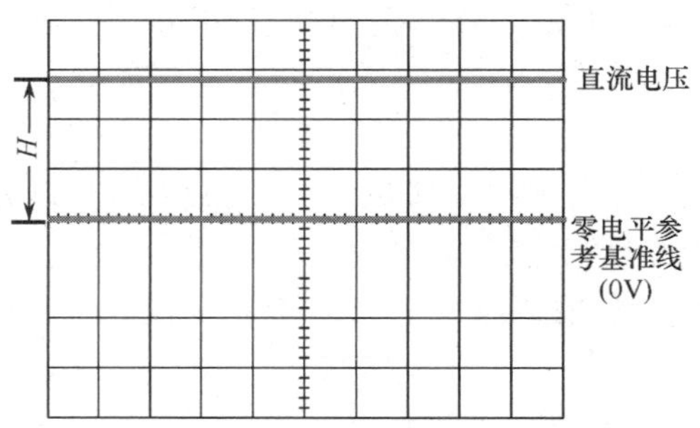

图 2.2.6 直流电压的测量方法

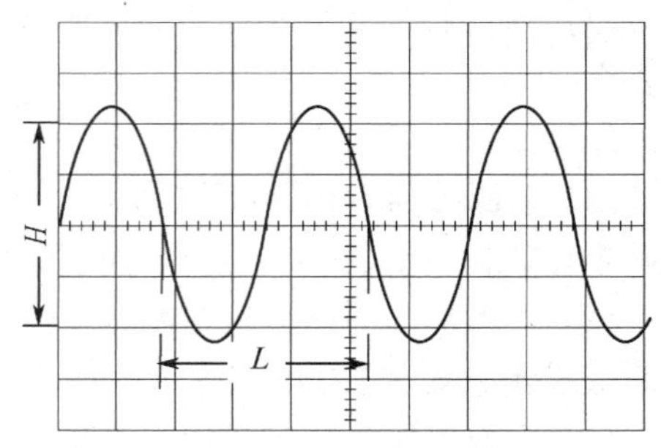

图 2.2.7 交流电压的测量方法

(4) 被测交流电压的峰-峰值为

$$U_{p\text{-}p}=Y\text{ 轴灵敏度旋钮位置}\times\text{偏移格数 }H$$

有效值为

$$U=U_{p\text{-}p}/2\sqrt{2}$$

4. 交流电压周期的测量

测量交流电压周期与上述测量交流电压值相类似，首先在示波器的屏幕上显示出稳定的波形，如图 2.2.7 所示。若所测时间间隔对应的长度为 L(DIV)，X 轴扫描时间(TIME/DIV)为 W(ms/DIV)，则所测时间间隔 $T=W\times L$(ms)，频率 $f=1/T$。

在图 2.2.7 中，L 对应的时间间隔正好是信号的一个周期，所以，所测得的时间即是被测信号的周期。在实际测量时，可以测量 n 个周期的时间，再除以周期个数 n，这种测量方法产生的误差会小一些。

5. 测量相位差

用示波器可以测量两个同频率信号之间的相位关系，如测量 RC 电路的相移特性、放大电路的输出信号相对于输入信号的相移特性等。

测量时，首先将两路信号分别接至双踪示波器的 CH1 和 CH2 输入端，垂直工作方式开关(MODE)置于 DUAL 处，选定其中一个输入通道的信号作为触发源，调节两个通道的位移旋钮(POSITION)、垂直衰减(VOLTS/DIV)及扫描时间(TIME/DIV)，从而在屏幕上得到 1～2 个周期的完整的波形，如图 2.2.8 所示。从图上读出 L_1、L_2 的格数，L_1 代表两波形在横坐标上相差的格数(大格)，L_2 代表一个周期的波形在横坐标上所占的格数(大格)，则它们之间的相位差为

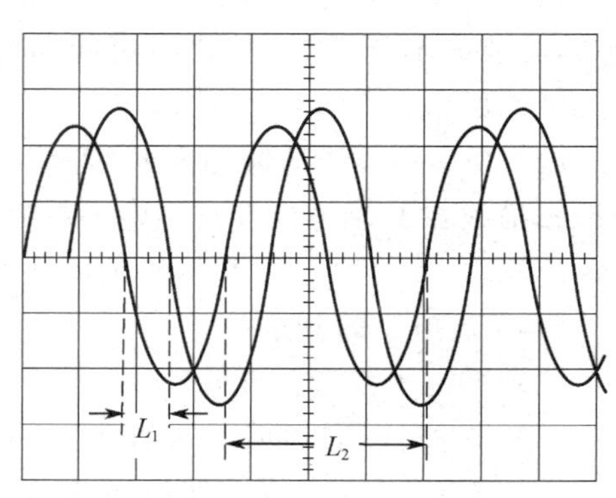

图 2.2.8 测量两个信号的相位差

$$\varphi=\frac{L_1}{L_2}\times 360^\circ \qquad (2.2.1)$$

2.3 SP1641B 型函数信号发生器

SP1641B 型函数信号发生器是一种具有连续信号、扫频信号、函数信号和脉冲信号等多种输出信号并具有多种调制方式和外部测频功能的测试仪器。该仪器能产生实验需要的正弦波、方波和三角波等信号。

2.3.1 SP1641B 型函数信号发生器的组成及工作原理

SP1641B 型函数信号发生器的原理框图如图 2.3.1 所示。整个系统由一片单片机进行管理和控制，该单片机的主要任务是：控制函数信号发生器产生的频率；控制输出信号的波形；测量输出信号的频率或测量外部输入信号的频率并显示；测量输出信号的幅度并显示等。

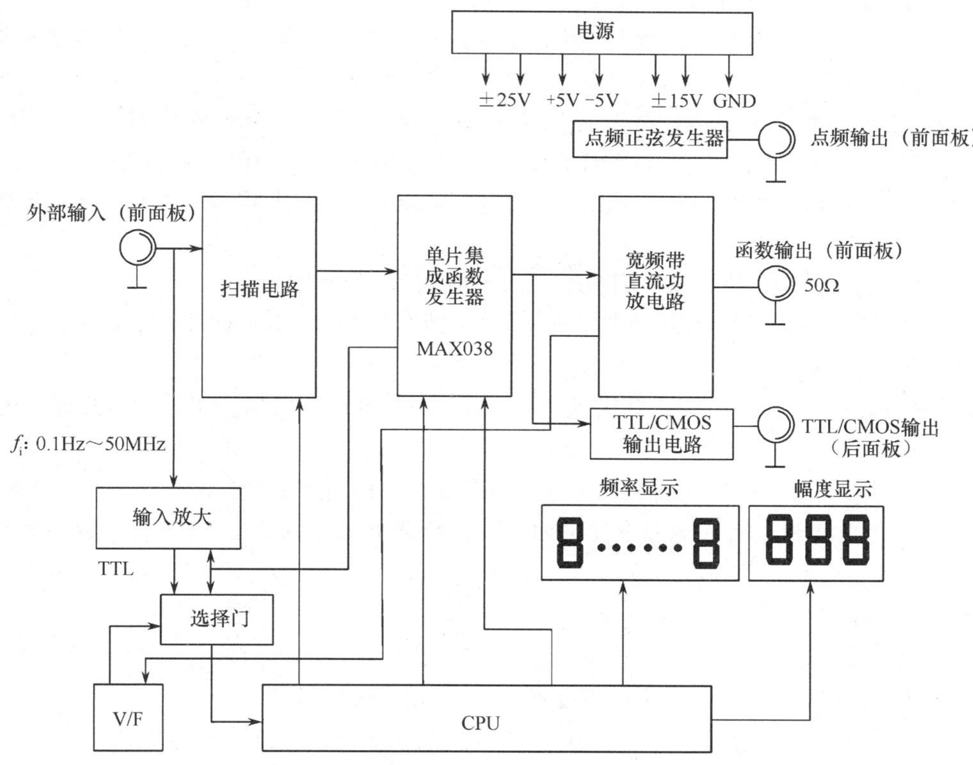

图 2.3.1 SP1641B 型函数信号发生器组成框图

输出函数信号由专用的集成电路 MAX038 产生，该电路具有微机接口，可由微机进行控制，使得整个系统具有较高的可靠性。

扫描电路由多片运算放大器组成，以满足扫描宽度、扫描速率的需要。宽带直流功放电路的选用，保证了输出信号的带负载能力以及输出信号的直流电平偏移的调整。

2.3.2 SP1641B型函数信号发生器主要技术指标

1. 函数信号发生器的技术指标

(1) 主函数输出频率范围为0.1Hz～3MHz，按十进制分类共分八挡，每挡均以频率微调电位器实行频率调节。

(2) 输出信号阻抗。函数、点频输出为50Ω；TTL/CMOS输出为600Ω。

(3) 输出信号波形。函数输出时可为正弦波、三角波、方波（对称或非对称输出）；TTL/CMOS输出时可为脉冲波（CMOS输出 $f\leqslant 100\text{kHz}$）。

(4) 输出信号幅度

① 函数输出(1MΩ)：不衰减：($1V_{p\text{-}p}\sim 20V_{p\text{-}p}$)±10%，连续可调。

衰减20dB：($0.1V_{p\text{-}p}\sim 2V_{p\text{-}p}$)±10%，连续可调。

衰减40dB：($10mV_{p\text{-}p}\sim 200mV_{p\text{-}p}$)±10%，连续可调。

衰减60dB：($1mV_{p\text{-}p}\sim 20mV_{p\text{-}p}$)±10%，连续可调。

② TTL输出（负载电阻≥600Ω）："0"电平：≤0.8V，"1"电平：≥1.8V。

③ CMOS输出（负载电阻≥2kΩ）："0"电平：≤0.8V，"1"电平：≥5～15V连续可调。

(5) 函数输出信号直流电平(Offset)调节范围：关断状态下输出信号的直流电平在(0±0.1V)之内；可调状态下，调节范围与负载电阻有关，接50Ω负载时，调节范围为(−5～+5V)±10%；负载电阻≥1MΩ时，调节范围为(−10～+10V)±10%。

(6) 函数输出信号衰减：分为0dB、20dB、40dB和60dB四个挡，其中0dB衰减即为不衰减。

(7) 输出信号类型：单频信号、扫频信号、调频信号（受外控）。

(8) 函数输出非对称性(SYM)调节范围："关断"位置时输出对称波形，误差≤2%；可调状态下，调节范围20%～80%。

(9) 扫描方式：内扫描方式为线性或对数扫描方式；外扫描方式由VCF输入信号决定。

(10) 内扫描方式：扫描时间为(10ms～5s)±10%，扫描宽度≥1频程。

(11) 外扫描特性：输入阻抗约500kΩ，输入信号幅度为0～+3V，输入信号周期为10ms～5s。

(12) 输出信号特征

① 正弦波失真度：<1%。

② 三角波线性度：>99%（输出幅度在10%～90%区域）。

③ 脉冲波上（下）升沿时间：≤30ns（输出幅度的10%～90%）。

④ 脉冲波上升、下降沿过冲：≤5%V_0（50Ω负载）。

(13) 输出信号频率稳定度：±0.1%/min。

(14) 幅度显示

① 显示位数：3位（小数点自动定位）。

② 显示单位：$V_{p\text{-}p}$ 或 $mV_{p\text{-}p}$。

③ 显示误差：U_O±20%±1个字（U_O 为输出信号的峰-峰值，负载电阻为50Ω时 U_O 读

数需乘 1/2)。

④ 分辨率：衰减 0dB 时为 0.1V_{p-p}，衰减 20dB 时为 10mV_{p-p}，衰减 40dB 时为 1mV_{p-p}，衰减 60dB 时为 0.1mV_{p-p}。

(15) 频率显示：显示范围为 0.1Hz～3000kHz/10000kHz；显示有效位数为 5 位(1k 挡以下 4 位)。

2. 频率计数器的技术指标

(1) 频率测量范围：0.1Hz～50MHz。

(2) 输入电压范围(衰减度为 0dB)：30mV～2V(1Hz～50MHz)；150mV～2V(0.1Hz～1Hz)。

(3) 输入阻抗：500kΩ/30pF。

(4) 波形适应性：正弦波、方波。

(5) 滤波器截止频率：大约 100kHz(带内衰减，满足最小输入电压要求)。

(6) 测量时间：0.3s(f_i>3Hz)；单个被测信号周期(f_i≤3Hz)。

(7) 测量误差：时基误差±触发误差(触发误差：单周期测量时)；被测信号的信噪比优于 40dB，则触发误差≤0.3%。

(8) 时基：标称频率为 10MHz；频率稳定度为$\pm 5\times 10^{-5}$/d。

2.3.3　SP1641B 型函数信号发生器使用说明

1. 前面板各部分名称和作用

SP1641B 前面板如图 2.3.2 所示。现将各部分简要介绍如下。

(1) 频率显示窗口：显示输出信号的频率或外测频信号的频率。

(2) 幅度显示窗口：显示函数输出信号的幅度。

(3) 扫描宽度调节旋钮：调节此电位器可调节扫频输出的频率范围。在外测频时，逆时针旋到底(绿灯亮)，为外输入测量信号经过低通开关进入测量系统。

(4) 扫描速率调节旋钮：调节此电位器可以改变内扫描的时间长短。在外测频时，逆时针旋到底(绿灯亮)，为外输入测量信号经过衰减“20dB”进入测量系统。

(5) 扫描/计数输入插座：当“扫描/计数”按钮(13)功能选择在外扫描状态或外测频功能时，外扫描控制信号或外测频信号由此输入。

(6) 点频输出端：输出标准正弦波 100Hz 信号，输出幅度 2V_{p-p}。

(7) 函数信号输出端：输出多种波形受控的函数信号，输出幅度 20V_{p-p}(1MΩ 负载)，10V_{p-p}(50Ω 负载)。

(8) 函数信号输出幅度调节旋钮：调节范围 20dB。

(9) 函数输出信号直流电平偏移调节旋钮：调节范围：－5～＋5V(50Ω 负载)，－10～＋10V(1MΩ 负载)。当电位器处在关位置时，则为 0 电平。

(10) 输出波形对称性调节旋钮：调节此旋钮可改变输出信号的对称性。当电位器处在关位置时，则输出对称信号。

(11) 函数信号输出幅度衰减开关：“20dB”“40dB”键均不按下，输出信号不经衰减，直

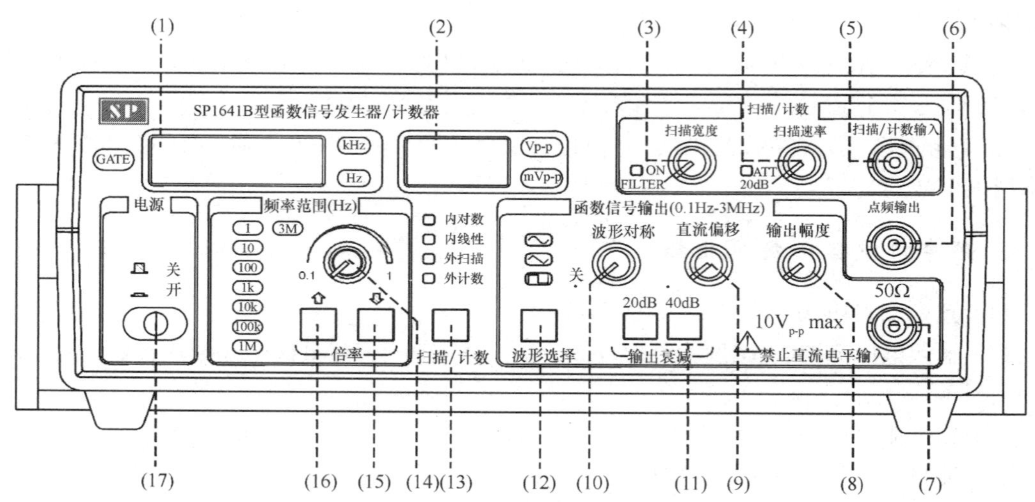

图 2.3.2　SP1641B 型函数信号发生器前面板示意图

接输出到插座口。“20dB”“40dB”键分别按下，则可选择 20dB 或 40dB 衰减。“20dB”“40dB”同时按下时为 60dB 衰减。

(12) 函数输出波形选择按钮：可选择正弦波、三角波、脉冲波输出。

(13)“扫描/计数”按钮：可选择多种扫描方式和外测频方式。

(14) 频率微调旋钮：调节此旋钮可微调输出信号频率，调节基数范围为从小于 0.1 到大于 1。

(15) 频率选择按钮：每按一次按钮可递减输出频率的 1 个频段。

(16) 频率选择按钮：每按一次按钮可递增输出频率的 1 个频段。

(17) 整机电源开关：此按键按下时，机内电源接通，整机工作。此键释放为关掉整机电源。

2. 后面板说明

SP1641B 后面板如图 2.3.3 所示。

(1) 电源插座：交流市电 220V 输入插座。内置保险丝容量为 0.5A。

(2) TTL/CMOS 电平调节：调节旋钮，关闭为 TTL 电平，打开则为 CMOS 电平，输出幅度可从 5V 调节到 15V。

(3) TTL/CMOS 输出插座。

3. 主函数信号输出的操作方法

(1) 由前面板插座(7)连接测试电缆(一般要接 50Ω 匹配器)，输出函数信号。

(2) 由倍率选择按钮(15)或(16)选定输出函数信号的频段，由频率微调旋钮(14)调整输出信号频率，直到所需的工作频率值。

(3) 由波形选择按钮(12)选定输出函数波形的种类(正弦波、三角波或脉冲波)。

(4) 由信号幅度衰减开关(11)和幅度调节旋钮(8)选定和调节输出信号的幅度。

(5) 由信号直流电平调节旋钮(9)调整输出信号所携带的直流电平。

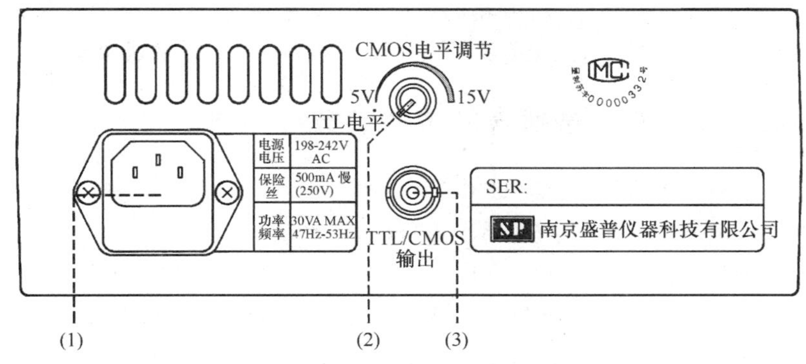

图 2.3.3　SP1641B 型函数信号发生器后面板示意图

(6) 输出波形对称性调节旋钮(10)可改变输出脉冲信号占空比，与此类似，输出波形为三角或正弦时可使三角波调变为锯齿波，正弦波调变为正半周与负半周分别为不同角频率的正弦波形，且可移相 180°。

4. TTL/CMOS 电平输出的操作方法

(1) 使 CMOS 电平调节旋钮处于所需位置，以获得所需的电平。

(2) 输出信号通过测试电缆(终端不加 50Ω 匹配器)从后面板插座(3)输出。

5. 内扫描扫频信号输出的操作方法

(1) “扫描/计数”按钮(13)选定为内扫描方式。

(2) 分别调节扫描宽度调节旋钮(3)和扫描速率调节旋钮(4)获得所需的扫描信号输出。

(3) 函数输出插座(7)、TTL 脉冲输出插座均输出相应的内扫描的扫频信号。

6. 外扫描调频信号输出的操作方法

(1) “扫描/计数”按钮(13)选定为“外扫描方式”。

(2) 由外部输入插座(5)输入相应的控制信号，即可得到相应的受控扫描信号。

7. 外测频功能检查

(1) “扫描/计数”按钮(13)选定为“外计数方式”。

(2) 用本机提供的测试电缆，将函数信号引入外部输入插座(5)，观察显示频率应与“内”测量时相同。

2.4　交流毫伏表

当被测交流电压信号频率范围很宽，且数值变化很大时，可以用交流毫伏表测量。交流毫伏表是一种交流电压测量仪器，用来测量电路中正弦交流电压的有效值。交流毫伏表与一般交流电压表或万用表的交流电压挡相比具有以下优点：输入阻抗高，一般输入电阻至少为 500kΩ,当接入被测电路后,对电路的影响较小;频率范围宽,约为几赫兹至几十兆赫兹;电压测量范围广,量程从毫伏级至几百伏;灵敏度高,可测量微伏级电压信号。

2.4.1 DF2175A 型交流毫伏表的技术参数

(1) 交流电压测量范围:30μV~300V。

(2) 测量电平范围:−90~+50dB,−90~+52dBm。

(3) 被测电压频率范围:5Hz~2MHz。

(4) 量程:0.3mV、1mV、3mV、10mV、30mV、100mV、300mV、1V、3V、10V、30V、100V、300V。

(5) 电压的固有误差:±3%(1kHz 为基准)。

(6) 基准条件下频率影响的电压测量误差(以 1kHz 为基准):20Hz~20kHz,±3%;5Hz~1MHz,±5%;5Hz~2MHz,±7%。

(7) 输入阻抗:在 1kHz 时,输入阻抗约 2MΩ,输入电容≤20pF。

(8) 输出阻抗:约 600Ω。

(9) 噪声:在输入端良好短路时不大于满刻度值的 5%。

(10) 失真:≤5%。

2.4.2 DF2175A 型交流毫伏表的面板简介

DF2175A 型交流毫伏表的前面板如图 2.4.1 所示,后面板如图 2.4.2 所示。

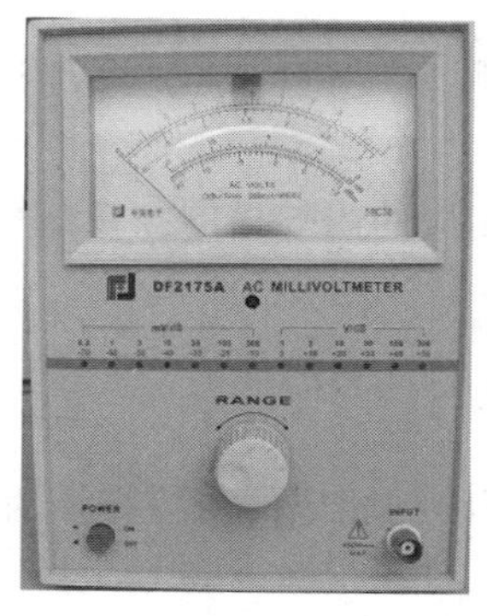

图 2.4.1 交流毫伏表前面板图

图 2.4.2 交流毫伏表后面板图

2.4.3 交流毫伏表的工作原理

DF2175A 型交流毫伏表由输入衰减器、前置放大器、电子衰减器、主放大器、线性检波器、输出放大器、电源及控制电路组成。被测电压先经衰减器衰减到适宜交流放大器输入的数值,再经交流电压放大器放大,最后经线性检波器检波,得到直流电压,由表头指示数值的大小。控制电路采用数码开关和 CPU 相结合控制的方式,来控制被测电压的输入量程,用指示灯指示量程范围,使人一目了然。当量程切换至最低或最高挡位,CPU 会发出报警声,以便提示。注意:交流毫伏表的模板是按正弦交流电压有效值进行刻度的,因此,只能测量

正弦交流电压的有效值，当测量非正弦电压时，其读数没有直接的意义。

2.4.4　交流毫伏表的使用方法

(1) 准备工作。将交流毫伏表水平放置，在未接通电源的情况下，检查一下电表的指针是否在零位，若有偏差，则调节机械调零旋钮使指针指示为零。

(2) 接通电源，按下电源开关。交流毫伏表的各挡位发光二极管全亮，然后自左至右依次轮流检测，检测完毕后停止于 300V 挡指示，并自动将量程置于 300V 挡。

(3) 交流毫伏表面板上电压的刻度线共有 0～1.0 和 0～3.0 两条，根据需要测量的数据选择量程，若选择的量程为 1mV、10mV、100mV、1V、10V、100V，则读取第一根刻度线（满偏为 1.0V）；若选择的量程为 0.3mV、3mV、30mV、300mV、3V、30V、300V，则读取第二根刻度线（满偏为 3.0V）。使用不同量程时，应在相应的刻度线上读数，并乘以合适的倍率（量程/满刻度）。

(4) 测量时应根据被测信号的大小选择合适的量程，无法预知被测信号的大小时先选用大量程挡，逐渐减小量程至合适挡位，切勿使用低压挡去测高压，以免损坏仪表。

(5) 接通电源输入电压后或量程转换时，由于电容的充放电过程，指针有所晃动，需待指针稳定后再读取数值。

(6) 由于交流毫伏表灵敏度较高，为避免因 50Hz 交流电的感应将表头指针打弯，测量时应先接地线后接信号线，测量结束拆线时，先拆信号线后拆地线。

(7) 测量非正弦交流电压时，交流毫伏表的读数没有直接意义。

(8) 测量 30V 以上的电压时，须注意安全。

(9) 所测交流电压中的直流分量不得大于 100V。

(10) 浮置/接地功能的使用

① 当将开关置于浮置时，输入信号地与外壳处于高阻状态；当将开关置于接地时，输入信号地与外壳接通。

② 在音频信号传输中，有时需要平衡传输，此时测量电平时，不能采用接地方式，需要浮置测量。

③ 在测量 BTL 放大器时，输入两端任一端都不能接地，否则将会引起测量不准，甚至烧坏功放，此时宜采用浮置方式测量。

④ 某些需要防止地线干扰的放大器或带有直流电压输出的端子及元器件二端电压的在线测试等均可采用浮置方式测量，以免由于公共接地带来的干扰或短路。

(11) 监视输出功能的使用

DF2175A 型交流毫伏表具有监视输出功能，因此可作为独立放大器使用。

① 当 0.3mV 量程输入时，具有 316 倍放大(50dB)。

② 当 1mV 量程输入时，具有 100 倍放大(40dB)。

③ 当 3mV 量程输入时，具有 31.6 倍放大(30dB)。

④ 当 10mV 量程输入时，具有 10 倍放大(20dB)。

⑤ 当 30mV 量程输入时，具有 3.16 倍放大(10dB)。

(12) 关机锁存功能的使用

① 当将后面板上的关机锁存/不锁存选择开关拨向 LOCK 时，在选择好测量状态后再

关机，则当重新开机时，毫伏表会自动初始化成关机前所选择的测量状态。

② 当将后面板上的关机锁存/不锁存选择开关拨向 UNLOCK 时，则每次开机时毫伏表将自动选择量程 300V 挡。

2.5 半导体管特性图示仪

半导体管特性图示仪是一种测量晶体管特性曲线的专用仪器，它可以在示波管的屏幕上显示出被测晶体管的输入特性曲线或输出特性曲线，通过标尺刻度读出晶体管的各项特性参数，如晶体管的电流放大系数、极限参数、反向漏电流、β 参数等。此外，还可以测量场效应管、光电管、可控硅、稳压二极管、整流管等几乎所有的二极和三极半导体器件，具有显示直观、读数简便和使用灵活等特点，是电子线路实验常用的仪器之一。

2.5.1 晶体管特性及其测试方法

晶体管的工作特性与其应用电路有关，NPN 管共发射极应用时的典型输出特性如图 2.5.1 所示。要测出图示曲线，必须在基极施加多个不同电压，从而改变基极电流 i_B，并且在每一种基极电流作用下，还要连续改变集电极电压 u_{CE}，测出集电极电流 i_C。为了测量方便和准确，可以采用半导体管特性图示仪进行晶体管特性的测量。

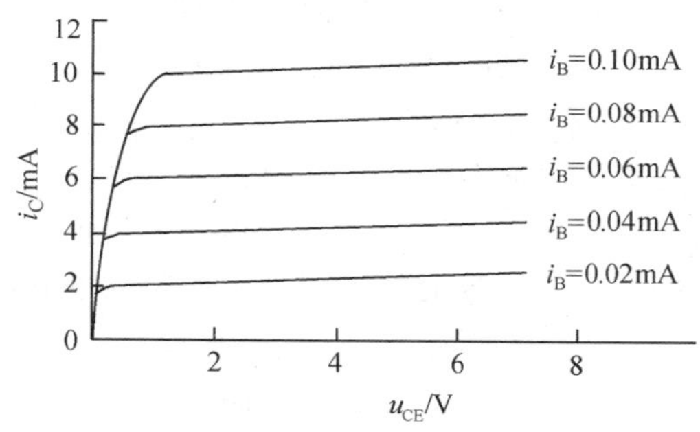

图 2.5.1 晶体管输出特性

2.5.2 半导体管特性图示仪的基本组成与工作原理

半导体管特性图示仪的总体结构如图 2.5.2 所示，它由基极阶梯波发生器、集电极扫描电压发生器、Y 轴放大、X 轴放大、同步脉冲发生器以及测试转换等几部分组成。

半导体管特性图示仪显示一条曲线的基本原理如图 2.5.3 所示。图中 220V、50Hz 的交流电压经变压器降压和全波整流后，加到被测晶体管的集电极和发射极之间，成为集电极扫描电压 u_{CE}，同时将此电压加至示波器的水平（X 轴）通道。另外，通过取样电阻 R_S 把与集电极电流 i_C 成正比的电压 $u_Y = i_C R_S$ 加到示波器的垂直（Y 轴）通道上，这样在垂直和水平两个电压的作用下，荧光屏上可显示出一条 $i_C = f(u_{CE})$ 的曲线。

变一次 i_B 值可显示一条不同的曲线，如果 i_B 是一个周期性变化的信号，就可以得到一组以 i_B 为参变量的曲线簇。通常采用基极阶梯波发生器给被测管提供变化的 i_B 信号，从而得到如图 2.5.4 所示的曲线簇。

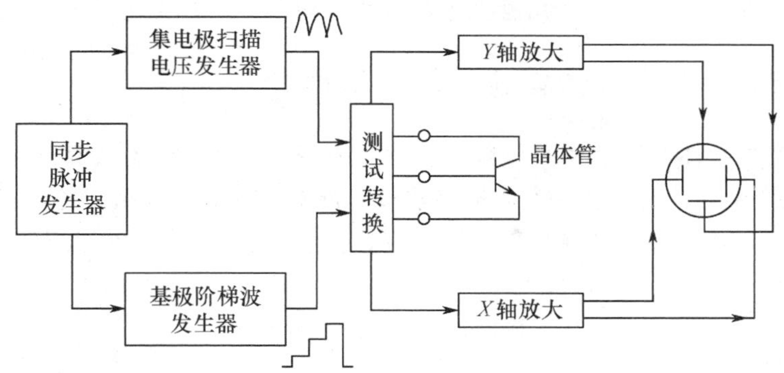

图 2.5.2 半导体管特性图示仪总体结构框图

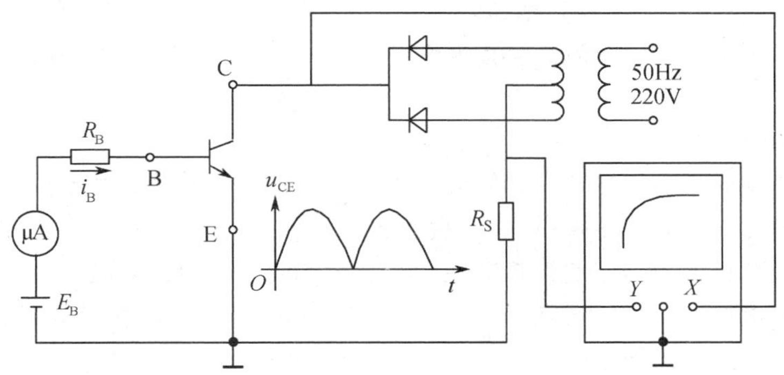

图 2.5.3 图示仪显示一条曲线的基本原理

如图 2.5.4(a)和(b)所示为 i_B 与 u_{CE} 之间的关系曲线。阶梯波电流 i_B 的周期 T_B 是扫描电压 u_{CE} 周期 T_S 的整数倍，即 $T_B=nT_S$，通常 n 取 4～12。在阶梯波的一个周期内，阶梯波每上升一个阶梯，相当于改变一次参数 i_B，只要集电极扫描电压 u_{CE} 与阶梯波电流 i_B 之间保持图 2.5.4(a)和(b)所示的时间关系，那么显示被测晶体管输出特性曲线所需要的 u_{CE} 和 i_B 就能同步。

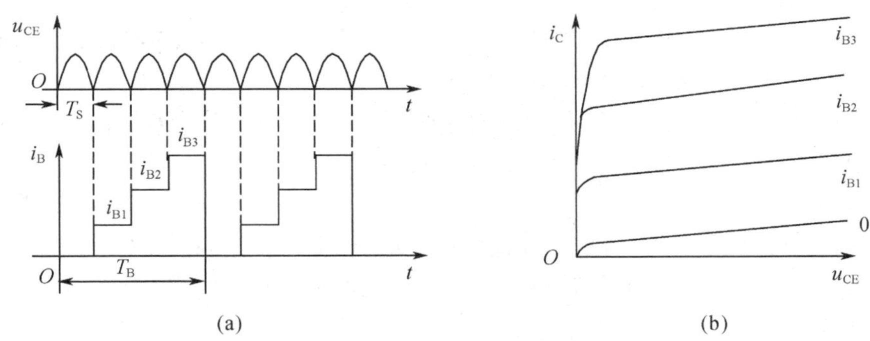

图 2.5.4 扫描电压与阶梯波及显示曲线之间的关系

由图 2.5.4 可见，在每一个扫描周期 T_S，荧光屏上的光点从左向右和从右向左移动各一次，描绘出一条曲线。当一个扫描周期结束时，阶梯波上升一级，荧光屏上的光点也相应跳跃一个高度，描绘出第二条曲线。所以，改变阶梯波每个周期的级数，可得到不同的曲线数，荧光屏显示的曲线数目 n 等于阶梯波电流 i_B 的周期 T_B 与扫描电压 u_{CE} 的周期 T_S 之比。

2.5.3 XJ4822B 型半导体管特性图示仪简介

XJ4822B 型半导体管特性图示仪除了具有上述基本功能外，还具有两簇曲线同时显示功能，便于对两个半导体管的各种参数进行比较和配对；除了可以测试各种二极管和晶体管外，配以适当的测试台和转换座还可以对场效应管和数字集成电路的电压传输特性进行测量。

1. 主要技术参数

1）Y 轴偏转系统

集电极电流范围（I_C）：10μA/div～1A/div，按 1-2-5 步进分 16 挡，误差在±3%以内。

漏电流（I_R）：0.2～5μA/div，按 1-2-5 步进分 5 挡，误差在±10%以内（室温）。

基极电流或基极源电压范围：电压 0.1V/div，误差在±3%以内；倍率×10，误差±5%±10nA。

2）X 轴偏转系统

集电极电压偏转系数：0.05～50V/div，按 1-2-5 步进分 10 挡，误差在±3%以内。

基极电压偏转系数：0.05～1V/div，按 1-2-5 步进分 5 挡，误差在±3%以内。

基极电流或基极源电压：偏转系数 0.05V/div，误差在±3%以内。

二极管反向电压：100～500V/div，按 1-2-5 步进分 3 挡，误差在±5%以内。

3）基极阶梯信号

阶梯电流：0.2μA /级～50mA /级，按 1-2-5 步进分 17 挡；1μA /级～50mA /级，误差在±5%以内；0.2～0.5μA /级，误差在±7%以内。

阶梯电压：0.05～1V/级，按 1-2-5 步进分 5 挡，误差在±5%以内。

阶梯电压幅度线性误差：在±10%以内。

阶梯电压不平度：在±10%以内。

4）集电极扫描

峰值电压范围及峰值电流容量各挡级电压连续可变。

功耗限制电阻：0～500kΩ，共分 11 挡：0Ω、1Ω、2.5Ω、10Ω、50Ω、250Ω、1kΩ、5kΩ、25kΩ、100kΩ、500kΩ，误差为±10%以内。

集电极扫描信号：①输出极性：正、负分两挡；②集电极容性电流不大于 2μA（平衡后，10V 挡）；③集电极漏电流不大于 3μA（平衡后，10V 挡）。

5）整机系统

示波管：15SJ118Y14 型，有效工作面 10×10div（1div＝8mm）。

视在功率：50V · A（非测试状态），80V · A（最大功率）。

电源电压：220V±10%。

外形尺寸：245mm×350mm×580mm。

2. 面板介绍与使用说明

XJ4822B 型半导体特性图示仪的面板图如图 2.5.5 所示，它由五部分组成。

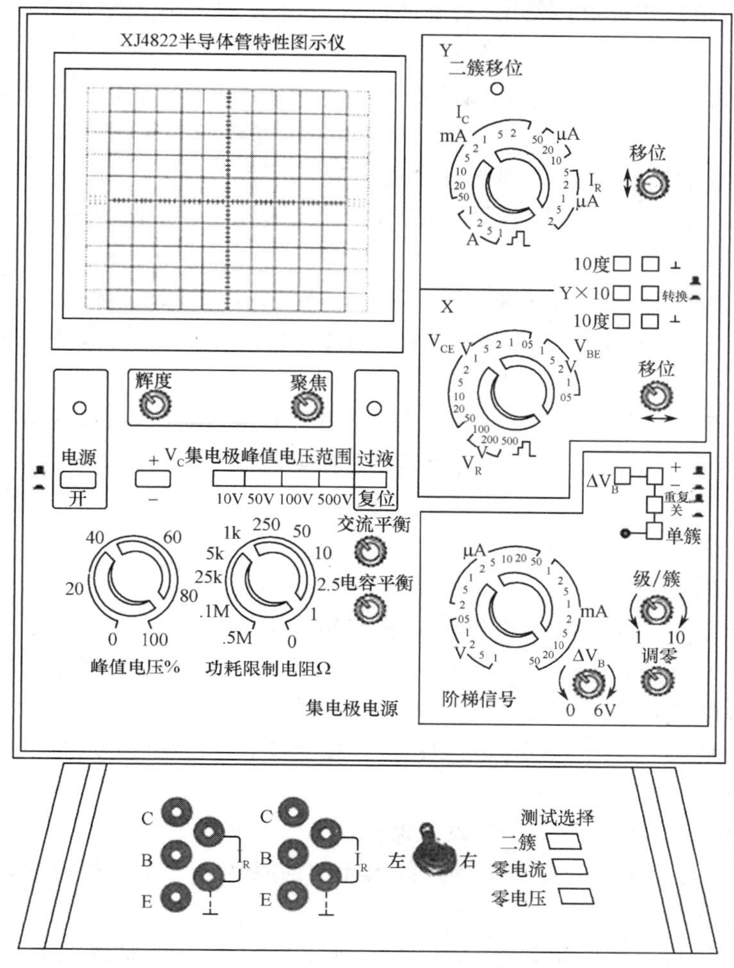

图 2.5.5　半导体特性图示仪面板

1）电源开关及 CRT

（1）电源开关按钮：按下电源接通。

（2）电源指示灯：电源接通发光管亮，指示仪器通电工作。

（3）辉度旋钮：它是通过改变示波管栅阴极之间电压来改变发射电子的多少，从而来控制辉度，使用时辉度适中。

（4）聚焦旋钮：调节使显示图像清晰。

2）集电极电源

（1）极性选择。极性选择开关可以转换正负集电极电压极性，在 NPN 型与 PNP 型半导体管的测试时可按面板指示的极性进行选择。按钮弹出为正，按入为负。

（2）峰值电压范围。选择集电极电压：0～10V、0～50V、0～100V、0～500V 中的一挡电压。当由低挡改换高挡，观察半导体管的特性时必须先将“峰值电压”调到零值，换挡后再逐渐增加电压，否则易损坏被测器件。

（3）峰值电压%。峰值控制旋钮可以在 0～10V、0～50V、0～100V、0～500V 之间连续可变,面板上标称值是作近似值使用,精确的读数应由 X 轴偏转灵敏度读测。测试完毕后应将旋钮置 0%。

(4) 功耗限制电阻。可在 0～500kΩ 之间共 11 个挡位进行选择,功耗限制电阻串联在被测管子集电极电路上,限制超过管子的功耗,亦可作为被测半导体管集电极的负载电阻。通过图示仪的特性曲线簇的斜率,可选择合适的负载电阻值。

(5) 过流保护指示灯。当被测器件的测试电流超过设定值的两倍时,指示灯亮,并切断集电极电源。

(6) 复位按钮开关。当过流保护指示灯亮时,按复位按钮开关复位。

(7) 交流平衡。交流平衡是针对集电极变压器次级绕阻对地电容的不对称,进行电容平衡调节。

(8) 电容平衡。由于集电极输出端对地存在各种杂散分布电容,形成电容性电流,造成测量上的误差,为了尽量减小电容性电流,测试前应调节电容补偿,使容性电流减至最小状态。

3) X 轴、Y 轴作用

(1) Y 轴选择开关

Y 轴选择开关是一种具有 22 个挡位、3 种偏转作用的开关。

集电极电流 I_C：10μA/div～1A/div,共 16 挡,是通过取样电阻将电流转化为电压后,经垂直放大而取得的电流偏转值。

二极管漏电流 I_R：0.2～5μA /div,共 5 挡,是通过取样电阻将电流转化为电压后,经垂直放大而取得的电流偏转值。

阶梯校正信号：1 挡,由阶梯信号发生器提供 0.1V/级的阶梯信号。

(2) Y 移位。它是通过分差平衡直流放大器的前级放大管中射极电阻的改变,达到被测信号或集电极扫描线在 Y 轴方向的移动。

(3) Y 轴 10 度校准。校准电压 1V 送入 Y 轴放大器,校准 Y 轴放大器的增益。

(4) Y 轴扩展 10 倍。通过放大器增益扩展 10 倍,以达到改变电流偏转倍率的作用,垂直显示放大 10 倍。

(5) Y 轴输入接地。Y 轴输入信号直接接地,表示输入为零的基准点。

(6) X 轴选择开关

X 轴选择开关是一种具有 19 个挡位、4 种偏转作用的开关。

集电极电压 U_{CE}：0.05～50V/div,共 10 挡,是通过分压电阻以达到不同灵敏度的偏转目的。

基极电压 U_{BE}：0.05～1V/div,共 5 挡,是通过分压电阻以达到不同灵敏度的偏转目的。

二极管反向电压 U_R：100～500V/div,共 3 挡,是通过分压电阻以达到不同灵敏度的偏转目的。

阶梯校正信号：1 挡,由阶梯信号发生器提供 0.1V/级的阶梯信号。

(7) X 轴移位。它是通过改变直流放大器的前级放大管中的射极电阻,实现被测信号或集电极扫描线在 X 轴方向移动。

(8) X 轴 10 度校准。校准电压 0.5V 送入 X 轴放大器,校准 X 轴放大器的增益。

(9) X 轴输入接地。X 轴输入信号直接接地,表示输入为零的基准点。

(10) 倒相按钮。通过开关变换使放大器输入端二线相互对换，达到图像相互转换，便于 NPN 管转测 PNP 管时简化测试操作。按钮按入时，显示在垂直、水平方向上倒相。

(11) 二簇移位。在双簇使用时，提供右边图形的水平移位。

4) 阶梯信号

(1) 阶梯信号选择开关。

阶梯选择开关是一种具有 22 个挡位、2 种作用的开关。

基极电流 I_B：0.2μA/级～50mA/级，共 17 挡，其作用是通过改变开关的不同挡位的电阻值，使基极电流按 0.2μA/级～50mA/级所在挡位内的电流通过被测半导体管。

基极电压 U_B：0.5～1V/级，共 5 挡，其作用是通过改变开关的不同挡位的电阻值，使基级输出 0.5～1V/级电压。

(2) 极性。选择阶梯输出的极性。按钮弹出为正，按下为负。

(3) 重复/关。重复是使阶梯信号重复给出，进行正常测试；关是使阶梯信号处于待触发状态。

(4) 单簇。将一次阶梯信号作用到被测管子上后，使阶梯信号回到待触发状态。利用瞬间作用观察被测管的各种极限值。

(5) ΔU_B。按钮弹出为正常测试状态，当按钮按下时正极性 U_B 增加 0～6V，负极性 U_B 增加−6～0V。用于提高基极电压值。

(6) 级/簇。用来调节阶梯信号的级数，在 0～10 范围内连续可调。

(7) 调零。校正阶梯信号的零电位。正常测试时一般应校正至零电位。

(8) 0～6V。调节电压值 ΔU_B，在−6V～0 和 0～6V 范围内可调。

5) 测试台

(1) 测试输入端。被测器件输入端，分为左右两个。

(2) 测试端选择。选择左端或右端作为测试输入端。也可同时测量两个器件，通过开关转换，任选其一进行特性显示。

(3) 双簇键。按钮按下时可同时观测两个被测器件的特性曲线。

(4) 零电流。使被测器件的基极处于开路状态，可进行 I_{CEO} 特性测试。

(5) 零电压：使被测器件的基极与发射极处于短路状态。

2.6　DS1000U 系列数字示波器

DS1000U 系列数字示波器是 RIGOL 公司生产的一款高性能、经济型的数字示波器。该系列示波器前面板设计清晰直观，完全符合传统仪器的使用习惯，方便用户操作。测量时，用户可以直接使用 AUTO 键，将立即获得适合的波形显示和挡位设置。此外，该系列数字示波器有高达 500MSa/s 的实时采用、10GSa/s 的等效采样率及强大的触发和分析能力，可帮助用户更快、更细致地观察、捕获和分析波形。

2.6.1　DS1000U 系列面板和用户界面

1. **前面板**

DS1000U 系列数字示波器的前面板如图 2.6.1 所示，面板包括旋钮和功能按键。旋钮的功能与其他示波器类似。显示屏右侧的一列 5 个灰色按键为菜单操作键(自上而下定义为 1～5 号),通过它们可以设置当前菜单的不同选项;其他按键为功能键,通过它们可以进入不同的功能菜单或直接获得特定的功能应用。

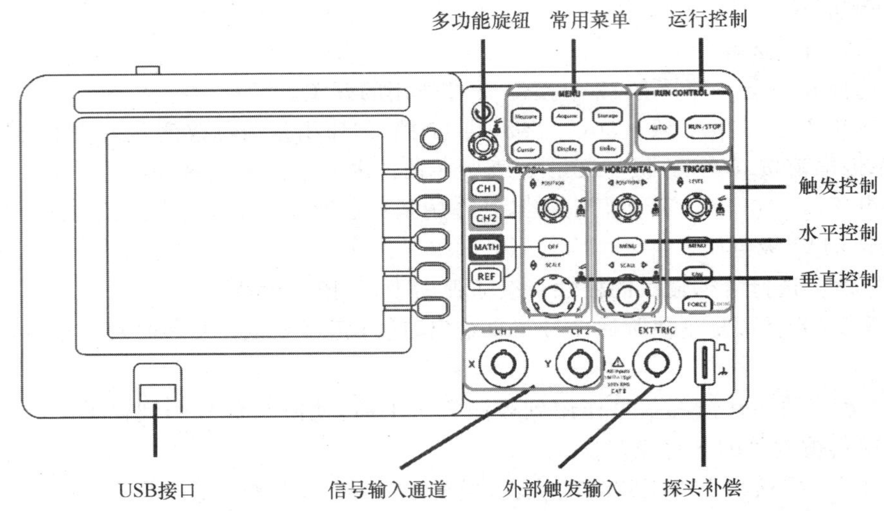

图 2.6.1 DS1000U 系列数字示波器的前面板

2. 后面板

DS1000U 系列数字示波器的后面板如图 2.6.2 所示,主要包括以下几部分。

(1) Pass/Fail 输出端口:通过/失败测试的检测结果可通过光电隔离的 Pass/Fail 端口输出。

(2) RS232 接口:为示波器与外部设备的连接提供串行接口。

(3) USB Device 接口:当示波器作为"从设备"与外部 USB 设备连接时,需要通过该接口传输数据。

图 2.6.2 DS1000U 系列数字示波器的后面板

3. 显示界面

DS1000U 系列数字示波器的显示界面如图 2.6.3 所示。

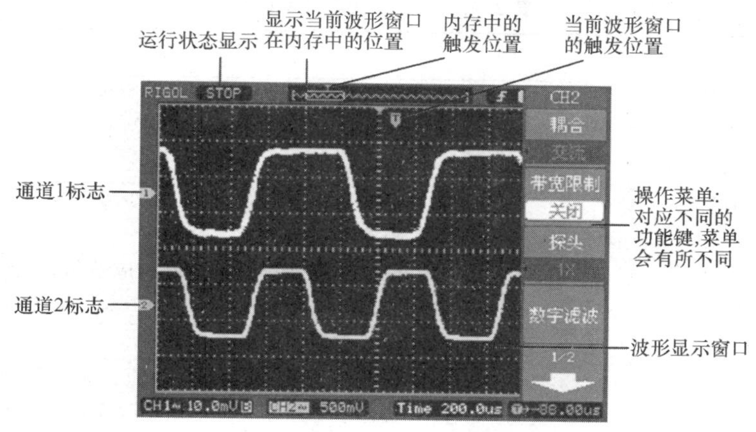

图 2.6.3　DS1000U 系列数字示波器的界面显示

2.6.2　DS1000U 系列示波器垂直系统

DS1000U 系列示波器在垂直控制区有一系列的按键、按钮,用于对示波器垂直方向的参数进行设置,如图 2.6.4 所示。

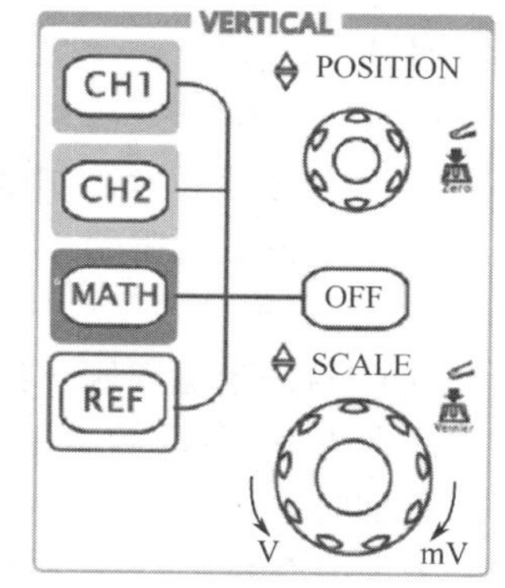

图 2.6.4　垂直控制系统操作面板

1. 垂直 POSITION 旋钮

转动垂直 POSITION 旋钮,可以调节信号的垂直显示位置。当转动垂直 POSITION 旋钮时,指示通道地(GROUND)的标识跟随波形而上下移动。如果通道耦合方式为 DC,可以通过观察波形与地信号之间的差距来快速测量信号的直流分量;如果耦合方式为 AC,信号里面的直流分量被滤除,这种方式可以方便用户用更高的灵敏度显示信号的交流分量。

旋动垂直 POSITION 旋钮不但可以改变通道的垂直显示位置,更可以通过按下该旋钮作为设置通道垂直显示位置恢复到零点的快捷键。

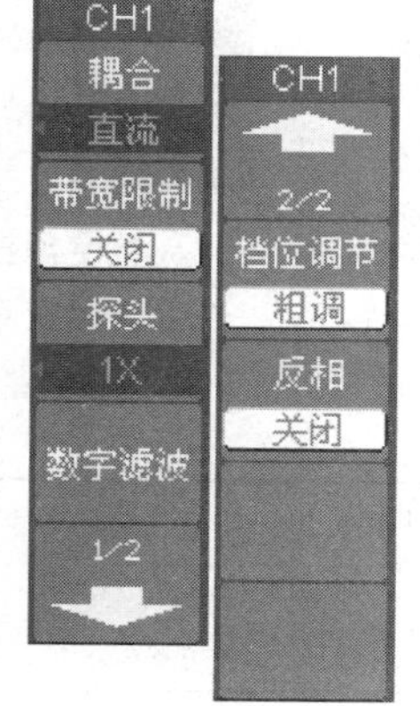

图 2.6.5　通道设置菜单

2. 垂直 SCALE 旋钮

转动垂直 SCALE 旋钮,可以改变"V/div(伏/格)"垂直挡位。垂直挡位的变化情况在波形窗口下方的状态栏中显示。同时,按下垂直 SCALE 旋钮可作为设置输入通道的粗调/微调状态的快捷键。

3. 通道设置

DS1000U 系列提供双通道输入,每个通道都有独立的垂直菜单,每个项目都按不同的通道单独设置。

按 CH1 或 CH2 功能键,系统将显示 CH1 或 CH2 通道的操作菜单,如图 2.6.5 所示,菜单说明见表 2.6.1。

表 2.6.1 通道设置菜单说明

功能菜单	设定	说明
耦合	直流 交流 接地	通过输入信号的交流和直流成分 阻挡输入信号的直流成分 断开输入信号
带宽限制	打开 关闭	限制带宽至 20MHz,以减少显示 噪声满带宽
探头	1×,5×,10×,50×,100×,500×,1000×	根据探头衰减因数选取相应数值,确保垂直标尺读数准确
数字滤波		设置数字滤波
挡位调节	粗调 微调	粗调按 1-2-5 进制设定垂直灵敏度微调是指在粗调设置范围之内以更小的增量改变垂直挡位
反相	打开 关闭	打开波形反相功能 波形正常显示

1）设置通道耦合(以 CH1 为例)

按 CH1→耦合→交流,设置为交流耦合方式,被测信号含有的直流分量被阻隔。

按 CH1→耦合→直流,设置为直流耦合方式,被测信号含有的直流分量和交流分量都可以通过。

按 CH1→耦合→接地,设置为接地方式,信号含有的直流分量和交流分量都被阻隔。

2）设置通道带宽限制(以 CH1 为例)

按 CH1→带宽限制→关闭,设置带宽限制为关闭状态,被测信号含有的高频分量可以通过。

按 CH1→带宽限制→打开,设置带宽限制为打开状态,被测信号含有的大于 20MHz 的高频分量被阻隔。

3）调节探头比例

为了配合探头的衰减系数,需要在通道操作菜单中调整相应的探头衰减比例系数。如探头衰减系数为 10∶1,示波器输入通道的比例也应设置成 10×,以避免显示的挡位信息和测量的数据发生错误。

4）数字滤波设置

DS1000U 系列示波器提供 4 种实用的数字滤波器：低通滤波器、高通滤波器、带通滤波器和带阻滤波器。通过设定带宽范围,能够滤除信号中特定的波段频率,从而达到很好的滤波效果。

按 CH1→数字滤波,系统将显示 FILTER 数字滤波功能菜单,如图 2.6.6 所示,菜单说明见表 2.6.2。

图 2.6.6 数字滤波设置菜单

表 2.6.2 数字滤波设置菜单说明

功能菜单	设定	说明
数字滤波	关闭 打开	关闭数字滤波器 打开数字滤波器

续表

功能菜单	设　定	说　明
滤波类型		设置滤波器为低通滤波 设置滤波器为高通滤波 设置滤波器为带通滤波 设置滤波器为带阻滤波
频率上限	＜上限频率＞	多功能旋钮( )设置频率上限
频率下限	＜下限频率＞	多功能旋钮( )设置频率下限

5）挡位调节设置

垂直挡位调节分为粗调和微调两种模式。垂直灵敏度的范围是 2mV/div～10V/div（探头比例设置为 1×）。

粗调是以 1-2-5 步进序列调整垂直挡位，即以 2mV/div、5mV/div、10mV/div、20mV/div、…、10V/div 方式步进。微调是指在粗调设置范围之内以更小的增量进一步调整垂直挡位。如果输入的波形幅度在当前挡位略大于满刻度，而应用下一挡位波形显示幅度稍低，可以应用微调改善波形显示幅度，以利于观察信号细节。

切换粗调/微调不但可以通过此菜单操作，更可以通过按下垂直 SCALE 旋钮作为设置输入通道的粗调/微调状态的快捷键。

4. 数学运算

数学运算（MATH）功能可以显示 CH1、CH2 通道波形相加、相减、相乘以及 FFT 运算的结果。数学运算的结果可通过栅格或游标进行测量。

按 MATH 功能键，系统将显示数学运算菜单，如图 2.6.7 所示，菜单说明见表 2.6.3。

图 2.6.7　数学运算设置菜单

表 2.6.3　数学运算设置菜单说明

功能菜单	设　定	说　明
操作	$A+B$	信源 A 波形与信源 B 波形相加
	$A-B$	信源 A 波形减去信源 B 波形
	$A\times B$	信源 A 波形与信源 B 波形相乘
	FFT	FFT 数学运算
信源 A	CH1	设定信源 A 为 CH1 通道波形
	CH2	设定信源 A 为 CH2 通道波形
信源 B	CH1	设定信源 B 为 CH1 通道波形
	CH2	设定信源 B 为 CH2 通道波形
反相	打开	打开波形反相功能
	关闭	关闭波形反相功能

2.6.3 DS1000U 系列示波器水平系统

DS1000U 系列示波器在水平控制区有一系列的按键、按钮，可以通过该控制区域对水平系统进行设置，如图 2.6.8 所示。

1. 水平 POSITION 旋钮

转动水平 POSITION 旋钮可以调整信号在波形窗口的水平位置，此时可以看到波形随旋钮而水平移动。另外，按下水平 POSITION 旋钮可以使触发位移(或延迟扫描位移)恢复到水平零点处。

2. 水平 SCALE 旋钮

转动水平 SCALE 旋钮可以改变水平挡位设置，即“s/div(秒/格)”。水平扫描速度从 2ns 至 50s，以 1-2-5 的形式步进。另外，按下水平 SCALE 旋钮可以切换到延迟扫描状态。

3. 水平系统设置

水平系统设置可以改变仪器的水平刻度、主时基或延迟扫描(Delayed)时基；调整触发在内存中的水平位置及通道波形(包括数学运算)的水平位置；也可以显示仪器的采样率。

按水平系统的 MENU 功能键，系统将显示水平系统的操作菜单，如图 2.6.9 所示，菜单说明见表 2.6.4。

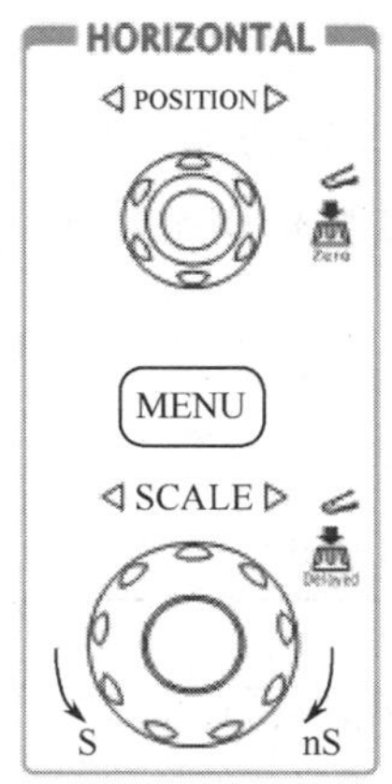

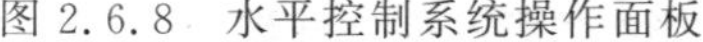
图 2.6.8 水平控制系统操作面板

图 2.6.9 水平系统设置菜单

表 2.6.4 水平系统设置菜单说明

功能菜单	设定	说明
延迟扫描	打开	进入 Delayed 波形延迟扫描
	关闭	关闭延迟扫描

续表

功能菜单	设定	说　明
时基	Y-T	Y-T 方式显示垂直电压与水平时间的相对关系，Y 轴表示电压量，X 轴表示时间量
	X-Y	X-Y 方式在水平轴上显示通道 1 幅值，在垂直轴上显示通道 2 幅值
	Roll	Roll 方式下示波器从屏幕右侧到左侧滚动更新波形采样点
采样率		显示系统采样率
触发位移复位		调整触发位置至中心零点

在水平系统设置过程中，各参数的当前状态在屏幕中会被标记出来，方便用户观察和判断，如图 2.6.10 所示。

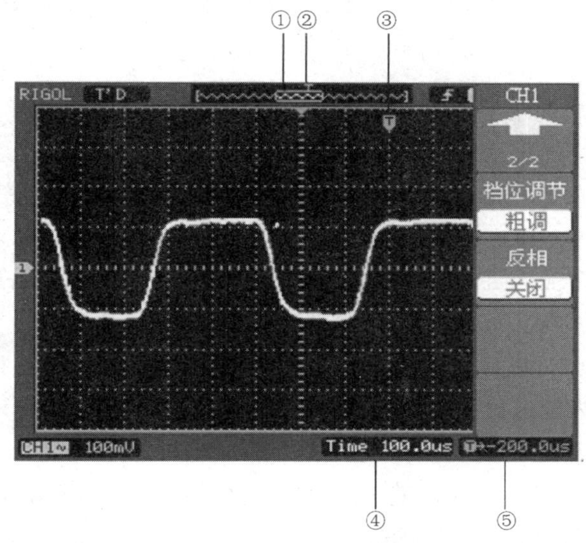

图 2.6.10　水平设置标志说明

图 2.6.10 中标志说明如下。

①：表示当前的波形视窗在内存中的位置。

②：表示触发点在内存中的位置。

③：表示触发点在当前波形视窗中的位置。

④：水平时基（主时基）显示，即“s/div（秒/格）”。

⑤：触发位置相对于视窗中点的水平距离。

1）延迟扫描

延迟扫描用来放大一段波形，以便查看图像细节。延迟扫描时基的设定不能慢于主时基的设定。按水平系统的 MENU→延迟扫描，示意图如图 2.6.11 所示。

延迟扫描操作进行时，屏幕将分为上下两个显示区域。

上半部分显示的是原波形。未被半透明蓝色覆盖的区域是期望被水平扩展的波形部

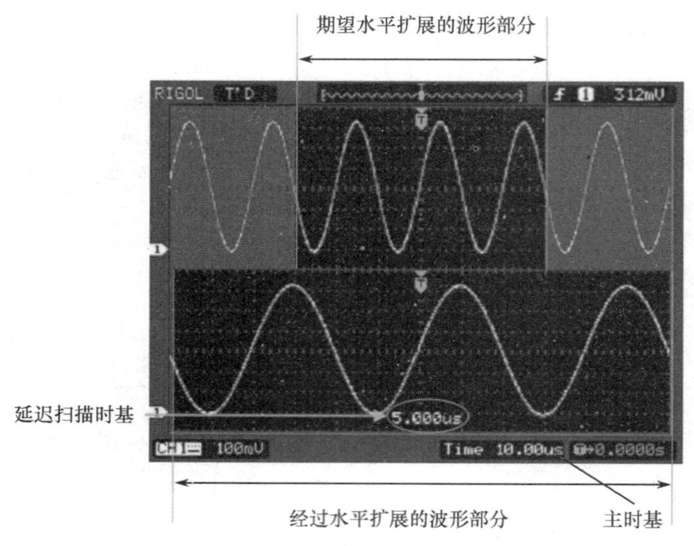

图 2.6.11 延迟扫描示意图

分。此区域可以通过转动水平 POSITION 旋钮左右移动，或转动水平 SCALE 旋钮扩大和减小选择区域。

下半部分是选定的原波形区域经过水平扩展后的波形。值得注意的是，延迟时基相对于主时基提高了分辨率(图 2.6.11)。由于整个下半部分显示的波形对应于上半部分选定的区域，因此转动水平 SCALE 旋钮减小选择区域可以提高延迟时基，即可提高波形的水平扩展倍数。

进入延迟扫描不但可以通过水平区域的 MENU 菜单操作，也可以直接按下此区域的水平 SCALE 旋钮作为延迟扫描快捷键，切换到延迟扫描状态。

2）*X*-*Y* 方式

X-*Y* 方式只适用于通道 1 和通道 2 同时被选择的情况。选择 *X*-*Y* 显示方式后，水平轴上显示通道 1 电压，垂直轴上显示通道 2 电压。

按下水平系统的 MENU→时基→*X*-*Y*，显示的波形如图 2.6.12 所示。

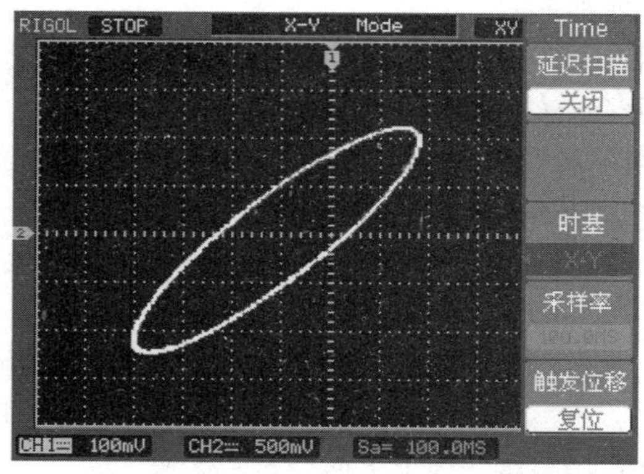

图 2.6.12 *X*-*Y* 显示方式的波形

2.6.4　DS1000U 系列示波器触发系统

DS1000U 系列示波器的触发控制区包括一个旋钮、3 个按键，如图 2.6.13 所示。

1. LEVEL 旋钮

转动 LEVEL 旋钮可以改变触发电平设置，此时屏幕上会出现一条橘红色的触发线以及触发标志，随旋钮转动而上下移动。停止转动旋钮，此触发线和触发标志会在约 5s 后消失。在移动触发线的同时，可以观察到在屏幕上触发电平的数值发生了变化。

LEVEL 旋钮可以作为设置触发电平恢复到零点的快捷键。

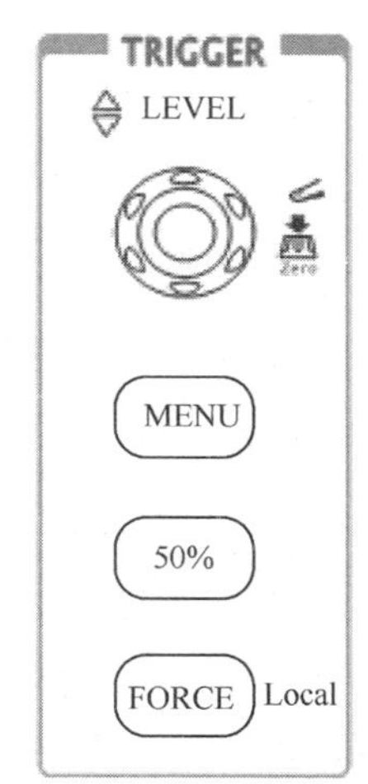

图 2.6.13　触发控制区操作面板

2. 50% 按键

按下 50%按键，设定触发电平在触发信号幅值的垂直中点。

3. FORCE 按键

按下 FORCE 按键，强制产生一个触发信号，主要应用于触发方式中的“普通”和“单次”模式。

4. 触发系统设置

触发决定了示波器何时开始采集数据和显示波形。一旦触发被正确设定，它可以将不稳定的显示转换成有意义的波形。

示波器在开始采集数据时，先收集足够的数据用来在触发点的左方画出波形，在等待触发条件发生的同时连续地采集数据，当检测到触发后，示波器连续地采集足够的数据以在触发点的右方画出波形。

DS1000U 系列数字示波器具有丰富的触发功能，包括边沿、脉宽、斜率、视频和交替触发。

(1) 边沿触发：当触发输入沿给定方向通过某一给定电平时，边沿触发发生。

(2) 脉宽触发：设定脉宽条件捕捉特定脉冲。

(3) 斜率触发：根据信号的上升或下降速率进行触发。

(4) 视频触发：对标准视频信号进行场或行视频触发。

(5) 交替触发：稳定触发双通道不同步信号。

下面以边沿触发为例，说明触发参数的设定。

边沿触发方式是通过在波形上查找斜率和电压电平来识别触发，并在输入信号边沿的触发阈值上进行触发。选取“边沿触发”时，可在输入信号的上升沿、下降沿或上升和下降沿处进行触发。

按触发系统的 MENU 功能键→触发模式→边沿模式，出现如图 2.6.14 所示的菜单，菜单的说明见表 2.6.5。

图 2.6.14　触发系统设置菜单

表 2.6.5 触发系统设置菜单说明

功能菜单	设　定	说　明
信源选择	CH1 CH2 EXT AC Line	设置通道 1 作为信源触发信号 设置通道 2 作为信源触发信号 设置外触发输入通道作为信源触发信号 设置市电触发
边沿类型	(上升沿) (下降沿) ↑↓(上升 & 下降沿)	设置在信号上升沿触发 设置在信号下降沿触发 设置在信号上升和下降沿触发
触发方式	自动 普通 单次	在没有检测到触发条件下也能采集波形 设置只有满足触发条件时才采集波形 设置当检测到一次触发时采样一个波形,然后停止
触发设置		进入触发设置菜单

DS1000U 系列数字示波器的触发信源可有 4 种选择,分别为输入通道(CH1 和 CH2)、外部触发(EXT)和 AC Line(市电)。

输入通道:最常用的触发信源是输入通道(可任选 CH1 或 CH2),被选中作为触发信源的通道,无论其输入是否被显示,都能正常工作。

外部触发:这种触发信源可用于在两个通道上采集数据的同时在第三个通道上触发。例如,可利用外部时钟或来自待测电路的信号作为触发信源。EXT 触发源都使用连接至 EXT TRIG 接头的外部触发信号。EXT 可直接使用信号,信号触发电平在−1.2～+1.2V 时使用 EXT。

AC Line:交流电源。这种触发信源可用来显示信号与动力电,如照明设备和动力提供设备之间的关系。示波器将产生触发,无需人工输入触发信号。在使用交流电源作为触发信源时,触发电平设定为 0V,不可调节。

DS1000U 系列数字示波器提供 3 种触发方式:自动、普通和单次触发。

自动触发:该触发方式下,即使没有检测到触发条件,示波器也能够进行波形采样。在一定的等待时间(该时间可由时基设置决定)内,若没有触发条件发生,示波器将进行强制触发。强制触发无效时,示波器虽然显示波形,但不能使波形同步,所显示的波形不稳定;若强制触发有效,将显示稳定的波形。

普通触发:示波器在普通触发方式下只有当触发条件满足时才能采样到波形。在没有触发时,示波器将显示原有波形而等待触发。

单次触发:单次触发方式下,用户按一次“运行”按钮,示波器等待触发,当检测到一次触发时,示波器将显示一个波形,然后停止。

2.6.5 DS1000U 系列示波器 MENU 控制区

DS1000U 系列示波器的 MENU 控制区按键如图 2.6.15 所示。

1. Acquire 按键

Acquire 按键为采样系统的功能按键,通过采样设置菜单可调整波形采样方式。

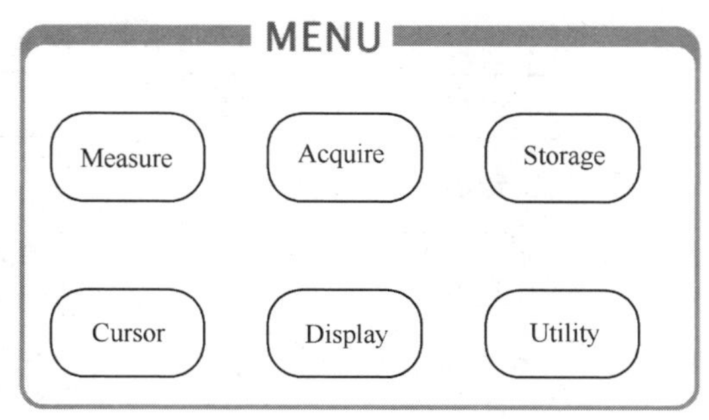

图 2.6.15　MENU 控制区按键

2. Display 按键

Display 按键为显示系统的功能按键，通过显示系统设置菜单可调整波形显示方式和波形亮度等。

3. Storage 按键

Storage 按键为存储系统的功能按键，通过存储设置菜单可对示波器内部存储区和 USB 存储设备上的波形和设置文件进行保存和调出操作。

4. Utility 按键

Utility 按键为辅助系统功能按键，通过辅助系统功能设置菜单可对示波器的接口、显示语言、波形录制和打印功能等进行设置，并可执行自校正功能。执行自校正功能时，自校正程序可迅速地使示波器达到最佳状态，以取得最精确的测量值。

5. Measure 按键

Measure 按键为自动测量功能按键。DS1000U 系列示波器提供 22 种自动测量的波形参数，包括 10 种电压参数和 12 种时间参数。例如，可测量波形的峰-峰值、最大值、最小值、幅值、均方根值、频率、周期、占空比、相位和脉宽宽度等参数。

6. Cursor 按键

Cursor 按键为光标测量功能按键。光标模式允许用户通过移动光标进行测量，光标测量分为 3 种模式。

(1) 手动模式：出现水平调整或垂直调整的光标线。通过旋动多功能旋钮(↻)手动调整光标的位置，示波器同时显示光标点对应的测量值。

(2) 追踪模式：水平与垂直光标交叉构成十字光标。十字光标自动定位在波形上，通过旋动多功能旋钮(↻)可以调整十字光标在波形上的水平位置。示波器同时显示光标点的坐标。

(3) 自动测量模式：在自动测量模式下，系统会显示对应的电压或时间光标，以揭示测量的物理意义。系统根据信号的变化，自动调整光标位置，并计算相应的参数值。此种方式在未选择任何自动测量参数时无效。

下面以追踪模式为例，说明光标测量功能的使用方法。

按 Cursor→光标模式→追踪，进入如图 2.6.16 所示的菜单，菜单的说明见表 2.6.6。

图 2.6.16 追踪模式设置菜单

表 2.6.6 追踪模式设置菜单说明

功能菜单	设　定	说　明
光标模式	追踪	设定追踪方式,定位和调整十字光标在被测波形上的位置
光标 A	CH1 CH2 无光标	设定追踪测量通道 1 的信号 设定追踪测量通道 2 的信号 不显示光标 A
光标 B	CH1 CH2 无光标	设定追踪测量通道 1 的信号 设定追踪测量通道 2 的信号 不显示光标 B
CurA (光标 A)	↻	设定旋动多功能旋钮(↻)调整光标 A 的水平坐标
CurB (光标 B)	↻	设定旋动多功能旋钮(↻)调整光标 B 的水平坐标

光标追踪测量模式是在被测波形上显示十字光标,通过移动光标的水平位置,光标自动在波形上定位,并显示当前定位点的水平、垂直坐标,两光标间的水平间距(ΔX),两光标间的水平间距的倒数($1/\Delta X$),两光标的垂直间距(ΔY)。其中,水平坐标以时间值显示(时间以触发偏移位置为基准),垂直坐标以电压值显示(电压以通道接地点为基准)。追踪模式光标测量效果如图 2.6.17 所示。

2.6.6 DS1000U 系列示波器运行控制区

DS1000U 系列示波器运行控制区执行按键包括 AUTO(自动设置)和 RUN/STOP(运行/停止)。AUTO(自动设置)按键自动设定仪器的各项控制值,以产生适宜观察的波形显示；RUN/STOP(运行/停止)按键用以控制运行和停止波形采样。

按 AUTO 键后,菜单显示如图 2.6.18 所示,菜单说明见表 2.6.7。

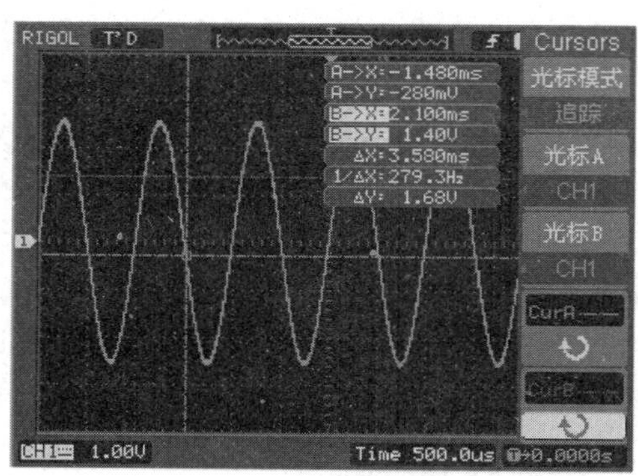

图 2.6.17 追踪模式光标测量

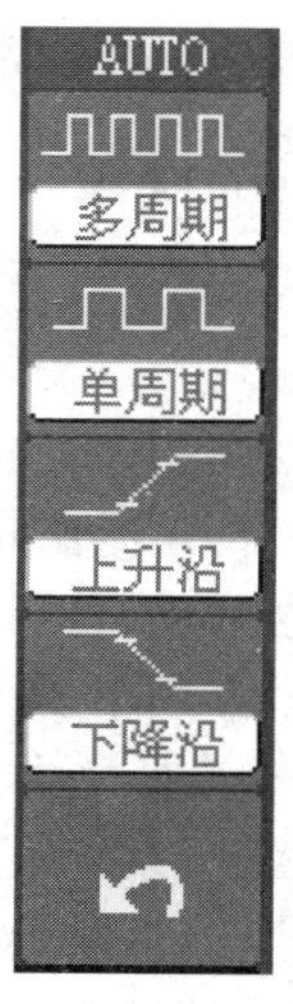

图 2.6.18 自动设置菜单

表 2.6.7　自动设置菜单说明

功能菜单	说　明
 多周期	设置屏幕自动显示多个周期信号
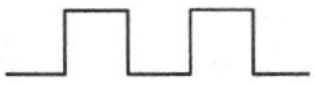 单周期	设置屏幕自动显示单个周期信号
 上升沿	自动设置并显示上升时间
 下降沿	自动设置并显示下降时间
 （撤销）	撤销自动设置，返回前一状态

模拟电子技术实验

3.1 晶体管参数测试

1. 实验目的

(1) 了解半导体管特性图示仪的基本原理。

(2) 学习并掌握半导体特性图示仪的基本使用方法。

(3) 学会正确列表和记录实验数据,并能对实验数据做基本的处理与分析。

2. 实验原理

1) 二极管测试

(1) 二极管的正向特性

二极管的正向特性曲线如图3.1.1所示,从正向特性曲线上可以测量到二极管的正向压降、直流电阻和交流电阻等参数。图示仪显示屏的上下左右都为10格分度。如果测量静态参数,不需要考虑动态范围,则应尽量使工作点位置占据屏幕最大位置;若测量动态参数,则应将工作点位置放在屏幕的中心区域,便于动态参数测试。接着考虑选择适当的工作电压和功耗电阻。在图示仪上,器件工作电压称为集电极扫描峰值电压 E_m。一般根据被测管给定的工作点位置确定,最小的 $E_m=10V$,故工作点 Q 低于10V就选10V。注意:适当选择功耗电阻 R_P,以免因 R_P 过小导致被测器件损坏。通常功耗限制电阻挡的设置要小于 E_m/I_Q 的比值。图3.1.1中斜线反映的就是功耗限制电阻的作用。最后注意电压极性应满足被测器件要求,无关或不用按钮应处于弹出位置。

现以二极管正向压降测量为例介绍一下操作步骤。一般普通二极管的正向工作电压 $U_F \leqslant 1V$,则 X 轴作用应置于0.1V/div,刚好仪器上有这一挡。若计算值不是仪器上的挡位则选择高一挡位。同样,正向工作电流 $I_{FQ}=50mA$,故 Y 轴作用应置于5mA/div。这里要注意 X 轴作用在集电极电压 U_C/div 范围内选择,Y 轴作用在集电极电流 I_C/div 范围内选择。接下来选择集电极工作电压,一般根据测试要求选定电压上限,这里电压超过1V以上即可,故选择仪器上最低挡位10V。将10V按钮按下,其他相应电压按钮都应在弹起位置。功耗限制电阻旋钮位置按 $R_P=E_m/I_{FQ}=10V/50mA=200\Omega$ 往下减一挡。峰值电压旋钮开始时应处于最小位置,只有在测试时才缓慢地沿顺时针方向增加峰值电压,并从图示仪屏幕上看到曲线的这一变化,最高点以不超出 I_{FQ} 为宜。其他旋钮和开关应处于正常位置,详情可参考2.5节中的相关介绍。

(2) 二极管的反向特性

二极管的反向特性曲线如图3.1.2所示，从反向特性曲线上可以测量二极管的反向击穿电压$U_{(BR)}$和反向电流I_R。

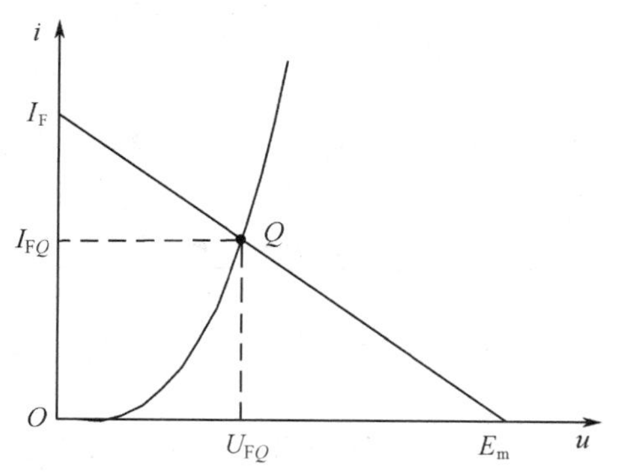

图3.1.1 二极管正向特性曲线

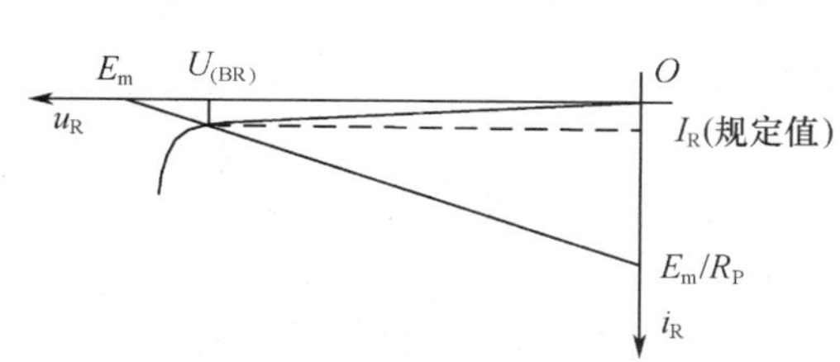

图3.1.2 二极管反向特性曲线

在一定的反向电压范围内二极管的反向电流基本上不随电压变化。当反向电压超过某一值后反向电流急剧增加。通常定义反向电流达到某一值时所对应的反向电压称为反向击穿电压，用$U_{(BR)}$表示。使用时一般以手册中的反向击穿电压为准。整流管的反向击穿电压通常都很大。选择时只要满足使用要求，或在使用环境下不出现击穿现象即可。测试时工作电压稍高于使用值，功耗限制电阻取最大值或按前面方法计算。坐标的原点一般习惯于定在右上角，集电极电压的极性选负。

2) 稳压二极管测试

稳压二极管是利用PN结反向击穿后的稳压特性工作的，其特性曲线如图3.1.3所示。测试方法可参考二极管反向特性测试。工作电压选择以稳定电压作参考，再辅以适当的功耗限制电阻。对于稳定电压在6V及以上的稳压二极管，一般只测量稳定电压值和最小稳定电流值，而稳定电压在6V以下时，一般还要测动态电阻。

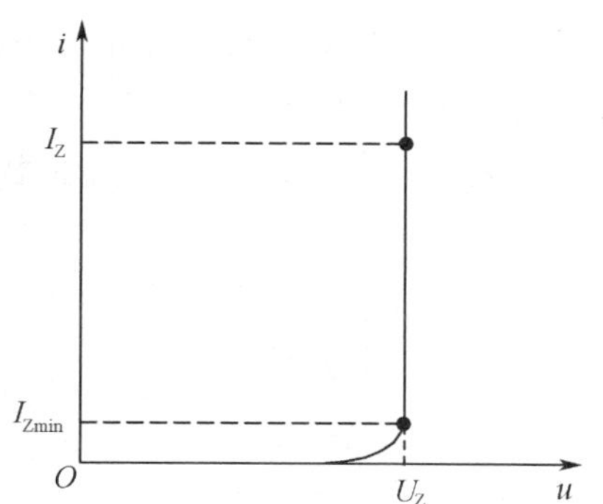

图3.1.3 稳压二极管特性曲线

3) 晶体管测试

用图示仪可以测得晶体管的直流参数和低频交流参数。测量前，首先应根据被测管的类型和所需测量的特性，调整坐标原点(即光点)的位置。PNP型晶体管光点应调至屏幕右上角。为了避免损坏被测管，在管子接入前，应将测试台上的选择按钮置于关位，或者将集电极扫描信号电压的“峰值电压”旋钮调至最小(零位)。对于小功率管(功耗小于500mW)，功耗限制电阻常置于1kΩ左右，基极部分的阶梯选择置于0.01mA/级。中功率管(0.5～1W)提高10倍，大功率管再提高10倍，或通过计算确定。连接时注意各脚应与管座标示一一对应。最后，根据被测管的类型，选择相应的基极阶梯极性和集电极扫描电压极性(对于共射极方式，NPN管子均为正，PNP型管子均为负)。测试时，测试选择置于左或者右，取决于器件接入的位置。然后由零逐渐加大峰值电压，至规定值即可。曲线出现后，如有不合适的地方，再适当调整相关旋钮。

(1) 输入特性

置 Y 轴作用于“基极电流或基极电压”位，以显示 i_B。X 轴作用置于“基极电压 0.1V/div”，以显示 u_{BE}。对于“阶梯选择”，一般小功率管置 0.01mA/级，大功率管适当加大，极性要求同上。由零逐渐加大集电极扫描电压，就显示出输入特性曲线，如图 3.1.4 所示。在此曲线上可测出对应于某一 Q 点的交流输入阻抗 $1/h_{ie}$，有

$$1/h_{ie} \approx \frac{\Delta u_{BE}}{\Delta i_B} \tag{3.1.1}$$

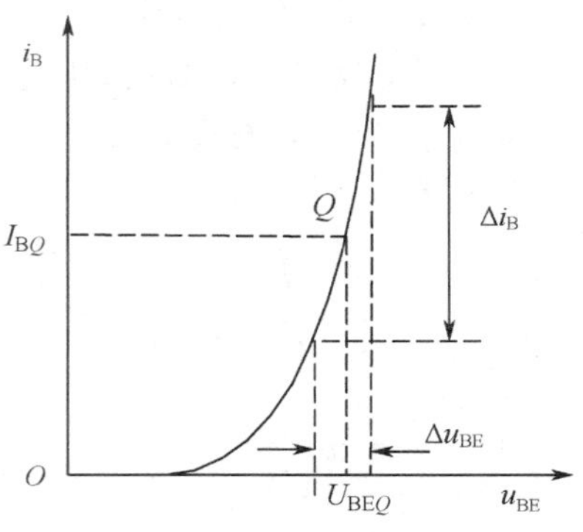

图 3.1.4 三极管输入特性曲线

(2) 输出特性

输出特性曲线是晶体管最重要的一组曲线，很多重要参数可由其测出。曲线如图 3.1.5 所示，X、Y 轴分别为 u_{CE} 和 i_C，参变量是 i_B。

观测输出特性曲线时，X 轴作用置于“集电极电压 U_C/div”，大小一般于屏幕的中间区域，一般按 $I_{CQ}/5$ 选择。例如，小功率管 Y 轴作用常取 0.2～1mA/div，“阶梯选择”置于 0.01～0.02mA/级。大功率管则需相应提高。集电极电压 $E_m = 1\text{V/div} \times 10\text{div} = 10\text{V}$。$E_m$ 不宜过大，以免增加管耗。功耗限制电阻 R_P 按 $E_m/2I_{CQ}$ 选取。在此曲线上可测出输出阻抗 $1/h_{oe}$ 和电流增益 $h_{fe}(\beta)$。有时，在测试 h_{fe} 时为了读数方便，在晶体管的电流放大曲线上读数，如图 3.1.6 所示。交流参数测试时，以工作点为中心取一动态范围。如求电流放大倍数，以参变量基极电流上下各变动一个阶梯值 $\Delta i_B = 2\times$阶梯值，相应得到一个 Δi_C，则 $\beta = \Delta i_C/\Delta i_B$。求 h_{oe} 时，以 Q 点为中心左右各取 2～3V(要对称取)，则读出相应的 Δi_C，此时有 $1/h_{oe} = \Delta u_{CE}/\Delta i_C$。若曲线族非常平坦，则很难读出 Δi_C，可忽略。对于电流放大曲线，把图示仪的 X 轴作用置于“基极电流或基极源电压”，则 X 轴为 i_B，大小由“阶梯选择”定，曲线 Q 点处的斜率即为 h_{fe}。另外，当曲线族各阶梯之间对应的 Δi_C 近似相等，即曲线族等间隔时，可直接用 I_{CQ}/I_{BQ} 代替 $\Delta i_C/\Delta i_B$，也就是通常所说的直流电流增益。

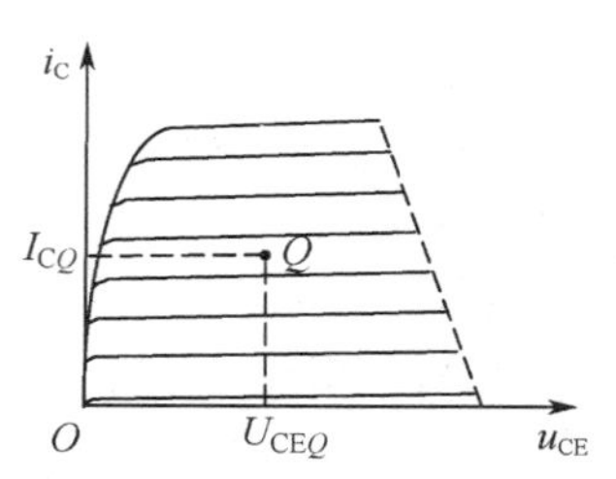

图 3.1.5 三极管输出特性曲线

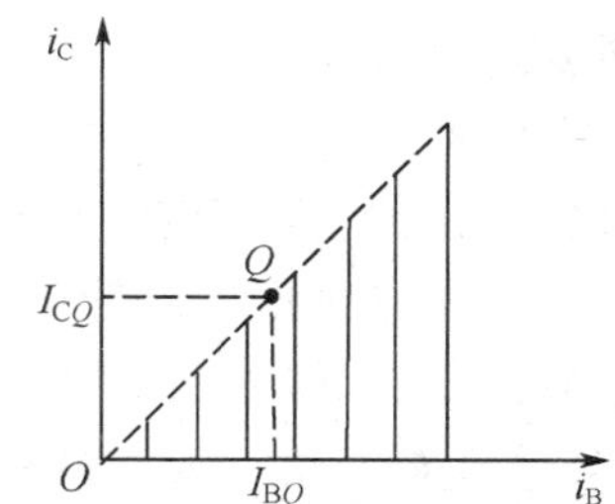

图 3.1.6 三极管电流放大曲线

对于图 3.1.5，若将 X 轴坐标标尺调小，则可将饱和压降曲线区放大，便于求出晶体管的饱和压降。此时饱和压降曲线呈现扇形。小功率硅晶体管饱和压降为 0.3V 左右，大功率管为 1V 左右。若太大，则说明管子性能不好。

在测 $U_{(BR)CEO}$ 时，应注意 $i_B = 0$，即测曲线族最下面一根曲线的击穿电压。为此应使基极开路或将测试台上的“零电流”按钮按下。R_P 应适当加大，或按计算值来选。调节峰值电

压旋钮,使电压逐渐增大,直至曲线出现急剧弯曲为止。若未出现击穿现象,应使峰值电压旋钮调回零位。改变集电极峰值电压范围,提高一个挡位,再适当增大功耗电阻 R_P,重复上述操作,直至曲线出现急剧弯曲为止,如图 3.1.7 所示。

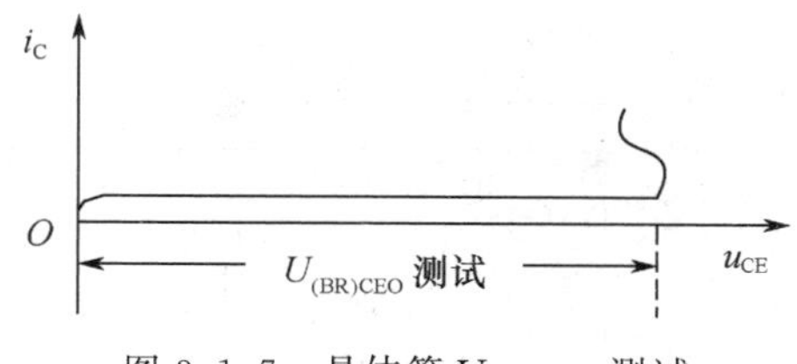

图 3.1.7　晶体管 $U_{(BR)CEO}$ 测试

3. 实验仪器与元器件

1) 实验仪器

半导体管特性图示仪,1 台。

2) 实验元器件

二极管 IN4002,1 只。

稳压二极管 6V2,1 只。

晶体管 3DG6 或 3DG8,1 只。

晶体管 3CG21D,1 只。

晶体管 3DD15B,1 只。

4. 实验内容

1) 普通二极管测试

以二极管 IN4001 正向伏安特性测试为例,图示仪的测试条件设置说明如下。

(1) 调节 X 轴、Y 轴位移,将坐标原点移至屏幕左下角。将被测二极管的正极、负极分别插入测试台 C、E 两端,如图 3.1.8(a)所示。

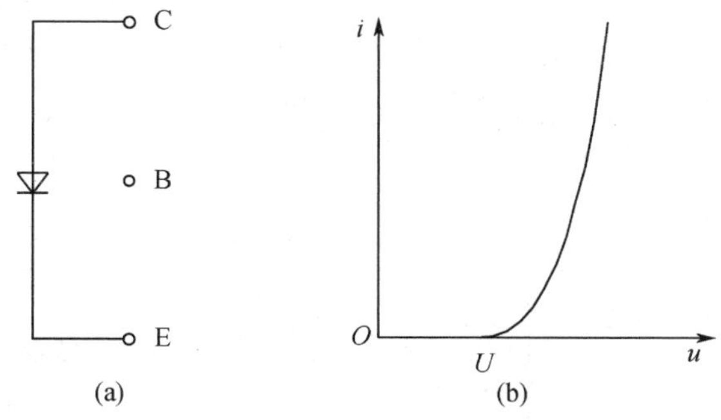

图 3.1.8　二极管测试接法与正向特性曲线

(2) 面板上各旋钮开关位置为:“峰值电压范围”为 10V 挡,“集电极扫描电压极性”为正(+),“功耗电阻”为 1kΩ,“X 轴作用”为 0.1V/div,“Y 轴作用”为 1mA/div。

(3) “峰值电压”由零开始逐渐增大,屏幕上即能看到如图 3.1.8(b)所示的二极管正向伏安特性曲线,可以测出二极管的各项主要参数。

二极管的正向特性主要参数有二极管的正向压降、正向直流和交流电阻等。

二极管反向特性测试时，坐标原点一般定于屏幕的右上角，集电极电压的极性选(—)，二极管反向特性的主要参数有反向电流和反向击穿电压。

将测量结果填入表 3.1.1 中。

表 3.1.1 二极管参数

器件型号	测试内容	正向压降 U_F/V	反向电流 $I_R/\mu A$	反向击穿电压 $U_{(BR)}$/V
IN4001-IN4007	测试条件	$I_{FQ}=50mA$ $U_F\leqslant 1V$	$U_R=50V$ $I_R\leqslant 5\mu A$	$I_R=5\mu A$ $U_{(BR)}\geqslant 50V$
	测量结果	$U_F=$	$I_R=$	$U_{(BR)}=$

2) 稳压二极管测试

以稳压二极管 6V2 测试为例，图示仪的测试条件设置说明如下。

(1) 调节 X 轴、Y 轴位移，将坐标原点移至屏幕左下角。将稳压二极管的正极、负极分别插入测试台 C、E 两端，如图 3.1.9(a)所示。

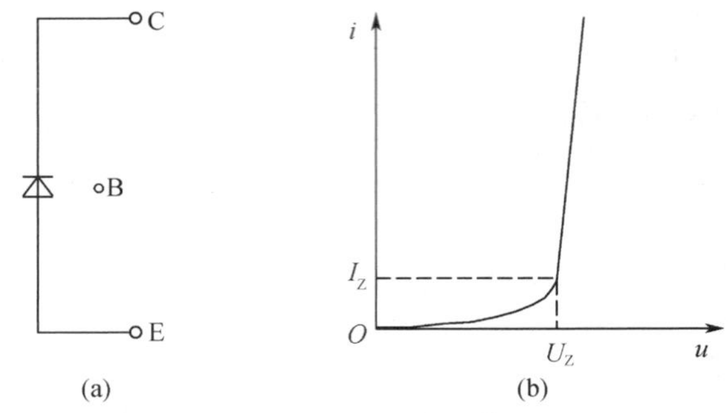

图 3.1.9 稳压二极管测试接法与稳压特性曲线

(2) 面板上各旋钮开关位置："峰值电压范围"为 10V 挡，"集电极扫描电压极性"为正(+)，"功耗电阻"为 1kΩ，"X 轴作用"为 1V/div，"Y 轴作用"为 0.5mA/div。

(3) "峰值电压"由零开始逐渐增大，屏幕上即能看到如图 3.1.9(b)所示的稳压二极管稳压特性曲线。稳压二极管的主要参数有：稳定电压 U_Z、动态电阻和最小稳定电流等。

将测量结果填入表 3.1.2 中。

表 3.1.2 稳压二极管参数

器件型号	测试内容	稳定电压 U_Z/V	动态电阻 r_Z/Ω	最小稳定电流 I_{Zmin}/mA
6V2	测试条件	$I_Z=10mA$ $U_Z=5.5\sim 6.5V$	$I_Z=10mA$	$U_R=0.95U_Z$ $U_{(BR)}\geqslant 50V$
	测量结果	$U_Z=$	$r_Z=$	$I_{Zmin}=$

3) 晶体管测试

以三极管 3DG6 输出特性测试为例，图示仪的测试条件设置说明如下。

(1) 调节 X 轴、Y 轴位移，将坐标原点移至屏幕左下角。将被测三极管插入测试台两端，如图 3.1.10(a)所示。

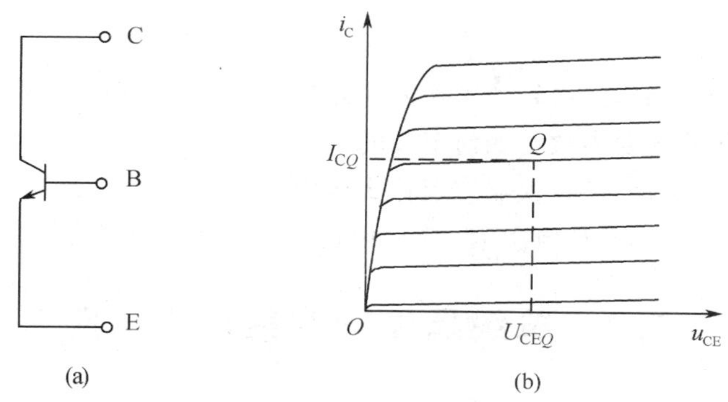

图 3.1.10 三极管测试接法与输出特性曲线

(2) 面板上各旋钮开关位置为："峰值电压范围"为 10V 挡，"集电极扫描电压极性"为正(＋)，"功耗电阻"为 1kΩ，"X 轴作用"为 2V/div，"Y 轴作用"为 0.5mA/div，"阶梯信号"为 5μA/div。

(3) "峰值电压"由零开始逐渐增大，屏幕上即能看到如图 3.1.10(b)所示的三极管输出特性曲线。三极管的主要参数有：交流电流放大倍数 β、反向击穿电压、输入电阻和输出电阻等。

将测量结果填入表 3.1.3 中。

表 3.1.3 三极管参数

器件型号	测试内容	反向击穿电压 $U_{(BR)CEO}$	交流电流放大倍数 $h_{fe}(\beta)$	输入电阻 $(1/h_{ie})$/kΩ	输出电阻 $(1/h_{oe})$/kΩ
3DG6(3DG8)	测试条件	$I_C=0.1$mA	$I_{CQ}=2$mA $U_{CEQ}=5$V	I_{CQ} $h_{fe}=I_{BQ}$	$I_{CQ}=2$mA $U_{CEQ}=5$V
	测量结果				
3DD15	测试条件		$I_{CQ}=0.5$A $U_{CEQ}=5$V	I_{CQ} $h_{fe}=I_{BQ}$	$I_{CQ}=0.5$A $U_{CEQ}=5$V
	测量结果				
3CG21	测试条件	$I_C=0.1$mA	$I_{CQ}=2$mA $U_{CEQ}=5$V	I_{CQ} $h_{fe}=I_{BQ}$	$I_{CQ}=2$mA $U_{CEQ}=5$V
	测量结果				

5. 预习要求

(1) 参阅有关仪器的书籍及 2.5 节的相关内容，熟悉半导体管特性图示仪的工作原理和使用方法。

(2) 了解实验原理，熟悉实验内容。

6. 实验报告要求

(1) 整理记录实验数据，画出晶体管的特性曲线。

(2) 在特性曲线上标示出各种晶体管的主要参数。

(3) 对实验过程中出现的问题进行分析讨论。

7. 思考题

(1) 普通二极管和稳压二极管的工作方式有什么不同？它们有哪些主要参数？

(2) 晶体管有哪些主要参数？如何定义的？

(3) 图示仪中“阶梯信号”在仪器中起什么作用？

(4) 在晶体管测试中，功耗电阻 R_P 应如何选择？如选择不当会有什么后果？

3.2 单级晶体管共射放大电路

1. 实验目的

(1) 掌握单级共射放大电路的一种设计方法。

(2) 掌握放大电路静态工作点的测量和调试方法，分析静态工作点对放大电路性能的影响。

(3) 掌握放大电路的电压放大倍数、输入电阻、输出电阻等参数的测试方法。

2. 实验原理

共射、共集、共基电路是放大电路的 3 种基本形式，也是组成各种复杂放大电路的基本单元。阻容耦合共射放大电路是交流放大电路中最常用的一种基本单元电路。图 3.2.1 所示为工作点稳定的单级阻容耦合共射放大电路。交流输入信号经输入耦合电容 C_1 加到晶体管基极，引起基极电流发生变化，基极电流变化控制集电极电流发生更大的变化，集电极电流变化将在集电极电阻 R_C 上产生交流电压，该电压通过输出耦合电容 C_2 馈送到负载电阻 R_L 上，从而产生输出电压。当在放大电路的输入端加输入信号 u_i，在放大电路的输出端可得到一个与 u_i 相位相反、幅值被放大了 A_u 倍的输出信号 u_o。

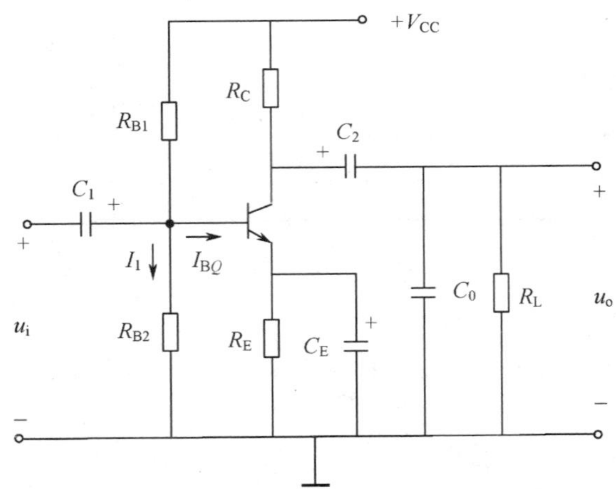

图 3.2.1 单级阻容耦合共射放大电路

静态工作点不仅能决定电路是否会产生失真，而且还影响着电路的电压放大倍数、输入电阻等动态参数。电源电压的波动、元件的老化以及因温度变化所引起晶体管参数的变化，

都会造成静态工作点的不稳定，从而使动态参数不稳定，有时电路甚至无法正常工作。在引起静态工作点不稳定的诸多因素中，温度对晶体管参数的影响是最为主要的。因此，要使放大电路性能稳定，必须首先设计静态工作点 Q 对温度不敏感的偏置电路。

图3.2.1所示为具有热稳定性的射级偏置电路，静态工作点 Q 主要由 R_{B1}、R_{B2}、R_C、R_E 及电源电压 $+V_{CC}$ 所决定，该电路在结构上采取两点措施：第一，利用 R_{B1}、R_{B2} 的分压式电路固定晶体管基极电压 U_{BQ}；第二，发射极接入电阻 R_E 实现自动调节作用。

在设计分压式电路时，如果满足 $I_1 \gg I_{BQ}$，就能保证 U_{BQ} 恒定，当温度升高时，$I_{CQ}\uparrow \rightarrow I_{EQ}\uparrow \rightarrow U_{EQ}\uparrow \rightarrow U_{BEQ}\downarrow \rightarrow I_{BQ}\downarrow \rightarrow I_{CQ}\downarrow$，通过这样的自动调节过程使 I_{CQ} 趋于恒定，从而获得稳定的静态工作点。

由此可见，只有当 $I_1 \gg I_{BQ}$ 时，才能保证 U_{BQ} 恒定，这是工作点稳定的必要条件。一般情况下：硅管：$I_1=(5\sim10)I_{BQ}$，$U_{BQ}=3\sim5\text{V}$；锗管：$I_1=(10\sim20)I_{BQ}$，$U_{BQ}=1\sim3\text{V}$。

1）静态工作点的选择与测量

静态工作点的选择是否合适关系到放大电路各项技术指标的优劣。放大电路必须设置合适的静态工作点 Q，才能不失真地放大信号，为获得最大不失真的输出电压，静态工作点应选在输出特性曲线上交流负载线最大线性范围的中点。若 Q 点偏高，易产生饱和失真；若 Q 点偏低，易产生截止失真。

上面所说的工作点"偏高"或"偏低"不是绝对的，应该是相对于信号的幅度而言，如输入信号幅度很小，即使工作点较高或较低也不一定会出现失真。因此可以说，产生波形失真是信号幅度与静态工作点设置配合不当所致。如需满足较大信号幅度的要求，静态工作点最好尽量靠近交流负载线的中点。

对于小信号放大电路而言，由于输出交流信号幅度较小，非线性失真不是主要问题，静态工作点可根据其他要求来选择。例如：若希望放大电路耗电小、噪声低或输出阻抗高，Q 点可选低一些；若希望放大电路增益高，Q 点可选高一些。

晶体管的静态工作点是指 U_{BEQ}、I_{BQ}、I_{CQ}、U_{CEQ} 4个参数的值，这4个参数都是直流量，所以应该用万用表的直流电压挡和直流电流挡进行测量。

测量时，应该保持电路工作在"静态"，即输入电压 $u_i=0$。对于阻容耦合电路，可以将测试用的信号发生器与被测放大电路的输入端断开，即可使 $u_i=0$。但是输入端开路很可能引入干扰信号，所以最好不要断开信号发生器，而是将信号发生器的"输出幅度"旋钮调节至"0"的位置，使 $u_i=0$。对于直接耦合放大电路，由于信号发生器的内阻直接影响被测放大电路的静态工作点，所以在测量静态工作点时必须将信号发生器连接在电路中，而将"输出幅度"旋钮调节至"0"的位置。

实验中，为了不破坏电路的真实工作状态，在测量电路的电流时，尽量不采用断开测量点串入电流表的方式来测量，而是通过测量有关电压，然后换算成电流。

为了减小测量误差，提高测量精度，应选用内阻较高的直流电压表。

2）放大电路的设计

设计放大电路时，通常先选定电源电压 V_{CC}、负载电阻 R_L、晶体管及其电流放大倍数 β 和 I_{CQ}，然后按工程估算、经验公式计算电路中的元件值。

（1）晶体管及其参数的选择。

三极管是放大电路的核心器件，利用其电流放大特性能实现信号的放大。一般硅管在常温下受温度的影响小于锗管,因此,多数电路采用硅管作为放大器件。对于小信号放大电路,一般选 3DG 系列的高频小功率管,晶体管放大倍数通常要求 $\beta > A_u$。

(2) 电路中元件参数的估算。

对于小信号放大电路,$I_{CQ}=1\sim3\text{mA}$。对于硅管,$U_{BQ}=3\sim5\text{V}$。因此放大电路中电阻可按以下公式确定。

发射极电阻 R_E 为

$$R_E=\frac{U_{EQ}}{I_{EQ}}\approx\frac{U_{BQ}-U_{BE}}{I_{CQ}} \tag{3.2.1}$$

基极偏置电阻 R_{B1} 和 R_{B2} 分别为

$$R_{B2}=\frac{U_{BQ}}{I_1}\approx\frac{U_{BQ}}{(5\sim10)I_{BQ}}\approx\frac{U_{BQ}}{(5\sim10)I_{CQ}}\cdot\beta \tag{3.2.2}$$

$$R_{B1}=\frac{V_{CC}-U_{BQ}}{I_1+I_{BQ}}\approx\frac{V_{CC}-U_{BQ}}{I_1} \tag{3.2.3}$$

集电极电阻 R_C:放大电路的电压放大倍数 A_u 和晶体管放大倍数 β、集电极电阻 R_C、负载电阻 R_L 和基极-发射极间的交流输入电阻 r_{be} 的关系如式(3.2.4)所示,根据式(3.2.4)即可求出集电极电阻 R_C。

$$A_u=-\beta\cdot\frac{R_C//R_L}{r_{be}} \tag{3.2.4}$$

式中,$r_{be}=r_{bb'}+r_{b'e}=200+(1+\beta)\frac{26\text{mV}}{I_{EQ}}\approx200+(1+\beta)\frac{26\text{mV}}{I_{CQ}}$。

小信号放大电路中电容的经验值:输入、输出耦合电容 C_1、C_2 通常取 $5\sim20\mu\text{F}$,射级旁路电容 C_E 通常取 $50\sim200\mu\text{F}$,C_0 取 1000pF(可由式(3.2.11)计算而得)。

3) 放大电路的主要性能指标及测量方法

放大电路主要性能指标包括电压放大倍数、输入电阻、输出电阻、通频带和最大不失真输出电压等。

(1) 电压放大倍数 A_u

电压放大倍数 A_u 是指放大电路中输出电压有效值 U_o 与输入电压有效值 U_i 之比。

调整放大电路到合适的静态工作点,然后加入输入电压 u_i,在输出电压 u_o 的波形不失真的情况下,用交流毫伏表测出 u_i 和 u_o 的有效值 U_i 和 U_o,则

$$A_u=\frac{U_o}{U_i} \tag{3.2.5}$$

(2) 输入电阻 R_i

输入电阻 R_i 是指从放大电路输入端看进去的交流等效电阻,定义为输入电压有效值 U_i 和输入电流有效值 I_i 之比,即

$$R_i=\frac{U_i}{I_i} \tag{3.2.6}$$

为了测量放大电路的输入电阻 R_i,按图 3.2.2 所示在被测放大电路的输入端与信号源之间串入一已知电阻 R。在放大电路正常工作的情况下,用交流毫伏表测出 U_S 和 U_i,然后根据输入电阻 R_i 的定义,可得

$$R_i=\frac{U_i}{I_i}=\frac{U_i}{U_R/R}=\frac{U_i}{U_S-U_i}\cdot R \tag{3.2.7}$$

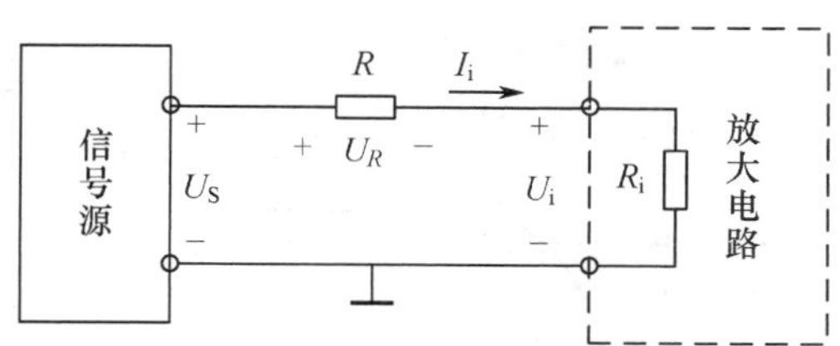

图 3.2.2　输入电阻的测量电路

测量时应注意以下几点。

① 电阻 R 的值不宜取得过大或过小，以免产生较大的测量误差，通常 R 取与 R_i 为同一数量级为好，本实验可取 $R=1\sim2\text{k}\Omega$。

② 测量前，交流毫伏表应校零，并尽可能用同一量程挡进行测量。

③ 测量时，放大电路的输出端接上负载电阻 R_L，并用示波器观察输出波形。要求在波形不失真的条件下进行上述测量。

(3) 输出电阻 R_o

输出电阻 R_o 是指将输入电压源短路，从输出端向放大电路看进去的交流等效电阻。相对于负载而言，放大电路可等效为一个信号源，这个等效信号源的内阻就定义为 R_o。R_o 的大小反映放大电路带负载的能力。

按照图 3.2.3 所示的测量电路，在放大电路正常工作的情况下，用交流毫伏表测出输出端不接负载 R_L 的输出电压 U_o' 和接入负载 R_L 后的输出电压 U_o，U_o' 与 U_o 之间的关系为

$$U_o=\frac{R_L}{R_o+R_L}U_o' \tag{3.2.8}$$

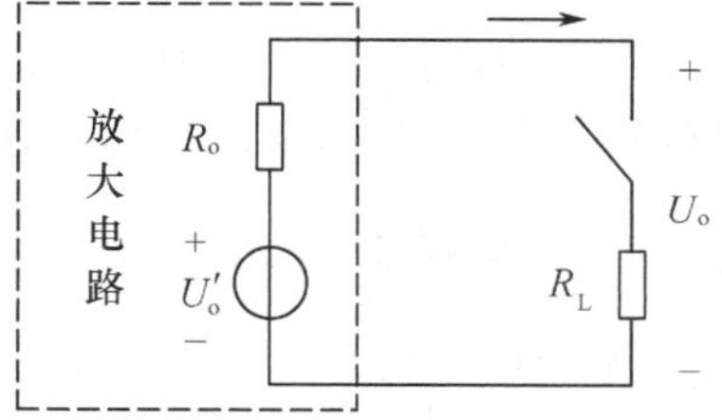

图 3.2.3　输出电阻的测量电路

由式(3.2.8)即可求得输出电阻为

$$R_o=\left(\frac{U_o'}{U_o}-1\right)R_L \tag{3.2.9}$$

在测试中注意，负载电阻 R_L 接入前后输入信号的大小必须保持不变。

(4) 通频带

通频带用于衡量放大电路对不同频率信号的放大能力。由于放大电路中电容、电感及半导体器件结电容等电抗元件的存在，在输入信号频率较低或较高时，电压放大倍数的数值会下降并产生相移。一般情况下，放大电路只适用于放大某一个特定频率范围内的信号。通频带越宽，说明放大电路对不同频率信号的适应能力越强。

放大电路的幅频特性曲线是指，在输入正弦信号时放大电路的电压放大倍数 A_u 与输入信号频率 f 之间的关系曲线。单级阻容耦合共射放大电路的幅频特性曲线如图 3.2.4 所示，A_{um} 为中频电压放大倍数。当信号频率升高，使电压放大倍数下降为中频电压放大倍数的 0.707 倍，即下降 3dB 时，所对应的信号频率 f_H 称为上限截止频率；同样，当信号频率降低，使电压放大倍数降为中频电压放大倍数的 0.707 倍时，所对应的信号频率 f_L 称为下

限截止频率。f 小于 f_L 的部分称为低频段,f 大于 f_H 的部分称为高频段,f_L 与 f_H 之间的频率范围称为通频带,用 f_{BW} 表示,即

$$f_{BW}=f_H-f_L \tag{3.2.10}$$

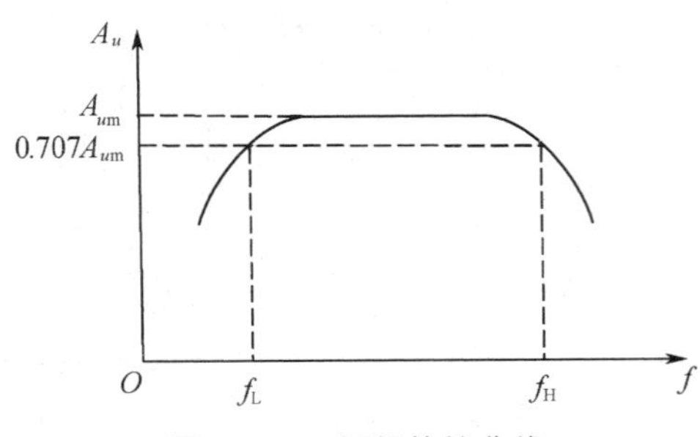

图 3.2.4 幅频特性曲线

上限截止频率 f_H 和下限截止频率 f_L 与电路图 3.2.1 中其他元件参数的关系分别如式(3.2.11)和式(3.2.12)所示,即

$$f_H=\frac{1}{2\pi(R_C//R_L)C_0} \tag{3.2.11}$$

$$f_L=\frac{1}{2\pi[R_E//(r_{be}/(1+\beta))]C_E} \tag{3.2.12}$$

放大电路的幅频特性就是测量不同频率信号时的电压放大倍数 A_u。为此,可采用前述测 A_u 的方法,即每改变一个信号频率,测量其相应的电压放大倍数。在实验中一般采用逐点法测量幅频特性,测量时应注意取点要恰当,在低频段与高频段应多测几点,在中频段可以少测几点。另外,在改变信号频率时,要保证输入信号的幅度不变,且输出波形不能失真。

3. 实验仪器与元器件

1) 实验仪器

直流稳压电源,1 台。

低频信号发生器,1 台。

双踪示波器,1 台。

交流毫伏表,1 台。

万用表,1 块。

2) 实验元器件

三极管:3DG8,1 只。

电阻、电容,若干。

4. 实验内容

根据预习要求中"设计一个单级晶体管共射放大电路的技术指标要求",计算图 3.2.1 中各元件的参数值,并标在电路图中。

1) 测量静态工作点

(1) 按照图 3.2.1 所示连接电路(不加输入信号 u_i),接通+12V 电源。

(2) 用数字万用表的直流电压挡分别测量 U_{BQ}、U_{CQ}、U_{EQ} 和 U_{BEQ},填入表 3.2.1 中。

表 3.2.1　测量静态工作点的数据记录

U_{BQ}/V	U_{CQ}/V	U_{EQ}/V	U_{BEQ}/V

2）测量电压放大倍数

（1）按照图 3.2.1 所示连接电路，接通＋12V 电源。

（2）调节函数信号发生器，使其输出：正弦波，$f=1\text{kHz}$，$U_i=5\text{mV}$（有效值，毫伏表校准）。将函数信号发生器输出连接到电路图 3.2.1 的输入端 u_i 处。

（3）用双踪示波器观察输出波形，在输出波形不失真的条件下，用交流毫伏表测量输出电压 U_o，然后根据 $A_u=\dfrac{U_o}{U_i}$，计算电压放大倍数 A_u，填入表 3.2.2 中。

表 3.2.2　测量电压放大倍数的数据记录

测量值		计算值
U_i/mV	U_o/mV	A_u

3）测量输入电阻 R_i

（1）按照图 3.2.1 所示连接电路，并按照图 3.2.2 所示在函数信号发生器与放大电路之间串一个 $R=2\text{k}\Omega$。接通＋12V 电源。

（2）调节函数信号发生器，使其输出：正弦波，$f=1\text{kHz}$，$U_S=5\text{mV}$（有效值，毫伏表校准）。将函数信号发生器输出连接到电路图 3.2.1 的输入端 u_i 处。

（3）用双踪示波器观察输出波形，在输出波形不失真的条件下，用交流毫伏表测量 U_S、U_i，然后根据 $R_i=\dfrac{U_i}{U_S-U_i}\cdot R$，计算输入电阻 R_i，填入表 3.2.3 中。

表 3.2.3　测量输入电阻的数据记录

测量值		计算值
U_S/mV	U_i/mV	R_i

4）测量输出电阻 R_o

（1）按照图 3.2.1 所示连接电路（$R_L=2\text{k}\Omega$ 接入电路），接通＋12V 电源。

（2）调节函数信号发生器，使其输出：正弦波，$f=1\text{kHz}$，$U_S=5\text{mV}$（有效值，毫伏表校准）。将函数信号发生器输出连接到电路图 3.2.1 的输入端 u_i 处。

（3）用双踪示波器观察输出波形，在输出波形不失真的条件下，用交流毫伏表测量输出电压 U_o，并填入表 3.2.4 中。

（4）将电路图 3.2.1 中的负载电阻 $R_L=2\text{k}\Omega$ 断开，用交流毫伏表测量输出电压 U_o'，然后根据 $R_o=\left(\dfrac{U_o'}{U_o}-1\right)R_L$，计算输出电阻 R_o，填入表 3.2.4 中。

表 3.2.4 测量输出电阻的数据记录

测量值		计算值
U_o/mV	U_o'/mV	R_o

5）测量上下限截止频率 f_H 和 f_L

(1) 按照图 3.2.1 所示连接电路，接通+12V 电源。

(2) 调节函数信号发生器，使其输出：正弦波，$f=1$kHz，$U_i=5$mV（有效值，毫伏表校准）。将函数信号发生器输出连接到电路图 3.2.1 的输入端 u_i 处。

(3) 用双踪示波器观察输出波形，在输出波形不失真的条件下，用交流毫伏表测量中频最大输出电压 U_{om}。

(4) 改变信号发生器频率，将频率增加，一边调节频率，一边观察毫伏表读数，当毫伏表读数等于 $0.707U_{om}$ 时，该频率即为上限截止频率 f_H。同样，将频率减小，一边调节频率，一边观察毫伏表读数，当毫伏表读数等于 $0.707U_{om}$ 时，该频率即为下限截止频率 f_L，将这些数据填入表 3.2.5 中。

表 3.2.5 测量上下限截止频率 f_H 和 f_L 的数据记录

测 量 值			计 算 值	理 论 值	
U_{om}/mV	f_L/Hz	f_H/kHz	$0.707U_{om}$/mV	f_L/Hz	f_H/kHz

5. 预习要求

(1) 复习小信号放大电路中静态工作点的选择与测量方法。

(2) 掌握单级晶体管共射放大电路的设计方法。

(3) 掌握放大电路主要性能指标的定义及测量方法。

(4) 阅读实验教材，了解实验目的、实验原理和实验内容。

(5) 设计一个单级晶体管共射放大电路。

已知条件：三极管 $\beta=50$，电源电压 $V_{CC}=+12$V，负载电阻 $R_L=2$kΩ。输入信号：正弦波，$f=1$kHz，$U_i=5$mV（有效值）。

技术指标要求：放大电路静态工作点稳定，$A_u \geqslant 50$，$f_L \leqslant 300$Hz，$f_H \geqslant 100$kHz。

6. 注意事项

(1) 在连接电路、改变电路连线时，均应切断电源，严禁带电操作。

(2) 在测量静态工作点时，应采用高内阻的万用表，并尽量用同一量程测量同一工作状态下的各点电压值，正确使用万用表挡位。

(3) 测量过程中，所有仪器与实验电路的公共端必须共地。

(4) 测量电压有效值时应使用交流毫伏表，并能正确使用交流毫伏表。

7. 实验报告要求

(1) 写出电路的设计过程、电路中元件参数的计算过程,画出电路图。

(2) 列表整理实验数据,将实验值和理论值进行比较,分析产生误差的原因。

(3) 写出实验的调试过程、遇到的故障及解决方法。

(4) 回答思考题。

(5) 写出实验心得、体会及建议等。

8. 思考题

(1) 测量放大电路静态工作点时,若测得 $U_{CEQ}<0.5V$,晶体管处于什么工作状态?若测得 $U_{CEQ}\approx V_{CC}$,晶体管又处于什么工作状态?

(2) 在测试 A_u、R_i、R_o 时怎样选择输入信号的大小和频率?为什么信号频率一般选1kHz而不选100kHz或更高?

(3) 负载电阻 R_L 变化时,对放大电路静态工作点有无影响?对电压放大倍数有无影响?

3.3 场效应管放大电路

1. 实验目的

(1) 了解结型场效应管的性能和特点。

(2) 掌握结型场效应管的特性曲线和参数的测量方法。

(3) 掌握场效应管放大电路的电压放大倍数、输入电阻以及输出电阻的测量方法。

2. 实验原理

场效应管是利用输入回路的电场效应来控制输出回路电流的一种半导体器件。场效应管和三极管一样,也具有放大作用,可以组成各种放大电路。场效应管是一种电压控制器件,它的输入阻抗极高,噪声系数小。在只允许从信号源取极少量电流的情况下,在低噪声放大电路中都会选用场效应管。

场效应管分为结型和绝缘栅型两种不同的结构。由于场效应管栅源之间处于绝缘或反向偏置,所以场效应管的输入阻抗比一般晶体管要高很多(结型场效应管一般在 $10^7\Omega$ 以上,MOS场效应管则高达 $10^{10}\Omega$);场效应管利用一种极性的多数载流子导电,与三极管相比,具有噪声小、受外界温度及辐射影响小等优点;场效应管的制造工艺简单,有利于大规模集成,因此场效应管得到越来越广泛的应用。

1) 结型场效应管的特性和参数

场效应管的特性主要有输出特性和转移特性。输出特性曲线描述当栅-源电压 u_{GS} 为常量时,漏极电流 i_D 与漏-源电压 u_{DS} 之间的关系曲线。结型场效应管的输出特性曲线如图3.3.1所示。

转移特性曲线描述当漏-源电压 u_{DS} 为常量时,漏极电流 i_D 与栅-源电压 u_{GS} 之间的关系曲线。结型场效应管的转移特性曲线如图 3.3.2 所示。

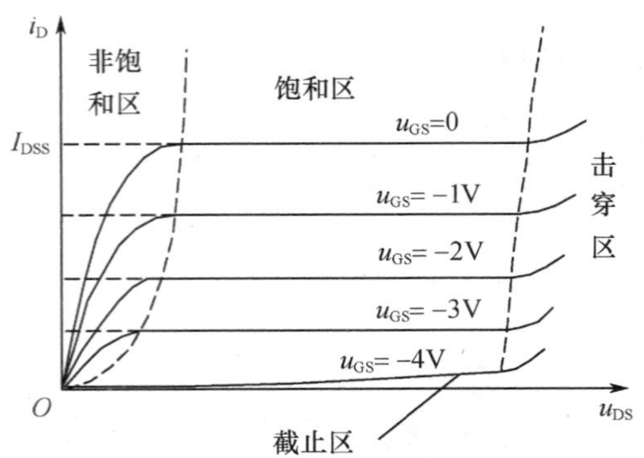

图 3.3.1 结型场效应管的输出特性曲线

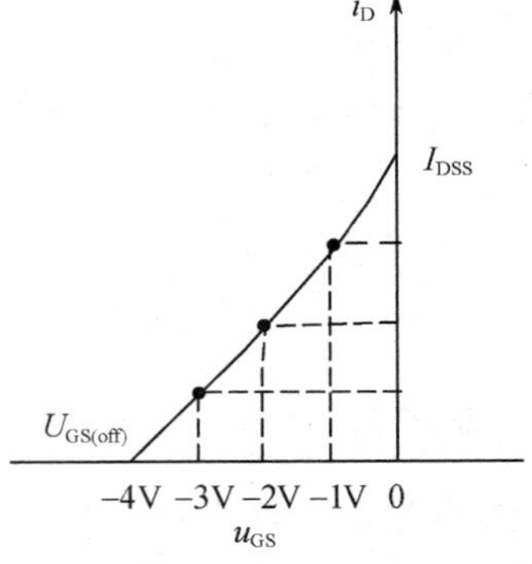

图 3.3.2 结型场效应管的转移特性曲线

结型场效应管的直流参数主要有饱和漏极电流 I_{DSS}、夹断电压 $U_{GS(off)}$、开启电压 $U_{GS(th)}$ 和直流输入电阻 $R_{GS(DC)}$。交流参数主要有低频跨导 g_m 和极间电容。在管子工作在饱和区且 u_{DS} 为常量的条件下，i_D 的微小变化量 Δi_D 与引起它变化的 ΔU_{GS} 之比，称为低频跨导。

N 沟道结型场效应管 3DJ6F 的典型参数值及测试条件如下。

(1) 饱和漏极电流 I_{DSS}：1.0～3.5mA。测试条件：$U_{DS}=10V$，$U_{GS}=0V$。

(2) 夹断电压 $U_{GS(off)}$：1～91V。测试条件：$U_{DS}=10V$，$I_{DS}=50\mu A$。

(3) 跨导 g_m：大于 100μS。测试条件：$U_{DS}=10V$，$I_{DS}=3mA$，$f=1kHz$。

2) 场效应管放大电路的性能分析

场效应管的源极、栅极和漏极与晶体管的发射极、基极和集电极相对应，因此在组成放大电路时也有三种接法，即共源放大电路、共漏放大电路和共栅放大电路。图 3.3.3 所示为 N 沟道结型场效应管组成的共源放大电路。

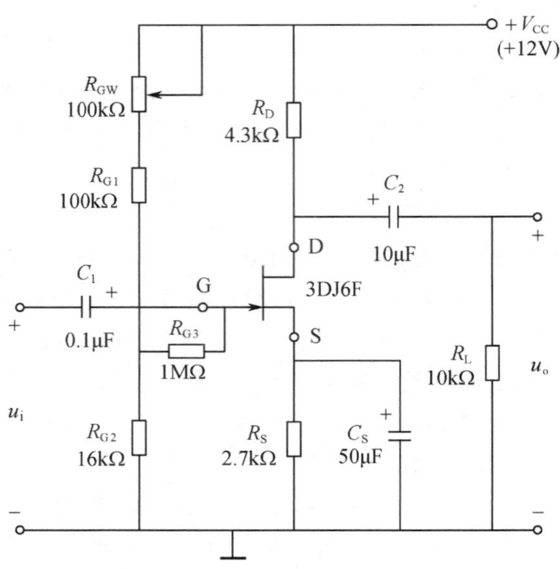

图 3.3.3 N 沟道结型场效应管共源放大电路

静态时，由于栅极电流为零，所以电阻 R_{G3} 上的电流为零，因此栅-源电压为

$$U_{GSQ}=U_{GQ}-U_{SQ}=\frac{R_{G2}}{R_{G1}+R_{G2}}\cdot V_{CC}-I_{DQ}\cdot R_S \tag{3.3.1}$$

式中，$I_{DQ}=I_{DSS}\left(\frac{U_{GSQ}}{U_{GS(off)}}-1\right)^2$。

中频电压放大倍数为

$$A_u=-g_m R'_L=-g_m R_D//R_L \tag{3.3.2}$$

输入电阻为

$$R_i=R_{G3}+R_{G1}//R_{G2} \tag{3.3.3}$$

输出电阻为

$$R_o\approx R_D \tag{3.3.4}$$

在式(3.3.2)中，g_m 为场效应管的低频频跨导，是表征场效应管放大能力的一个重要参数，可以从场效应管的特性曲线上求得，或者通过公式计算得到，其公式为

$$g_m=\frac{2I_{DSS}}{U_{GS(off)}}\left(\frac{U_{GSQ}}{U_{GS(off)}}-1\right) \tag{3.3.5}$$

由于结型场效应管的转移特性是非线性的，同一个场效应管的工作点不同，g_m 也不同，g_m 一般在 0.5～10mS 范围内。

3）输入电阻的测量方法

场效应管放大电路的静态工作点、电压放大倍数和输出电阻的测量方法，与 3.2 节中单级晶体管共射放大电路的测量方法相同。其输入电阻的测量，从原理上来说，也可采用 3.2 节中所述方法，但由于场效应管的 R_i 比较大，如果直接测量输入电压 U_S 和 U_i，而测量仪器的输入电阻有限，必然会带来较大的误差。为了减小误差，常利用被测放大电路的隔离作用，通过测量输出电压 U_o 来计算输入电阻。输入电阻的测量电路如图 3.3.4 所示。

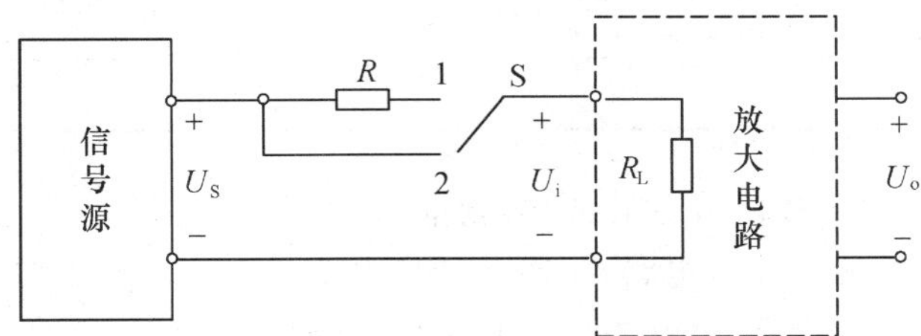

图 3.3.4　输入电阻的测量电路

输入电阻的测量步骤如下。

(1) 在放大电路的输入端串入电阻 R（R 和 R_i 不要相差太大，本实验中 $R=100$～200kΩ)，把开关 S 拨向位置 2($R=0$)，测量放大电路的输出电压 $U_{o1}=A_uU_S$。

(2) 保持 U_S 不变，再把开关拨向位置 1(即接入 R)，测量放大电路的输出电压 U_{o2}。

(3) 由于两次测量中的 U_S 和 A_u 不变，因此有

$$U_{o2}=A_uU_i=\frac{R_i}{R_i+R}U_SA_u \tag{3.3.6}$$

由式(3.3.6)可求得

$$R_i=\frac{U_{o2}}{U_{o1}-U_{o2}}R \tag{3.3.7}$$

3. 实验仪器与元器件

1）实验仪器

直流稳压电源，1台。

低频信号发生器，1台。

双踪示波器，1台。

交流毫伏表，1台。

万用表，1块。

2）实验元器件

结型场效应管3DJ6F，1只。

电阻、电容，若干。

4. 实验内容

1）静态工作点的测量和调整

（1）按照图3.3.3所示连接电路（不加输入信号u_i），接通+12V电源。

（2）用数字万用表的直流电压挡分别测量U_G、U_S、U_D，检查静态工作点是否在特性曲线放大区的中间部分，若合适则将数据填入表3.3.1中。

（3）若静态工作点不在特性曲线放大区的中间部分，则适当调整R_{GW}和R_S，调好后重新测量U_G、U_S、U_D以及U_{DS}、U_{GS}、I_D，将测量数据填入表3.3.1中。

（4）根据U_G、U_S、U_D的测量值，计算U_{DS}、U_{GS}、I_D，将计算数据填入表3.3.1中。

表3.3.1 测量静态工作点的数据记录

测量值						计算值		
U_G/V	U_S/V	U_D/V	U_{DS}/V	U_{GS}/V	I_D/mA	U_{DS}/V	U_{GS}/V	I_D/mA

2）电压放大倍数A_u和输出电阻R_o的测量

（1）按照图3.3.3所示连接电路，接通+12V电源。

（2）调节函数信号发生器，使其输出：正弦波，$f=1\text{kHz}$，$U_i\approx 50\text{mV}$（有效值，毫伏表校准）。将函数信号发生器输出连接到电路图3.3.3的输入端u_i处。

（3）用双踪示波器观察输出波形，在输出波形不失真的条件下，用交流毫伏表分别测量负载R_L开路和$R_L=10\text{k}\Omega$时的输出电压U_o'和U_o，然后根据$A_u=\dfrac{U_o}{U_i}$，计算电压放大倍数A_u。再根据$R_o=\left(\dfrac{U_o'}{U_o}-1\right)R_L$，计算输出电阻$R_o$，将相应数据填入表3.3.2中。

表3.3.2 测量电压放大倍数和输出电阻的数据记录

测量值			计算值	
U_i/mV	U_o/V	U_o'/V	A_u	R_o/kΩ

3）输入电阻 R_i 的测量

按照图 3.3.4 所示改接电路，选择大小合适的输入电压 U_S（50～100mV），将开关 S 拨向位置 2（$R=0$），用交流毫伏表测量此时的输出电压 U_{o1}，然后将开关 S 拨向位置 1（接入 R），保持 U_S 不变，再次测量输出电压 U_{o2}，然后根据公式 $R_i=\frac{U_{o2}}{U_{o1}-U_{o2}}R$，计算出输入电阻，并将相应数据填入表 3.3.3 中。

表 3.3.3　测量输入电阻的数据记录

测　量　值			计　算　值
U_S/mV	U_{o1}/V	U_{o2}/V	R_i/kΩ

5. 预习要求

（1）复习场效应管的内部结构、组成及其特点。

（2）复习场效应管的特性曲线及其测量方法。

（3）掌握场效应管放大电路的工作原理、电压放大倍数、输入电阻及输出电阻的测量方法。

（4）阅读实验教材，了解实验目的、实验原理和实验内容。

6. 注意事项

（1）在连接电路、改变电路连线时，均应切断电源，严禁带电操作。

（2）在测量静态工作点时，应采用高内阻的万用表，并尽量用同一量程测量同一工作状态下的各点电压值，正确使用万用表挡位。

（3）电流值经由测量电压和电阻计算获得，不进行电流的直接测量。

（4）测量过程中，所有仪器与实验电路的公共端必须共地。

（5）测量电压有效值时应使用交流毫伏表，并能正确使用交流毫伏表。

7. 实验报告要求

（1）列表整理实验数据，将实验值和理论值进行比较，分析产生误差的原因。

（2）写出实验的调试过程、遇到的故障及解决方法。

（3）回答思考题。

（4）写出实验心得、体会及建议等。

8. 思考题

（1）场效应管放大电路和晶体三极管放大电路的区别是什么？

（2）为什么测量场效应管输入电阻时要用测量输出电压的方法？

（3）场效应管有没有电流放大倍数 β？为什么？

3.4 模拟运算电路

1. 实验目的

(1) 研究集成运算放大器在比例放大、相加、相减和积分电路的工作原理及功能。

(2) 掌握集成运算放大器构成基本的模拟信号运算电路的设计方法和调试技巧。

(3) 深入了解集成运算放大器(LM741/μA741)的使用方法。

2. 实验原理

集成运算放大器是一种高性能的多级直接耦合放大电路,只要在其输入、输出端之间加接不同的电路或网络,即可实现不同的功能。例如,施加线性负反馈网络,可实现加法、减法、微分、积分等数学运算;施加非线性负反馈网络,可实现对数、指数、乘除等数学运算及非线性变换功能;连接正反馈网络或正负反馈结合,可以产生各种函数信号;此外,利用运算放大器还可构成各种有源滤波电路、电压比较器等。

1) 理想运算放大器

满足下列条件的运算放大器称为理想运算放大器:开环电压增益 A_{ud}、输入电阻 R_i、带宽、共模抑制比 K_{CMR} 均为∞;输出电阻 R_o、失调与漂移均为零等。运算放大器工作在线性是具有 $u_+=u_-$(虚短)、$i_+=i_-=0$(虚断)两个特点;运算放大器工作在非线性区时,输出电压接近于正、负电源电压。

2) 基本运算电路

本实验着重以输入和输出之间施加线性负反馈网络后所具有的运算功能进行研究,不考虑运放的调零电路及其补偿。

(1) 比例放大器

① 反相放大器

反相放大器的信号由反相端输入,构成并联电压负反馈,电路如图 3.4.1 所示。

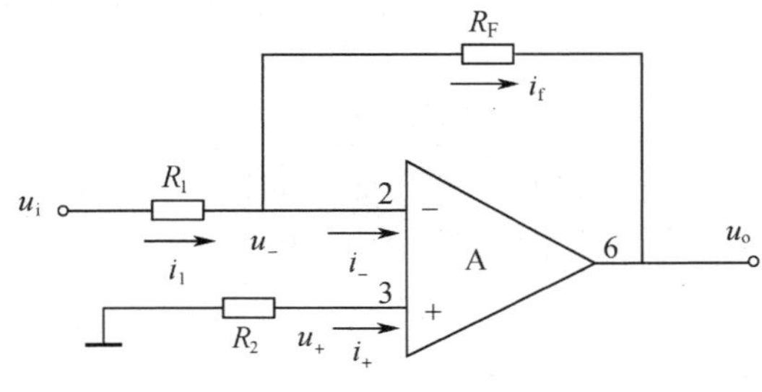

图 3.4.1 反相放大器

图 3.4.1 中,输入电压 u_i 经电阻 R_1 加到集成运放的反相输入端,其同相输入端经电阻 R_2 接地,输出电压 u_o 经 R_F 反馈到反相输入端。为使集成运放反相输入端和同相输入端对地的直流电阻一致,R_2 的阻值应为

$$R_2=R_1//R_F \tag{3.4.1}$$

图 3.4.1 中,理想集成运放工作在线性区,利用虚断特点,有 $i_+=0$,$u_+=-i_+R_2=0$。

又由虚短，有 $u_{-}=u_{+}$，可得

$$u_{-}=u_{+}=0 \tag{3.4.2}$$

由于 $i_{-}=0$，有 $i_1=i_f$，即有

$$\frac{u_i-u_{-}}{R_1}=\frac{u_{-}-u_o}{R_F} \tag{3.4.3}$$

由此可求得反相放大器电路的电压放大倍数为

$$A_{uf}=\frac{u_o}{u_i}=-\frac{R_F}{R_1} \tag{3.4.4}$$

反相放大器电路的输入电阻为

$$R_{if}=\frac{u_i}{i_i}=R_1 \tag{3.4.5}$$

反相放大器电路的输出电阻为 $R_{of}=0$。当 $R_F=R_1$ 时，$A_{uf}=-1$，它具有反相跟随的作用，称之为反相跟随器。

② 同相放大器

同相放大器的信号由同相端输入，构成串联电压负反馈，电路如图 3.4.2 所示。

输入电压 u_i 接至同相输入端，输出电压 u_o 通过电阻 R_F 仍反馈到反相输入端，反相输入端通过电阻 R_1 接地，R_2 的电阻应为 $R_2=R_1//R_F$。

根据集成运放处于线性工作区有虚短和虚断的特点，可知 $i_{+}=i_{-}=0$，$u_{+}=u_{-}$，且有 $u_{+}=u_i$，$u_{-}=\frac{R_1}{R_1+R_F}u_o$，则同相放大器的电压放大倍数为

$$A_{uf}=\frac{u_o}{u_i}=1+\frac{R_F}{R_1} \tag{3.4.6}$$

输入电阻为

$$R_{if}=\frac{u_i}{i_i}=\infty \tag{3.4.7}$$

输出电阻为

$$R_{of}=0 \tag{3.4.8}$$

当 $R_1\to\infty$（即开路）、$R_F=0$（即短路）时，$A_{uf}=1$，则有 $u_o=u_i$，由于这种电路的 u_o 与 u_i 幅值相等、相位相同，具有同相跟随的作用，称为同相电压跟随器，如图 3.4.3 所示。由于该电路输入阻抗高、输出阻抗低，在电路中常作为阻抗变换器或缓冲器。

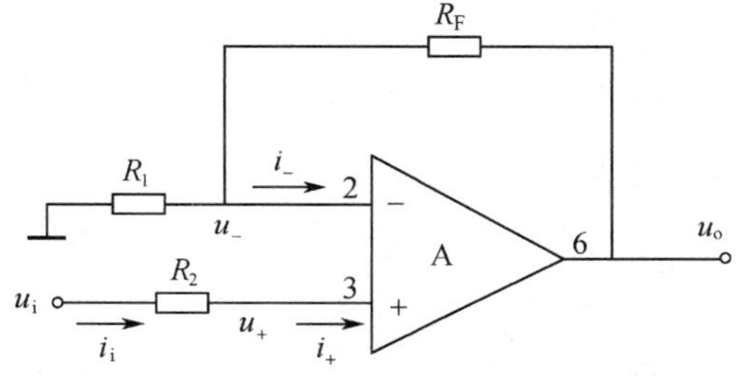

图 3.4.2 同相放大器

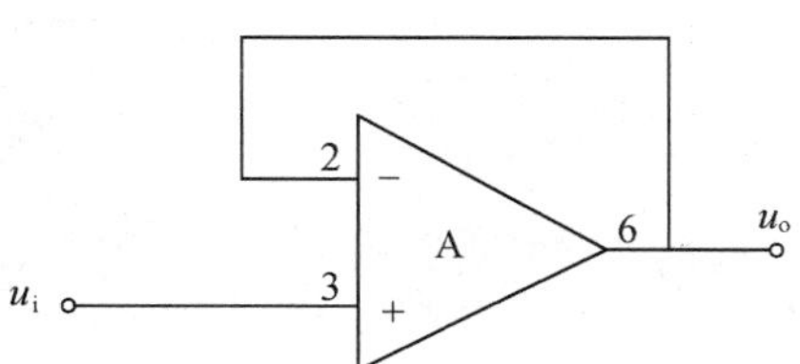

图 3.4.3 同相电压跟随器

(2) 加法器

① 反相加法器

反相加法器基本电路如图 3.4.4 所示。

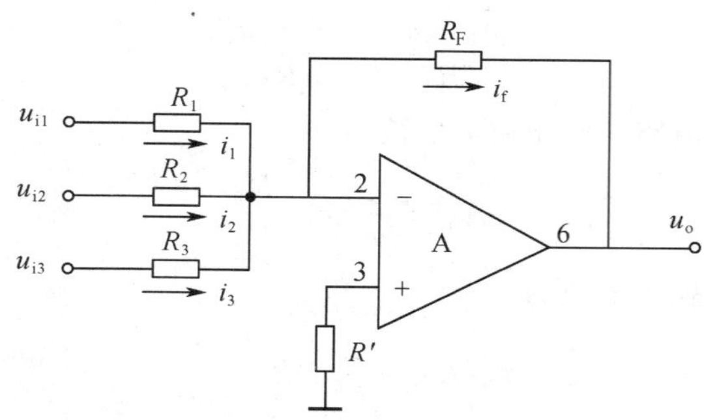

图 3.4.4　反相加法器

为了保证集成运放两个输入端对地的电阻平衡以消除输入偏流产生的误差，同相输入端电阻 R'应为 $R'=R_1//R_2//R_3//R_F$。

根据"虚短""虚断"的概念，有

$$\frac{u_{i1}}{R_1}+\frac{u_{i2}}{R_2}+\frac{u_{i3}}{R_3}=-\frac{u_o}{R_F} \tag{3.4.9}$$

输出电压为

$$u_o=-\left(\frac{R_F}{R_1}u_{i1}+\frac{R_F}{R_2}u_{i2}+\frac{R_F}{R_3}u_{i3}\right) \tag{3.4.10}$$

若 $R_1=R_2=R_3=R$，则

$$u_o=-\frac{R_F}{R}(u_{i1}+u_{i2}+u_{i3}) \tag{3.4.11}$$

② 同相加法器

同相加法器基本电路如图 3.4.5 所示。

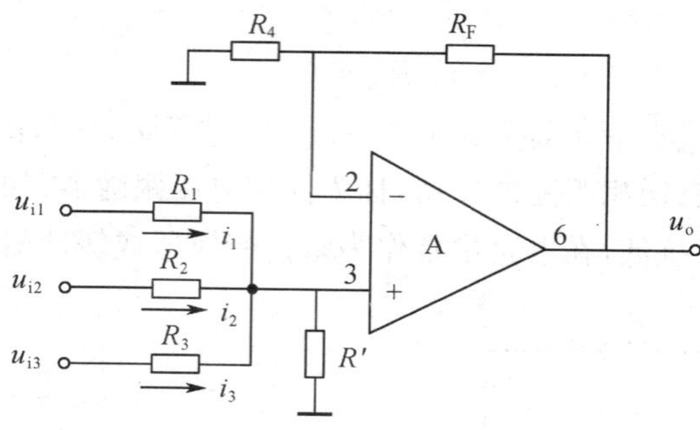

图 3.4.5　同相加法器

根据"虚短""虚断"的概念，利用叠加定理，可得输出电压为

$$u_o=\left(1+\frac{R_F}{R_4}\right)\left(\frac{R_+}{R_1}u_{i1}+\frac{R_+}{R_2}u_{i2}+\frac{R_+}{R_3}u_{i3}\right) \tag{3.4.12}$$

式中，$R_+=R_1//R_2//R_3//R'$，R_+与每个回路电阻均有关。

(3) 减法器(差动放大电路)

减法器电路如图 3.4.6 所示，它是反相输入和同相输入相结合的电路，又称差动放大器。

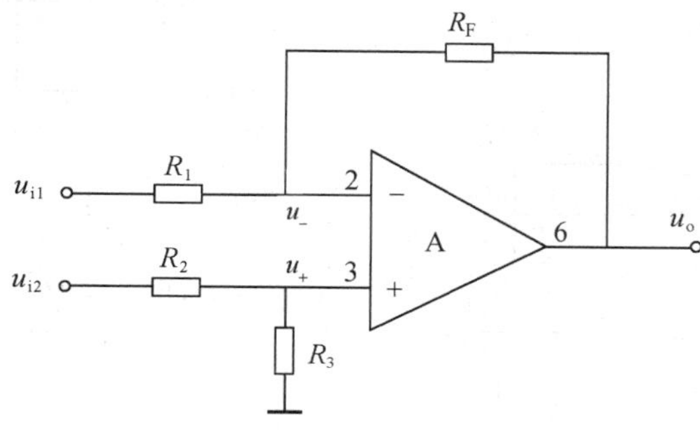

图 3.4.6 减法器

利用 $i_+=i_-=0$ 与叠加定理，求得反相输入端的电位为

$$u_-=\frac{R_F}{R_1+R_F}u_{i1}+\frac{R_1}{R_1+R_F}u_o \tag{3.4.13}$$

同相输入端电位为

$$u_+=\frac{R_3}{R_2+R_3}u_{i2} \tag{3.4.14}$$

若 $R_1=R_2$，$R_F=R_3$，由 $u_+=u_-$，可求得

$$A_{uf}=\frac{u_o}{u_{i2}-u_{i1}}=\frac{R_F}{R_1} \tag{3.4.15}$$

输入电阻为

$$R_{if}=\frac{u_{i2}-u_{i1}}{i_i}=2R_1 \tag{3.4.16}$$

若 $R_1=R_2=R_3=R_F$，则 $u_o=u_{i2}-u_{i1}$。

(4) 积分器

图 3.4.7 所示为一个反相积分电路，运放和 R、C 构成反相积分器。利用积分电路可以实现方波-三角波的波形变换和正弦波的正弦-余弦的移相功能等。

在理想条件下，电容 C 上的初始电压 $u_C(0^+)=0$，则输出电压

$$u_o=-\frac{1}{RC}\int u_i\mathrm{d}t \tag{3.4.17}$$

当 u_i 为阶跃电压 u_S 时，输出电压为

$$u_o=-\frac{1}{RC}u_St \tag{3.4.18}$$

此时，输出电压 u_o 是时间的线性函数，其斜率与输入电压成正比，与时间常数 $\tau=RC$ 成反比，如图 3.4.8 所示。

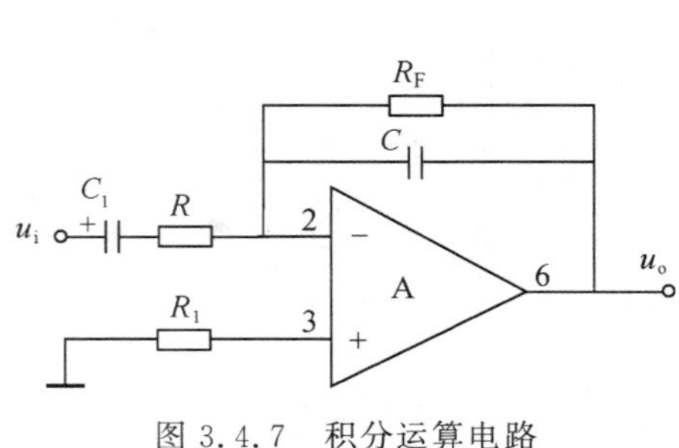

图 3.4.7 积分运算电路

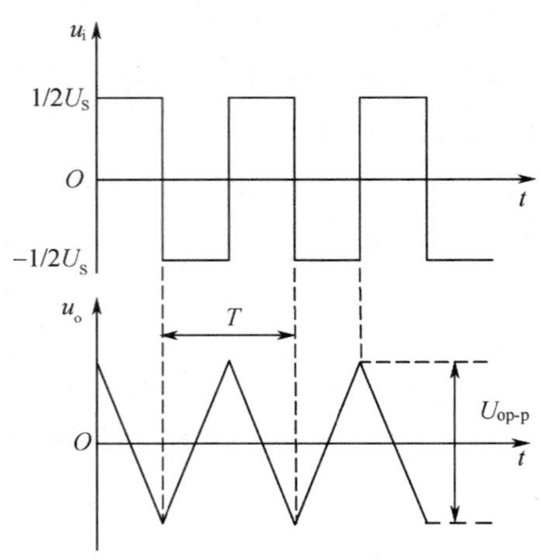

图 3.4.8 积分波形图

图 3.4.7 中，R_1 为平衡电阻。R_F 可抑制积分漂移，在选择 R_F 时，应使 $R_FC\gg$输入方波周期，否则输出三角波的线性会较差。另外，输入信号中直流分量通过 RC 积分会造成运放的输出饱和，为此可在积分器的输入电路中串联一个隔直电容，如图 3.4.7 中的 C_1，且应有 $RC_1\gg$输入方波的周期。

由于

$$u_o=-\frac{1}{RC}\int_0^{T/2}\frac{U_S}{2}\mathrm{d}t \tag{3.4.19}$$

所以

$$U_{op\text{-}p}=\frac{1}{RC}\cdot\frac{U_S}{2}\cdot\frac{T}{2}=\frac{U_S}{4fRC} \tag{3.4.20}$$

$$RC=\frac{U_S}{4fU_{op\text{-}p}} \tag{3.4.21}$$

若已知 $U_S=2\text{V}$，$f=1\text{kHz}$，$U_{op\text{-}p}=1\text{V}$，则图 3.4.7 中各参数计算如下。

$RC=0.5\times10^{-3}$，可取 $C=0.01\mu\text{F}$，则 $R=0.5\times\dfrac{1}{C}\times10^{-3}\Omega$，取标称值 $R=5.1\text{k}\Omega$。

$R_FC\gg5T$，则 $R_F\gg5\dfrac{1}{fC}$。$RC_1\gg5T$，则 $C_1\gg5\dfrac{1}{fR}$。

平衡电阻 $R_1=R_F$。

3）运算放大器（μA741）的基本知识

（1）运算放大器（μA741）的管脚排列及功能如图 3.4.9 所示，它的电源电压为±3～±18V，工作频率为 10kHz。本实验中输入电压为±12V。

（2）运算放大器的零输入、零输出电压。将反相放大器的输入端接地，测量它的零输出电压，判断运算放大器是否为理想运算放大器。

（3）运算放大器电源接法。调节稳压电源使两路（主路、从路）输出均为 12V，然后按图 3.4.10 所示接到运算放大器实验电路中。

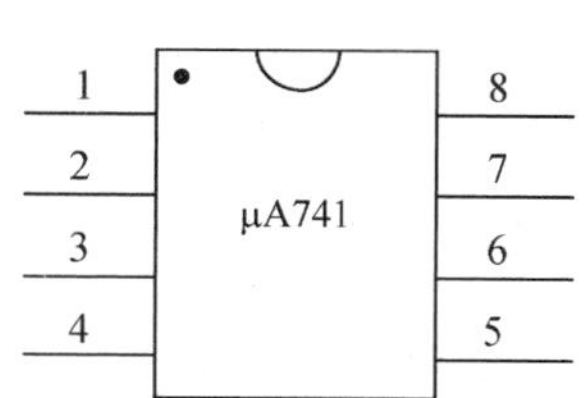

图 3.4.9　运算放大器(μA741)的管脚排列及功能
2—反相输入；3—同相输入；4—负电源端；6—输出端；7—正电源端；8—空端；1、5—失调调零端(两引脚之间可接入一只 100kΩ 的电位器，并将滑动端接到负电源端)

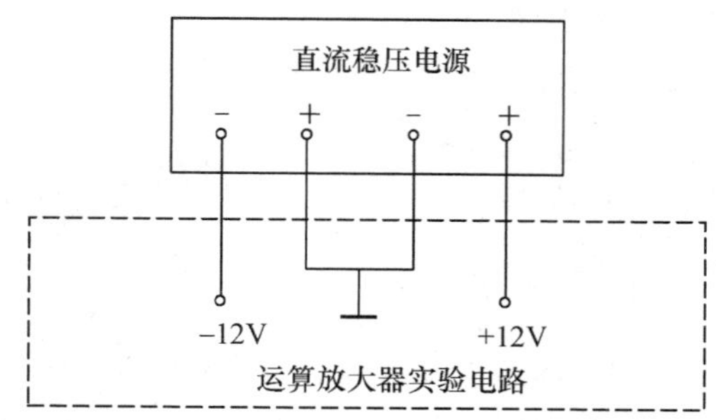

图 3.4.10　运算放大器电源接线示意图

3. 实验仪器与元器件

1) 实验仪器

双踪示波器，1 台。

直流稳压电源，1 台。

低频信号发生器，1 台。

交流毫伏表，1 台。

万用表，1 块。

2) 实验元器件

运算放大器(μA741)，1 只。

电阻、电容，若干。

4. 实验内容

1) 运算放大器的基本测试

测量运算放大器的零输入、零输出电压。按图 3.4.1 接线，$R_1=10\text{k}\Omega$，$R_F=100\text{k}\Omega$，$R_2=R_1//R_F=9.1\text{k}\Omega$。将反相放大器的输入端接地，测量输出电压 U_o。

2) 比例放大器

(1) 反相比例放大器。按照图 3.4.1 接线。

(2) 同相比例放大器。按照图 3.4.2 接线。

输入信号为 $u_{ip\text{-}p}=1\text{V}$、$f=1\text{kHz}$ 的正弦波；$R_1=12\text{k}\Omega$，$R_2=10\text{k}\Omega$，$R_F=51\text{k}\Omega$。用示波器观察和记录 $u_{op\text{-}p}$ 的值，并画出 u_i、u_o 的波形。

3) 反相加法器

按照图 3.4.4 接线。$u_{i1(p\text{-}p)}=6\text{V}$，$f=1\text{kHz}$(正弦波)；$u_{i2(p\text{-}p)}=3\text{V}$，$f=1\text{kHz}$(正弦波)；$U_{i3}=5\text{V}$(直流)。$R_1=10\text{k}\Omega$，$R_2=20\text{k}\Omega$，$R_3=50\text{k}\Omega$，$R_F=100\text{k}\Omega$，$R'=5.6\text{k}\Omega$。用示波器观察并画出 u_{i1}、u_{i2}、u_{i3}、u_o 的波形(标出波峰、波谷、直流分量)。

4) 减法器

按照图 3.4.6 接线。$u_{i1(p\text{-}p)}=4\text{V}$，$f=1\text{kHz}$(正弦波)；$u_{i2(p\text{-}p)}=2\text{V}$，$f=1\text{kHz}$(正弦波)；

$R_1=10\text{k}\Omega$,$R_2=100\text{k}\Omega$,$R_3=10\text{k}\Omega$,$R_4=10\text{k}\Omega$。用示波器观察并画出 u_{i1}、u_{i2}、u_o 的波形。

5）积分器

按照图 3.4.7 接线。$u_{ip\text{-}p}=4\text{V}$,$f=2\text{kHz}$(方波)；$C_1=10\mu\text{F}$,$C=0.1\mu\text{F}$；$R=3.3\text{k}\Omega$,$R_1=3\text{k}\Omega$,$R_F=51\text{k}\Omega$。用示波器观察并画出 u_i、u_o 的波形。

5. 预习要求

(1) 熟悉并掌握运算放大器 μA741 的管脚定义和使用方法。

(2) 掌握运算放大器构成比例放大、相加、相减和积分电路的设计方法。

6. 注意事项

(1) 运算放大器接入±12V 电源,将正电源的负极和负电源的正极连接后,与实验电路的接地端相连。

(2) 运算放大器的输出端不能直接接地。

7. 实验报告要求

(1) 计算反相比例放大器、同相比例放大器的 A_u 的实验值,并与理论值进行比较,分析产生误差的原因。

(2) 将反相加法器输出电压 U_o 的实验值(包括波峰、波谷、直流分量)与理论值进行比较,分析产生误差的原因。

(3) 计算积分器输出电压的理论值,说明积分运算的误差与哪些因素有关?

8. 思考题

(1) 加法、减法、积分、指数、对数电路中,运算放大器工作在线性区还是非线性区?

(2) 试将反相加法器和同相加法器进行比较,分析其有何优缺点。

3.5 有源滤波器

1. 实验目的

(1) 熟悉用运放、电阻和电容构成有源低通滤波器、有源高通滤波器和有源带通滤波器。

(2) 熟悉有源滤波器的设计方法。

(3) 掌握有源滤波器的幅频特性测试方法。

2. 实验原理

滤波器是一种具有频率选择功能的电路,它能使有用频率信号通过而同时抑制(或衰减)不需要传送的频率范围内的信号。滤波器目前在通信、测控、仪器仪表等领域有着广泛应用。

以往滤波器主要采用无源元件 R、L 和 C 组成,现在一般采用集成运放、R 和 C 组成,常称为有源滤波器。有源滤波器具有输出阻抗 $R_o\approx0$、电压增益 $A_u>1$、体积小等优点,但因集成运放的带宽有限，有源滤波器的工作频率目前最大约为 1MHz。按照滤波器的工作频带，滤波器可分为低通滤波器(LPF)、高通滤波器(HPF)、带通滤波器(BPF)和带阻滤波器(BEF)。各种滤波器的理想幅频特性如图 3.5.1 所示。

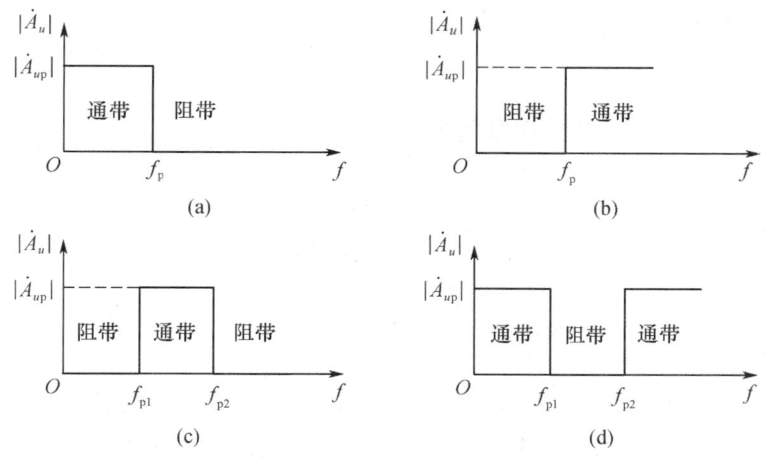

图 3.5.1　各种滤波器的理想幅频特性

(a) 低通；(b) 高通；(c) 带通；(d) 带阻

各种滤波器的实际幅频特性与理想特性有一定的差别，滤波器设计的任务是力求向理想特性逼近。一般来说，滤波器的幅频特性越好，其相频特性越差；反之亦然。滤波器的阶数越高，幅频特性衰减的速率越快，但 RC 网络的节数越多，元件参数计算越复杂，调试越困难。任何高阶滤波器均可以用较低的二阶 RC 有源滤波器级联实现。

1) 二阶有源低通滤波器

低通滤波器用来通过低频信号，衰减或抑制高频信号。典型的二阶有源低通滤波器电路如图 3.5.2(a)所示，其幅频特性曲线如图 3.5.2(b)所示。该电路中既引入了负反馈，又引入了正反馈。当信号频率趋于零时，由于连接输出端的电容 C 的电抗趋于无穷大，因而正反馈很弱；当信号频率趋于无穷大时，由于连接集成运放同相输入端的电容 C 的电抗趋于零，因而集成运放同相端电压 u_+ 趋于零。可以想象，只要正反馈引入得当，就既可能在 $f=f_0$ 时使电压增益数值最大，又不会因正反馈过强而产生自激振荡。因为同相输入端电位控制由集成运放和 R_1、R_F 组成的电压源，故该电路称为压控电压源滤波电路。

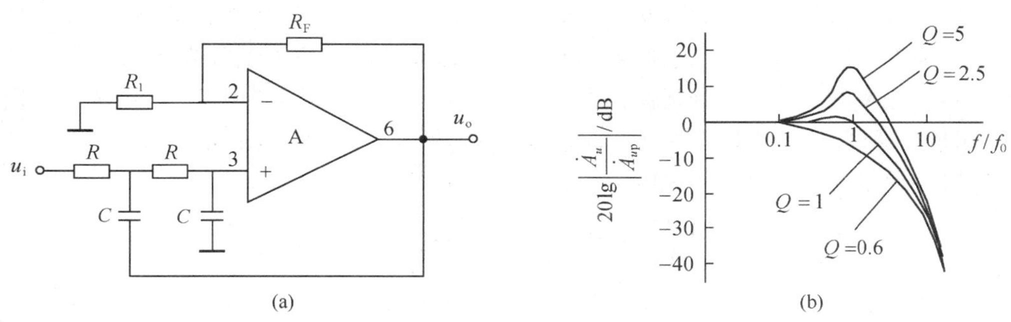

图 3.5.2　二阶有源低通滤波器

二阶有源低通滤波器的幅频响应表达式为

$$\left|\frac{A_u(\mathrm{j}\omega)}{A_{up}}\right|=\frac{1}{\sqrt{(1-(\omega/\omega_0)^2)^2+\omega^2/(\omega_0^2\cdot Q^2)}} \tag{3.5.1}$$

式中，通带放大倍数为

$$A_{up}=1+\frac{R_F}{R_1} \tag{3.5.2}$$

截止频率是指滤波器通带与阻带的界限频率，其表达式为

$$f_p=\frac{1}{2\pi RC} \tag{3.5.3}$$

品质因数是指当 $f=f_0$ 时的电压放大倍数与通带放大倍数的数值之比，其表达式为

$$Q=\left|\frac{1}{3-A_{up}}\right| \tag{3.5.4}$$

2）二阶有源高通滤波器

与低通滤波器相反，高通滤波器用来通过高频信号，衰减或抑制低频信号。高通滤波电路与低通滤波电路具有对偶性，如果将图 3.5.2(a)中的电阻替换成电容，电容替换成电阻，即可得到如图 3.5.3(a)所示的压控电压源二阶高通滤波器电路，其幅频特性曲线如图 3.5.3(b)所示。二阶有源高通滤波器的电路性能参数 A_{up}、f_p、Q 各量的含义同二阶有源低通滤波器。

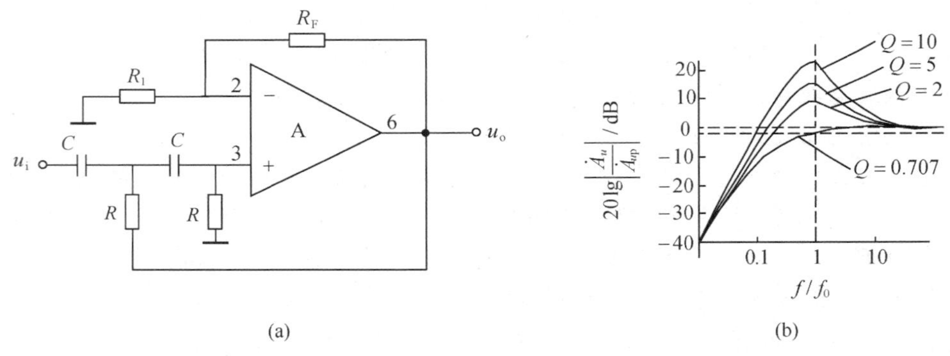

图 3.5.3 二阶有源高通滤波器

3）二阶有源带通滤波器

带通滤波器的作用是只允许某一个通频带范围内的信号通过，而比通频带下限频率低和比上限频率高的信号均加以衰减或抑制。将低通滤波器和高通滤波器串联，即可得到带通滤波器。典型的二阶有源带通滤波器电路如图 3.5.4(a)所示，图中 R_2、C 组成低通网络，C、R_3 组成高通网络，其幅频特性曲线如图 3.5.4(b)所示，当 $f=f_0$ 时，电压放大倍数最大。

二阶有源带通滤波器的幅频响应表达式为

$$\left|\frac{A_u(\mathrm{j}\omega)}{A_{up}}\right|=\frac{1}{\sqrt{Q^2\cdot\left(\frac{\omega_0}{\omega}-\frac{\omega}{\omega_0}\right)^2+1}} \tag{3.5.5}$$

式中，通带放大倍数为

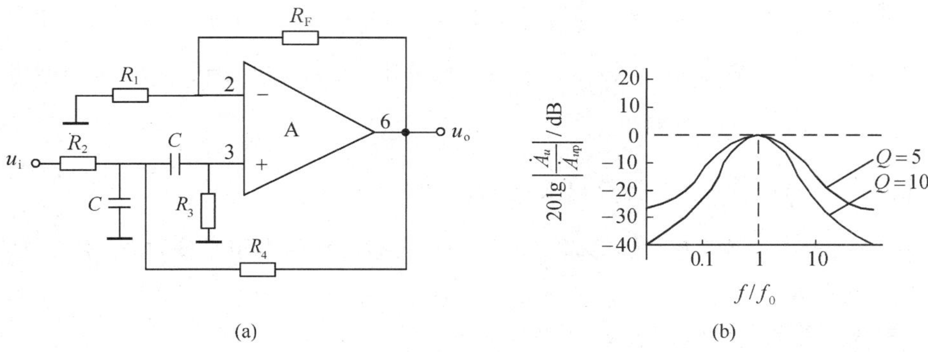

图 3.5.4　二阶有源带通滤波器

$$A_{up}=\frac{R_1+R_F}{R_1R_2Cf_{BW}} \tag{3.5.6}$$

中心频率为

$$f_0=\frac{1}{2\pi}\sqrt{\frac{1}{R_3C^2}\left(\frac{1}{R_2}+\frac{1}{R_4}\right)} \tag{3.5.7}$$

通频带为

$$f_{BW}=\frac{1}{C}\left(\frac{1}{R_2}+\frac{2}{R_3}-\frac{R_F}{R_4R_1}\right) \tag{3.5.8}$$

品质因数为

$$Q=\frac{f_0}{f_{BW}} \tag{3.5.9}$$

由式(3.5.9)可知，Q 值越大，通频带越窄，选频特性越好。但电路的 Q 值不能太大，否则会产生自激振荡。

3. 实验仪器与元器件

1）实验仪器

直流稳压电源，1 台。

低频信号发生器，1 台。

双踪示波器，1 台。

交流毫伏表，1 台。

万用表，1 块。

2）实验元器件

μA741 集成芯片，1 只。

电阻、电容，若干。

4. 实验内容

（1）根据预习要求中“设计一个二阶有源低通滤波器”的性能指标要求，选择参考电路如图 3.5.2(a)所示，设计图中的各元件的参数值，并标在电路图中。

设计步骤如下。

① 首先根据截止频率 $f_p=\frac{1}{2\pi RC}=1\text{kHz}$ 的要求，先选定电容 $C=0.01\mu\text{F}$，即可计算出电阻 R。

② 根据 $A_{up}=1+\frac{R_F}{R_1}=2$，计算出 $R_1=R_F$。

③ 在图 3.5.2(a)中，为了使集成运放两个输入端对地的电阻平衡，应使 $R_1//R_F=2R$，则可计算出电阻 R_1 和 R_F。

(2) 集成运算放大器选用 μA741 集成芯片。

(3) 按照图 3.5.2(a)所示连接电路，构造±12V 电源，接通电源。

(4) 调节函数信号发生器，使其输出：正弦波，$U_i=1\text{V}$(有效值)，将函数信号发生器输出连接到电路图 3.5.2(a)的输入端 u_i 处。

(5) 在滤波器截止频率 $f_p=1\text{kHz}$ 附近改变输入信号频率，用交流毫伏表观察输出电压幅度的变化是否具备低通滤波特性，若不具备，应排除电路故障。

(6) 若电路具备低通滤波特性，观察其截止频率和通带放大倍数是否满足设计要求，若不满足设计要求，根据相关公式调整有关元器件，使其达到设计要求。

(7) 当各项性能指标满足设计要求后，在输出波形不失真的条件下，选取适当幅度的正弦输入信号，保持输入信号幅度不变，改变输入信号的频率(注：在截止频率附近测量的点数应足够多，通带内和通带外测量的点数可以少些，但最好应包含截止频率十倍频的频率点，测量的总点数不要少于 8～10 点。)，用交流毫伏表测出对应频率点的输出电压 U_o，并根据公式计算电压放大倍数 A_u，将相应数据填入表 3.5.1 中，并绘制幅频特性曲线。

表 3.5.1 有源低通滤波器的数据记录

f/Hz									
U_o/V									
A_u/dB									

5. 预习要求

(1) 了解如何用运放、电阻和电容构成有源低通滤波器、有源高通滤波器。

(2) 熟悉有源滤波器的设计过程，掌握有源滤波器的幅频特性测试方法。

(3) 阅读实验教材，了解实验目的、实验原理和实验内容。

(4) 设计一个二阶有源低通滤波器，设计要求：截止频率 $f_p=1\text{kHz}$，通带放大倍数 $A_{up}=2$。

6. 注意事项

(1) 在连接电路、改变电路连线或插拔集成芯片时，均应切断电源，严禁带电操作。

(2) 正确选用电路元器件，μA741 集成芯片的管脚不能接错，μA741 集成芯片的+12V、−12V 电源不能接错。

(3) 在截止频率附近，应多取一些测试频率点，以便能更准确地反映滤波器在截止频率附近的幅频特性。

(4) 采用二阶压控电压源有源低通滤波器时，电路中电阻之比 R_F/R_1 要小于 2。

7. 实验报告要求

(1) 写出电路的设计过程、电路中元件参数的计算过程，画出电路图。

(2) 对测量结果进行误差分析，分析产生误差的原因。

(3) 以频率的对数为横坐标、电压放大倍数的分贝数为纵坐标，绘制低通滤波器的幅频特性曲线。

(4) 写出实验的调试过程、遇到的故障及解决方法。

(5) 回答思考题。

(6) 写出实验心得、体会及建议等。

8. 思考题

(1) 二阶压控电压源低通滤波器中，若电阻之比 R_F/R_1 大于 2，滤波器电路会出现什么现象？

(2) 如果将二阶压控电压源低通滤波器电路中 R_1、R_F 同时扩大一倍，滤波器的频率特性会发生如何变化？

3.6　*RC* 正弦波振荡器

1. 实验目的

(1) 掌握 *RC* 正弦波振荡器的组成、工作原理和设计方法。

(2) 掌握 *RC* 正弦波振荡器的调试方法。

2. 实验原理

正弦波振荡器又称为正弦波振荡电路，是指在没有外加输入信号的情况下，依靠电路自激振荡而产生正弦波输出电压的电路。它广泛地应用于测量、遥控、自动控制和超声波等设备中，也可以作为模拟电子电路的测试信号。正弦波振荡器的电路形式一般有 *RC* 正弦波振荡器、*LC* 正弦波振荡器和石英晶体振荡器。*RC* 正弦波振荡器适用于产生几百赫兹的信号。*LC* 正弦波振荡器适用于产生几千赫兹到几百兆赫兹的高频信号。石英晶体振荡器适用于产生几百千赫兹到几十兆赫兹的高频信号且稳定性高。

RC 正弦波振荡电路有桥式振荡电路、移相式振荡电路和双 T 网络式振荡电路等多种形式，其中最具典型性的是 *RC* 桥式正弦波振荡电路，其电路图如图 3.6.1 所示。

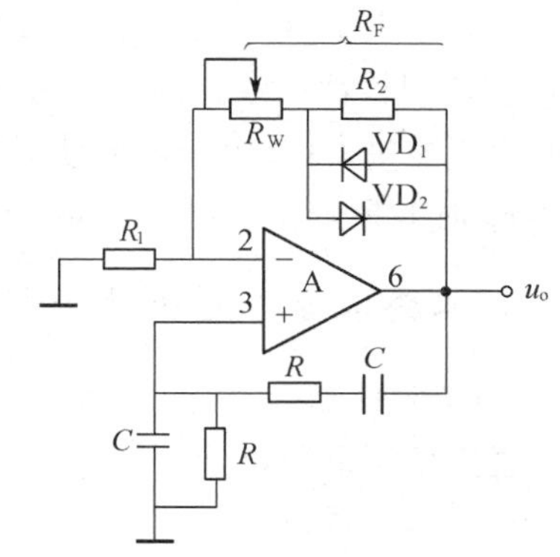

图 3.6.1　*RC* 桥式正弦波振荡电路

由电路图 3.6.1 可知，*RC* 桥式正弦波振荡电路由

RC 串并联选频网络和同相比例运算电路组成，RC 串并联选频网络构成正反馈电路，决定振荡频率 f_0。R_1 和 R_F 构成负反馈电路，决定起振的幅值条件。

在 RC 桥式正弦波振荡电路中，要想获取不失真的正弦波，必须引入由非线性器件组成的负反馈电路(常称为稳幅电路)，其作用是当运算放大器的同相输入端信号由小逐渐增大时，能够自动调节使运算放大器的电压增益由大逐渐减小，最终满足维持振荡平衡条件，在输出端获取不失真的正弦波。该电路利用二极管的非线性特性，即电流增大时二极管动态电阻减小、电流减小时二极管动态电阻增大的特点，在电路中加入 D_1 和 D_2，从而使输出电压稳定。调节 R_W 的大小即可改变输出电压的幅度。

振荡频率为

$$f_0=\frac{1}{2\pi RC} \tag{3.6.1}$$

起振幅值条件为

$$A_u=1+\frac{R_F}{R_1}\geqslant 3 \tag{3.6.2}$$

式中，$R_F=R_W+R_2//r_d$，r_d 为二极管的正向动态电阻。

RC 桥式正弦波振荡电路中电路元件参数的确定方法如下。

(1) 根据设计要求提供的振荡频率 f_0，由式(3.6.1)确定 RC 的值，即

$$RC=\frac{1}{2\pi f_0} \tag{3.6.3}$$

为了使 RC 串并联选频网络的选频特性尽量不受运算放大器的输入电阻 R_i 和输出电阻 R_o 的影响，应该满足 $R_o \ll R \ll R_i$。一般 R_i 为几百千欧以上，而 R_o 仅为几百欧，初步确定 R 后，再由式(3.6.3)计算出 C 的值。

(2) 根据起振幅值条件(式(3.6.2))确定 R_1 和 R_F，即

$$R_F \geqslant 2R_1 \tag{3.6.4}$$

为了减小输入偏置电流和漂移的影响，电路还应满足直流平衡条件，即 $R=R_1//R_F$。

(3) 根据所需要的振荡频率，要选择单位增益带宽合适的集成运放，振荡频率越高，要求集成运放的单位增益带宽越高，一般选择集成运放的单位增益带宽大于所需振荡频率的10倍。

(4) 确定稳幅电路

图 3.6.1 中，稳幅电路是由二极管 VD_1、VD_2 和电阻 R_2 并联组成。稳幅二极管 VD_1、VD_2 宜选用特性一致的硅管。为了减小因二极管的非线性而引起的波形失真，并联电阻 R_2 的取值不能过大(过大对削弱波形失真不利)，也不能过小(过小稳幅效果差)，实践证明，取 $R_2\approx r_d$ 时效果较佳，通常 R_2 取 3～5kΩ 即可。

3. 实验仪器与元器件

1) 实验仪器

直流稳压电源，1 台。

双踪示波器，1 台。

万用表，1 块。

2）实验元器件

μA741 集成芯片，1只。

二极管 IN4001，2只。

30kΩ 电位器，1只。

电阻、电容，若干。

4. 实验内容

（1）根据预习要求中“设计一个具有自动稳幅的 RC 桥式正弦波振荡器”的要求，设计图 3.6.1 中的各元件的参数值，并标在电路图中。

（2）集成运算放大器选用 μA741 集成芯片，二极管选用 IN4001。

（3）按照图 3.6.1 所示连接电路，构造±12V 电源，接通电源。

（4）用双踪示波器观察输出电压 u_o 的波形并记录 $U_{op\text{-}p}$，使其达到所要求的设计指标要求。若不能满足性能指标要求，则需调整电路中相应元件的参数，然后重新观察输出波形。

（5）画出满足性能指标要求的 u_o 的波形，并记录 $U_{op\text{-}p}$。

（6）调节图 3.6.1 中 R_W 的大小，使其增大或减小，观察输出波形的频率及幅值的变化。

5. 预习要求

（1）了解 RC 桥式正弦波振荡电路的工作原理。

（2）掌握 RC 桥式正弦波振荡电路中电路元件参数的确定方法。

（3）阅读实验教材，了解实验目的、实验原理和实验内容。

（4）设计一个具有自动稳幅的 RC 桥式正弦波振荡器，设计要求：振荡频率为 1kHz±10%，振幅稳定，输出正弦波峰-峰值不小于 12V，波形对称，无明显非线性失真。

6. 注意事项

（1）在连接电路、改变电路连线或插拔集成芯片时，均应切断电源，严禁带电操作。

（2）正确选用电路元器件，μA741 集成芯片的管脚不能接错，μA741 集成芯片的＋12V、－12V 电源不能接错。

（3）测量过程中，所有仪器与实验电路的公共端必须共地。

7. 实验报告要求

（1）写出电路的设计过程、电路中元件参数的计算过程，画出电路图。

（2）对测量结果进行误差分析，分析产生误差的原因。

（3）写出实验的调试过程、遇到的故障及解决方法。

（4）回答思考题。

（5）写出实验心得、体会及建议等。

8. 思考题

（1）在 RC 桥式振荡电路中，若电路不能起振，应该调节哪些元件？

(2) 如果振荡输出波形出现上下削波，应该如何调整电路？

3.7 电压比较器

1. 实验目的

(1) 掌握单限比较器和滞回比较器的设计、测量和调整方法。

(2) 掌握电压比较器的测量方法。

2. 实验原理

电压比较器是集成运放工作在非线性状态下的应用电路，它将两个模拟电压信号进行比较，输出信号只有两种状态：高电平输出和低电平输出。根据电压比较器的传输特性来分类，常用的电压比较器有单限比较器、滞回比较器、窗口比较器等。电压比较器在电子测量、自动控制、非正弦波形产生等方面应用广泛。

1) 单限比较器

单限比较器是指只有一个阈值电压的比较器，当输入电压等于阈值电压时，输出端的状态立即发生跳变。

图 3.7.1(a)所示为一个简单的反相单限电压比较器，U_{REF} 为外加参考电压，经电阻 R_1 接在运放的同相输入端，输入电压 u_i 经电阻 R_2 接在运放的反相输入端。图 3.7.1(a)中，R_1、R_2 分别表示阈值电压源和信号源的内阻，它们应相等，以便减小输入偏置电流及其漂移的影响。R_3 是限流电阻。稳压管 D_Z 是为了使输出被钳位。

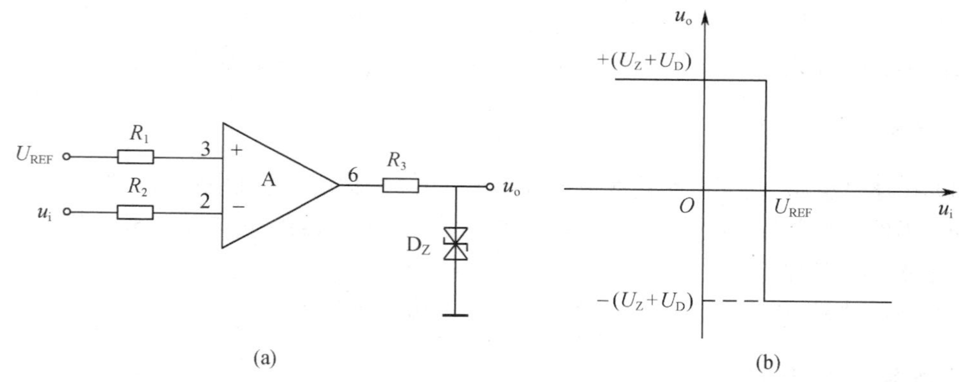

图 3.7.1 单限比较器

当 $u_i<U_{REF}$ 时，输出为高电平；当 $u_i>U_{REF}$ 时，输出为低电平。其输出电压值为

$$u_o=\begin{cases}+(U_Z+U_D) & (u_i<U_{REF})\\ -(U_Z+U_D) & (u_i>U_{REF})\end{cases} \tag{3.7.1}$$

式(3.7.1)中 U_Z 为稳压管 D_Z 的稳压值，若选用 6V2 稳压二极管，$U_Z=6.2V$。U_D 为稳压管的导通电压，$U_D=0.7V$(硅管)。单限比较器的电压传输特性曲线如图 3.7.1(b)所示。

2）滞回比较器

滞回比较器有两个阈值电压，输入电压 u_i 从小变大的过程中使输出电压 u_o 产生跃变的阈值电压 U_{T2}，不等于从大变小过程中使输出电压 u_o 产生跃变的阈值电压 U_{T1}，电路具有滞回特性。

图 3.7.2(a)所示为一个反相输入滞回比较器，U_{REF} 为外加参考电压，经电阻 R_1 接在运放的同相输入端，输入电压 u_i 经电阻 R_2 接在运放的反相输入端。输出电压 u_o 经电阻 R_F 反馈到运放的同相输入端，构成正反馈电路。由于正反馈的引入，加快了输出电压 u_o 的转换速度。例如：当 $u_o=+(U_Z+U_D)$、$u_+=U_{T2}$ 时，只要 u_i 略大于 U_{T2} 足以引起 u_o 的下降，就会产生如下的正反馈过程，即

$$u_o\downarrow \rightarrow u_+\downarrow \rightarrow u_o\downarrow\downarrow$$

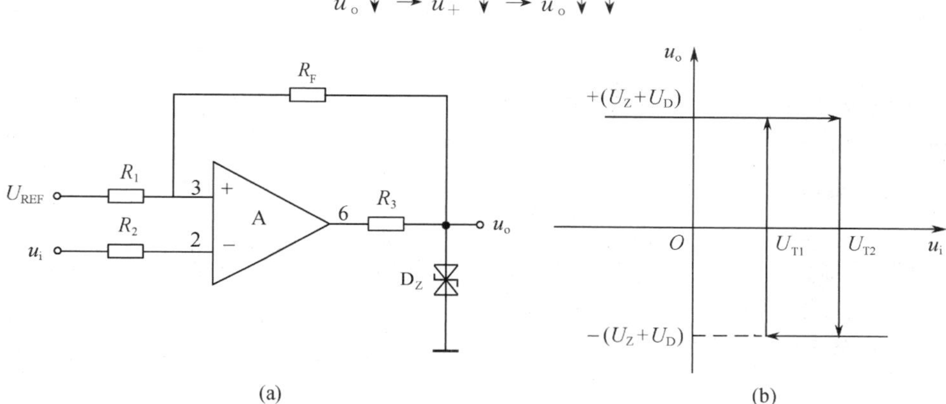

图 3.7.2　滞回比较器

u_o 的下降导致 u_+ 的下降，而 u_+ 的下降又使得 u_o 进一步下降，反馈的结果使 u_o 迅速变为 $-(U_Z+U_D)$，从而获得较为理想的电压传输特性，反之亦然。R_3 是限流电阻。稳压管 D_Z 是为了使输出被钳位。

在图 3.7.2(a)所示的电路中，当运放反相输入端和同相输入端电位相等，即 $u_-=u_+$ 时，运放的输出电压将发生跳变。而 u_o 有两种可能的状态：$+(U_Z+U_D)$ 或 $-(U_Z+U_D)$。因此，使 u_o 由 $+(U_Z+U_D)$ 跳变为 $-(U_Z+U_D)$，以及由 $-(U_Z+U_D)$ 跳变为 $+(U_Z+U_D)$ 所对应的输入电压值是不同的。这种比较器有两个不同的阈值电压，使传输特性呈滞回形状，如图 3.7.2(b)所示。

u_+ 的电压是由 U_{REF} 和 u_o 共同决定。由叠加定理可以求得运放同相输入端的电位为

$$u_+=\frac{R_F}{R_1+R_F}U_{REF}+\frac{R_1}{R_1+R_F}u_o \tag{3.7.2}$$

若原来电路输出为 $u_o=+(U_Z+U_D)$，当 u_i 逐渐增大时，u_o 从 $+(U_Z+U_D)$ 跳变为 $-(U_Z+U_D)$ 所需的阈值电压用 U_{T2} 表示，即

$$U_{T2}=\frac{R_F}{R_1+R_F}U_{REF}+\frac{R_1}{R_1+R_F}(U_Z+U_D) \tag{3.7.3}$$

若原来电路输出为 $u_o=-(U_Z+U_D)$，当 u_i 逐渐减小时，u_o 从 $-(U_Z+U_D)$ 跳变为 $+(U_Z+U_D)$ 所需的阈值电压用 U_{T1} 表示，即

$$U_{T1}=\frac{R_F}{R_1+R_F}U_{REF}-\frac{R_1}{R_1+R_F}(U_Z+U_D) \tag{3.7.4}$$

通常将上述两个阈值电压之差 $U_{T2}-U_{T1}$ 称为门限宽度或回差，用符号 ΔU_T 表示，由式(3.7.3)及式(3.7.4)可求得

$$\Delta U_T=U_{T2}-U_{T1}=\frac{2R_1}{R_1+R_F}(U_Z+U_D) \tag{3.7.5}$$

由式(3.7.5)可见，门限宽度 ΔU_T 值取决于(U_Z+U_D)、R_1 和 R_F 值，与 U_{REF} 无关。改变 U_{REF} 的大小可以同时调节 U_{T1}、U_{T2} 的大小，但 ΔU_T 不变。

3. 实验仪器与元器件

1）实验仪器

直流稳压电源，1 台。

5V 小电源，1 台。

双踪示波器，1 台。

信号发生器，1 台。

万用表，1 块。

2）实验元器件

μA741 集成芯片，1 只。

稳压二极管 6V2，2 只。

电阻，若干。

4. 实验内容

1）单限比较器

(1) 根据预习要求中“设计单限比较器”的要求，设计图 3.7.1(a)中的 R_1、R_2、R_3 的值，并选择相应的稳压二极管。

(2) 按照图 3.7.1(a)所示连接电路，构造±12V 电源。

(3) 调节函数信号发生器，使其输出：三角波，$f=1\text{kHz}$，$u_{ip\text{-}p}=5\text{V}$(示波器校准)，将函数信号发生器输出连接到电路图 3.7.1(a)中交流信号输入端 u_i 处。

(4) 调节 5V 小电源使其输出 2V，连接到电路图 3.7.1(a)中参考电压输入端 U_{REF} 处。

(5) 接通±12V 电源和 5V 小电源。

(6) 用双踪示波器同时观察输入 u_i、输出 u_o 的波形，并在坐标纸上画出 u_i、u_o 波形，注意波形的幅值、周期和相位差。

2）滞回比较器

(1) 根据预习要求中“设计滞回比较器”的要求，设计图 3.7.2(a)中的 R_1、R_2、R_3、R_F 的值，并选择相应的稳压二极管。

(2) 按照图 3.7.2(a)所示连接电路，构造±12V 电源。

(3) 调节函数信号发生器，使其输出：三角波，$f=1\text{kHz}$，$u_{ip\text{-}p}=5\text{V}$(示波器校准)，将函数信号发生器输出连接到电路图 3.7.2(a)中交流信号输入端 u_i 处。

(4) 调节 5V 小电源使其输出 1V，连接到电路图 3.7.2(a)中参考电压输入端 U_{REF} 处。

（5）接通±12V电源和5V小电源。

（6）用双踪示波器同时观察输入 u_i、输出 u_o 的波形，并在坐标纸上画出 u_i、u_o 波形，注意波形的幅值、周期和相位差。

5. 预习要求

（1）复习单限比较器、滞回比较器的工作原理。

（2）掌握单限比较器、滞回比较器的设计和测量方法。

（3）阅读实验教材，了解实验目的、实验原理和实验内容。

（4）设计单限比较器。

已知条件：电源电压 $V_{CC}=\pm 12V$，参考电压 U_{REF} 由直流电源提供。输入电压 u_i：三角波，$f=1kHz$，$u_{ip\text{-}p}=5V$（由低频信号发生器提供），运放用 μA741。

要求：实现如图3.7.1(b)所示的电压传输特性曲线，曲线中 $U_{REF}=2V$，$U_{omax}=6.9V$，$U_{omin}=-6.9V$。

（5）设计滞回比较器。

已知条件：电源电压 $V_{CC}=\pm 12V$，参考电压 U_{REF} 由直流电源提供，$U_{REF}=1V$。输入电压 u_i：三角波，$f=1kHz$，$u_{ip\text{-}p}=5V$（由低频信号发生器提供），运放用 μA741。

要求：实现如图3.7.2(b)所示的电压传输特性曲线，曲线中 $U_{T1}=-0.2V$，$U_{T2}=1.9V$，$U_{omax}=6.9V$，$U_{omin}=-6.9V$。

6. 注意事项

（1）在连接电路、改变电路连线或插拔集成芯片时，均应切断电源，严禁带电操作。

（2）正确选用电路元器件，μA741运放管脚不能接错，μA741运放的+12V、−12V电源不能接错。

（3）测量过程中，所有仪器与实验电路的公共端必须共地。

（4）双踪示波器耦合方式选择“DC挡”。

7. 实验报告要求

（1）写出电路的设计过程，并画出电路图。

（2）画出实验要求记录的波形，波形图中横坐标、纵坐标、关键点的参数要标示完整，至少画2个周期的波形。

（3）对测量结果进行讨论和误差分析，分析理论值和实际测量值的误差。

（4）写出实验的调试过程、遇到的故障及解决方法。

（5）回答思考题。

（6）写出实验心得、体会及建议等。

8. 思考题

（1）实验中，对输入信号 u_i 的峰-峰值有何要求？

（2）试设计一个比较器，实现正弦波到方波的变换。正弦波的幅度为4V，方波的高、低电平分别为+4V和−4V。

3.8 波形发生器

1. 实验目的

(1) 掌握波形发生器的基本设计方法。

(2) 掌握波形发生器的调试和测量方法。

2. 实验原理

1) 矩形波与方波发生器

矩形波发生器一般由电压比较器、反馈环节和延迟环节三部分组成。因为矩形波电压只有两种状态,不是高电平,就是低电平,所以电压比较器是它的重要组成部分;因为产生振荡,就是要求输出的两种状态自动地相互转换,所以电路中必须引入反馈;因为输出状态应按一定的时间间隔交替变化,即产生周期性变化,所以电路中要有延迟环节来确定每种状态维持的时间。

(1) 方波发生器

方波发生器如图 3.8.1 所示,其电路由滞回比较器和积分电路组成。

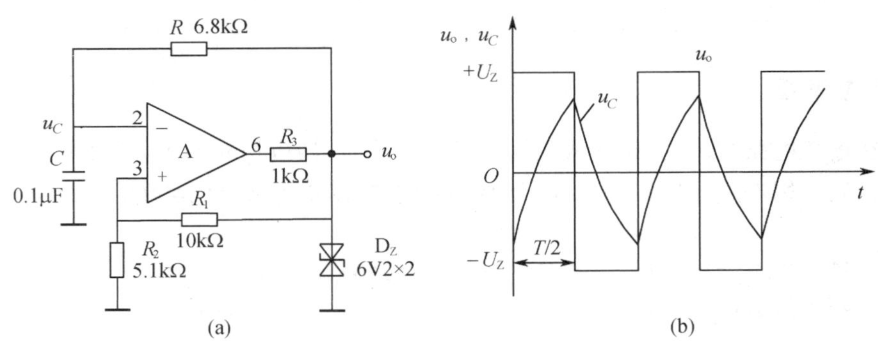

图 3.8.1 方波发生器

图 3.8.1 中,运放 A 和 R_1、R_2 组成反相滞回比较电路。通过正反馈网络 R_1、R_2 从输出电压取得阈值电压 U_T。R、C 组成积分电路,产生比较电压 $u_C(t)$。双向稳压管 D_Z(由两只 6V2 构成)和限流电阻 R_3 组成双向限幅器,控制输出幅度为 $\pm U_Z$,$U_Z=(6.2+0.7)\text{V}=6.9\text{V}$。

图 3.8.1 中滞回比较器的输出电压 $u_o=\pm U_Z$,阈值电压为

$$\pm U_T=\pm\frac{R_2}{R_1+R_2}\cdot U_Z \tag{3.8.1}$$

设某一时刻输出电压 $u_o=+U_Z$,则同相输入端电位 $u_P=+U_T$。u_o 通过 R 对电容 C 正向充电。反相输入端电位 u_N 随时间 t 增长而逐渐升高,当 t 趋近于无穷时,u_N 趋于 $+U_Z$;但是,一旦 $u_N=+U_T$,再稍增大,u_o 就从 $+U_Z$ 跃变为 $-U_Z$,与此同时 u_P 从 $+U_T$ 跃变为 $-U_T$。随后,u_o 又通过 R 对电容 C 反向充电,或者说放电。反相输入端电位 u_N 随时间 t 增长而逐渐降低,当 t 趋近于无穷时,u_N 趋于 $-U_Z$;但是,一旦 $u_N=-U_T$,再稍减小,u_o 就从 $-U_Z$ 跃变为 $+U_Z$,与此同时 u_P 从 $-U_T$ 跃变为 $+U_T$,电容又开始正向充电。上述过程周

而复始，电路产生了自激振荡。

由于图 3.8.1 所示电路中电容正向充电与反向充电的时间常数均为 RC，而且充电的总幅值也相等，u_o 为对称的方波，所以也称该电路为方波发生器。其振荡周期为

$$T = 2RC\ln\left(1 + \frac{2R_2}{R_1}\right) \tag{3.8.2}$$

通过以上分析可知，调整电压比较器的电路参数 R_1、R_2 可以改变 u_C 的幅值，调整电阻 R_1、R_2、R 和电容 C 的数值可以改变电路的振荡频率。而要调整输出电压 u_o 的振幅，则要换稳压管以改变 U_Z，此时 u_C 的幅值也将随之变化。

(2) 矩形波发生器

对图 3.8.1(a)所示的电路作适当改动，使电容的充放电时间常数不等，便可改变输出波形的占空比，振荡电路便成为矩形波发生器(图 3.8.2)。

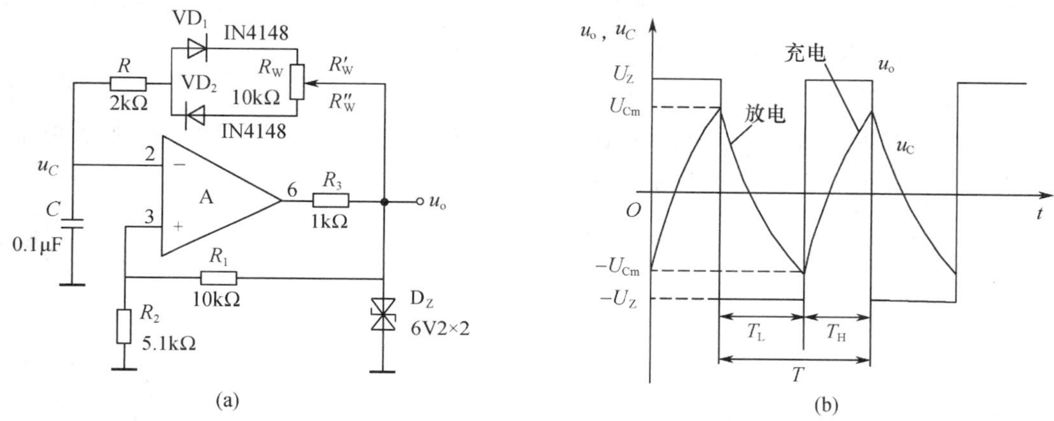

图 3.8.2 矩形波发生器

当 $u_o = +U_Z$ 时，u_o 通过 R''_W、VD_2 和 R 对电容 C 正向充电，若忽略二极管导通时的等效电阻，则时间常数为

$$\tau_1 \approx (R''_W + R)C \tag{3.8.3}$$

当 $u_o = -U_Z$ 时，u_o 通过 R'_W、VD_1 和 R 对电容 C 反向充电，若忽略二极管导通时的等效电阻，则时间常数为

$$\tau_2 \approx (R'_W + R)C \tag{3.8.4}$$

振荡周期为

$$T = (2R + R_W)C\ln\left(1 + \frac{2R_2}{R_1}\right) \tag{3.8.5}$$

占空比为

$$d = \frac{T_H}{T} = \frac{R + R''_W}{2R + R_W} \times 100\% \tag{3.8.6}$$

可见，调节 R_W 可使矩形波的占空比产生变化。

2) 三角波发生器

三角波发生器电路图如图 3.8.3 所示，它由运放 A_1、A_2，电阻 R_1、R_2 组成的同相滞回比较器，运放 A_2 以及 R、C 构成的反相有源积分电路组成。其输出信号为

$$T=4RC\frac{R_2}{R_1} \tag{3.8.7}$$

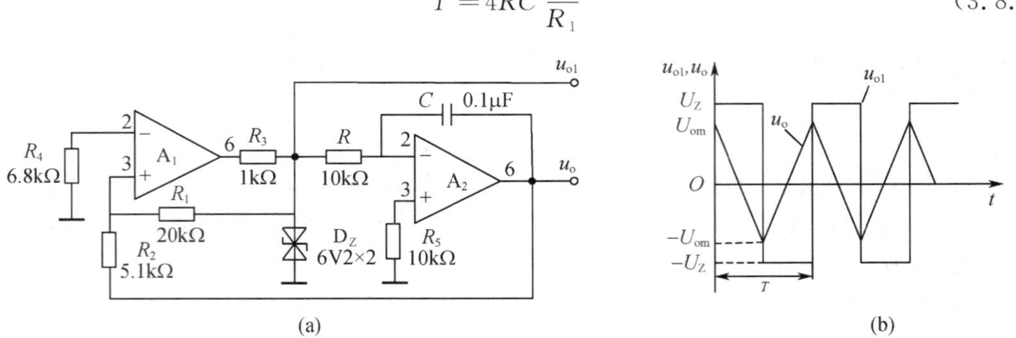

图 3.8.3　三角波发生器

如果改变 R_4 下端的参考电位，则输出的三角波直流电平将随之变化，此电路前一级输出波形为方波，故本电路又称为方波-三角波发生电路。

3）锯齿波发生器

对三角波发生器电路作适当修改，使积分电路具有不同的充放电时间常数，便可构成锯齿波发生器。如图 3.8.4(a)所示，振荡周期为

$$T=2(2R+R_W)\frac{R_2}{R_1}C \tag{3.8.8}$$

u_{o1} 矩形波输出的占空比

$$d=\frac{T_H}{T}=\frac{R+R'_W}{2R+R_W}\times 100\% \tag{3.8.9}$$

图 3.8.4(a)中，U_R 为参考电压端，当改变 U_R 时输出的锯齿波将沿 Y 轴上下移动。图 3.8.4(b)是 $U_R=0V$ 时的输出波形。

4）设计举例

对波形发生器电路的设计，通常主要考虑两点：一是选择什么样的输出波形电路；二是确定该电路的振荡频率。对 10kHz 以下的振荡电路，通常对器件（即运放性能）要求不高，选择余地大。当要求的工作频率较高时，就应考虑器件的性能，一般通过查找有关器件手册获取。

在确定振荡频率时，应先选择积分电容大小，一般在 0.01～0.33μF 之间，然后再确定相应电阻的大小。电阻一般在几千欧至 100kΩ 之间选择。图示电路各元件值已标出，供设计时参考。

3. 实验仪器与元器件

1）实验仪器

双踪示波器，1 台。

直流稳压电源，1 台。

万用表，1 块。

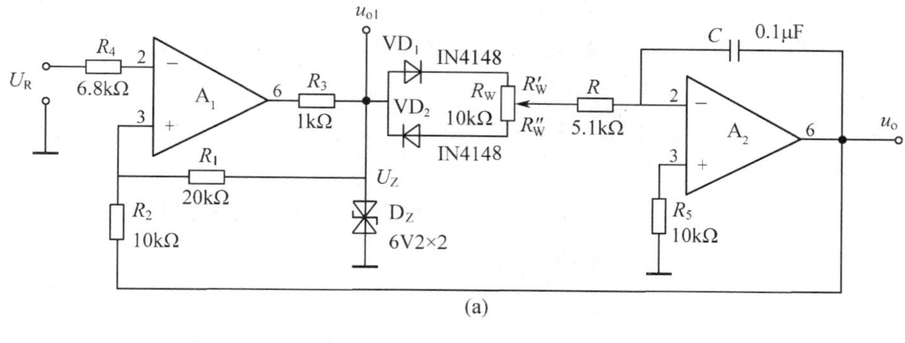

(a)

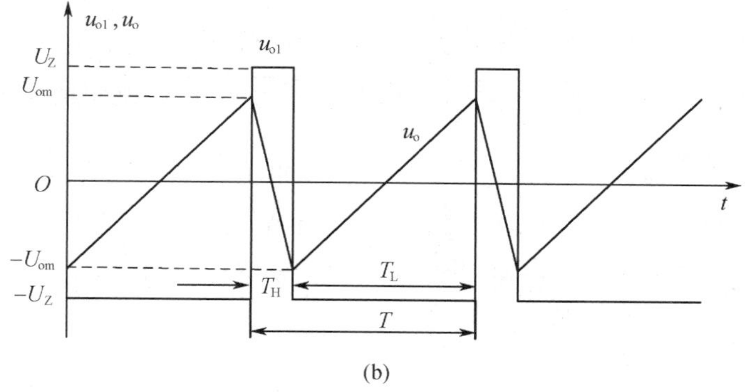

(b)

图 3.8.4　锯齿波发生器

2）实验元器件

运放 μA741，2 只。

稳压二极管 6V2，2 只。

开关二极管 IN4148，2 只。

10kΩ 电位器，1 只。

电阻、电容，若干。

4. 实验内容

1）方波发生器

设计要求：振荡频率为 500Hz（误差≤±10%），输出幅度控制在±6V 左右，运放供电电压为±12V。

根据设计要求选择合适的电路和元器件，按照图 3.8.1 所示搭接和调试方波发生器，用示波器观察输出电压 u_o 和反相输入端电压 u_C 的波形，并记录波形。

2）矩形波发生器

设计要求：振荡频率为 800Hz（误差≤±10%），输出幅度控制在±6V 左右，矩形波占空比要求为 20%～30%，运放供电电压为±12V。

根据设计要求选择合适的电路和元器件，按照图 3.8.2 所示搭接和调试矩形波发生器，用示波器观察输出电压 u_o 和反相输入端电压 u_C 的波形，并记录波形。

3）三角波发生器

设计要求：振荡频率为 1kHz（误差≤±10%），运放供电电压为±12V。

根据设计要求选择合适的电路和元器件，按照图 3.8.3 所示搭接和调试三角波发生器，用示波器观察输出电压 u_{o1} 和 u_o 的波形，并记录波形。

4）锯齿波发生器

设计要求：振荡频率为 1kHz(误差≤±10%)，并且第一级输出矩形波的占空比控制在 20%，运放供电电压为±12V。

根据设计要求选择合适的电路和元器件，按照图 3.8.4 所示搭接和调试锯齿波发生器，用示波器观察输出电压 u_{o1} 和 u_o 的波形，并记录波形。

5. 预习要求

(1) 熟悉并掌握实验原理和波形发生器的设计方法。

(2) 按实验内容中的要求，分别设计出方波、矩形波、三角波和锯齿波发生器的电路。

6. 实验报告要求

(1) 写出波形发生器的设计过程，给出设计电路。

(2) 画出调试好电路的波形图，并标明相应的幅度和周期。

(3) 写出调试步骤和结果。

(4) 分析误差及其原因。

7. 思考题

(1) 波形发生器需不需要接输入信号?

(2) 要改变三角波或锯齿波输出的直流电平，对电路应作如何修改?

3.9 555 定时器及其应用

1. 实验目的

(1) 熟悉 555 定时器的内部结构及工作原理。

(2) 掌握用 555 定时器构成单稳态触发器、多谐振荡器和施密特触发器的设计方法。

(3) 熟悉 555 定时器的典型应用。

2. 实验原理

1）555 定时器的基本结构及工作原理

555 定时器是一种中规模集成电路，外形为双列直插 8 脚结构，体积很小，使用方便。只要在外部配上几个适当的阻容元件，就可以构成单稳态触发器、多谐振荡器以及施密特触发器等脉冲信号产生与变换电路。它在波形的产生与变换、测量与控制、定时电路、家用电器、电子玩具、电子乐器等方面有着广泛的应用。

555 定时器有双极型(TTL 型)和 CMOS 型两种产品。一般双极型产品型号的最后三位数都是 555，CMOS 型产品型号的最后四位数都是 7555。两种电路的工作性能基本相同，但 CMOS 型电路的则具有更高的输入阻抗。

双极型 555 定时器的内部组成如图 3.9.1 所示，它由分压器、电压比较器、基本 RS 触发器、晶体管开关和功率输出级五部分构成。

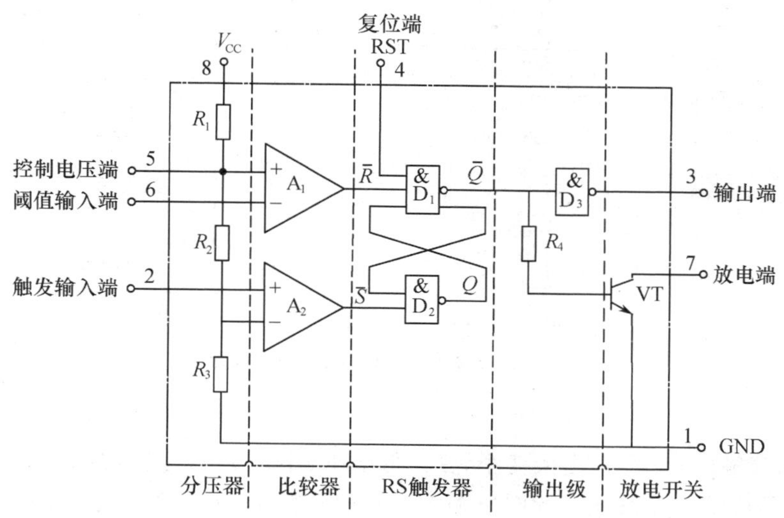

图 3.9.1 双极型 555 定时器的内部结构

图 3.9.1 中，2 脚为触发输入端 TRI，3 脚为输出端，5 脚为控制电压端，6 脚为阈值输入端 THR，7 脚为放电端。4 脚为复位端 RST，当其为低电平时，电路优先复位，输出为低电平；正常工作时，4 脚接高电平。

分压器由 3 个 5kΩ 的电阻构成，分别给电压比较器 A_1 和 A_2 提供 $2/3V_{CC}$ 和 $1/3V_{CC}$ 的参考电平。电压比较器 A_1 和 A_2 的输出端控制 RS 触发器的状态和放电管开关状态。当比较器 A_1 的 2 个输入端电压满足 $u_6>u_5$ 时，A_1 输出低电平，即 $\bar{R}=0$，RS 触发器复位（$Q=0$），3 脚输出端为低电平，晶体管 VT 导通；当比较器 A_2 的 2 个输入端电压满足 $u_2<u_5/2$ 时，A_2 输出低电平，即 $\bar{S}=0$，RS 触发器置位，3 脚输出端为高电平（$Q=1$），晶体管 VT 截止。5 脚提供了两个比较器的基准电压，通过外接元件或电压源可改变控制端的电压值，即可改变电压比较器 A_1 和 A_2 的参考电平。如果不在 5 脚外加电压，通常在 5 脚和地之间接一个 0.01μF 电容，起滤波作用，以消除外来的干扰，确保参考电平的稳定。

555 的电源电压范围很宽，双极型 555 电路的电源电压一般为 +4.5～+16V，CMOS 型 555 电路的电源电压一般为 +3～+18V。555 的驱动电流最大可达 200mA，能直接驱动小型电动机、继电器和低阻扬声器等。

2）555 定时器的典型应用

（1）单稳态触发器

图 3.9.2 为低电平（负脉冲）触发的单稳态触发器的电路与波形。单稳态触发器采用电阻、电容组成 RC 定时电路，用于调节输出信号的脉冲宽度 t_w。在图 3.9.2(a)的电路中，u_i 接 555 定时器的触发输入端 TRI，其工作原理如下。

① 稳态（触发前）：电源接通后，若 u_i 为高电平（大于 $1/3V_{CC}$）时，则电源 V_{CC} 通过电阻 R 向电容 C 充电，当电容电压 $u_C>2/3V_{CC}$ 时，RS 触发器置 0，输出 $u_o=0$，此时，晶体管 VT 导通，电容经晶体管 VT 放电，电容电压 u_C 迅速降为 0V，这是电路的稳态过程（$u_o=0$，

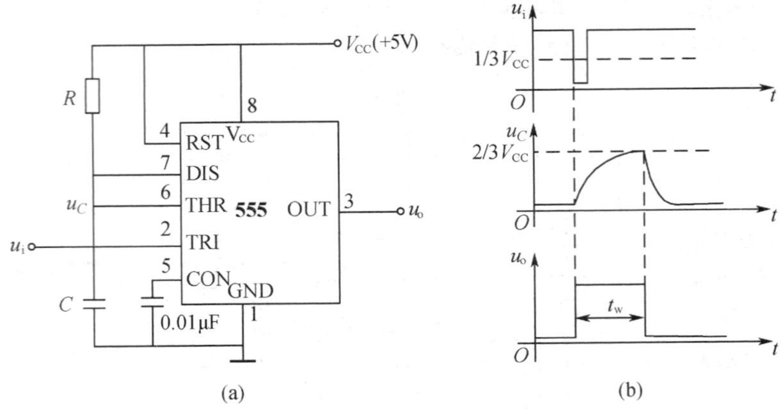

图 3.9.2 单稳态触发器电路与波形

$u_C=0$)。

② 暂稳态(触发):当 u_i 由大变小,变为低电平(小于 $1/3V_{CC}$)时,RS 触发器置 1,输出 $u_o=1$,同时,晶体管 VT 截止。此时电源 V_{CC} 通过电阻 R 向电容 C 充电,u_C 逐渐升高,电路进入暂稳态过程。在暂稳态过程中,如果 u_i 恢复为高电平(大于 $1/3V_{CC}$),但电容充电电压 $u_C<2/3V_{CC}$ 时,555 定时器工作在保持状态,输出 $u_o=1$,VT 截止,电容继续充电。

③ 恢复稳态(触发后):经过一段时间后,电容充电电压 $u_C>2/3V_{CC}$ 时,此时 u_i 已恢复为高电平(大于 $1/3V_{CC}$),则 RS 触发器置 0,输出 $u_o=0$,VT 导通,电容经晶体管 VT 放电,电容电压 u_C 迅速降为 0V,这时,电路恢复到稳态过程($u_o=0$,$u_C=0$)。

当输出 $u_o=1$ 时,晶体管 VT 截止,电容开始充电,在电容电压 $u_C<2/3V_{CC}$ 这段时间,输出 u_o 一直是高电平。因此,输出 u_o 维持高电平的时间即是电容 C 开始充电到 $u_C=2/3V_{CC}$ 的这段暂稳态时间。设输出 u_o 维持高电平的时间为 t_w,则有

$$u_C(t_w)=V_{CC}(1-e^{-\frac{t_w}{RC}})=\frac{2}{3}V_{CC} \tag{3.9.1}$$

由式(3.9.1)求得

$$t_w=RC\ln 3\approx 1.1RC \tag{3.9.2}$$

为了使电路能够正常工作,触发信号的脉冲宽度必须小于 t_w,且触发信号的重复周期必须大于 t_w。该电路每触发一次将产生一个固定宽度的正脉冲,正脉冲的宽度由 R、C 的值来决定,因此单稳态触发器常用于定时、延时或整形电路。

单稳态触发器的应用很广泛,下面仅介绍触摸报警电路。

电路如图 3.9.3 所示。静态时无触发脉冲输入(2 脚悬空),该电路输出为低电平,即 $u_o=0$,蜂鸣器不响;当用手触摸触发输入端 TRI(2 脚)时,通过人体感应可使 2 脚获得一个负脉冲,使电路被触发,输出变为高电平,蜂鸣器响,经过一段时间后自动停止响。蜂鸣器响的时间可由式(3.9.2)计算而得。

(2) 多谐振荡器

多谐振荡器电路没有稳态,只有两个暂稳态,电路不需外加触发脉冲信号而电路能自动交替翻转,输出高、低电平交替的矩形脉冲信号。因为矩形波含有丰富的谐波,故称为多谐振荡器。多谐振荡器的电路与波形如图 3.9.4 所示。

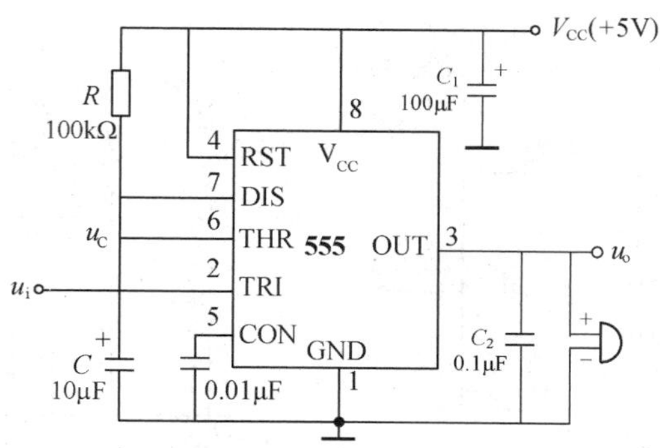

图 3.9.3　触摸报警电路

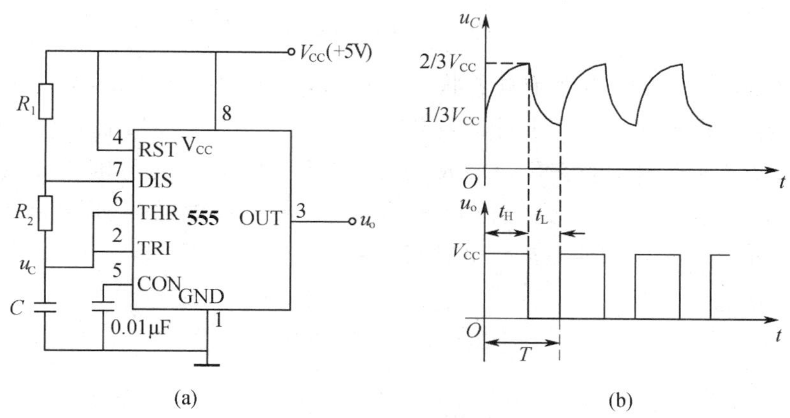

图 3.9.4　多谐振荡器电路与波形

图 3.9.4(a)中，由 555 定时器和外接阻容元件 R_1、R_2 和 C 构成多谐振荡器，电路没有稳态，仅存在两个暂稳态，电路也不需要外加触发信号，利用电源通过电阻 R_1、R_2 向电容 C 充电，以及电容 C 通过电阻 R_2 向放电端 7 脚放电，使电路产生振荡。电容 C 在 $1/3V_{CC}$ 和 $2/3V_{CC}$ 之间充电和放电，其波形如图图 3.9.4(b)所示。

充电时间为

$$t_H = (R_1 + R_2)C\ln 2 \approx 0.693(R_1 + R_2)C \tag{3.9.3}$$

放电时间为

$$t_L = R_2 C\ln 2 \approx 0.693 R_2 C \tag{3.9.4}$$

振荡周期和频率为

$$T = t_H + t_L \approx 0.693(R_1 + 2R_2)C \tag{3.9.5}$$

$$f = \frac{1}{T} \approx \frac{1.443}{(R_1 + 2R_2)C} \tag{3.9.6}$$

(3) 占空比可调的多谐振荡器

图 3.9.5 是一种占空比可以调节的多谐振荡器。

图 3.9.5(a)中，电位器 R_P 用来调节充电电阻 R_1 和放电电阻 R_2 的阻值比例，二极管 VD_1 和 VD_2 分别用作充放电回路的隔离元件。电路工作原理如下。

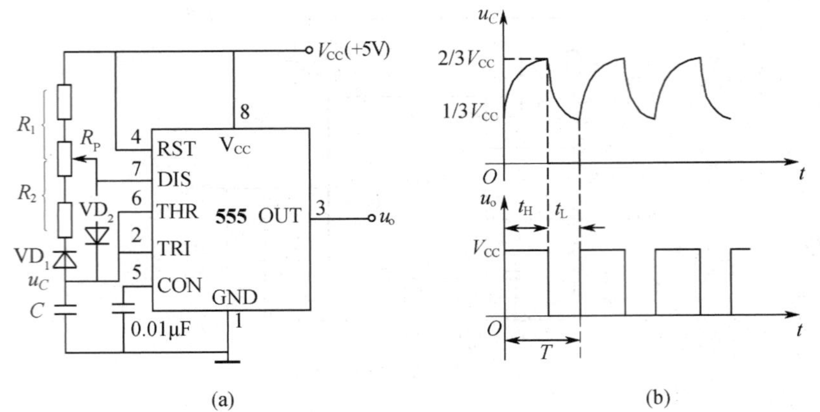

图 3.9.5 占空比可调的多谐振荡器电路与波形

接通电源后，$u_C=0$，电路处于置位状态，$u_o=1$，晶体管 VT 截止，电源 V_{CC} 通过电阻 R_1、VD_2 向电容 C 充电，电压 u_C 上升。当电容电压 $u_C>2/3V_{CC}$ 时，电路变为复位状态，输出 $u_o=0$，晶体管 VT 导通，电容经 VD_1、R_2 及晶体管 VT 放电，电容电压 u_C 下降，当电容电压 $u_C<1/3V_{CC}$ 时，电路又回到置位状态，输出 $u_o=1$，如此循环，形成振荡，其波形如图 3.9.5(b)所示。其振荡周期与充放电时间有关。

充电时间为

$$t_H=\mathrm{R}_1C\ln2\approx0.693R_1C \tag{3.9.7}$$

放电时间为

$$t_L=R_2C\ln2\approx0.693R_2C \tag{3.9.8}$$

振荡周期和频率为

$$T=t_H+t_L\approx0.693(R_1+R_2)C \tag{3.9.9}$$

$$f=\frac{1}{T}\approx\frac{1.443}{(R_1+R_2)C} \tag{3.9.10}$$

占空比为

$$q=\frac{t_H}{T}=\frac{R_1}{R_1+R_2} \tag{3.9.11}$$

调节电路图 3.9.5(a)中的电位器即可改变电路的占空比，但电路的振荡频率是不变的。

3. 实验仪器与元器件

1）实验仪器

直流稳压电源，1 台。

双踪示波器，1 台。

万用表，1 块。

2）实验元器件

555 集成芯片，1 只。

有源蜂鸣器，1只。

电阻、电容、电位器，若干。

4. 实验内容

1）单稳态触发器

设计并制作一个触摸报警电路。

(1) 按照图3.9.3所示连接电路，接通+5V电源。

(2) 给输入端 u_i 加一负脉冲信号（方法：用手触摸一下输入端）。

(3) 用双踪示波器观察输出电压 u_o 的波形，记录并画出 u_o 的波形，从 u_o 的波形中读出 $u_o=1$ 时的脉冲宽度 t_w 的值。

2）多谐振荡器

设计并制作一个占空比可调的多谐振荡器电路，$f=2\text{kHz}$，$q=20\%\sim80\%$。

(1) 根据 $f=2\text{kHz}$、$q=20\%\sim80\%$来设计电路图3.9.5(a)中的 R_1、R_2 和电位器 R_P（电路图3.9.5(a)中 $C=10\mu\text{F}$）。

(2) 按照图3.9.5(a)所示连接电路，接通+5V电源。

(3) 用双踪示波器同时观察 u_C、u_o 的波形，记录并画出 u_C、u_o 的波形，另从 u_o 波形中读出 t_H、t_L 的值。

(4) 调节电位器 R_P，观察 u_C、u_o 的波形有何变化以及 t_H、t_L 的值有何变化。

5. 预习要求

(1) 复习555定时器的基本结构和工作原理。

(2) 复习单稳态触发器、多谐振荡器的工作原理。

(3) 熟悉555定时器的功能及管脚图。

(4) 阅读实验教材，了解实验目的、实验原理和实验内容。

6. 注意事项

(1) 在连接电路、改变电路连线或插拔集成芯片时，均应切断电源，严禁带电操作。

(2) 正确选用电路元器件，芯片555管脚不能接错，电源不能接错。

(3) 单稳态触发器电路的触发输入信号选择要特别注意：触发输入信号 u_i 的重复周期必须大于输出信号 $u_o=1$ 的脉宽 t_w，且触发输入信号 u_i 为低电平的宽度要小于 $u_o=1$ 的脉宽 t_w。

(4) 双踪示波器耦合方式选择"DC挡"，示波器时基量程选"0.5s/div"。

7. 实验报告要求

(1) 写出电路的设计过程，并画出电路图。

(2) 对测量结果进行讨论和误差分析，分析理论值和实际测量值的误差。

(3) 写出实验的调试过程、遇到的故障及解决方法。

(4) 回答思考题。

(5) 写出实验心得、体会及建议等。

8. 思考题

(1) 555 定时器引脚 5 所接电容起什么作用？

(2) 555 定时器构成的单稳态触发器，其输出脉冲宽度和周期由什么因素决定？

(3) 555 定时器构成的多谐振荡器，其振荡周期和占空比由哪些因素决定？若只需改变周期而不改变占空比应调整哪些元件参数？

(4) 设计一个由 555 定时器构成的实用电路。

3.10 集成功率放大电路

1. 实验目的

(1) 熟悉集成功率放大器 LM386 的主要性能和使用方法。

(2) 掌握集成功率放大电路的性能指标和主要参数的测量方法。

2. 实验原理

集成功率放大器是一个使用较广泛的集成电路器件，按输出功率大小的不同、使用单双电源的不同、性能指标的不同以及工作模式的不同，市场上有着各种类型和型号的集成功放器件。集成功率放大器外加一些电阻、电容元件，即可构成功率放大电路，它具有线路简单、性能优越、性能可靠、调试方便等优点，在音频以及其他需要输出较大电流和功率的场合应用比较广泛。

随着应用的扩大和集成工艺的改进，集成功率放大器的发展十分迅速，它的种类也很多。LM386 是一种音频集成功放，具有自身功耗低、电压增益可调、电源电压范围大、外接元件少和总谐波失真小等优点，广泛应用于录音机和收音机中。

集成功率放大电路的主要性能指标有最大输出功率、电源电压范围、电源静态电流、电压增益、频带宽、输入阻抗、输入偏置电流和总谐波失真等。

1) LM386 的基本结构及工作原理

LM386 内部电路的原理图如图 3.10.1 所示，与通用型集成运放相类似，由输入级、中间级、输出级共三级构成一个放大电路。

输入级为差分放大电路，VT_1 和 VT_3、VT_2 和 VT_4 分别构成复合管，作为差分放大电路的放大管。VT_5 和 VT_6 组成镜像电流源，作为 VT_1 和 VT_2 的有源负载。信号从 VT_3 和 VT_4 管的基极输入，从 VT_2 管的集电极输出，为双端输入、单端输出差分电路。

中间级为共射放大电路，VT_7 为放大管，恒流源作为有源负载，以增大放大倍数。

输出级中的 VT_8 和 VT_9 管复合成 PNP 管，与 VT_{10} 管构成准互补输出级。中间级中的 VD_1 和 VD_2 为输出级提供合适的偏置电压，可以消除交越失真。

图 3.10.1 中的电阻 R_7 从输出端(引脚 5)连接到 VT_2 管的发射极，形成反馈通路，并与 R_5 和 R_6 构成反馈网络，从而引入深度电压串联负反馈，使整个电路具有稳定的电压增益。在引脚 1 和 8(或 1 和 5)外接电阻时，应只改变交流通路，因此必须在外接电阻回路中串联一个大容量电容，如图 3.10.1 所示。电路的电压放大倍数随着外接电阻阻值的不同，

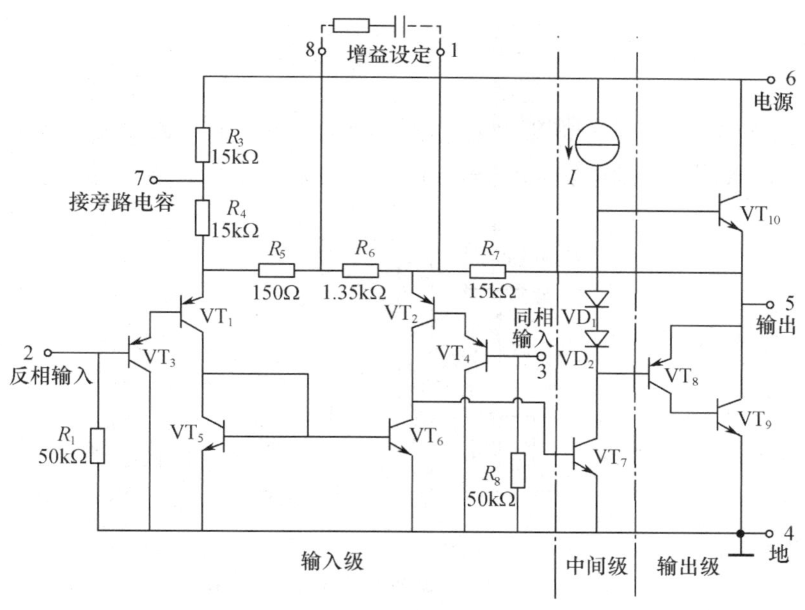

图 3.10.1　LM386 的内部电路

调节范围为 20～200，即电压增益的调节范围为 26～46dB。

LM386 的管脚排列及功能如图 3.10.2 所示。

2）LM386 的典型应用

图 3.10.3 是 LM386 的一种基本用法，也是外接元件最少的一种用法。图 3.10.3 中，C_2 为输出电容，由于引脚 1 和 8 开路，集成功放的电压增益为 26dB，即电压放大倍数为 20。调节 R_W 的大小即可调节扬声器的音量，R_1 和 C_1 串联构成校正网络用来进行相位补偿。

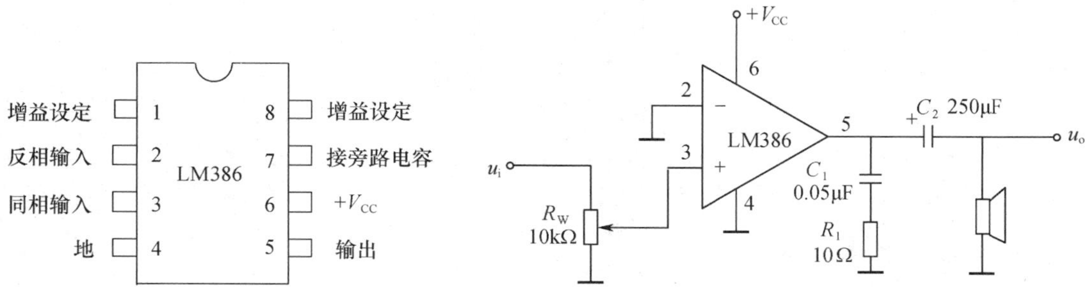

图 3.10.2　LM386 的管脚排列及功能　　　图 3.10.3　LM386 的基本用法

静态时输出电容 C_2 上的电压为 $V_{CC}/2$，LM386 的最大不失真输出电压的峰-峰值约为电源电压 V_{CC}。设负载电阻为 R_L，则最大输出功率为

$$P_{om} \approx \frac{\left(\frac{V_{CC}/2}{\sqrt{2}}\right)^2}{R_L} = \frac{V_{CC}^2}{8R_L} \tag{3.10.1}$$

此时，输入电压的有效值为

$$U_{\mathrm{im}}=\frac{\frac{V_{\mathrm{CC}}/2}{\sqrt{2}}}{A_u} \qquad (3.10.2)$$

图 3.10.4 所示为 LM386 电压增益最大时的用法，C_4 使引脚 1 和 8 在交流通路中短路，使 $A_u \approx 200$。C_3 为去耦电容，滤掉电源的高频交流部分。C_5 为旁路电容。

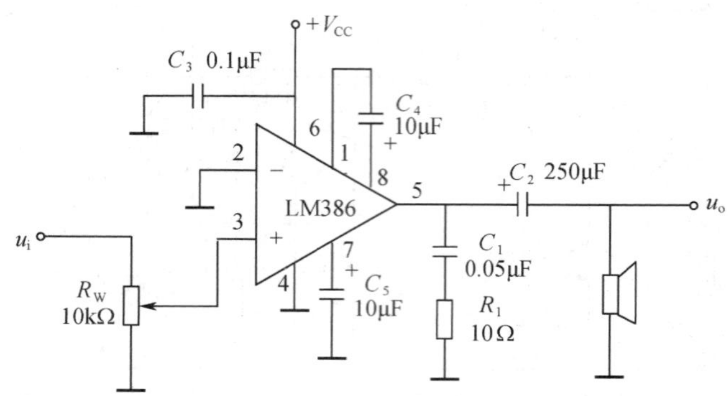

图 3.10.4 LM386 电压增益最大时的用法

图 3.10.5 所示为 LM386 的一般用法，利用电阻 R_2 的大小来改变 LM386 的电压增益。

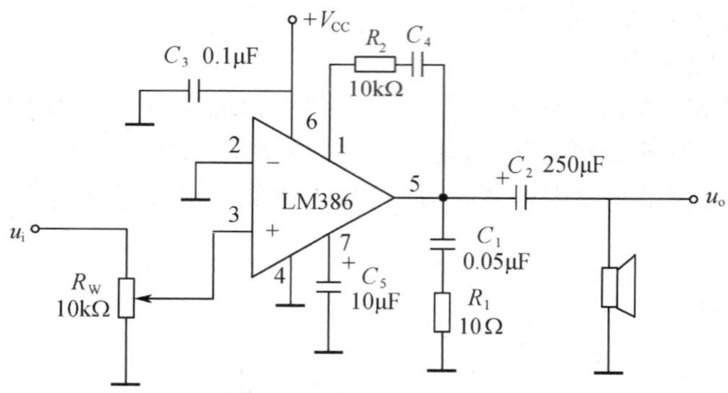

图 3.10.5 LM386 的一般用法

3. 实验仪器与元器件

1）实验仪器

直流稳压电源，1 台。

信号发生器，1 台。

双踪示波器，1 台。

交流毫伏表，1 台。

万用表，1 块。

2）实验元器件

LM386 集成芯片，1 只。

扬声器，1 只。

电阻、电容,若干。

4. 实验内容

集成功率放大电路如图3.10.6所示,要求测量放大电路的主要性能指标参数。

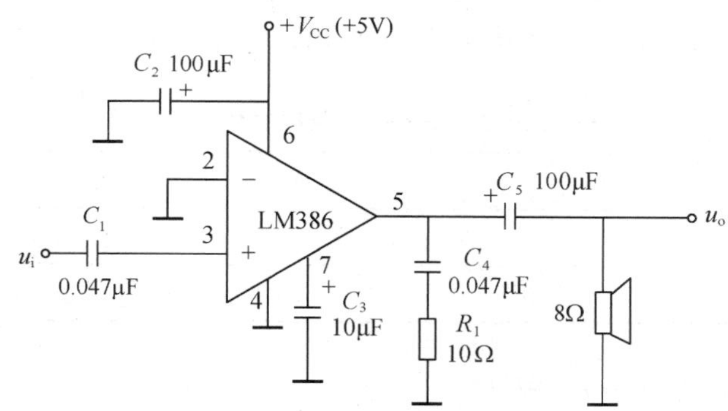

图3.10.6 集成功率放大电路

1) 测量电压增益和最大输出功率

(1) 按照图3.10.6所示连接电路,接通+5V电源。

(2) 调节函数信号发生器,使其输出:正弦波,$f=1\text{kHz}$。将函数信号发生器输出连接到电路图3.10.6的输入端u_i处。

(3) 用双踪示波器观察输出电压波形,逐渐加大输入信号的幅度,使输出电压波形达到最大不失真状态。用交流毫伏表分别测量此时的输入电压U_i和输出电压U_o,根据$A_u=U_o/U_i$,计算电压增益A_u;根据$P_{om}=U_{om}^2/R_L$,计算最大输出功率P_{om}。将相应数据填入表3.10.1中。

表3.10.1 测量电压增益和最大输出功率的数据记录

测 量 值		计 算 值	
U_i/mV	U_o/mV	A_u	P_{om}/W

2) 测量直流功率

保持输出波形最大不失真状态,用数字万用表测量直流稳压电源输出的电流I_{CC},根据$P_E=I_{CC}\cdot V_{CC}$,计算电源提供的直流功率P_E;再根据$\eta=\dfrac{P_{om}}{P_E}$,计算出功放电路的效率η。将相应数据填入表3.10.2中。

表3.10.2 测量直流功率的数据记录

测 量 值	计 算 值	
I_{CC}/A	P_E/W	η

3）测量输出阻抗

（1）用双踪示波器观察输出电压波形，在输出波形不失真条件下，用交流毫伏表测量输出电压U_o，并填入表3.10.3中。

（2）将图3.10.6中的负载（蜂鸣器）断开，用交流毫伏表测量输出电压U_o'；根据$R_o=\left(\frac{U_o'}{U_o}-1\right)R_L$，计算输出阻抗$R_o$。将相应数据填入表3.10.3中。

表3.10.3 测量输出阻抗的数据记录

测量值	计算值	
U_o/mV	U_o'/mV	R_o

4）测量上下限截止频率f_H和f_L

（1）调节函数信号发生器，使其输出：正弦波，$f=1\text{kHz}$。将函数信号发生器输出连接到电路图3.10.6的输入端u_i处。

（2）调节输入信号u_i的幅度，使输出信号u_o的幅度为某个居中的数值，保持u_i的幅度不变，按照表3.10.4中的频率点调节输入信号的频率，用交流毫伏表分别测量输出电压U_o，并填入表3.10.4中。

表3.10.4 输出电压的数据记录

f/Hz	30	100	300	1×10^3	3×10^3	10×10^3	30×10^3	100×10^3	300×10^3
U_o/mV									

（3）在表3.10.4中找出U_o的最大值U_{om}及对应的信号频率f_M。改变信号发生器的频率，以f_M为中间频率点，分别调高和调低信号发生器的频率，观察交流毫伏表的读数，当交流毫伏表读数等于$0.707U_{om}$时，所对应的信号发生器频率分别为上限截止频率f_H和下限截止频率f_L。

5）测量静态电流

将电路图3.10.6中输入信号断开，将集成功率放大电路的输入端对地短路，用数字式万用表测量集成功率放大电路的静态电流I_{SQ}。

5. 预习要求

（1）熟悉各类功放的工作原理与性能特点。

（2）了解集成功率放大器LM386的使用方法。

（3）熟悉集成功率放大电路的主要性能指标测量方法。

（4）阅读实验教材，了解实验目的、实验原理和实验内容。

6. 注意事项

（1）在连接电路、改变电路连线或插拔集成芯片时，均应切断电源，严禁带电操作。

（2）正确选用电路元器件，芯片LM386管脚不能接错，电源不能接错。

(3) 测量电压有效值时应使用交流毫伏表,并能正确使用交流毫伏表。

7. 实验报告要求

(1) 对测量结果进行误差分析,分析产生误差的原因。
(2) 写出实验的调试过程、遇到的故障及解决方法。
(3) 回答思考题。
(4) 写出实验心得、体会及建议等。

8. 思考题

(1) 加大输入信号时,输出波形可能会出现哪些失真?
(2) 如何提高功率放大电路的电压增益?
(3) 影响放大电路的下限截止频率的因素有哪些?

3.11 整流、滤波和稳压电路

1. 实验目的

(1) 观察分析单相桥式整流电路的输出波形,并验证输出电压与输入电压之间的关系。

(2) 掌握滤波电路的作用,观察单相桥式整流电路加上滤波电容后的输出波形,研究滤波电容的大小对输出波形的影响。

(3) 了解三端集成稳压器的稳压原理和使用方法,熟悉集成稳压器电路的指标测试方法。

2. 实验原理

直流稳压电源一般由电源变压器、整流、滤波和稳压电路四部分组成,其组成框图如图 3.11.1 所示。

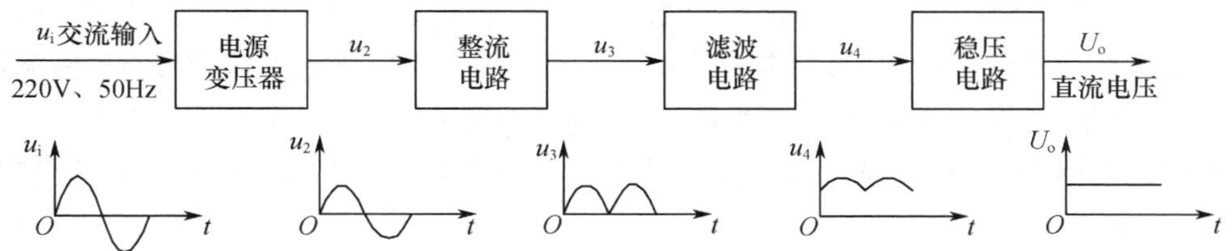

图 3.11.1 直流稳压电源的组成框图

电源变压器是将电网 220V 的交流电压降低到适当大小后送入整流电路,然后经整流电路变换成方向不变、大小随时间变化的脉动电压,再通过滤波电路滤除交流分量,得到比较平滑的直流电压。对于稳定性要求不高的电路,整流、滤波后的直流电压可以作为供电电源。交流电压通过整流、滤波后虽然变为交流分量较小的直流电压,但是当电网电压波动或者负载变化时,其平均值也将随之变化。稳压电路的功能是使输出直流电压基本不受电网电压波动和负载电阻变化的影响,从而获得足够高的稳定性。

1）整流电路

整流电路的作用是利用二极管的单向导电性，将交流电压变换为单向脉动的直流电压。

常用的单相整流电路分为单相半波整流电路和单相桥式整流电路。为了克服单相半波整流电路的缺点，在实际电路中多采用单相全波整流电路。最常用的是单相桥式整流电路，其电路及输入/输出波形如图 3.11.2 所示。

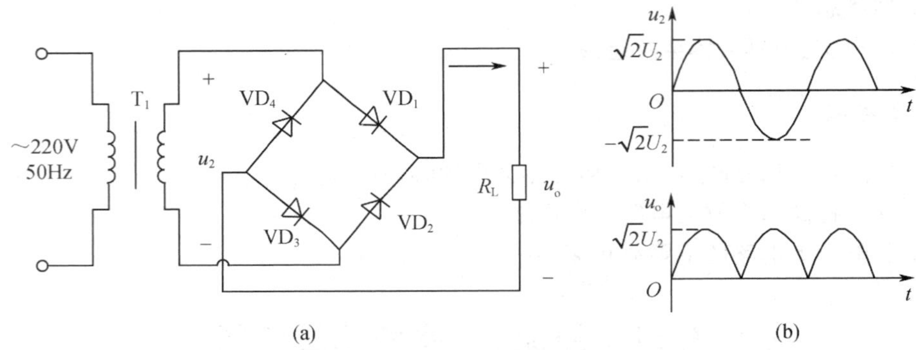

图 3.11.2　单相桥式整流电路及输入/输出波形

图 3.11.2(a)所示电路中，4 个整流二极管 $VD_1 \sim VD_4$ 接成电桥的形式，保证在变压器副边电压 u_2 的整个周期内，负载电阻 R_L 上的电压和电流方向始终不变。

由图 3.11.2(b)的输出电压 u_o 的波形可知，输出电压的平均值为

$$U_{o(AV)} = \frac{2\sqrt{2}U_2}{\pi} \approx 0.9U_2 \tag{3.11.1}$$

输出电流的平均值(即负载电阻 R_L 上的电流平均值)为

$$I_{o(AV)} = \frac{U_{o(AV)}}{R_L} \approx \frac{0.9U_2}{R_L} \tag{3.11.2}$$

由式(3.11.1)和(3.11.2)可以看出，在变压器副边电压有效值相同的情况下，单相桥式整流电路输出电压的平均值是单相半波整流电路的两倍。在变压器副边电压有效值和负载都相同的情况下，单相桥式整流电路输出电流的平均值也是单相半波整流电路的两倍。

在单相桥式整流电路中，每只二极管仅在变压器副边电压的半个周期内通过电流，因此每只二极管的平均电流只有负载电阻 R_L 上电流平均值的一半，与半波整流电路中二极管的平均电流相同。二极管所承受的最大反向电压与半波整流电路中二极管承受的最大反向电压相同，为

$$U_{Rmax} = \sqrt{2}U_2 \tag{3.11.3}$$

2）滤波电路

一般在整流电路后，需要利用滤波电路将整流电路输出的脉动直流电压变成平滑的直流电压。在小功率直流电源中，常采用的是电容滤波电路，其电路及输出波形如图 3.11.3 所示。

从图 3.11.3(b)中的波形可以看出，要保持一定的输出电压或使输出纹波较小，电容 C 的放电时间常数应足够大，应满足

$$R_LC \geqslant (3 \sim 5) \cdot \frac{T}{2} \tag{3.11.4}$$

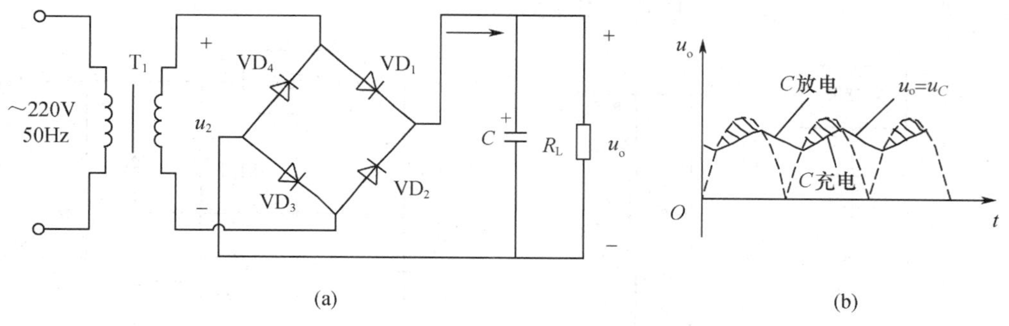

图 3.11.3　单相桥式整流滤波电路及输出波形

当 $R_LC=(3\sim5)\cdot\frac{T}{2}$ 时，输出电压与输入电压之间的关系为

$$U_{o(AV)}\approx1.2U_2 \tag{3.11.5}$$

3）集成稳压器电路

整流滤波电路的输出电压会随着电网电压的波动而波动，随着负载电阻的变化而变化。为了获得稳定性好的直流电压，必须采用稳压电路进行稳压。集成稳压器件的种类很多，选用较多的是串联线性集成稳压器，在这种类型的器件中，三端式稳压器应用最为广泛。常用的三端集成稳压器有固定式和可调式两种，内部多以串联型稳压电路为主，还有适当的过流、过热等保护电路。一般固定式较便宜，可调式较贵，性能也好些，功率相对较大。

（1）固定式三端集成稳压器

固定式三端集成稳压器主要有 W7800 系列（正电压输出）和 W7900 系列（负电压输出），后两位数字通常表示输出电压值。

W7800 的基本应用电路如图 3.11.4 所示。W7800 的具体型号应根据输出电压的大小和极性进行选择。图 3.11.4 中 C_1 用于抑制芯片自激，应尽量靠近稳压器管脚。C_2 用于限制芯片高频带宽，减小高频噪声。一般可在稳压器的输入端和输出端之间跨接一个二极管 VD_1，如图 3.11.4 中虚线所示，起保护作用。

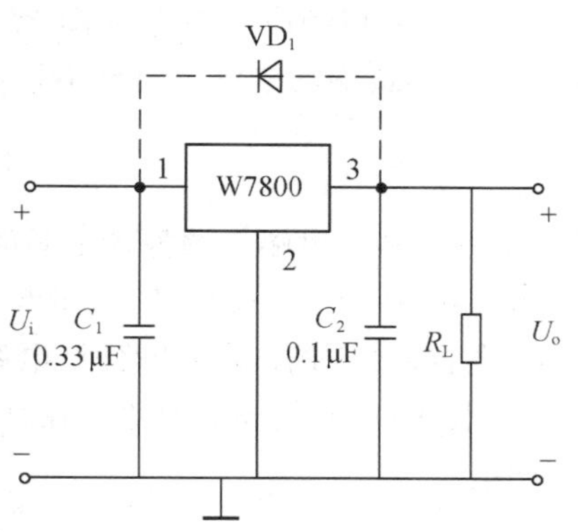

图 3.11.4　W7800 的基本应用电路

W7800 构成输出电压可调的稳压电路如图 3.11.5 所示。图中电压跟随器的输出电压等于三端稳压器的输出电压 U_o'，即电阻 R_1 与 R_W 上部分的电压之和，是一个常量，改变电位器滑动端的位置，即可调节输出电压 U_o 的大小，其调节范围为

$$\frac{R_1+R_W+R_3}{R_1+R_W}\cdot U_o'\leqslant U_o\leqslant\frac{R_1+R_W+R_3}{R_1}\cdot U_o' \tag{3.11.6}$$

可以根据输出电压的调节范围及输出电流大小来选择三端集成稳压器及采样电阻。

由 W7800 和 W7900 相配合，可以构成正、负输出的稳压电路，其电路如图 3.11.6 所示。图中 VD_1 和 VD_2 二极管起保护作用，正常工作时均处于截止状态。若 W7900 的输入端未接入输入电压，W7800 的输出电压将通过负载电阻接到 W7900 的输出端，使 VD_2 导通，从而将 W7900 的输出端钳位在 0.7V 左右，保护其不被损坏。同样，VD_1 可在 W7800

的输入端未接入输入电压时保护其不至于损坏。

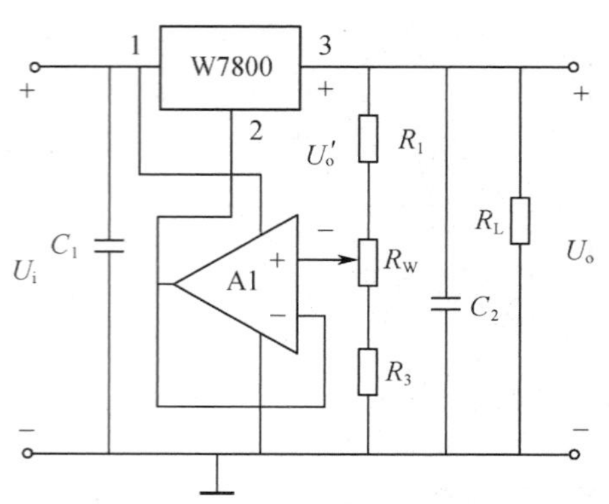

图 3.11.5　W7800 构成输出电压可调的稳压电路

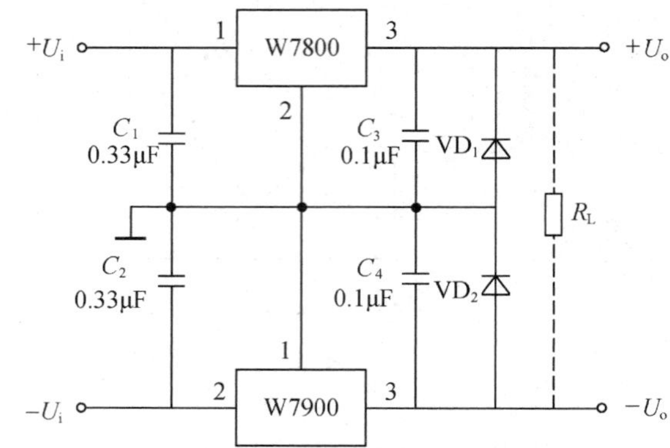

图 3.11.6　W7800 和 W7900 构成正、负输出稳压电路

（2）可调式三端集成稳压器

可调式三端集成稳压器主要有 W317 系列（正电压输出）和 W337 系列（负电压输出）。W317 系列稳压器的输出电压范围为 1.25～37V，连续可调，外接元件只需一个电阻和一个电位器，其内部有过流、过热等保护电路，最大输出电流为 1.5A。W337 系列与 W317 系列相比，除了输出电压极性、引脚定义不同外，其他特点都相同。

W317 的典型应用电路如图 3.11.7 所示。图中 R_1 和电位器 R_W 组成电压输出调节器。由于调整端的电流可忽略不计，则输出电压为

$$U_o \approx 1.25\left(1+\frac{R_W}{R_1}\right) \tag{3.11.7}$$

式中，1.25 是输出端与调整端之间的参考电压。应使流过 R_1 的电流远大于最小负载电流（取 5mA），因此，一般取 $R_1=120\sim240\Omega$。为了减小 R_W 上的纹波电压，可以并联一个 10μF 电容 C。当输出端开路时，电容 C 将向稳压器调整端放电，为了保护稳压器，可加一个二极管 VD_2 提供放电回路。在稳压器的输入端和输出端之间跨接一个二极管 VD_1，起保护作用。

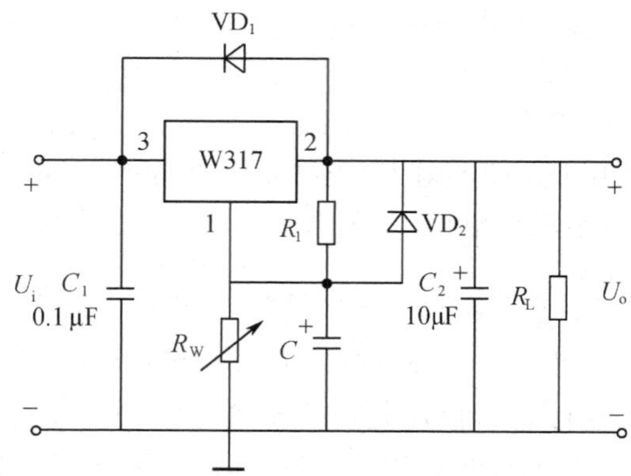

图 3.11.7　W317 的典型应用电路

3. 实验仪器与元器件

1）实验仪器

电源变压器，1 台。

双踪示波器，1 台。

万用表，1 块。

2）实验元器件

三端稳压器 W7812，1 只。

电阻、电容、二极管，若干。

4. 实验内容

1）单相桥式整流滤波电路

(1) 按照图 3.11.8 所示连接电路（$C=470\mu F$ 断开），在输入端接入交流 14V 电源，接通电源。

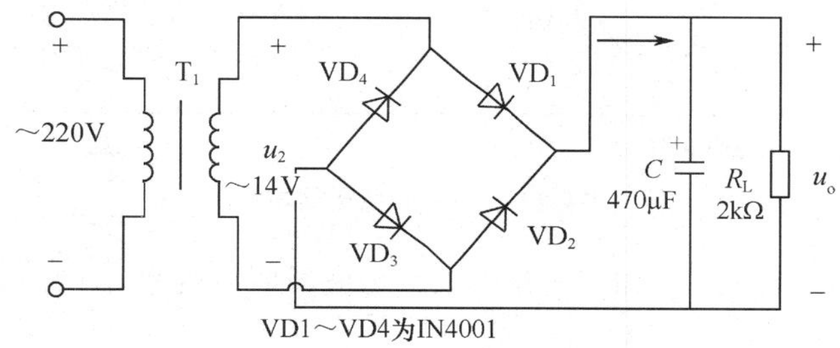

图 3.11.8 单相桥式整流滤波电路

(2) 用万用表分别测量 U_2 和 U_o，并用双踪示波器同时观察 u_2 和 u_o 的波形，将相应数据及波形填入表 3.11.1 中。

(3) 分别改变负载电阻（$R_L=300\Omega$ 和 $R_L=100\Omega$），用万用表分别测量 U_2 和 U_o，并用双踪示波器同时观察 u_2 和 u_o 的波形，将相应数据及波形填入表 3.11.1 中。

表 3.11.1 单相桥式整流滤波电路的数据及波形记录（无滤波电容）

负载电阻	U_2/V	U_o/V（测量值）	U_o/V（计算值）	u_2 波形	u_o 波形
$R_L=2k\Omega$					
$R_L=300\Omega$					
$R_L=100\Omega$					

(4) 加入滤波电容（$C=470\mu F$），负载电阻 $R_L=300\Omega$，用万用表分别测量 U_2 和 U_o，并用双踪示波器同时观察 u_2 和 u_o 的波形，将相应数据及波形填入表 3.11.2 中。

(5) 分别改变滤波电容（$C=47\mu F$ 和 $C=4.7\mu F$），负载电阻 $R_L=300\Omega$ 不变，用万用表分别测量 U_2 和 U_o，并用双踪示波器同时观察 u_2 和 u_o 的波形，将相应数据及波形填入表 3.11.2 中。

表 3.11.2 单相桥式整流滤波电路的数据及波形记录(有滤波电容)

滤波电容	U_2/V	U_o/V(测量值)	U_o/V(计算值)	u_2 波形	u_o 波形
$C=470\mu F$					
$C=47\mu F$					
$C=4.7\mu F$					

2) 集成稳压器电路

(1) 按照图 3.11.9 所示连接电路,在输入端接入交流 12V 电源,接通电源。

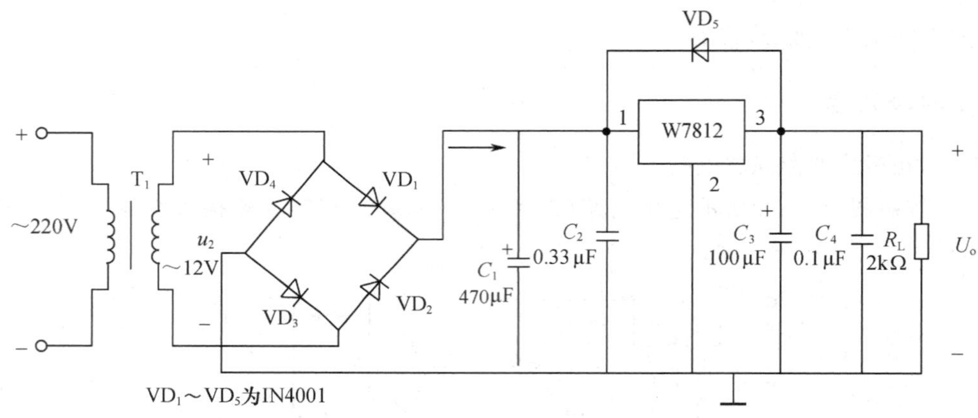

图 3.11.9 集成稳压器电路

(2) 用万用表分别测量 U_2 和 U_o,并用双踪示波器同时观察 u_2 和 u_o 的波形,将相应数据填入表 3.11.3 中。

(3) 分别改变负载电阻($R_L=300\Omega$ 和 $R_L=100\Omega$),用万用表分别测量 U_2 和 U_o,并用双踪示波器同时观察 u_2 和 u_o 的波形,将相应数据填入表 3.11.3 中。

表 3.11.3 集成稳压器电路的数据记录

负载电阻	U_2/V	U_o/V
$R_L=2k\Omega$		
$R_L=300\Omega$		
$R_L=100\Omega$		

5. 预习要求

(1) 熟悉单相桥式整流电路、单相桥式整流滤波电路的工作原理。

(2) 熟悉三端集成稳压器的稳压原理和使用方法。

(3) 阅读实验教材,了解实验目的、实验原理和实验内容。

6. 注意事项

(1) 在连接电路、改变电路连线或插拔集成芯片时,均应切断电源,严禁带电操作。

(2) 注意二极管的极性,切勿接反。

(3) 变压器二次侧电压 U_2 为交流电压有效值，用万用表交流电压挡测量。输出直流电压 U_o 为平均值，用万用表直流电压挡测量。

7. 实验报告要求

(1) 对测量结果进行误差分析，分析产生误差的原因。

(2) 写出实验的调试过程、遇到的故障及解决方法。

(3) 回答思考题。

(4) 写出实验心得、体会及建议等。

8. 思考题

(1) 单相桥式整流滤波电路中负载不变时，滤波电容 C 的大小对输出电压、输出波形有何影响？

(2) 单相桥式整流滤波电路中，负载电阻 R_L 的大小对输出电压、输出波形有何影响？

(3) 在集成稳压器电路中，负载电阻 R_L 的大小对输出电压的大小有何影响？

3.12　用 Multisim 软件仿真负反馈放大电路

1. 实验目的

(1) 学习 Multisim 软件的使用。

(2) 掌握用 Multisim 软件对负反馈放大电路进行仿真分析。

(3) 掌握负反馈放大电路的测试方法。

(4) 研究负反馈对放大电路性能的影响。

2. 实验原理

负反馈电路的形式很多，基本可以分 4 种：电流串联负反馈、电压串联负反馈、电流并联负反馈和电压并联负反馈。一个放大器加入了负反馈环节后，虽然会损失一部分增益（增益减小），但却会对放大器的一系列性能指标产生很大的影响，使其性能得到提高。因此，可以根据实际情况，引入某一形式的负反馈，从而使放大器的性能符合实际需要。

1) 负反馈对放大倍数的影响

若无反馈时基本放大器的放大倍数（开环增益）为 A_u，反馈系数为 f_v，则引入了负反馈后的闭环增益为

$$A_{uf}=\frac{A_u}{1+A_uf_v} \tag{3.12.1}$$

式(3.12.1)中 A_u、A_{uf}、f_v 是泛指，对于一个具体反馈电路，它具有特定的量纲。由此可见，加入负反馈后，闭环增益降为开环增益的 $1/(1+A_uf_v)$。

2) 负反馈能使放大器的通频带展宽

可以证明，若无反馈时的基本放大器的上限频率和下限频率分别为 f_H 和 f_L，闭环时

放大器的上、下限频率为 f_{Hf} 和 f_{Lf}，则有

$$f_{Hf}=(1+A_u f)\cdot f_H \tag{3.12.2}$$

$$f_{Lf}=(1+A_u f)\cdot f_L \tag{3.12.3}$$

可见，加入负反馈后，上限频率提高，下限频率降低，通频带拓宽 $1+A_u f_v$ 倍。

另外，负反馈能提高放大器放大倍数的稳定性，还可以改善放大器的失真情况，并可以改变放大器的输入、输出阻抗等。

3. 实验仪器

1 台装有 Multisim 软件的计算机。

4. 实验内容

图 3.12.1 所示为电压串联负反馈电路，图中开关的位置决定了该电路有无负反馈，当开关打在左边时，该电路为电压串联负反馈放大器电路(闭环电路)，其中反馈系数 $f_v=\dfrac{R_5}{R_5+R_f}$；当开关打在右边时，电路为无反馈放大器电路(开环电路)。

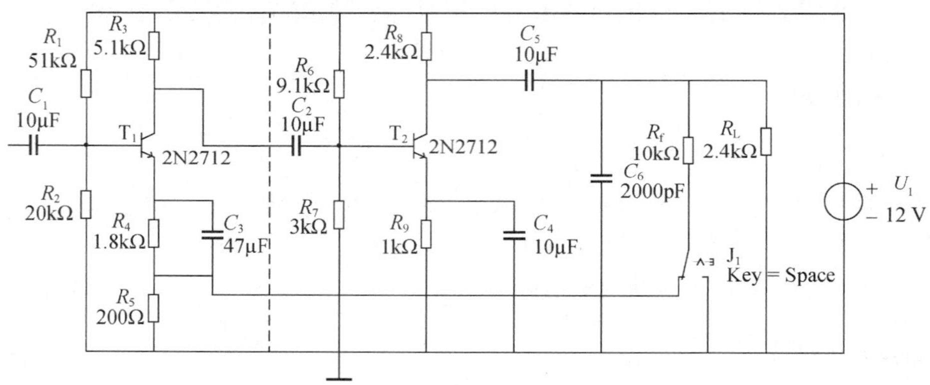

图 3.12.1 两级阻容耦合电压串联负反馈电路

图 3.12.1 为两级阻容耦合电压串联反馈电路，其中由开关决定是否引入负反馈。以电容 C_2 为界，左边为一个共射极放大电路，右边也为一个共射极放大电路，两级放大电路通过电容 C_2 串联在一起，放大倍数为两级放大倍数相乘。

1) 在 Multisim 软件环境中构建电路

(1) 找出需要的元器件

① 三极管(transistor)

首先找出核心元件，该电路的核心元件为三极管 2N2712，操作步骤如下。

a. 在元器件库栏单击三极管图标，如图 3.12.2 所示。

图 3.12.2 选择三极管图标

b. 选择所需型号的三极管 2N2712,如图 3.12.3 所示。

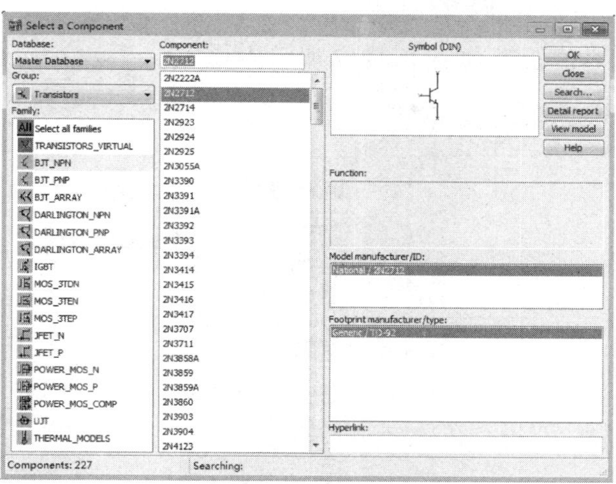

图 3.12.3　选择所需三极管型号

c. 单击鼠标即可将所选的三极管放置在图纸上。

② 电阻(resistor)

a. 在元器件库栏单击基础元件图标,如图 3.12.4 所示。

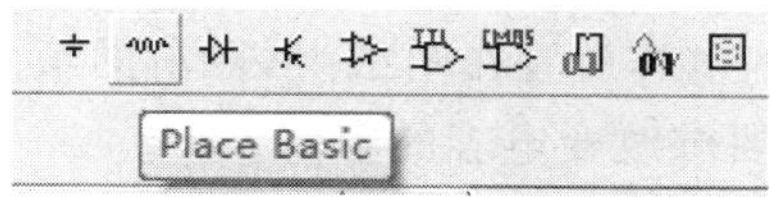

图 3.12.4　选择基础元件图标

b. 选择电阻,阻值任意,如图 3.12.5 所示。

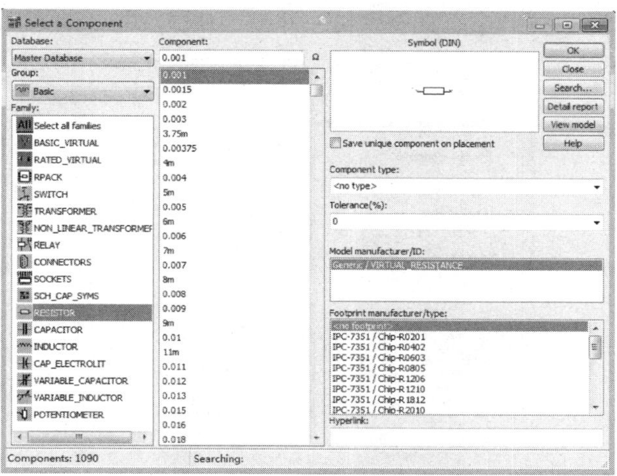

图 3.12.5　选择电阻

c. 单击鼠标即可将所选的电阻放置在图纸上,双击图纸上的电阻图标,出现图 3.12.6 所示电阻属性对话框,可根据要求改变电阻的阻值。

③ 电容(capacitor)

a. 在元器件库栏单击基础元件图标。

b. 选择电容,电容值任意,如图 3.12.7 所示。

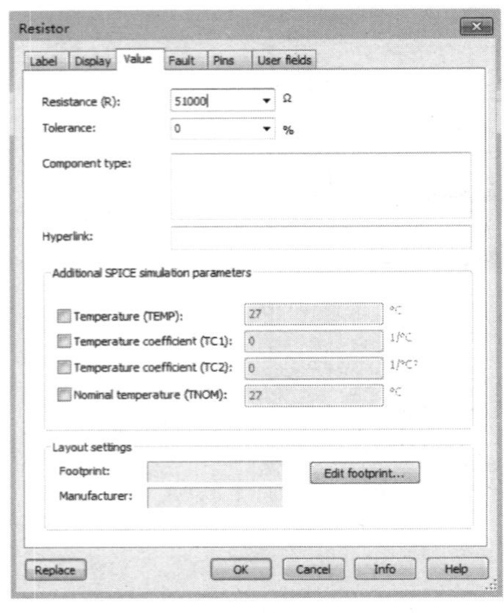

图 3.12.6　改变电阻的阻值

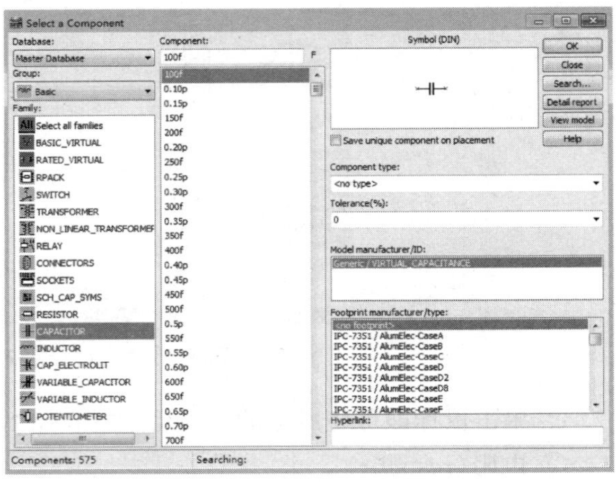

图 3.12.7　选择电容

c. 单击鼠标即可将所选的电容放置在图纸上,双击图纸上的电容图标,出现图 3.12.8 所示电容属性对话框,可根据要求改变电容的容值。

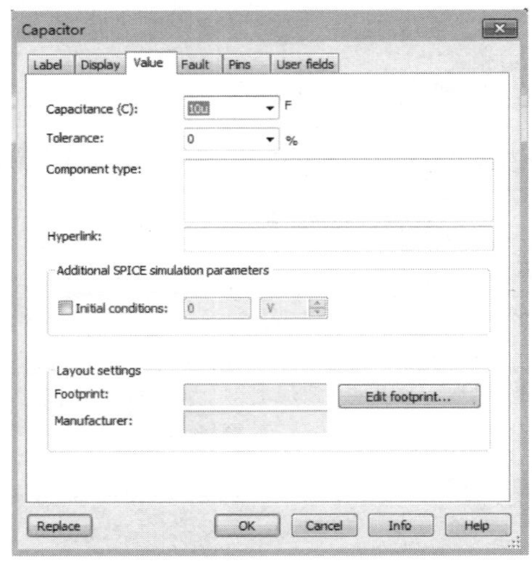

图 3.12.8　改变电容的容值

④ 电源(source)及接地

a. 在元器件库栏单击源元件图标,如图 3.12.9 所示。

b. 选择直流稳压电源(POWER_SOURCES 里的 DC_POWER),电压值任意,如图 3.12.10 所示,并选择图 3.12.10 中的接地"GROUND"。

c. 单击鼠标即可将所选的直流稳压电源放置在图纸上,双击图纸上的电源图标,出现如图 3.12.11 所示的电源属性对话框，可根据要求改变电源的电压值。

图 3.12.9 选择源元件

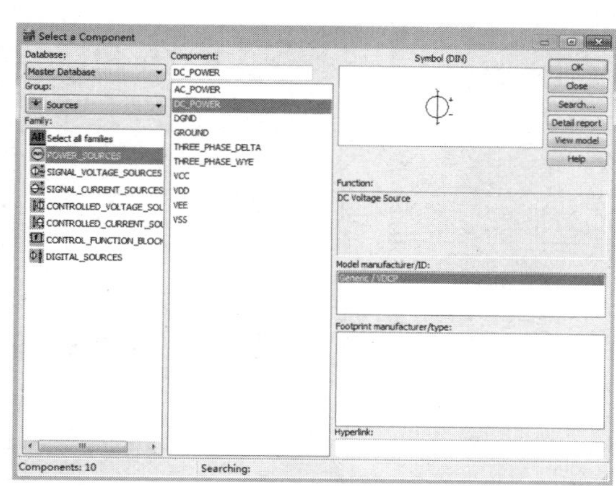

图 3.12.10 选择直流稳压电源

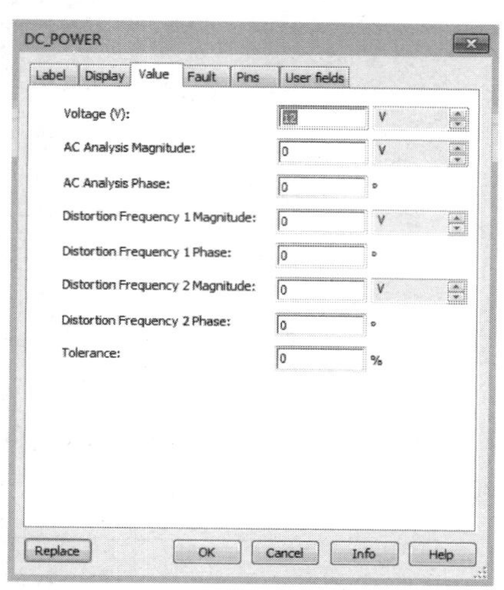

图 3.12.11 改变电源的电压值

⑤ 开关(switch)

a. 在元器件库栏单击基础元件图标。

b. 选择单刀双掷开关(single pole double throw,SPDT)(SWITCH 里的 SPDT 开关)，如图 3.12.12 所示。

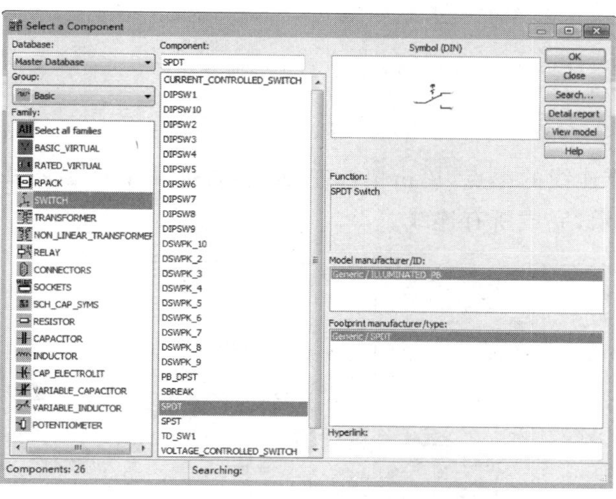

图 3.12.12 选择 SPDT 开关

c. 单击鼠标即可将所选的 SPDT 开关放置在图纸上。

可以通过复制、粘贴的方式，添加相同的元件，再改变具体的阻值或电容值。单击鼠标

右键，如图 3.12.13 所示，选择快捷菜单中的“90 Clockwise”命令，可以将元件右旋 90°。

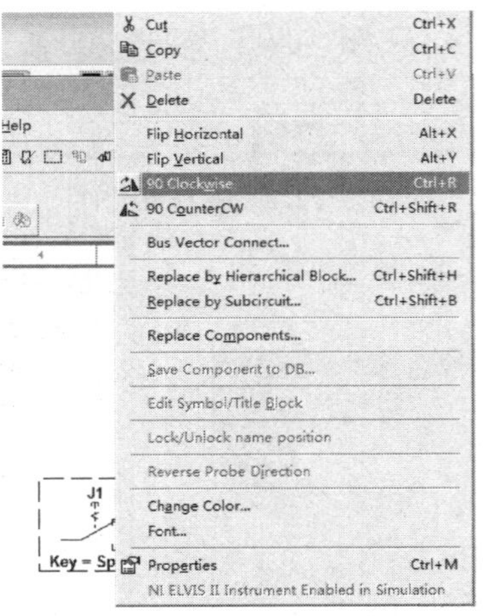

图 3.12.13　旋转元件

将电路中需要用到的所有的元件放置在图纸上的合适位置，如图 3.12.14 所示，准备连线。

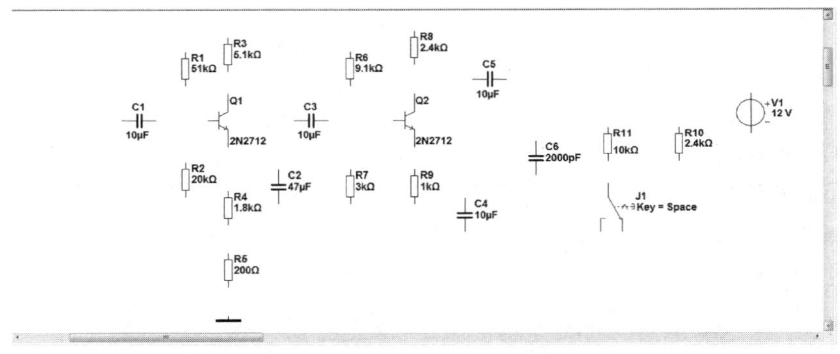

图 3.12.14　放置完所有元件

(2) 连线

将鼠标移至需要连线的起点，单击鼠标左键，然后拖动鼠标至需要连线的终点，再次单击，如图 3.12.15 所示，完成所有连线。

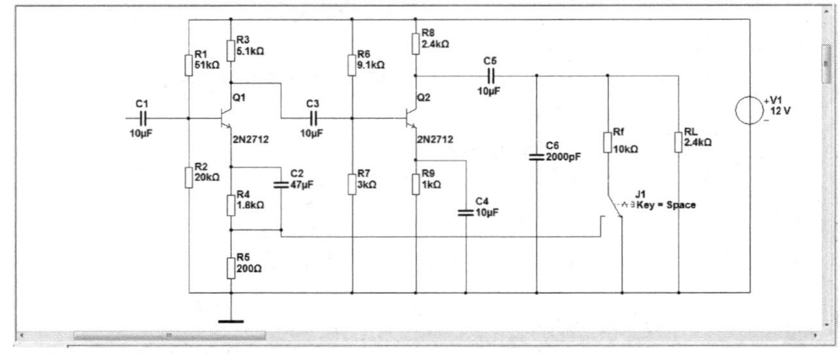

图 3.12.15　电路图

2）测试静态工作点

采用静态分析的方法来确定静态工作点是否设置合理。

（1）显示所有节点编号

如图 3.12.16 所示，选择“Options”→“Sheet Properties”菜单命令，出现图 3.12.17 所示的“Sheet Properties”对话框，选中“Net names”选项组中的“Show all”单选按钮，则可以显示所有节点编号，如图 3.12.18 所示。

图 3.12.16　修改属性

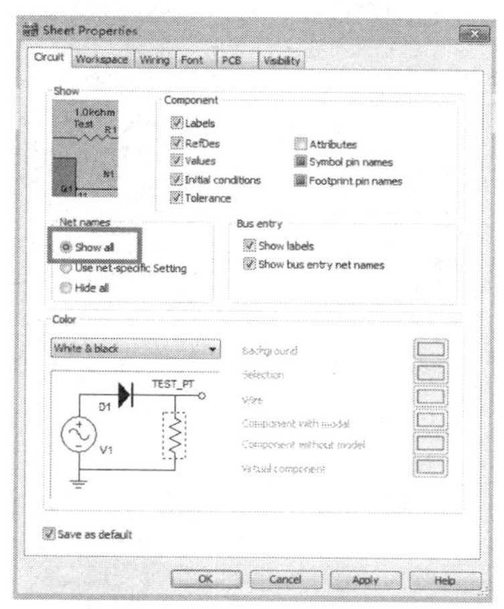

图 3.12.17　“Sheet Properties”对话框

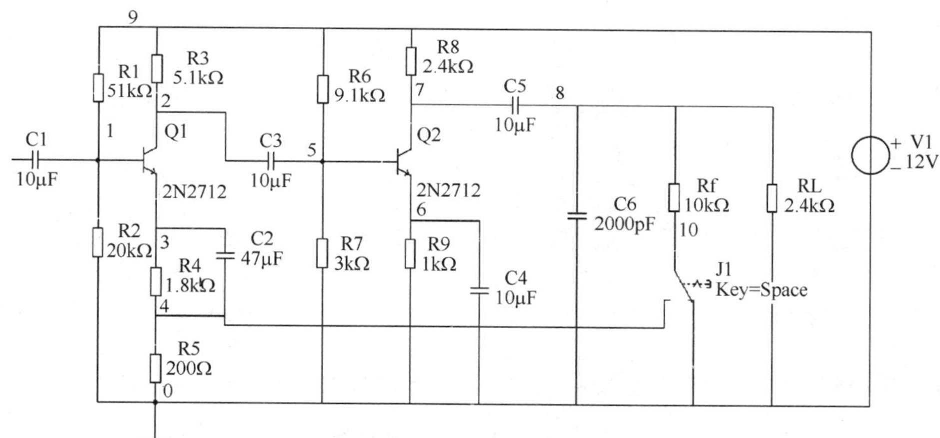

图 3.12.18　增加节点编号

（2）静态分析

如图 3.12.19 所示，选择“Simulate（仿真）”→“Analyses（分析）”→“DC Operating Point（直流工作点）”菜单命令，出现图 3.12.20 所示的“DC Operating Point Analyses”对话框。

如图 3.12.20 所示，选择“DC Operating Point Analyses”对话框中“Circuit voltage”列表框中的 V(1)、V(2)、V(3)、V(5)、V(6)、V(7)，将这些节点添加到右边的“Selected variables for analysis”列表框中，如图 3.12.21 所示。

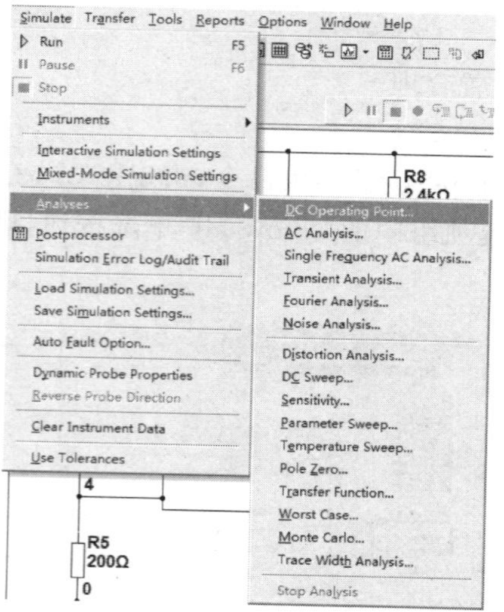

图 3.12.19 选择静态工作点分析

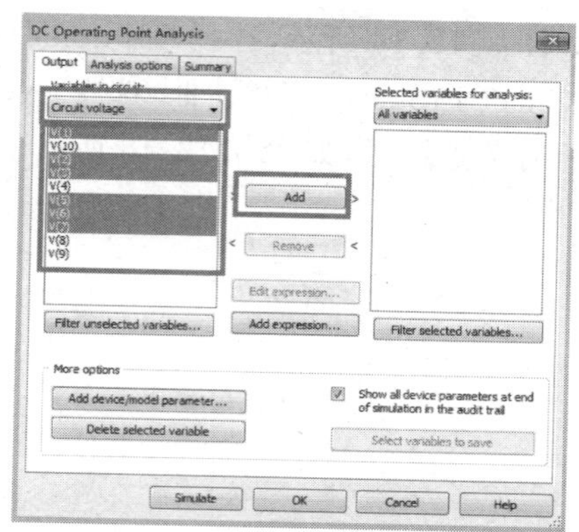

图 3.12.20 “DC Operating Point Analyses”对话框(1)

单击图 3.12.21 中的“Simulate”按钮，出现图 3.12.22 所示的分析表。

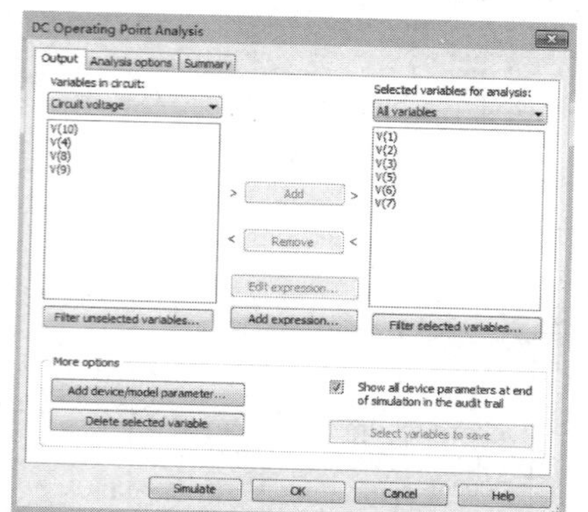

图 3.12.21 “DC Operating Point Analyses”对话框(2)

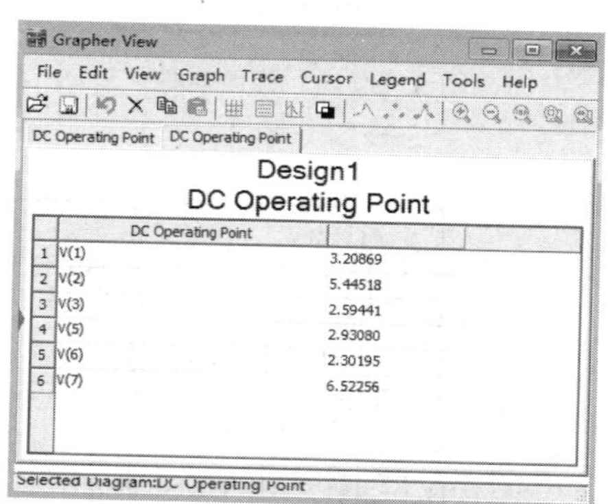
Grapher View

File Edit View Graph Trace Cursor Legend Tools Help

DC Operating Point | DC Operating Point

Design1

DC Operating Point

	DC Operating Point	
1	V(1)	3.20869
2	V(2)	5.44518
3	V(3)	2.59441
4	V(5)	2.93080
5	V(6)	2.30195
6	V(7)	6.52256

Selected Diagram:DC Operating Point

图 3.12.22 静态分析结果表

将测量得到的电压值填入表 3.12.1 中，以判断晶体管是否能正常工作。

表 3.12.1 测量静态工作点的数据记录

工作点	U_{BQ}/V	U_{CQ}/V	U_{EQ}/V	U_{BEQ}/V
Q_1				
Q_2				

3) 分别测出开环增益 A_u 和闭环增益 A_{uf}，并验证 $A_{uf}=\dfrac{A_u}{1+A_u f_v}$ 是否成立

(1) 开环增益测量

如图 3.12.23 和图 3.12.24 所示，选择仪器库里面的函数信号发生器(Function Generator)和示波器(Oscilloscope)。

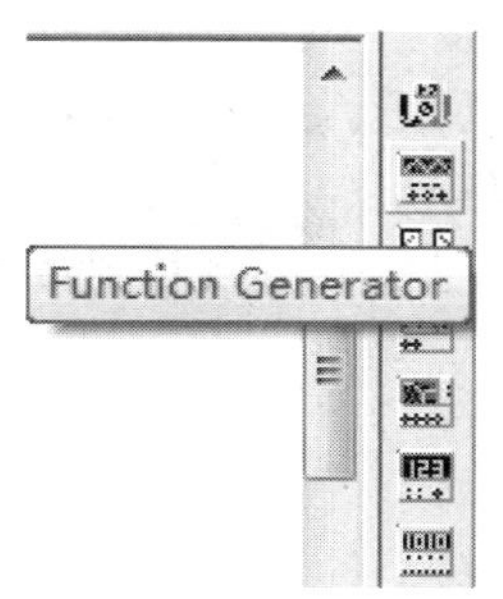

图 3.12.23　选择函数信号发生器

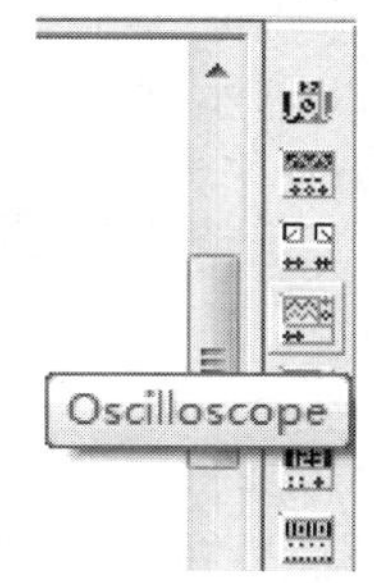

图 3.12.24　选择示波器

如图 3.12.25 所示，两级阻容耦合放大电路没有引入反馈。其中输入信号由函数信号发生器提供，为频率为 5kHz、幅值为 5mV 的正弦信号，如图 3.12.26 所示。

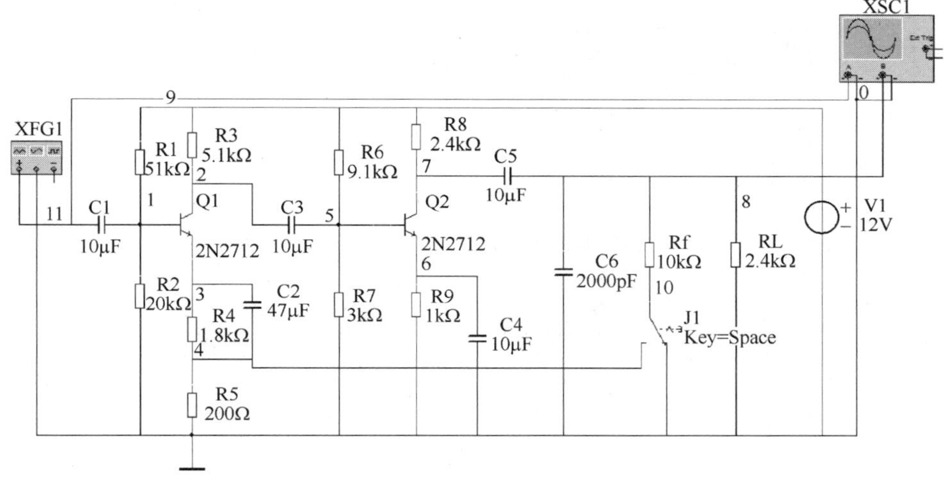

图 3.12.25　两级阻容耦合放大电路(无反馈)仿真

开启仿真开关 ▶，双击示波器图标，从放大面板上可以看到放大前、后的波形，如图 3.12.27 所示。

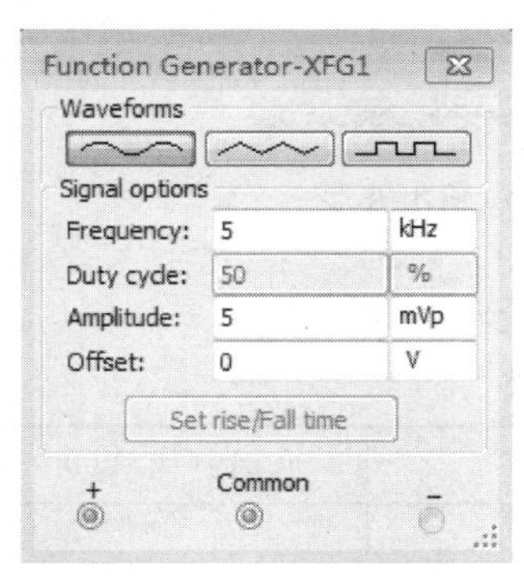

图 3.12.26　信号发生器设置

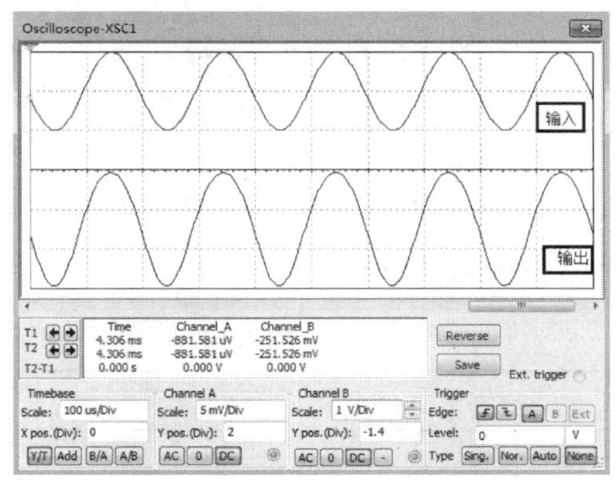

图 3.12.27　两级阻容耦合放大电路(无反馈)输入、输出波形

(2) 闭环增益测量

如图 3.12.28 所示，两级阻容耦合放大电路引入反馈。其中电路输入信号仍由函数信号发生器提供，为频率为 5kHz、幅值为 5mV 的正弦信号。

开启仿真开关 ▶，双击虚拟示波器图标，从放大面板上可以看到放大前、后的波形，如图 3.12.29 所示。

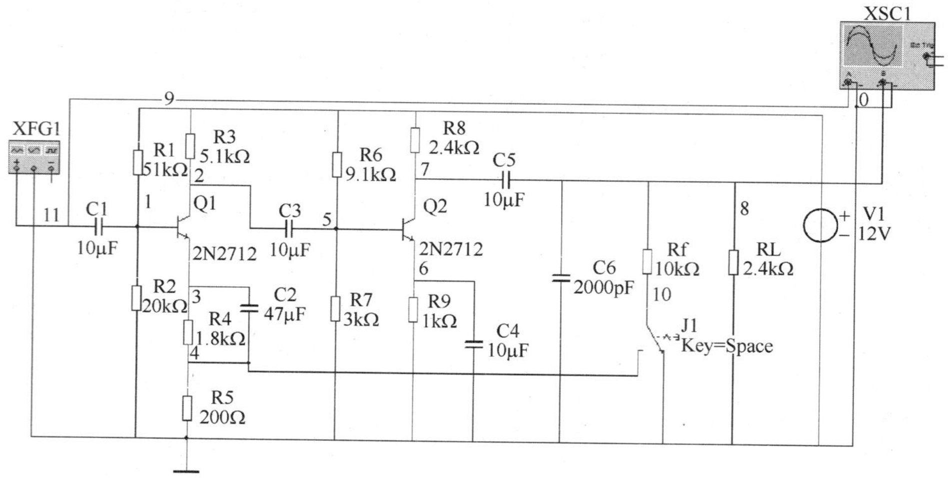

图 3.12.28 两级阻容耦合放大电路(有反馈)仿真

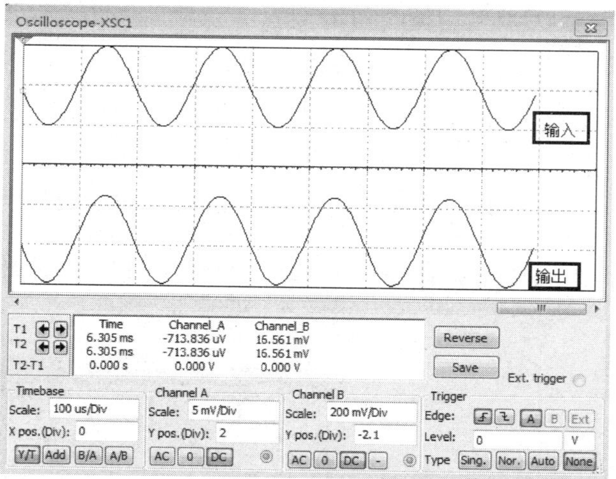

图 3.12.29 两级阻容耦合放大电路(有反馈)输入、输出波形

将两次测量结果填入表 3.12.2 中。

表 3.12.2 开环、闭环增益数据对比表

	u_i	u_o	A_u(或 A_{uf})
开环(无反馈)			
闭环(有反馈)			

4）用波特图仪（详见 7.1 节）测量开环、闭环的上、下限截止频率，并验证 $f_{Hf}=(1+A_u f_v)\cdot f_H$ 和 $f_{Lf}=\frac{1}{1+A_u f_v}f_L$ 是否成立

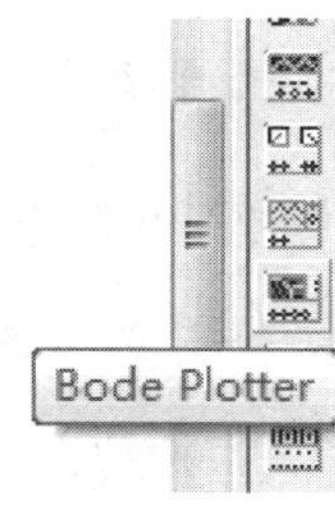

图 3.12.30　波特图仪

如图 3.12.30 所示，选择仪器库里面的波特仪，将波特仪加到电路中，如图 3.12.31 所示。双击虚拟波特图仪图标，弹出虚拟波特仪放大面板，放大面板右侧参数栏按图 3.12.32 和图 3.12.33 进行设置。然后分别对开环电路和闭环电路进行测试，并将结果填入表 3.12.3 中。

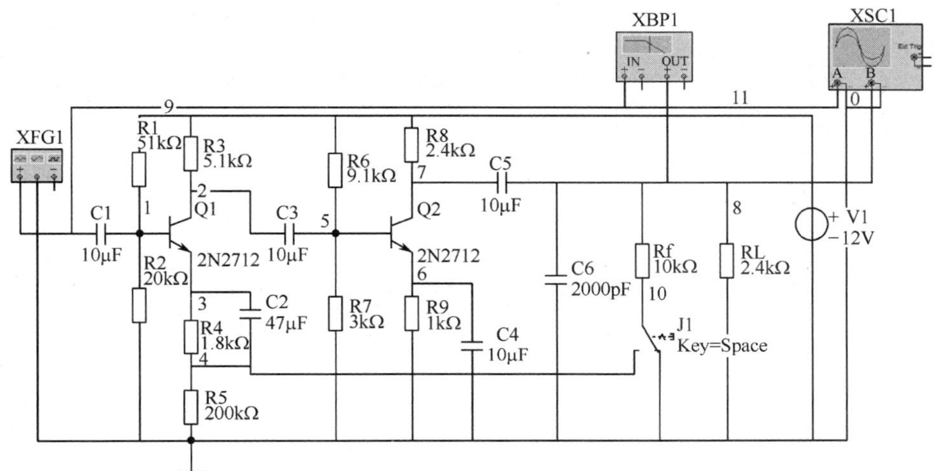

图 3.12.31　两级阻容耦合放大电路（无反馈）仿真

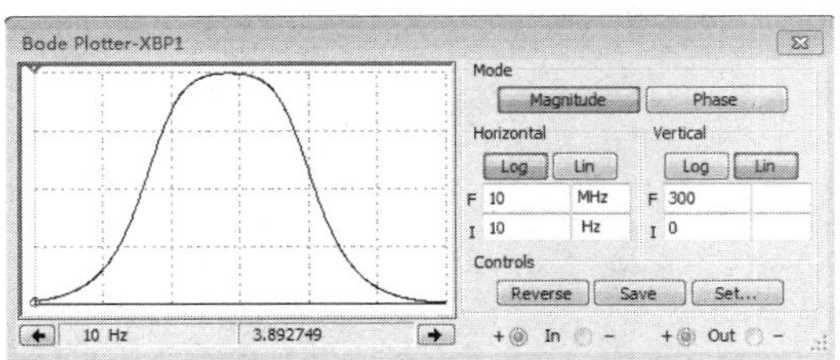

图 3.12.32　虚拟波特仪放大面板（无反馈）

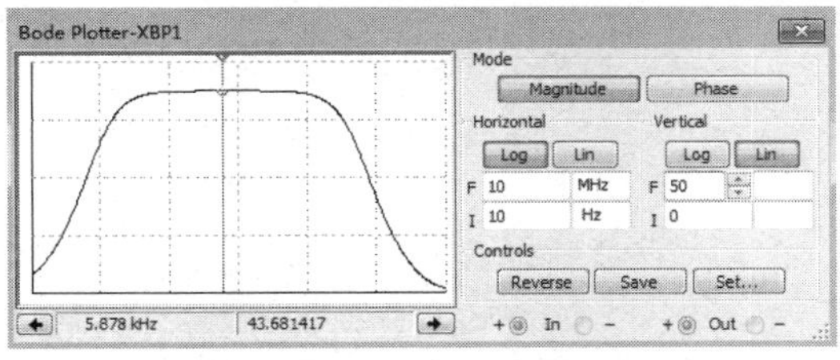

图 3.12.33　虚拟波特仪放大面板（有反馈）

表 3.12.3　开环、闭环电路通频带对比表

	f_L/Hz	f_H/kHz	通频带
开环			
闭环			

5. 预习要求

熟悉 Multisim 软件的使用方法。

6. 实验报告要求

(1) 根据仿真实验数据计算并完成 3 个表格内容。

(2) 根据仿真结果分析负反馈对放大电路的影响。

第4章 数字电子技术实验

4.1 集成门电路逻辑功能测试

1. 实验目的

(1) 熟悉 TTL 和 CMOS 集成芯片的特点、使用规则和方法。
(2) 掌握 TTL 和 CMOS 逻辑门电路的逻辑功能及测试方法。
(3) 掌握数字电路实验常用的各类电子仪器和面包板的正确使用方法。

2. 实验原理

在数字电路中,通常把输入和输出间具有某些基本逻辑关系的电路称为门电路,它是数字电路的基本组成单元。基本门电路有与门、或门和非门。此外,常用的门电路还有与非门、或非门、异或门等。

1) 识别数字集成电路芯片

目前数字系统中普遍使用的是晶体管-晶体管逻辑门(transistor transistor logic,TTL)和互补型金属-氧化物-半导体场效应晶体管(complementary metal oxide semiconductor,CMOS)集成电路。TTL 集成电路工作速度高、带载能力强、抗干扰能力强、输出幅度比较大,在数字电路系统中得到了广泛的应用。CMOS 集成电路具有功耗低、集成度高、抗干扰能力强等特点,但其工作速度较低。

按照国际标准,TTL 电路有 54 系列和 74 系列。两者的区别见表 4.1.1。74 系列又分为若干子系列,不同产品具有不同的功耗、速度和抗干扰容限等。其中 74××是标准系列,74LS××是低功耗肖特基系列,74S××是肖特基系列,等等。

表 4.1.1 54 系列和 74 系列 TTL 电路特点

系　　列	供电条件	环境温度	用　　途
54 系列	+4.5～+5.5V	−55～+125℃	军品
74 系列	+4.75～+5.25V	0～+75℃	工业用品

CMOS 系列也分为若干子系列,国际上通用的主要有美国无线电公司的 CD4000 系列和美国摩托罗拉公司的 MC14000 系列。

2) 集成电路的封装及管脚排列

数字电路实验中所使用的集成芯片都是双列直插式的,其外观如图 4.1.1 所示。

在使用集成芯片前，首先应当了解芯片管脚的排列规律，确认电源、地以及各个功能引脚的位置，从而正确搭接线路。对于双列直插式芯片，识别方法为：将芯片半圆豁口或圆点标记置于左侧，此时可见芯片正面印有芯片型号、商标等字样。

双列直插式芯片管脚排列如图4.1.2所示，芯片缺口或圆点标记的下方左起第一个引脚标识为引脚1，然后从左下方引脚起，按照逆时针方向排列依次为1，2，3，…，n引脚（n为芯片引脚数）。在标准型TTL集成电路中，电源V_{CC}和地GND的位置相对固定，左上角（n引脚）一般为电源，右下角一般为地，大部分芯片的电源和地遵循这一规律，但也有特殊情况，使用时应当以具体芯片引脚排列图为准。若集成芯片引脚上的功能标号为NC，则表示该引脚为空脚，与内部电路没有连接，制作空引脚的目的是集成芯片的引脚数要符合标准，常见的标准集成芯片的引脚数有8、14、16、20、24脚等。

图4.1.1　双列直插式封装外观

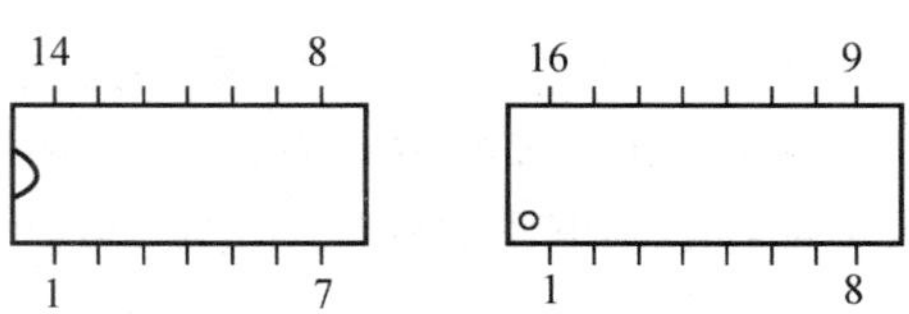

图4.1.2　双列直插式芯片管脚排列

3）TTL集成门电路使用规则

（1）TTL逻辑电平标准

见表4.1.2。

表4.1.2　TTL逻辑电平标准

电源电压	U_{IH}	U_{IL}	U_{OH}	U_{OL}
（+5±0.5）V	≥2.0V	≤0.8V	≥2.4V	≤0.4V

（2）闲置输入端的处理

对于TTL集成芯片，闲置不用的输入端使用时可以悬空，悬空相当于接逻辑“1”电平。在小规模集成电路实验时允许悬空处理，但是由于悬空易受到外界干扰，破坏电路逻辑功能，所以在时序电路或者复杂的数字系统中，闲置输入端应当根据逻辑功能的要求接相应电平，不允许悬空。

（3）输出端的处理

一般而言，TTL集成电路输出端不允许直接接电源或地，否则将损坏器件。但有时为了使后级电路获得较高的输出电平，允许输出端通过电阻接至电源，此时电阻阻值一般取3～5.1kΩ。

TTL集成电路的输出端也不允许并联使用（集电极开路和三态电路除外），否则不仅会使电路逻辑功能混乱，还可能导致器件损坏。

4）CMOS电路使用规则

CMOS集成电路具有相当高的输入阻抗，一旦输入端出现感应电荷累积，且无低阻电

路相连时，容易产生高压击穿电路，所以使用时应当注意以下几点。

(1) CMOS 逻辑电平标准

CMOS 逻辑电平标准见表 4.1.3。

表 4.1.3　CMOS 逻辑电平标准

电源电压	U_{IH}	U_{IL}	U_{OH}	U_{OL}
(+5±0.5)V	≥3.5V	≤1.0V	≈5V	≈0V

(2) 闲置输入端的处理

在使用 CMOS 集成电路时，不用的输入端不能悬空，而应根据逻辑要求接逻辑“1”电平或逻辑“0”电平，否则栅极悬空极易因静电感应而击穿，造成永久性损坏，也容易受到外界干扰，使电路工作不稳定，造成逻辑功能的混乱。在工作频率不高的电路中，可以将输入端并联使用。

(3) 输入电路的静电保护

CMOS 电路由于输入阻抗很高，在没有与其他电路连接之前，各输入端均处于开路状态，极易受外界静电的感应，有时会产生高达数百伏甚至数千伏的静电电压，将器件破坏。因此，在使用和存放 CMOS 电路时，要注意静电屏蔽，并且注意在连线或改变电路连线时严禁带电拔插集成芯片。

(4) 输出端的处理

输出端不允许直接接电源或地，否则将导致器件损坏。

3. 实验仪器与元器件

1) 实验仪器

双踪示波器，1 台。

直流稳压电源，1 台。

信号发生器，1 台。

2) 实验元器件

74LS00、74LS86、CD4001 等。

4. 实验内容

1) TTL 与非门逻辑功能测试

使用 74LS00 进行实验，74LS00 是四 2 输入与非门，即 1 片 74LS00 中有四个 2 输入的与非门，其引脚排列见附录 A。

(1) 静态测试

将 74LS00 的第 14(V_{CC})引脚接至+5V 电源正极，第 7(GND)引脚接至+5V 电源负极，选择 74LS00 的任意一个与非门，按照图 4.1.3 所示电路进行连线，然后根据表 4.1.4 中的要求分别在输入端加入不同的逻辑电平，用示波器观察并判定输出端的逻辑电平状态。

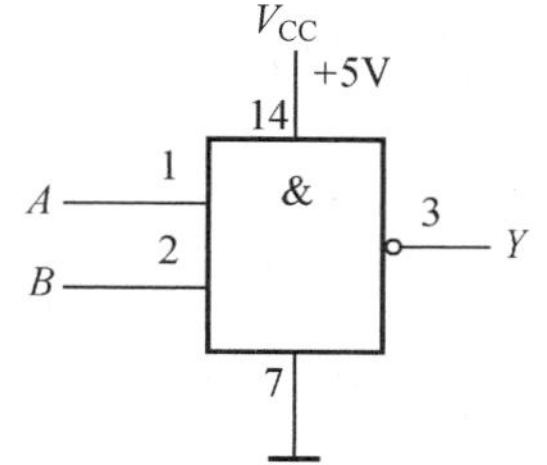

图 4.1.3　与非门静态测试连线

表 4.1.4 与非门静态测试

输入		输出状态
A	B	Y
0	0	
0	1	
1	0	
1	1	

(2) 动态测试

将 74LS00 的第 14(V_{CC})引脚接至+5V 电源正极,第 7(GND)引脚接至+5V 电源负极,选择 74LS00 的任意一个与非门,按照图 4.1.4 所示电路进行连线。

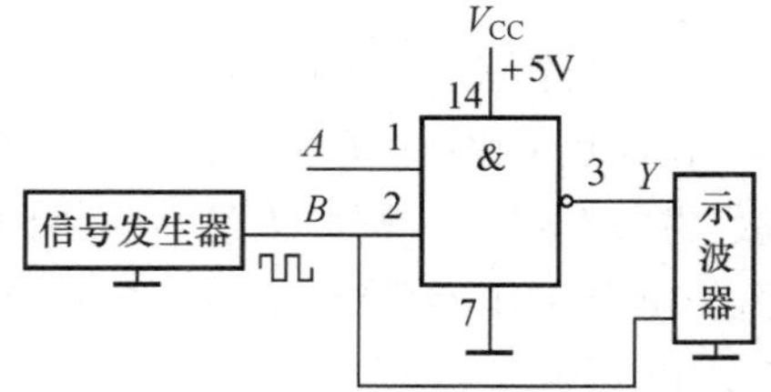

图 4.1.4 与非门动态测试连线

根据表 4.1.5 中的要求,在 B 输入端加入信号发生器产生的动态信号,这里要求信号发生器输出一个 f 为 10kHz、占空比为 50%的 TTL 信号。接着在 A 输入端分别加上表 4.1.5 所列的不同逻辑电平,用示波器同时观察并画出 B 端和 Y 端的波形。注意 B 端和 Y 端的波形在时间序列上应当对齐。

表 4.1.5 与非门动态测试

输入	A	0	1	悬空
	B			
输出	Y			

2) TTL 异或门逻辑功能测试

使用 74LS86 进行实验,74LS86 是四 2 输入异或门,即 1 片 74LS86 中有四个 2 输入的异或门,其引脚排列见附录 A。

(1) 静态测试

将 74LS86 的第 14(V_{CC})引脚接至+5V 电源正极,第 7(GND)引脚接至+5V 电源负极,选择 74LS86 的任意一个异或门,按照图 4.1.5 所示电路进行连线,然后根据表 4.1.6 中的要求分别在输入端加入不同的逻辑电平,用示波器观察并判定输出端的逻辑电平状态。

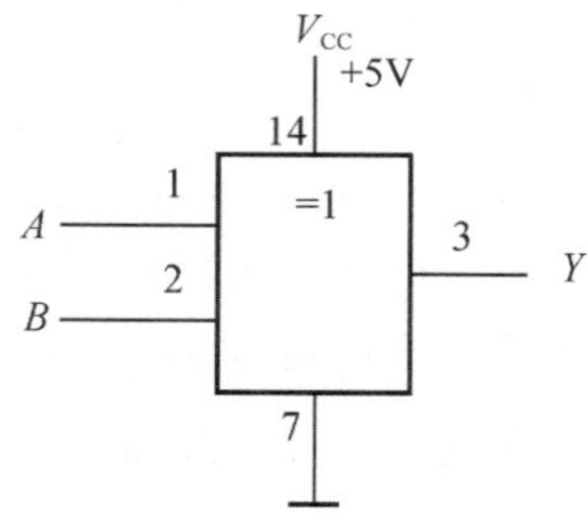

图 4.1.5 异或门静态测试连线

表 4.1.6　异或门静态测试

输　　入		输出状态
A	B	Y
0	0	
0	1	
1	0	
1	1	

（2）动态测试

将 74LS86 的第 14（V_{CC}）引脚接至＋5V 电源正极，第 7（GND）引脚接至＋5V 电源负极，选择 74LS86 的任意一个异或门，按照图 4.1.6 所示电路进行连线。

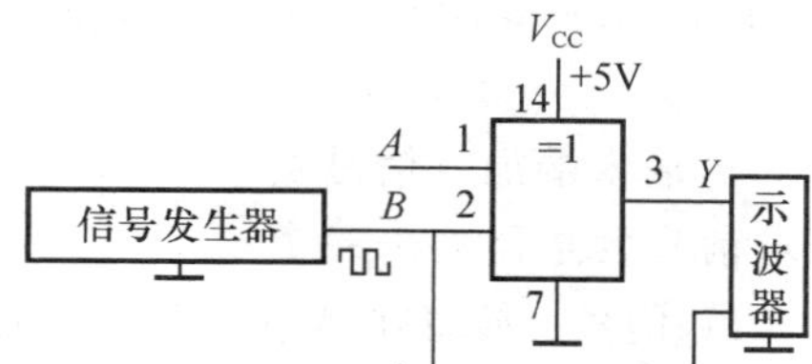

图 4.1.6　异或门动态测试连线

根据表 4.1.7 中的要求，在 B 输入端加入信号发生器产生的动态信号，这里要求信号发生器输出一个 f 为 10kHz、占空比为 50% 的 TTL 信号。接着在 A 输入端分别加上表 4.1.7 所列的不同逻辑电平，用示波器同时观察并画出 B 端和 Y 端的波形。注意 B 端和 Y 端的波形在时间序列上应当对齐。

表 4.1.7　异或门动态测试

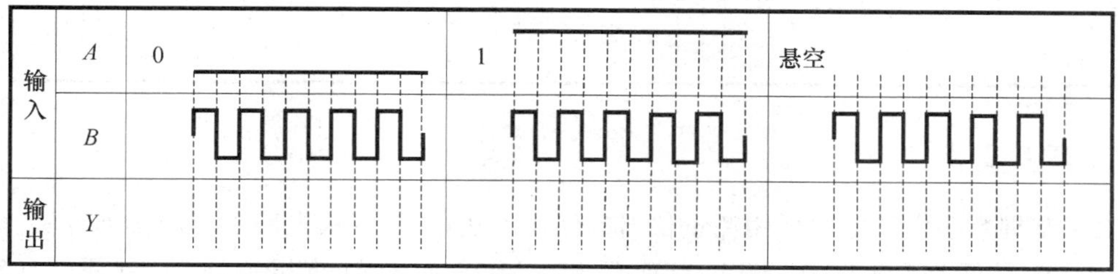

3）CMOS 或非门逻辑功能测试

使用 CD4001 进行实验，CD4001 是四 2 输入或非门，即 1 片 CD4001 中有四个 2 输入的或非门，其引脚排列见附录 A。

（1）静态测试

将 CD4001 的第 14（V_{CC}）引脚接至＋5V 电源正极，第 7（GND）引脚接至＋5V 电源负极，选择 CD4001 的任意一个或非门，按照图 4.1.7 所示电路进行连线，然后根据表 4.1.8 中的要求分别在输入端加入不同的逻辑电平，用示波器观察并判定输出端的逻辑电平状态。

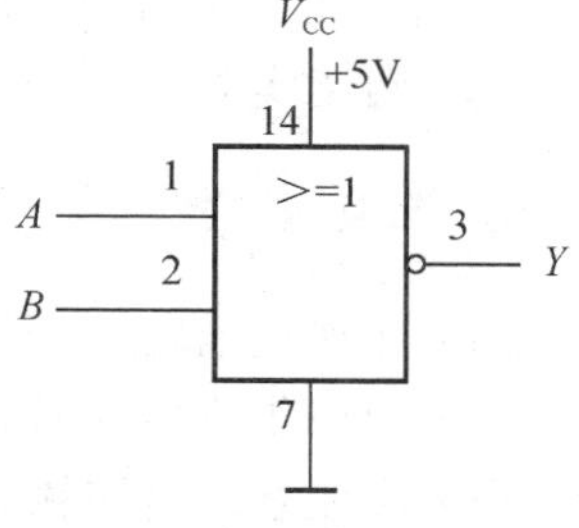

图 4.1.7　或非门静态测试连线

表 4.1.8 或非门静态测试

输入		输出状态
A	B	Y
0	0	
0	1	
1	0	
1	1	

(2) 动态测试

将 CD4001 的第 14(V_{CC})引脚接至+5V 电源正极,第 7(GND)引脚接至+5V 电源负极,选择 CD4001 的任意一个或非门,按照图 4.1.8 所示电路进行连线。

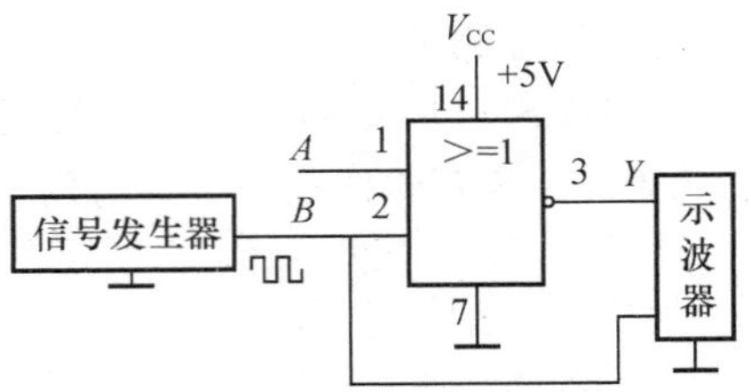

图 4.1.8 或非门动态测试连线

根据表 4.1.9 中的要求,在 B 输入端加入信号发生器产生的动态信号,这里要求信号发生器输出一个 f 为 10kHz、占空比为 50%的 TTL 信号。接着在 A 输入端分别加上表 4.1.9 所列的不同逻辑电平,用示波器同时观察并画出 B 端和 Y 端的波形。注意 B 端和 Y 端的波形在时间序列上应当对齐。

表 4.1.9 或非门动态测试

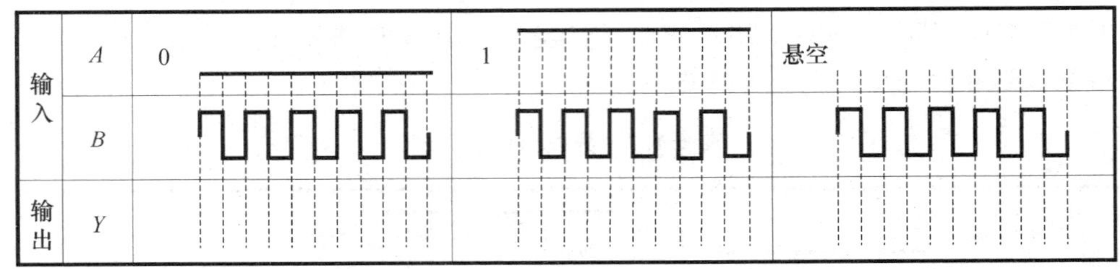

5. 预习要求

(1) 掌握数字电路实验所用测量仪器的使用方法,了解集成电路引脚的排列方法。

(2) 复习 TTL 与非门、TTL 异或门和 CMOS 或非门的相关原理,熟悉 74LS00、74LS86 和 CD4001 的引脚图。

(3) 阅读实验指导书,了解实验目的、实验原理和实验内容。

6. 注意事项

(1) 在连接电路、改变电路连线或拔插集成芯片时,均应该切断电源,严禁带电操作。

(2) 使用集成芯片时,要认清管脚的定位标记,不得将集成芯片插反。

(3) 应注意门电路输入信号的高、低电平要符合规范要求,否则电路将不能正常工作,甚至可能会损坏集成芯片。

7. 实验报告要求

(1) 列表整理各类门电路的逻辑功能,并说明各类门电路在逻辑功能上的区别。

(2) 写出在实验中遇到的故障问题以及解决方法。

(3) 回答思考题。

(4) 写出实验心得、体会及建议等。

8. 思考题

(1) TTL 和 CMOS 器件在使用时有何不同? 各自的优缺点有哪些?

(2) 实验中可以通过什么样的方法来判定集成门电路的逻辑功能是否正常(如何判定集成芯片的好坏)?

(3) 应当如何处理 TTL 与非门和 CMOS 或非门的多余输入端? 如何利用 74LS20 实现"非门"电路? 此时多余输入端应当如何处理?

4.2　组合逻辑电路的设计

1. 实验目的

(1) 掌握用小规模集成(small-scale integration,SSI)电路芯片逻辑门实现组合逻辑电路的基本方法。

(2) 掌握组合逻辑电路的设计方法与调试技巧。

2. 实验原理

1) 组合逻辑电路的设计

学习数字逻辑电路的理论和方法,其目的是为了应用,而逻辑设计是应用的基础。所谓逻辑设计就是根据给定的逻辑要求,设计出能实现其功能要求的逻辑电路。

在使用 SSI 电路芯片来实现组合逻辑电路时,追求的是电路中逻辑门的数目最少、门的输入端数目最少。在应用中规模集成(medium-scale integration,MSI)、大规模集成(large-scale integration,LSI)电路芯片来实现组合逻辑电路时,则追求的是总的集成芯片数目最少、种类最少、集成电路间的连线数最少。

数字系统中按逻辑功能的不同,可将电路分成两大类,即组合逻辑电路和时序逻辑电路。组合逻辑电路是指任何时刻的稳定输出仅与当前时刻的电路输入有关,而与以前的输入无关的电路。组合逻辑电路的设计是指对给定的逻辑要求或已知的逻辑函数描述进行方案选择和器件选用等,最终设计出满足要求的逻辑电路。对于同一设计任务,可以采用不同的设计思路和设计方法,从而得到不同的设计结果。

2) 利用小规模集成电路来实现组合逻辑电路

组合逻辑电路可由小规模集成(SSI)电路组成,也可用中规模集成(MSI)电路组成,利用小规模集成电路和中规模集成电路来实现组合逻辑电路的设计流程又稍有不同。

利用小规模集成电路来实现组合逻辑电路的设计基本步骤如下。

(1) 首先根据给出的实际问题进行逻辑抽象，确定输入变量和输出变量，定义逻辑状态的含义，再按照要求给出事件的因果关系，列出真值表。

(2) 根据真值表，利用卡诺图或逻辑代数化简，得到最简逻辑表达式。

(3) 选定集成芯片(根据电路的具体要求和芯片的资源情况来决定采用哪些芯片)，并根据选定的芯片，将最简逻辑表达式化成合适的表达式。

(4) 根据逻辑表达式，画出逻辑电路图。

(5) 根据逻辑电路图，结合芯片引脚图，画出芯片连线图。

利用小规模集成电路芯片来实现组合逻辑电路的设计流程，如图 4.2.1 所示。

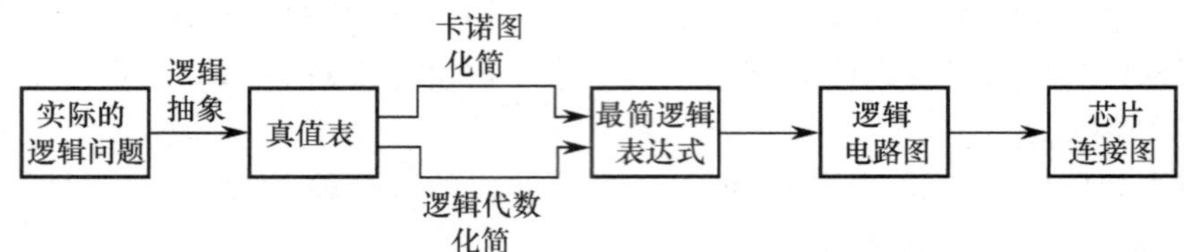

图 4.2.1　SSI 电路芯片实现组合逻辑电路的设计流程

3. 实验仪器与元器件

1) 实验仪器

直流稳压电源，1 台。

万用表，1 块。

2) 实验元器件

74LS00、74LS20、74LS86 等。

4. 实验内容

1) 设计一个 3 人表决器电路并实现

实际问题：表决器的输入端 A、B、C 分别代表 3 个投票人的态度，1 表示赞成，0 表示反对，不能弃权。表决器的输出 F 为 1 表示决议通过，F 为 0 表示决议被否决。按少数服从多数的原则设计该表决器。

要求：①采用 74LS00 和 74LS20 芯片；②根据组合电路设计流程写出真值表、卡诺图、最简表达式；③画出逻辑电路图、芯片接线图；④在面包板上搭接电路并验证功能。

2) 设计一位全加器并实现

要求：①采用 74LS00、74LS20 和 74LS86 芯片；②根据组合电路设计流程写出真值表、卡诺图、最简表达式；③画出逻辑电路图、芯片接线图；④在面包板上搭接电路并验证功能。

3) 设计交通信号灯故障检测电路并实现

实际问题：交通信号灯中红灯(R)亮表示停车状态，黄灯(Y)亮表示准备状态，绿灯(G)亮表示通行状态。正常情况下只有一个灯亮，出现故障时可能 3 种颜色的灯全不亮，全亮或两个灯同时亮。

要求：①自行选择合适的芯片；②根据组合电路设计流程写出真值表、卡诺图、最简表达式；③画出逻辑电路图、芯片接线图；④在面包板上搭接电路并验证功能。

5. 预习要求

（1）熟悉 74LS00、74LS20、74LS86 芯片的功能及引脚图。

（2）复习半加器、半减器、全加器和全减器的功能。

6. 实验报告要求

（1）根据利用小规模集成电路芯片来实现组合逻辑电路的设计步骤，写出电路的设计过程，画出逻辑电路图和芯片接线图。

（2）写出电路的调试过程及其实验结果。

4.3　组合逻辑电路中的竞争与险象

1. 实验目的

（1）掌握组合逻辑电路设计的方法。

（2）了解组合逻辑电路中的竞争与险象。

（3）掌握消除险象的方法。

2. 实验原理

1）险象的概念

组合逻辑电路设计的过程通常是在理想情况下进行讨论的，没有考虑实际电路中必然存在的器件的延迟效应，即在实际电路中信号的传输时延和信号电平变化时刻都会对电路的逻辑功能产生影响。实际电路中逻辑电路的传输时延，使得信号经由不同路径到达某点时会存在信号变化时刻不同步的现象，这种信号变化时刻不同步的现象称为竞争。竞争现象可能引起短暂的输出差错，这种现象称为逻辑电路的冒险现象，简称险象。险象持续时间较短，但其危害却不容忽视。

险象有许多不同的种类。逻辑险象是指由信号传输时延引起的险象，它可以通过修改逻辑设计来消除。功能险象是指由于多个输入信号的变化时刻不同步引起的险象，这种险象只能通过适当选择输出信号的读取时间来避开。若输入信号的变化只引起一个短暂的错误输出，这种险象称为静态险象；若出现多个短暂的错误输出，就称为动态险象。根据这个短暂的错误输出的不同极性，又可以把险象分为“0 险象”和“1 险象”。

2）险象的消除方法

险象的消除有以下几种思路：一方面可以在设计时就在逻辑上避免险象的发生，这是消除险象最根本的方法，比较适用于一些简单的电路和静态险象；另一方面可以设法避开险象发生的时刻，由于险象都是在输入信号变化后很短的时间内发生，因此可以等待输出稳定后再读取其输出值，这样也能避免险象的危害。此外，根据险象造成的短暂错误都是高频信号、与正常的输出信号频率相差较大这一特点，还可以采用额外的滤波电路如低通滤波器来消除信号中的短暂错误。

对于任何复杂的由“与或”或者“或与”函数形式构成的组合电路，只要能化简成 $A+\overline{A}$ 或者 $A\cdot\overline{A}$ 的形式，必然存在险象。例如，如图 4.3.1 所示，$Y=AC+B\overline{C}$，当 $A=B=1$ 时，$Y=C+\overline{C}$，因此该电路可能出现险象。

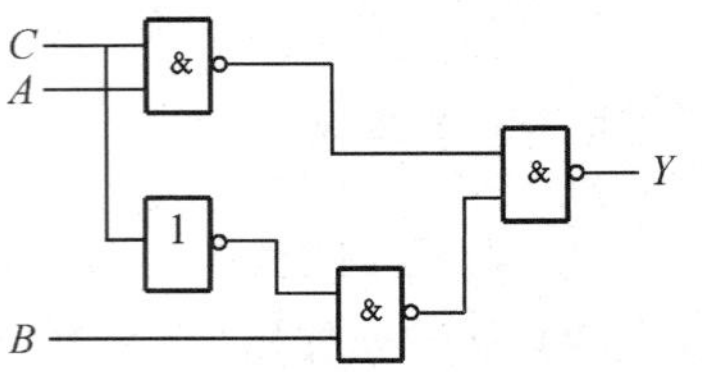

图 4.3.1 组合逻辑电路险象举例

图 4.3.1 所示电路的卡诺图如图 4.3.2 所示。一般来说，若在卡诺图中存在相切而不相连的包围圈的逻辑函数，都有可能发生险象。

如图 4.3.3 所示，此时可在卡诺图中将相切的部分用包围圈连接起来，增加校正项，以消除险象。由图 4.3.3 得到逻辑表达式 $Y=AC+B\overline{C}+AB$，当 $A=B=1$ 时，无论 C 如何变化，$AB=1$，所以输出恒等于 1，从而可以防止险象的发生。

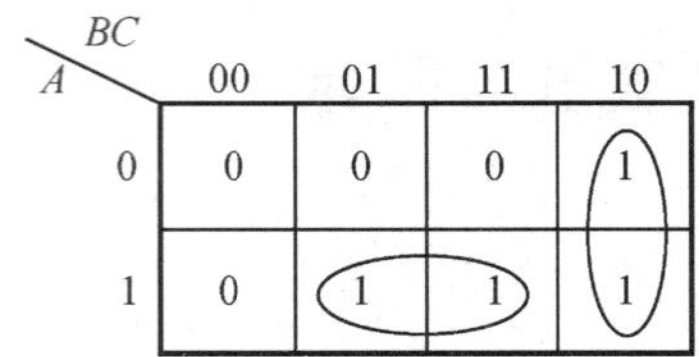

图 4.3.2 卡诺图判断险象

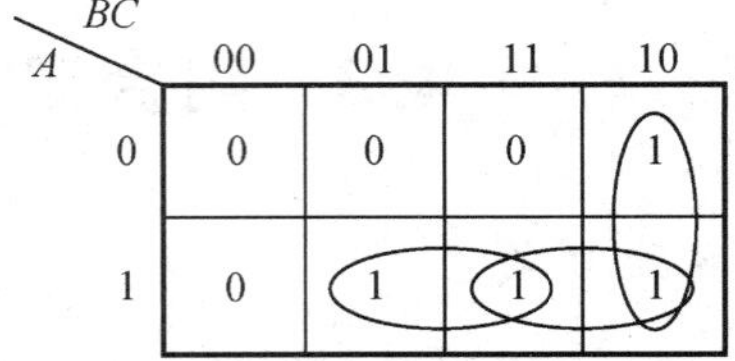

图 4.3.3 增加校正项以消除险象

3. 实验仪器与元器件

1) 实验仪器

双踪示波器，1 台。

直流稳压电源，1 台。

信号发生器，1 台。

2) 实验元器件

74LS00 等。

4. 实验内容

(1) 按表 4.3.1 设计一个逻辑电路，要求如下。

① 采用 74LS00 芯片，要求使用与非门的数量最少，画出逻辑图。

② 搭建电路，进行静态测试，验证逻辑功能，记录实验结果。

③ 分析 B、C、D 输入端各处于何种状态时，能观察到 A 输入端信号发生变化时的险象。

④ 在 A 输入端输入 f 为 1kHz～1MHz 的方波信号，观察电路的现象，记录 A 端和 Y 端的工作波形。

表 4.3.1 实验数据表格

输入				输出
A	B	C	D	Y
0	0	0	0	0
0	0	0	1	0

续表

输　入				输　出
A	B	C	D	Y
0	0	1	0	1
0	0	1	1	1
0	1	0	0	0
0	1	0	1	0
0	1	1	0	0
0	1	1	1	1
1	0	0	0	0
1	0	0	1	0
1	0	1	0	1
1	0	1	1	0
1	1	0	0	1
1	1	0	1	1
1	1	1	0	1
1	1	1	1	1

(2) 设有 B、C 两路输入信号，当控制信号 A 为高电平时选择 B 路输入信号输出，当控制信号 A 为低电平时选择 C 路信号输出。要求如下。

① 采用 74LS00 与非门设计电路，按要求写出函数逻辑表达式，并验证结果。

② 当 $B=C=1$ 时，用示波器观察电路输入、输出信号的关系，画出波形图，判断有无险象。

5. 预习要求

(1) 复习组合逻辑电路中的竞争与险象的相关原理。

(2) 根据实验内容，设计电路，写出完整的设计步骤。

6. 注意事项

观察险象波形时，应当注意输入信号和输出信号在时序上要一一对应。

7. 实验报告要求

(1) 根据实验内容的要求，设计合理的电路，画出逻辑电路图。

(2) 将实验中观察到的波形画出，并解释如何消除由于险象而产生的尖峰脉冲。

(3) 回答思考题。

(4) 写出实验心得、体会及建议等。

8. 思考题

(1) 如何用添加校正项的方法来消除本次实验中的险象？

(2) 在进行险象观察时，调整时间灵敏度开关，进一步分析导致险象的原因。

4.4 数值比较器、全加器及其应用

1. 实验目的

(1) 掌握数值比较器、全加器的工作原理。

(2) 掌握4位数值比较器74LS85、4位全加器74LS283的逻辑功能。

2. 实验原理

1) 4位数值比较器74LS85

数值比较器是指能够完成两个数的大小比较，并能给出“大于”“等于”“小于”这3种比较结果的逻辑电路。

两个多位二进制数比较大小的典型方法是从高位开始，逐位比较，若高位不同，则得到结果，无需再对低位进行比较；若高位相等，则比较结果由低位的比较结果决定；当各位都对应相等时，则两个数完全相等。

常用中规模集成数值比较器有74LS85、CD4063等。图4.4.1是74LS85的逻辑图。逻辑图中COMP是比较器的定性符，P 和 Q 是操作定性符，$P>Q$、$P=Q$、$P<Q$ 是3种比较结果输出定性符。$A_0 \sim A_3$ 和 $B_0 \sim B_3$ 是参加比较的两个4位二进制数，其中 A_3 和 B_3 分别是两个数的最高位。$A>B$、$A=B$、$A<B$ 是级联输入端，用于芯片的级联扩展。

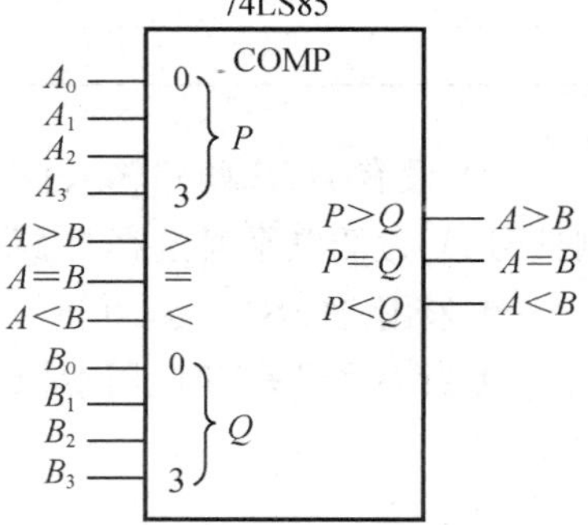

图4.4.1 74LS85逻辑图

表4.4.1所列为74LS85功能表。由功能表可见，74LS85是从高位开始比较的，若最高位已比较出大小，则比较结果就已确定。如果最高位相等，则比较次高位。如果4位比较结果都相等，则再看级联输入，利用级联输入可以构成多位二进制数比较器。正常使用时，3个级联输入端应当只有一个有效(为1)。表4.4.1中最后3行表示当多个级联输入端为1，或全为0时，电路的实际输出。

表4.4.1 74LS85功能表

输入							输出		
$A_3\ B_3$	$A_2\ B_2$	$A_1\ B_1$	$A_0\ B_0$	$A>B$	$A=B$	$A<B$	$F_{A>B}$	$F_{A<B}$	$F_{A=B}$
$A_3>B_3$	×	×	×	×	×	×	1	0	0
$A_3<B_3$	×	×	×	×	×	×	0	1	0
$A_3=B_3$	$A_2>B_2$	×	×	×	×	×	1	0	0
$A_3=B_3$	$A_2<B_2$	×	×	×	×	×	0	1	0
$A_3=B_3$	$A_2=B_2$	$A_1>B_1$	×	×	×	×	1	0	0
$A_3=B_3$	$A_2=B_2$	$A_1<B_1$	×	×	×	×	0	1	0
$A_3=B_3$	$A_2=B_2$	$A_1=B_1$	$A_0>B_0$	×	×	×	1	0	0
$A_3=B_3$	$A_2=B_2$	$A_1=B_1$	$A_0<B_0$	×	×	×	0	1	0

续表

输入							输出		
$A_3\ B_3$	$A_2\ B_2$	$A_1\ B_1$	$A_0\ B_0$	$A>B$	$A=B$	$A<B$	$F_{A>B}$	$F_{A<B}$	$F_{A=B}$
$A_3=B_3$	$A_2=B_2$	$A_1=B_1$	$A_0=B_0$	1	0	0	1	0	0
$A_3=B_3$	$A_2=B_2$	$A_1=B_1$	$A_0=B_0$	0	1	0	0	1	0
$A_3=B_3$	$A_2=B_2$	$A_1=B_1$	$A_0=B_0$	1	1	0	0	0	0
$A_3=B_3$	$A_2=B_2$	$A_1=B_1$	$A_0=B_0$	0	0	0	1	1	0
$A_3=B_3$	$A_2=B_2$	$A_1=B_1$	$A_0=B_0$	×	×	1	0	0	1

2）4 位二进制全加器 74LS283

加法器是用于实现两个二进制数加法运算的电路。全加器是指 2 个数相加时，不仅要考虑两数相加，还要考虑低位的进位。

74LS283 是具有先行进位功能的 4 位二进制并行全加器，其运算速度很快，输入和输出之间的最大时延仅为 4 级门时延。74LS283 的逻辑图如图 4.4.2 所示，国际符号中的 P 和 Q 是操作限定数，Σ是和输出限定符。

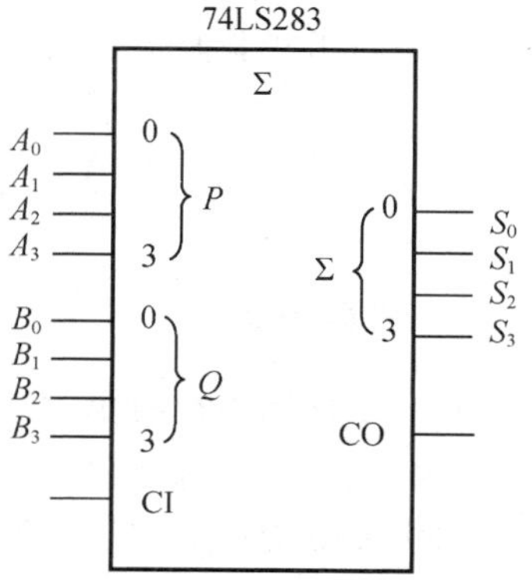

图 4.4.2　74LS283 逻辑图

3. 实验仪器与元器件

1）实验仪器

双踪示波器，1 台。

直流稳压电源，1 台。

信号发生器，1 台。

2）实验元器件

74LS00、74LS85、74LS86、74LS283 等。

4. 实验内容

(1) 设计一个 8 位二进制并行加/减法器，在控制变量 G 的控制下，既能作加法运算又能作减法运算。当控制变量 G 为 0 时作加法运算，当 G 为 1 时作减法运算。用全加器及异或门实现。

要求：写出设计过程，画出逻辑图。输入用逻辑开关实现，输出用发光二极管，改变输入状态，观察发光二极管的变化。

(2) 用一片 4 位全加器 74LS283 和尽量少的逻辑门实现余 3 码到 8421BCD 码转换电路。

要求：写出设计过程，画出逻辑图。

(3) 用两片 74LS85 和或门设计一个 8 位电子锁。

要求：固定密码，输入开锁钥匙与密码相比较，当输入的数据与密码相等时，发光二极管亮，开锁；当输入数据与密码不相等时，蜂鸣器报警。

(4) 用全加器 74LS283 和比较器 74LS85 实现 1 位 8421BCD 码加法器。

5. 预习要求

(1) 熟悉所使用的集成芯片的引脚排列,掌握其使用方法。
(2) 根据实验内容,设计实验电路,列出相关数据表格。

6. 实验报告要求

(1) 写出电路的设计过程,画出电路图。
(2) 写出实验电路的调试方法与过程。
(3) 回答思考题。
(4) 写出实验心得、体会及建议等。

4.5 数据选择器、译码器及其应用

1. 实验目的

(1) 掌握用中规模集成(MSI)电路芯片设计逻辑电路的一般方法。
(2) 熟悉数据选择器和译码器的逻辑功能及使用方法。
(3) 能够应用数据选择器和译码器实现各种电路。

2. 实验原理

1) 利用中规模集成电路芯片来实现组合逻辑电路

小规模集成(SSI)电路只能完成基本的逻辑运算,而中、大规模集成(MSI、LSI)电路是能够实现一定逻辑功能的逻辑部件。与小规模集成电路相比,中、大规模集成电路具有体积小、功耗低、功能灵活、连线少、可靠性高等优点。因此,选用合适的中、大规模集成电路芯片并辅以小规模集成电路实现给定的逻辑功能,是组合逻辑设计中首先要考虑的问题。

常用的中规模集成电路有编码器、译码器、数据选择器等。设计时必须以MSI电路的基本功能为基础,从功能要求的系统框图出发,选用合适的MSI电路来实现预定的逻辑功能,进行数字电路的直接设计。然后再用SSI电路来设计辅助接口电路。

利用中规模集成电路芯片来实现组合逻辑电路的设计基本步骤如下。

(1) 首先根据给出的实际问题进行逻辑抽象,确定输入变量和输出变量,定义逻辑状态的含义,再按照要求给出事件的因果关系,列出真值表。

(2) 然后根据选定的中规模集成电路芯片进行相应的逻辑变换。

(3) 画出逻辑电路图。

(4) 根据逻辑电路图,结合芯片引脚图,画出芯片连线图。

利用中规模集成电路芯片来实现组合逻辑电路的设计流程,如图4.5.1所示。

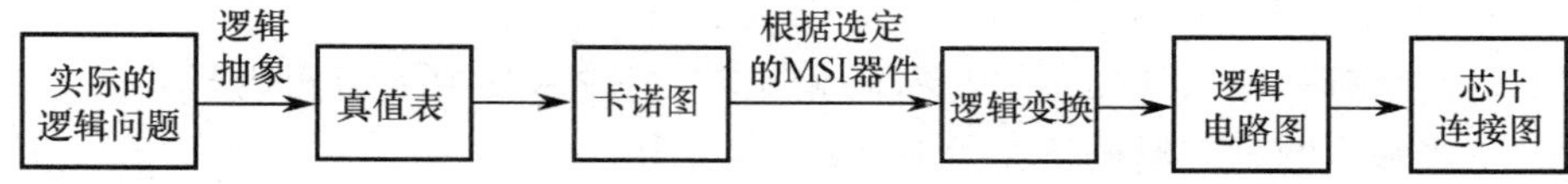

图4.5.1 中规模集成电路芯片实现组合逻辑电路的设计流程

2）变量译码器 74LS138

译码是编码的逆过程，即把二进制码还原成给定的信息符号(数字、字母或运算符等)。能完成译码功能的逻辑电路称为译码器。译码器在数字系统中有广泛的应用，它既可用于代码的转换，也可用于数据分配、存储器寻址和实现简单的组合逻辑函数等。常用的译码电路有 3 类，即变量译码器、码制变换译码器和显示译码器。

变量译码器用以表示输入变量的状态。对应于输入的每一组二进制代码，译码器都有确定的一条输出线有信号输出。常用的集成变量译码器有：2-4 线译码器 74LS149、CD4556，3-8 线译码器 74LS138，4-16 线译码器 74LS154 等。

使用中规模集成器件进行组合逻辑设计时，不必细究器件内部的具体电路结构，而是直接根据功能表来分析电路的功能，学会使用这种器件构成逻辑电路，完成要求的逻辑功能。

74LS138 是 3 位二进制变量译码器，它有 3 个地址输入端 A、B、C，这 3 个地址输入共有 $2^3=8$ 种状态组合，即有 8 个译码输出端 $\overline{Y}_0 \sim \overline{Y}_7$，还有使能端 ST_A、$\overline{ST}_B$、$\overline{ST}_C$。74LS138 的功能见表 4.5.1。

表 4.5.1　3-8 线译码器功能表

使能	控制		输　入			输　出							
ST_A	$\overline{ST}_B$	$\overline{ST}_C$	A	B	C	$\overline{Y}_0$	$\overline{Y}_1$	$\overline{Y}_2$	$\overline{Y}_3$	$\overline{Y}_4$	$\overline{Y}_5$	$\overline{Y}_6$	$\overline{Y}_7$
0	×	×	×	×	×	1	1	1	1	1	1	1	1
×	1	×											
×	×	1											
1	0	0	0	0	0	0	1	1	1	1	1	1	1
1	0	0	0	0	1	1	0	1	1	1	1	1	1
1	0	0	0	1	0	1	1	0	1	1	1	1	1
1	0	0	0	1	1	1	1	1	0	1	1	1	1
1	0	0	1	0	0	1	1	1	1	0	1	1	1
1	0	0	1	0	1	1	1	1	1	1	0	1	1
1	0	0	1	1	0	1	1	1	1	1	1	0	1
1	0	0	1	1	1	1	1	1	1	1	1	1	0

由功能表可知，ST_A、$\overline{ST}_B$、$\overline{ST}_C$ 为使能输入端，即无论其他输入如何，只要 ST_A 为“0”或 $\overline{ST}_B$、$\overline{ST}_C$ 中有一个是高电平“1”，则 74LS138 没有信号输出。只有当 $ST_A=1$ 且 $\overline{ST}_B=\overline{ST}_C=0$ 时，才执行正常的译码操作，此时对应变量输入端 A、B、C 的每一组代码输入，都有相应的译码输出(低电平 0)。

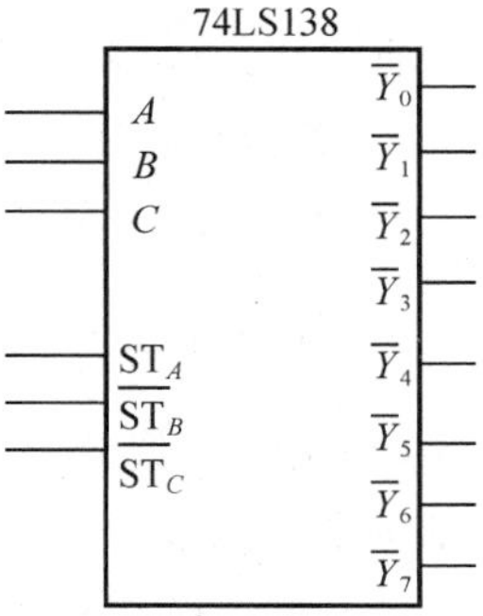

74LS138 的逻辑符号如图 4.5.2 所示。

图 4.5.2　74LS138 译码器的逻辑符号

在译码器正常工作时，其输入端逻辑表达式为

$$\overline{Y}_0=\overline{\overline{A}\,\overline{B}\,\overline{C}}\quad \overline{Y}_1=\overline{\overline{A}\,\overline{B}C}\quad \overline{Y}_2=\overline{\overline{A}B\overline{C}}\quad \overline{Y}_3=\overline{\overline{A}BC}$$

$$\overline{Y}_4=\overline{A\overline{B}\,\overline{C}}\quad \overline{Y}_5=\overline{A\overline{B}C}\quad \overline{Y}_6=\overline{AB\overline{C}}\quad \overline{Y}_7=\overline{ABC}$$

可见，译码器是一种多输入、多输出的组合逻辑器件。每个输出函数分别对应 n 个输入变量的一个最小项。3-8 线译码器有 3 个输入变量 A、B、C，有 8 个最小项 $m_0 \sim m_7$，对应

的输出函数为 $\overline{Y}_0 \sim \overline{Y}_7$。故变量译码器也称为最小项发生器。

3）数据选择器 74LS153

数据选择器又称为多路转换器、多路选择器或多路开关，它有 n 个数据选择控制端（地址码），2^n 个数据输入端，还有数据输出端（或称反码数据输出端）和选通输入端等。

数据选择器的逻辑功能为：在数据选择控制端的控制下，从多个输入数据中选择一个并将其送到输出端。常用的数据选择器有 4 选 1 数据选择器，如 74LS153、74LS253、CC14539 等；8 选 1 数据选择器，如 74LS151、CC4512 等。

74LS153 是双 4 选 1 数据选择器，即在一块 74LS153 集成芯片上集成了两个 4 选 1 数据选择器。每个数据选择器都包含有 4 个数据输入端 $D_3 \sim D_0$ 和 1 个输出端 Y。这两个数据选择器共用一组数据选择控制端 A_1、A_0（A_1 高位，A_0 低位）。$\overline{ST_1}$、$\overline{ST_2}$ 分别为两个 4 选 1 数据选择器的使能端，低电平有效。

4 选 1 数据选择器的输出函数表达式为

$$Y = \overline{A}_1\overline{A}_0 D_0 + \overline{A}_1 A_0 D_1 + A_1\overline{A}_0 D_2 + A_1 A_0 D_3$$

74LS153 的逻辑符号及功能表如图 4.5.3 及表 4.5.2 所示。

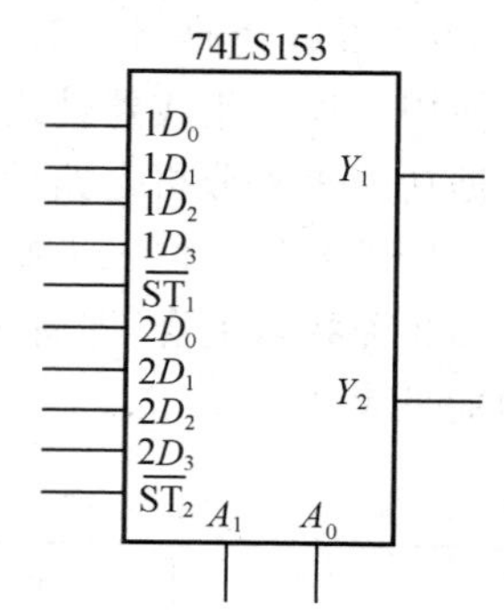

图 4.5.3　74LS153 的逻辑符号

表 4.5.2　74LS153 功能表

A_1	A_0	Y_1	Y_2
0	0	$1D_0$	$2D_0$
0	1	$1D_1$	$2D_1$
1	0	$1D_2$	$2D_2$
1	1	$1D_3$	$2D_3$

3. 实验仪器与元器件

1）实验仪器

直流稳压电源，1 台。

2）实验元器件

74LS138、74LS153、74LS00、74LS20、电阻、发光二极管等。

4. 实验内容

（1）用 3-8 线译码器 74LS138 和最少的门电路设计一个奇偶校验电路，要求当输入的 4 个变量中有偶数个 1 时输出为 1；否则为 0。

（2）用 1 片 3-8 线译码器 74LS138 和相应的逻辑门电路设计一个 1 位全减器电路。

（3）用 1 片双 4 选 1 数据选择器 74LS153 设计 1 位全加器电路。

（4）用 2 片 74LS138 扩展成 4-16 线译码器，并加入相应的门电路实现一个判别电路，输入为 4 位二进制代码，当输入代码能被 5 整除时电路输出为 1，否则为 0。写出设计过程，画出逻辑电路图。

(5) 用 74LS153 实现函数 $Y=\sum(0,2,5,7,9,12,15)$。

5. 预习要求

(1) 复习关于译码器与数据选择器的相关原理，了解 74LS138、74LS153 的逻辑功能和使用方法。

(2) 根据实验任务要求写出设计步骤，选择器件，根据所选器件画出电路图。

6. 注意事项

(1) 注意中规模集成芯片使能端的使用。使能端不能悬空，以防引入干扰。

(2) 实验时注意用导线颜色区分信号走向，以方便检查线路。

7. 实验报告要求

(1) 根据实验任务要求设计电路，写出设计过程，画出逻辑电路图。

(2) 观察比较实验结果，并分析实验过程中出现的问题。

(3) 写出实验心得、体会及建议等。

8. 思考题

(1) 比较用 SSI 芯片和 MSI 芯片进行组合逻辑电路设计时各有何优、缺点。

(2) 利用 1 个 4 选 1 数据选择器和最少的与非门，设计一个符合输血-受血规则(图 4.5.4)的 4 输入 1 输出的电路。

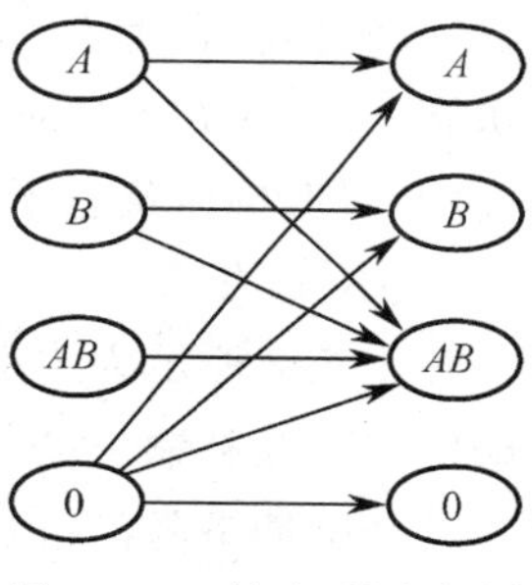

图 4.5.4 输血-受血规则

4.6 集成触发器的功能测试

1. 实验目的

(1) 掌握基本 RS 触发器、JK 触发器和 D 触发器的逻辑功能。

(2) 掌握不同触发器之间的相互转换方法。

(3) 熟悉不同结构的触发器特点。

2. 实验原理

触发器是具有记忆功能、能存储数字信号的基本单元电路。它具有两个稳定状态，用来表示逻辑“1”和“0”。在触发信号作用下，两个稳定状态可以相互转换。当输入触发信号消失后，触发器能将翻转后的新状态长久保存。

根据逻辑功能的不同，触发器可以分为 RS 触发器、JK 触发器、D 触发器、T 触发器、T′触发器 5 种类型。触发器的逻辑功能常用特性表、特征方程、状态转换图和时序图来描述。

1) 基本 RS 触发器

基本 RS 触发器是由两个与非门(或两个或非门)交叉耦合构成，其逻辑图、逻辑符号如图 4.6.1(a)、(b)所示。$\bar{S}$ 为置 1 端又称置位端，$\bar{R}$ 为置 0 端又称复位端，字母上面的非号表示低电平有效，在逻辑符号中用小圆圈表示，即低电平表示有触发输入。Q 和 $\overline{Q}$ 是两个互补输出端。它能够存储 1 位二进制信息，但存在 $\overline{S}+\overline{R}=1$ 的约束条件。

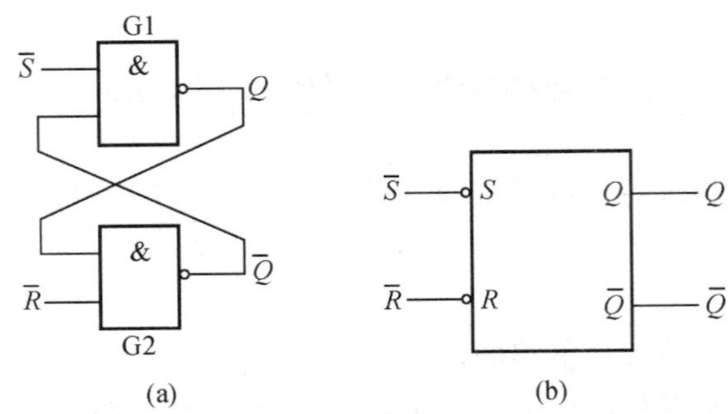

图 4.6.1　基本 RS 触发器

(a) 逻辑图；(b) 逻辑符号

基本 RS 触发器有两个稳定状态，一般以 Q 端的状态作为触发器的状态。当 $Q=1$、$\overline{Q}=0$ 时，称触发器状态为 1；反之称触发器状态为 0。基本 RS 触发器具有置"0"置"1"和保持 3 种功能。$\overline{S}=0(\overline{R}=1)$时，可直接置位 $Q=1$；$\overline{R}=0(\overline{S}=1)$时，可直接复位 $Q=0$；$\overline{S}=\overline{R}=1$ 时，触发器保持原状态不变；$\overline{S}=\overline{R}=0$ 时，触发器状态不定，应避免该情况发生。

2) JK 触发器

图 4.6.2 所示为边沿触发型 JK 触发器的逻辑符号。J 和 K 是两个触发输入端，Q 和 $\overline{Q}$ 是触发器的互补输出端。$\overline{S}_D$、$\overline{R}_D$ 是直接置位、复位端。CP 输入端加一个小圆圈表示触发器在时钟脉冲下降沿进行状态翻转。

JK 触发器的状态方程为

$$Q^{n+1}=J\overline{Q}^n+\overline{K}Q^n \tag{4.6.1}$$

3) D 触发器

D 触发器逻辑符号如图 4.6.3 所示。$\overline{S}_D$、$\overline{R}_D$ 为异步置 1 和置 0 端。

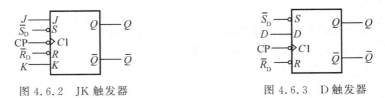

图 4.6.2　JK 触发器　　　　图 4.6.3　D 触发器

D 触发器在 CP 上升沿前接收输入信号，上升沿到来时触发器翻转，其状态方程为

$$Q^{n+1}=D \tag{4.6.2}$$

3. 实验仪器与元器件

1) 实验仪器

直流稳压电源，1 台。

2) 实验元器件

74LS00、74LS112、74LS74 各 1 片，电阻、发光二极管若干。

4. 实验内容

1) 基本 RS 触发器逻辑功能测试

用 74LS00 构成图 4.6.1 所示的基本 RS 触发器电路。按照表 4.6.1 所列，在 $\bar{R}$、$\bar{S}$ 端输入不同逻辑电平，记录输出端 Q 对应的状态，说明其逻辑功能。

表 4.6.1　基本 RS 触发器逻辑功能测试表

$\bar{R}$	$\bar{S}$	Q	逻辑功能
0	1		
1	1		
1	0		
1	1		
0	0		
1	1		

2) JK 触发器逻辑功能测试

选择集成 JK 触发器 74LS112(双 JK，下降沿触发)的任意一个 JK 触发器，按照图 4.6.4 所示连线，进行逻辑功能测试。

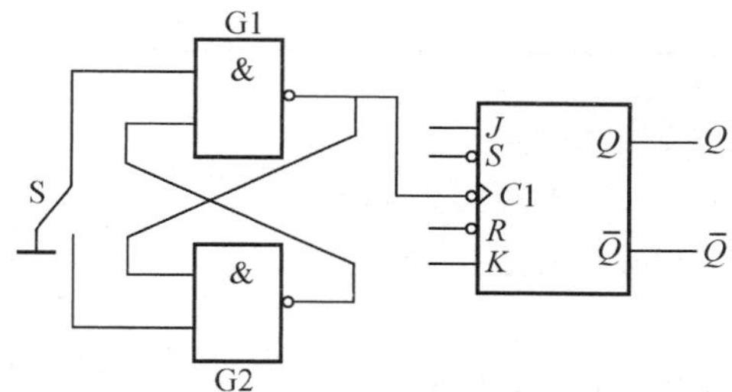

图 4.6.4　JK 触发器实验电路

(1) 异步置位端 $\bar{S}_D$ 和异步复位端 $\bar{R}_D$ 的功能测试

J、K、CP 端状态任意，按照表 4.6.2 所列，在 $\bar{R}_D$、$\bar{S}_D$ 端加入不同的逻辑电平，记录 Q 端的输出状态，说明其逻辑功能。在 $\bar{R}_D$ 或 $\bar{S}_D$ 作用期间(即 $\bar{R}_D=0$ 或 $\bar{S}_D=0$)，任意改变 J、K、CP 的状态，观察输出端 Q 的状态是否变化。

表 4.6.2　JK 触发器置位端、复位端功能测试表

$\bar{R}_D$	$\bar{S}_D$	Q	逻辑功能
0	1		
1	1		
1	0		
1	1		
0	0		
1	1		

(2) JK 触发器逻辑功能测试

① 用 $\bar{S}_D$、$\bar{R}_D$ 的置位、复位功能将现态 Q^n 置为 0 或 1。

② 使 $\bar{S}_D\bar{R}_D=11$，根据表 4.6.3 给定 J、K 的值，在 CP 端输入单脉冲，记录 Q^{n+1} 的状态，说明其逻辑功能。

表 4.6.3 JK 触发器逻辑功能测试表

J	K	Q^n	CP	Q^{n+1}	逻辑功能
0	0	0	↓		
0	0	1	↓		
0	1	0	↓		
0	1	1	↓		
1	0	0	↓		
1	0	1	↓		
1	1	0	↓		
1	1	1	↓		

3) D 触发器逻辑功能测试

选择双 D 触发器 74LS74（上升沿触发）的任意一个 D 触发器，按照图 4.6.5 所示连线，进行逻辑功能测试。

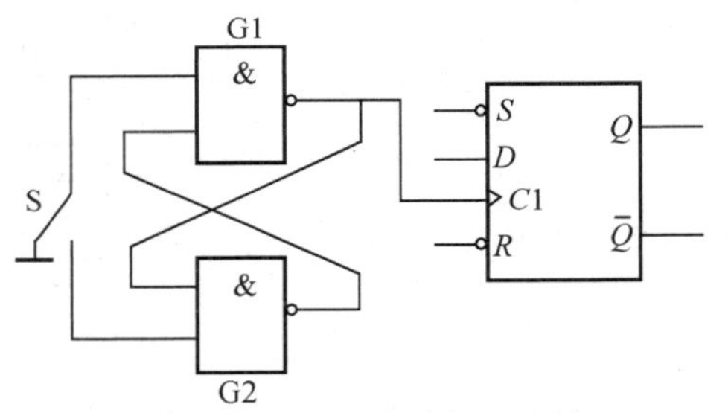

图 4.6.5 D 触发器实验电路

(1) 置位端 $\bar{S}_D$、复位端 $\bar{R}_D$ 的功能测试

D、CP 端状态任意，按照表 4.6.4 所列，测试 D 触发器置位端 $\bar{S}_D$、复位端 $\bar{R}_D$ 的功能。测试方法及步骤同 JK 触发器。

表 4.6.4 D 触发器置位端、复位端功能测试表

$\bar{R}_D$	$\bar{S}_D$	Q	逻辑功能
0	1		
1	1		
1	0		
1	1		
0	0		
1	1		

(2) D 触发器逻辑功能测试

按表 4.6.5 所列的要求测试输出端 Q^{n+1} 的状态并记录。测试方法及步骤同 JK 触发器。

表 4.6.5　D 触发器逻辑功能测试表

D	Q^n	CP	Q^{n+1}	逻辑功能
0	0	↓		
0	1	↓		
1	0	↓		
1	1	↓		

5. 预习要求

(1) 复习有关触发器的内容。

(2) 列出各触发器功能测试表格。

6. 实验报告要求

(1) 根据实验结果,总结基本 RS 触发器、JK 触发器、D 触发器的逻辑功能及特点。根据实验结果列出各个触发器的特征方程、状态图和时序图。

(2) 总结实验步骤,写出实验中 CP 脉冲的实现方法。

(3) 分析实验中遇到的问题及解决方法。

(4) 回答思考题。

(5) 写出实验心得、体会及建议等。

7. 思考题

(1) 用与非门构成的基本 RS 触发器的约束条件是什么?若改用或非门构成基本 RS 触发器,约束条件又是什么?

(2) 基本 RS 触发器可以组成防抖动电路,分析该电路是何消除机械开关的抖动的?触发器的哪些输入端一定要使用消抖动开关?

4.7　集成触发器的应用

1. 实验目的

(1) 掌握集成触发器的正确使用方法。

(2) 掌握集成触发器的基本应用。

(3) 熟练应用各种集成触发器

2. 实验原理

1) 集成触发器的基本应用

触发器是构成时序电路的基本单元,它广泛用来构成计数器、寄存器、移位寄存器,还可用来构成单稳、多谐等电路。

(1) 用集成触发器构成计数器

触发器可以构成各种计数器。图 4.7.1 是用 D 触发器构成的异步 3 位二进制计数器，其中每个触发器的 D 端与输出端 $\overline{Q}$ 相连就构成计数状态。

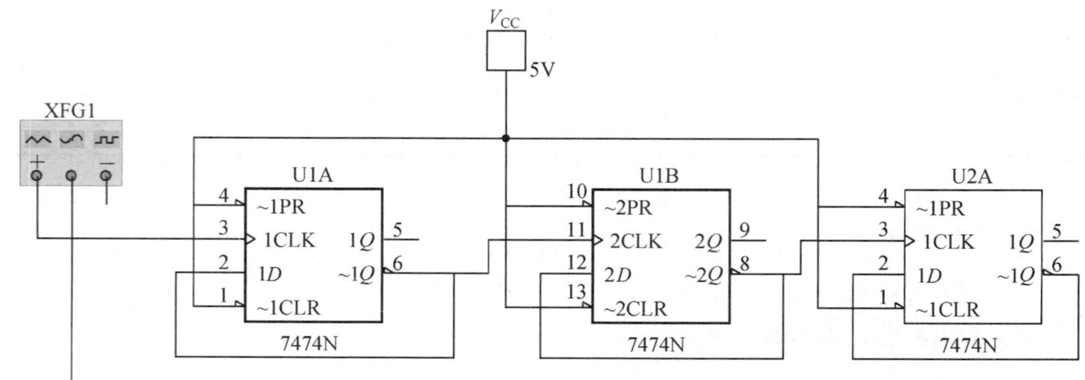

图 4.7.1 D 触发器构成的 3 位二进制计数器

(2) 对称脉冲至对称脉冲的奇数分频

按常规分频的方法，脉冲经奇数次分频后的输出必然是不对称的(即占空比 $D\neq 50\%$)。附加一个边缘检测器(倍频器)和一个分频器，可以使原来对称的脉冲经奇数分频后仍得到对称脉冲。电路如图 4.7.2 所示，输入端用一个异或门和 RC 组成倍频器，输出分频器用 D、JK 触发器均可，但需连成计数状态。

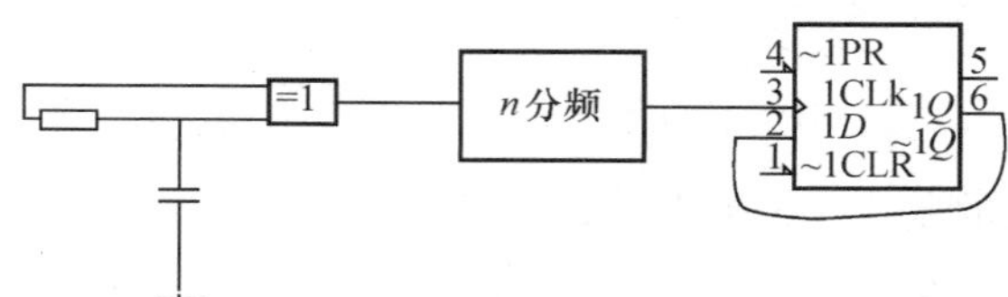

图 4.7.2 奇数分频的对称输出

2) 用集成触发器设计三人抢答器

三人抢答器参考电路如图 4.7.3 所示。

(1) 每个参赛者控制一个按钮，用按动按钮的方式发出抢答信号。

(2) 竞赛主持人另有一个按钮，用于将电路复位。

(3) 竞赛开始后，先按动按钮者，则对应的一个发光二极管点亮，此后其他两人再按动按钮对电路不起作用。

3) 用集成触发器还可以设计汽车尾灯控制电路

3. 实验内容

1) 用触发器设计同步五进制加法计数器

用触发器设计一个同步五进制加法计数器，参考电路如图 4.7.4 所示。

(1) 触发器的时钟信号用单脉冲输入 CP，观察 3 个触发器的输出 Q 变化并记录。

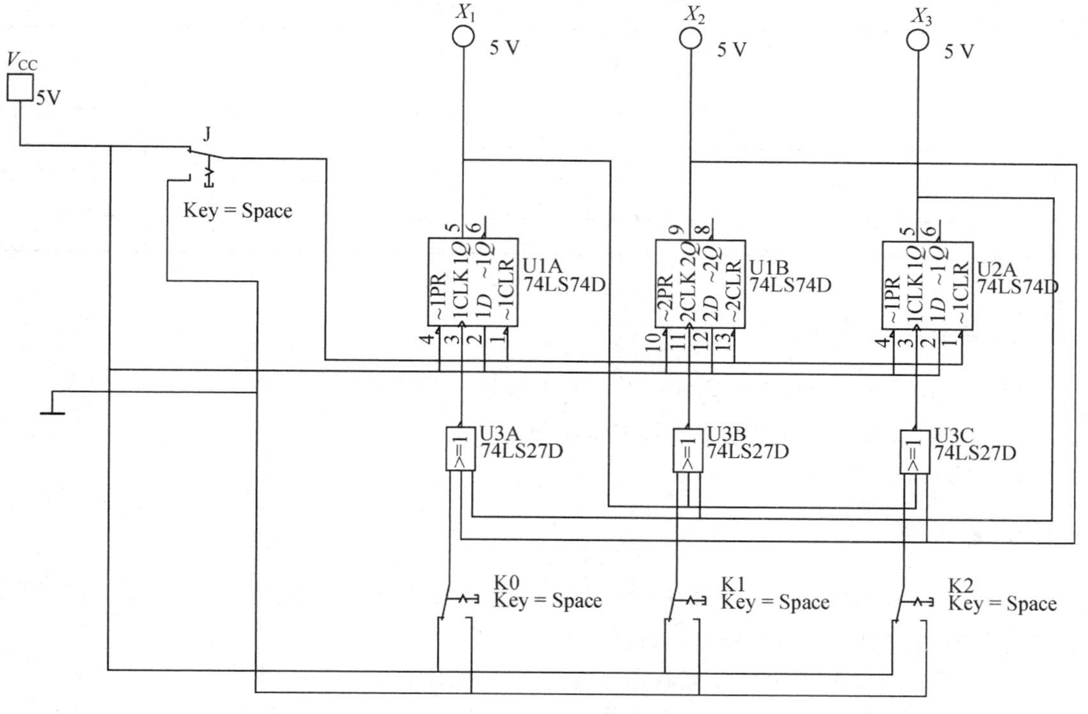

图 4.7.3 三人抢答器的参考电路

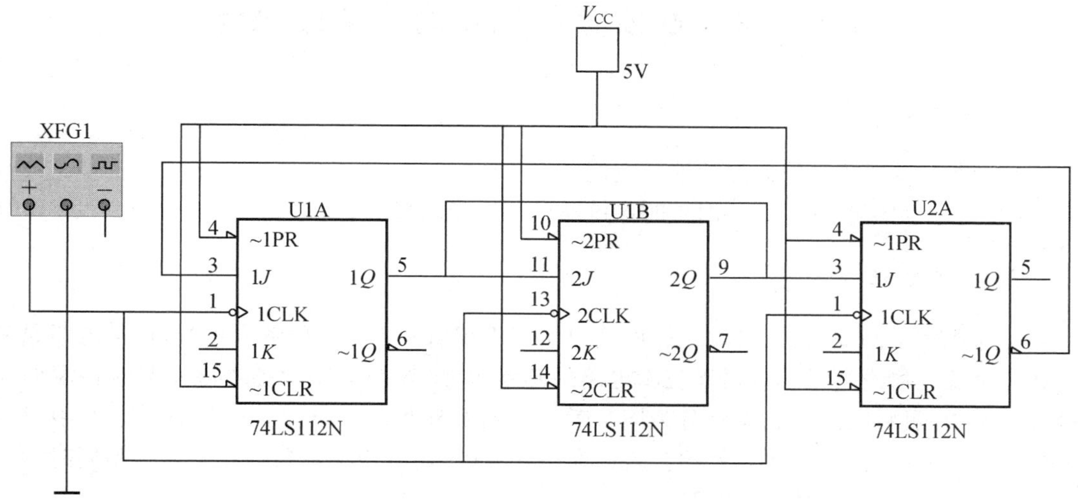

图 4.7.4 同步五进制加法计数器

(2) 用 $f=1\text{kHz}$ 的连续脉冲输入,用双踪示波器观察并比较其输入 CP、3 个输出信号的波形,画出 CP 与输出的波形。

2) 三人抢答器

(1) 按图 4.7.3 接线,将 K_0、K_1、K_2 和 J 分别接到逻辑开关上。

(2) 按照设计要求,检查电路的功能,填写表 4.7.1。

表 4.7.1 三人抢答器功能表

J	K_0	K_1	K_2	Q_0	Q_1	Q_2
0	×	×	×			
1	0	0	0			
1	1(先)	×	×			
1	×	1(先)	×			
1	×	×	1(先)			

4. 实验报告要求

(1) 画出用双踪示波器实测的同步五进制加法计数器的输出波形。

(2) 分析三人抢答器的电路及其工作原理。

(3) 填写三人抢答器的功能表。

5. 思考题

(1) 用 74LS112 及门电路设计一个计数器,该计数器有两个控制端 C_1 和 C_2,C_1 用来控制计数器的模数,C_2 用来控制计数器的增减。

当 $C_1=0$,则计数器为模 3 计数器;当 $C_1=1$,则计数器为模 4 计数器。

当 $C_2=0$,则计数器为加法计数器;当 $C_2=1$,则计数器为减法计数器。

4.8 基于触发器的同步时序电路设计

1. 实验目的

(1) 进一步理解触发器的特性及应用。

(2) 掌握使用触发器设计同步时序电路的方法及步骤。

2. 实验原理

时序逻辑电路中,任意时刻电路的输出状态不仅取决于当时的输入信号,还与电路原来的状态有关。触发器是构成时序逻辑电路的基本单元,按照电路中各级触发器时钟端的连接方式不同,可将时序逻辑电路分为同步时序电路和异步时序电路。同步时序电路中只有一个时钟源,即电路中的各触发器都是同时被触发,因此各级触发器的状态变化是同时的。

1) 同步时序电路的设计步骤

时序电路分析的目的是确定给定电路的逻辑功能及特点。同步时序电路的设计与分析过程相反,其设计步骤如图 4.8.1 所示。

(1) 根据电路的输入条件和相应的输出要求,分别确定输入变量和输出变量的含义和数目。找出所有可能的状态,将这些状态用符号表示出来,根据电路的工作过程和规律确定状态之间的转换关系。根据原始状态图建立原始状态表。

(2) 合并原始状态图或状态表中的等价状态,消除多余状态,进行状态化简,得到符合逻辑功能的最简状态图。

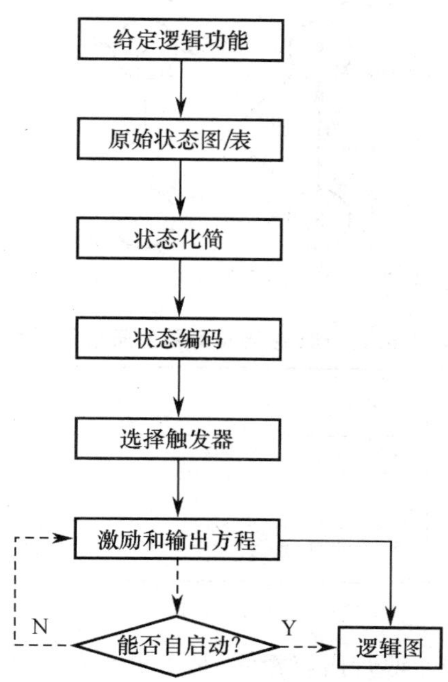

图 4.8.1　同步时序电路设计的一般步骤

(3) 将每个状态用一个 n 位二进制代码来表示，得到状态编码表，此过程又称为状态分配。

(4) 根据设计电路的功能特点，选择合适的触发器类型。一般来说，JK 触发器或 T 触发器比较适合用在计数型时序电路中，而 D 触发器通常用在寄存型时序电路中。

(5) 根据状态编码表求出电路的输出函数表达式和各触发器的次态方程，再由次态方程导出触发器的激励函数表达式。

(6) 检查自启动能力，修正设计并画出逻辑图。

2) 设计举例

设计一个 101 序列检测器(假设序列不可重叠检测)。

序列检测器只有一个输入端和一个输出端，在时钟作用下输入端输入一串二进制数码，当输入的数码串中出现所要检测的某个序列时，输出端输出一个有效电平信号。这里 101 序列检测器的功能是输入数码中出现 101 时，电路输出为 1；否则输出为 0。

根据题意，输入变量 X 表示输入串行序列，输出变量 Z 表示检测结果，检测到 101 序列时，输出为 1。

若输入序列 X：010111010110，

则输出序列 Z：000100010000。

电路需要记忆的输入信号是 1、10、101 三种，加上初始状态，共可设 4 个状态。设未收到有效序列信号时的电路初始状态为 S_0，此时输出为 0；收到一个 1 后的状态为 S_1，输出为 0；收到一个 1 后紧接着又收到一个 0 后的状态为 S_2，输出为 0；收到一个 1 一个 0 后，紧接着又收到一个 1 后的状态为 S_3，输出为 1。

根据上述分析，可以画出原始状态图和原始状态表，分别如图 4.8.2 和表 4.8.1 所列。

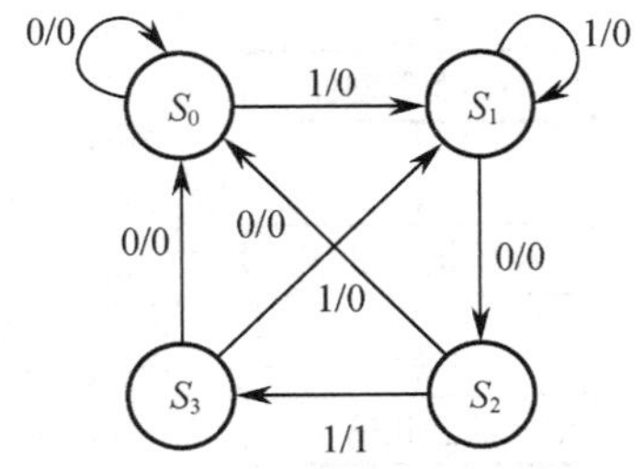

图 4.8.2 101 序列检测器的原始状态图

表 4.8.1 101 序列检测器的原始状态表

S_n \ X	0	1
S_0	$S_0/0$	$S_1/0$
S_1	$S_2/0$	$S_1/0$
S_2	$S_0/0$	$S_3/1$
S_3	$S_0/0$	$S_1/0$

(次态/输出)

由表 4.8.1 可见,S_0 和 S_3 两行内容相同,是等价状态,可消去 S_3,其余行中凡有 S_3 的用 S_0 代替,化简后的状态表和状态图如表 4.8.2 和图 4.8.3 所示。

表 4.8.2 化简后的 101 序列检测器状态表

S_n \ X	0	1
S_0	$S_0/0$	$S_1/0$
S_1	$S_2/0$	$S_1/0$
S_2	$S_0/0$	$S_0/1$

(次态/输出)

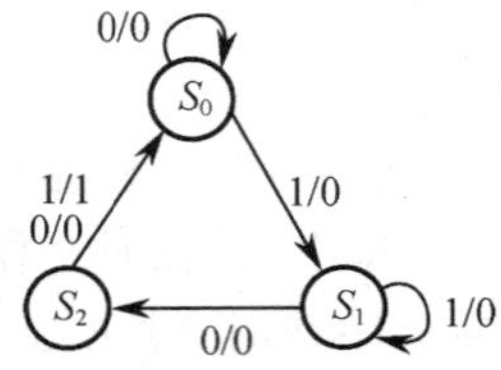

图 4.8.3 化简后的 101 序列检测器状态图

根据化简后的状态表和状态图进行状态分配。此时只有 3 个状态,需要 2 位二进制数编码,根据编码分配原则,确定状态编码为:$S_0=00$,$S_1=01$,$S_2=10$,则完成状态分配后的编码状态表见表 4.8.3。

表 4.8.3 101 序列检测器二进制状态表

$Q_1^nQ_0^n$ \ X	0	1
00	00/0	01/0
01	10/0	01/0
11	××/×	××/×
10	00/0	00/1

选用两个 D 触发器，建立激励表见表 4.8.4。

表 4.8.4 101 序列检测器激励表

X	Q_1^n	Q_0^n	Q_1^{n+1}	Q_0^{n+1}	Z
0	0	0	0	0	0
0	0	1	1	0	0
0	1	0	0	0	0
1	0	0	0	1	0
1	0	1	0	1	0
1	1	0	0	0	1

接着画出触发器的次态和输出卡诺图，如图 4.8.4 所示。

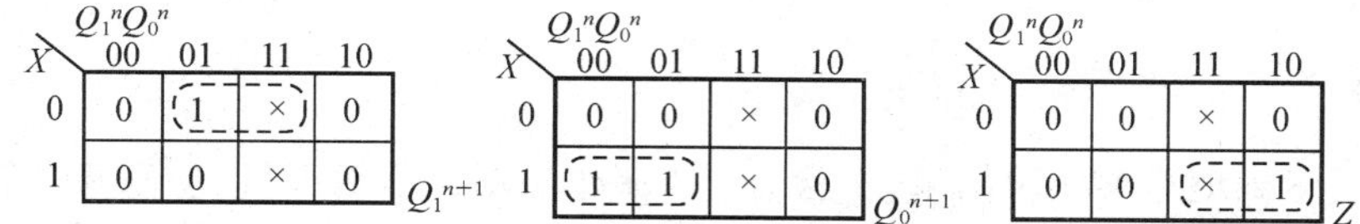

图 4.8.4 101 序列检测器次态卡诺图和输出卡诺图

化简卡诺图，得到电路方程为

$$D_1 = Q_1^{n+1} = \overline{X}Q_0^n \qquad (4.8.1)$$

$$D_0 = Q_0^{n+1} = X\overline{Q_1^n} \qquad (4.8.2)$$

$$Z = XQ_1^n \qquad (4.8.3)$$

最后，用 D 触发器和门电路组成的同步时序电路 101 序列检测器如图 4.8.5 所示。

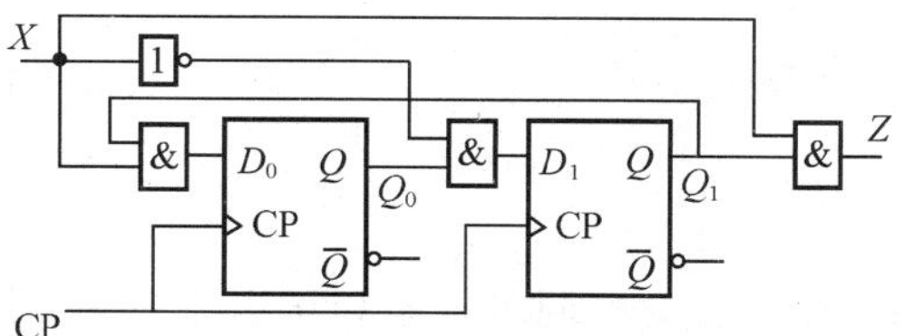

图 4.8.5 101 序列检测器逻辑图

3. 实验仪器与元器件

1）实验仪器

双踪示波器，1 台。

直流稳压电源，1 台。

信号发生器，1 台。

2）实验元器件

74LS00、74LS112、发光二极管等。

4. 实验内容

（1）试用 JK 触发器设计一个 101 序列检测器，当连续输入 101 时，电路输出为 1；否则输出为 0。设序列不可重叠检测。

要求：输入序列用一个逻辑开关控制，CP 脉冲用单脉冲开关控制，一个 CP 脉冲送入一个数码，输出及触发器状态用发光二极管观察。当输入序列 $X=01100101110010110$ 时，观察电路输出并记录。

(2) 设计一个串行奇偶检测电路。要求该电路在输入端串行地接收二进制数码，当第 4 位数码到来时，如果已收到的 1 的个数为奇数，则电路输出为 1，否则为 0。接收完 4 位数码后，电路回到初始状态，然后进行下一次检测。

5. 预习要求

(1) 理解并掌握用触发器设计同步时序电路的步骤和过程。

(2) 根据实验内容要求对需要设计的各电路进行设计。

6. 注意事项

(1) 为了正确地观察实验结果，实验时 CP 脉冲不能连续输入，而应采用单次脉冲输入的方式。若输入有干扰存在，则应加入消抖动电路。

(2) 实验时，各个触发器应全部清零后再进行测试。

7. 实验报告要求

(1) 根据设计要求，详细写出“实验内容(1)、(2)”中电路的设计过程。

(2) 列出实验数据，画出输入、输出时序图。

(3) 分析在实验中所遇到的故障问题以及解决方法。

(4) 回答思考题。

(5) 写出实验心得、体会及建议等。

8. 思考题

(1) 如何理解同步和异步的概念？同步控制和异步控制的最终目的是什么？

(2) 设计序列信号检测器时，若输入序列可以重叠检测，电路应如何设计？

4.9 移位寄存器及其应用

1. 实验目的

(1) 掌握移位寄存器的基本概念和一般构成方法。

(2) 理解 4 位双向移位寄存器的逻辑功能和使用方法。

(3) 学会用移位寄存器实现数据的串/并行转换。

(4) 学会用移位寄存器级联和构成环形计数器。

2. 实验原理

移位寄存器是一种具有存储二进制数字信息和实现将存储的信息移位的时序逻辑电

路，移位是指寄存器中存放的代码在 CP 脉冲的作用下实现依次左移或右移。既能左移又能右移的称为双向移位寄存器，只需要改变控制信号的电平便可以实现双向移位的要求。

MSI 移位寄存器有很多种类，部分常用的 MSI 移位寄存器及其基本特性见表 4.9.1。

表 4.9.1　部分常用 MSI 移位寄存器及其基本特性

型号	位数	输入方式	输出方式	移位方式
74LS91	8	串	串	右移
74LS164	8	串	串、并	右移
74LS165	8	串、并	互补并行	右移
74LS166	8	串、并	串	右移
74LS179	4	串、并	串、并	右移
74LS194	4	串、并	串、并	双向移位
74LS195	4	串、并	串、并	右移
74LS198	8	串、并	串、并	双向移位
74LS299	8	串、并	串、并(三态)	双向移位
74LS323	8	串、并	串、并(三态)	双向移位

1) 4 位双向通用移位寄存器 74LS194

74LS194 是典型的 4 位双向通用移位寄存器，其逻辑符号及功能表如图 4.9.1 和表 4.9.2 所列。

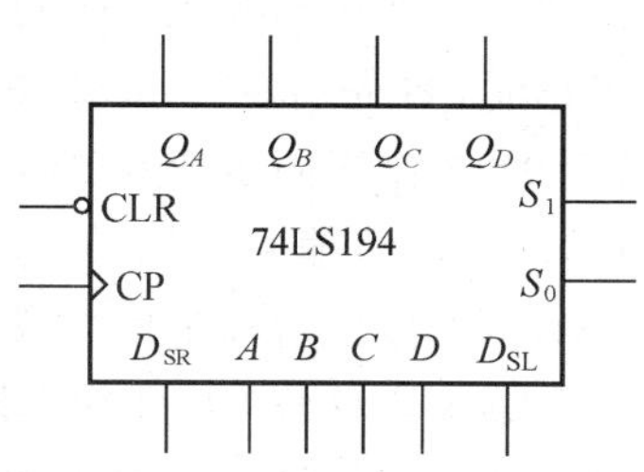

图 4.9.1　74LS194 逻辑符号

图 4.9.1 中，D_{SL} 和 D_{SR} 分别是左移和右移串行数据输入端；A、B、C、D 为并行数据输入端；Q_A、Q_B、Q_C、Q_D 为并行数据输出端，Q_A、Q_D 分别兼做左移、右移时的串行输出端；S_1、S_0 为工作模式控制端，控制 4 种工作模式的切换；CLR 为异步清零端，低电平有效，且优先级最高；CP 为时钟脉冲输入端，上升沿有效。

表 4.9.2　74LS194 功能表

输入										输出				工作模式
CLR	S_1	S_0	CP	D_{SL}	D_{SR}	A	B	C	D	Q_A^{n+1}	Q_B^{n+1}	Q_C^{n+1}	Q_D^{n+1}	
0	×	×	×	×	×	×	×	×	×	0	0	0	0	异步清零
1	0	0	×	×	×	×	×	×	×	Q_A^n	Q_B^n	Q_C^n	Q_D^n	数据保持
1	0	1	↑	×	1	×	×	×	×	1	Q_A^n	Q_B^n	Q_C^n	同步右移
1	0	1	↑	×	0	×	×	×	×	0	Q_A^n	Q_B^n	Q_C^n	
1	1	0	↑	1	×	×	×	×	×	Q_B^n	Q_C^n	Q_D^n	1	同步左移
1	1	0	↑	0	×	×	×	×	×	Q_B^n	Q_C^n	Q_D^n	0	
1	1	1	↑	×	×	A	B	C	D	A	B	C	D	同步置数

由表 4.9.2 可见，74LS194 具有异步清零、数据保持、同步左移、同步右移、同步置数 5 种工作模式。S_1、S_0 工作模式控制端对应了 4 种工作模式：$S_1S_0=00$ 时，74LS194 工作于数据保持方式；$S_1S_0=01$ 时，74LS194 工作于右移方式，其中 D_{SR} 为右移数据输入端，Q_D 为右移数据输出端；$S_1S_0=10$ 时，74LS194 工作于左移方式，其中 D_{SL} 为左移数据输入端，Q_A 为左移数据输出端；$S_1S_0=11$ 时，74LS194 工作于同步置数方式，其中 A、B、C、D 为并

行数据输入端。无论工作于何种工作模式，A、B、C、D 都是并行数据输入端。

2）移位寄存器的应用

移位寄存器应用广泛，可构成序列检测器、移位型计数器、移位型序列产生器，也可用于实现数据格式的串/并和并/串转换等。

(1) 环形计数器

将 n 级移位寄存器的末级输出连接到首级数据输入端，可以构成模为 n 的环形计数器。如图 4.9.2 所示为用 1 片 74LS194 构成的八进制环形计数器，图 4.9.2 中把输出端 Q_A 和右移串行输入端 D_{SR} 相连，假设初始时 $Q_AQ_BQ_CQ_D=1000$，$S_1S_0=01$，此时在 CP 脉冲的作用下，$Q_AQ_BQ_CQ_D$ 将依次变为 0100→0010→0001→1000→……，实现了 4 个有效状态的循环。

反之，把输出端 Q_D 和左移串行输入端 D_{SL} 相连，假设初始时 $Q_AQ_BQ_CQ_D=1000$，$S_1S_0=10$，此时在 CP 脉冲的作用下，$Q_AQ_BQ_CQ_D$ 将依次左移。

(2) 实现数据格式的串/并和并/串变换

串/并变换是指输入数据为串行而输出数据为并行；反之称为并/串变换。

图 4.9.3 所示为用 74LS194 和 D 触发器构成的带有识别标志的 4 位串/并变换器。开始工作时，首先将一个负脉冲加到 CLR 端启动 74LS194 异步清零。清零后，$S_1S_0=11$，74LS194 工作于同步置数方式，在第一个 CP 脉冲到来时执行置数操作，此时 $Q_AQ_BQ_CQ_D=0111$，同时串行输入数据 D 的最低位 D_0 移入 D 触发器。并行置数后，$Q_D=1$，$S_1S_0=01$，74LS194 工作于右移工作方式，接着在第 2～4 个 CP 脉冲的作用下移位寄存器处于移位状态。在第 4 个移位 CP 脉冲作用后，D 的前 3 位 D_2～D_0 已经移入 74LS194 的 Q_A～Q_C 中，D 的第 4 位 D_3 移入 D 触发器中，原来置入 74LS194 Q_A 中的 0 移入到 Q_D，状态输出 $Z=1$。一方面，$Z=1$ 表示 8 位串行数据已经变换为并行数据，系统查询到该状态信息时将执行取数操作，将 4 位并行数据及时取走；另一方面，$Z=1$ 又使 $S_1S_0=11$，74LS194 又回到置数方式，在下一个 CP 脉冲到来时再一次置数，开始新一轮串/并变换。

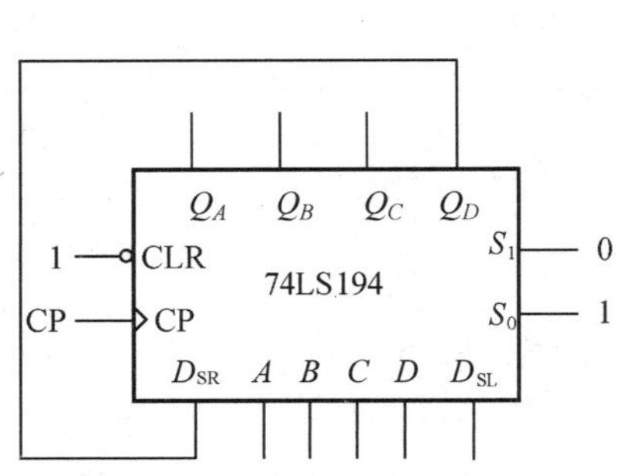

图 4.9.2 74LS194 构成环形计数器

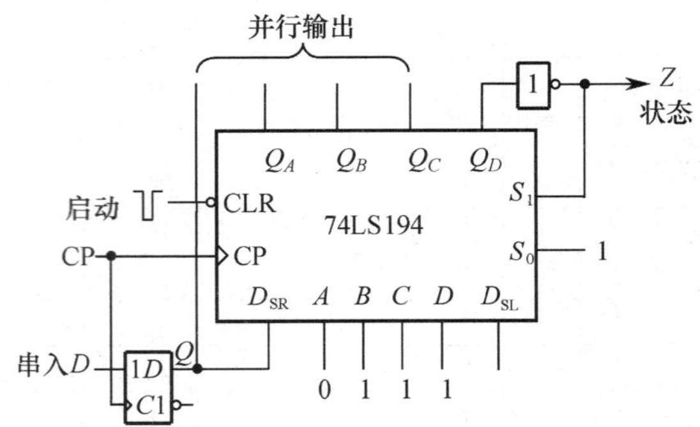

图 4.9.3 74LS194 构成 4 位串/并变换电路

3. 实验仪器与元器件

1）实验仪器

双踪示波器，1 台。

直流稳压电源，1 台。

信号发生器，1 台。

2）实验元器件

74LS00、74LS74、74LS194 等。

4. 实验内容

（1）环形计数器功能测试

按照图 4.9.2 所示接线，然后进行右移循环，观察寄存器输出端状态的变化，记入表 4.9.3 中。

表 4.9.3 环形计数器测试表

CP	Q_A	Q_B	Q_C	Q_D
0	0	1	0	0
1				
2				
3				
4				

（2）用 74LS194 设计一个 8 分频器，要求如下。

① 初始状态设为 0000。

② 用双踪示波器同时观察输入和输出波形并记录。

③ 画出电路工作的全状态图。

（3）用 74LS194 和与非门组成的实验电路如图 4.9.4 所示。在 CP 脉冲的作用下，观察并记录输出端 $Q_AQ_BQ_CQ_D$ 的状态，并说明电路所能完成的逻辑功能。

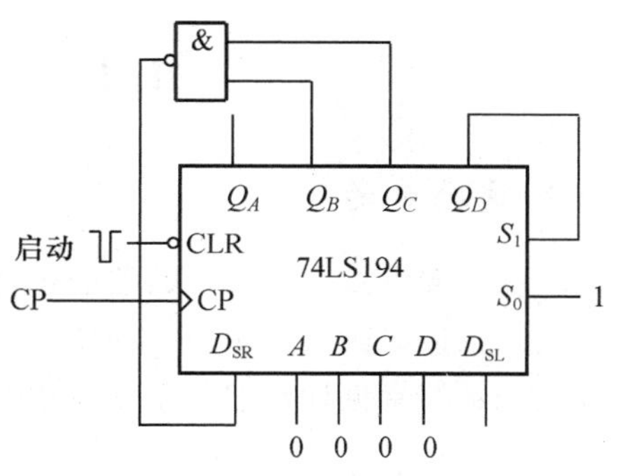

图 4.9.4 用 74LS194 和与非门组成的实验电路

（4）试用两片 74LS194 和 T′触发器设计一个彩灯循环控制器。要求 8 个 LED 发光二极管每次只亮一只，先从左边逐个移动到右边，移到最右边以后又往左移，逐个移动到最左边后又开始向右移，如此循环。

5. 预习要求

（1）查阅实验芯片资料，熟悉其逻辑功能及引脚排列。

（2）根据实验内容要求对需要设计的各电路进行设计。

6. 注意事项

（1）在连接电路、改变电路连线或拔插集成芯片时，均应该切断电源，严禁带电操作。

（2）使用集成芯片时，要认清管脚的定位标记，不要将集成芯片插反。

(3) 注意门电路输入信号的高、低电平要符合规范要求，否则电路将不能正常工作，甚至可能会损坏集成芯片。

7. 实验报告要求

(1) 分析表 4.9.3 的实验结果，画出 4 位环形计数器的状态转换图及波形图。
(2) 根据设计要求，详细写出"实验内容(2)～(4)"的设计过程，并分析实验数据。
(3) 分析在实验中所遇到的故障问题以及解决方法。
(4) 回答思考题。
(5) 写出实验心得、体会及建议等。

8. 思考题

(1) 若将 74LS194 芯片清零，除了采用 $\overline{CLR}$ 输入低电平的方法外，还有何种方法？可否使用并行送数法或者右移、左移的方法？若可行，采用以上几种方法清零各有什么区别？

(2) 用移位寄存器实现数据的串/并、并/串转换在实际应用中有何意义？

(3) 采用移位寄存器、计数器和数据选择器都可以实现序列信号发生器，试分析这 3 种方法之间的区别。

4.10 计数、译码与显示

1. 实验目的

(1) 掌握中规模集成计数器的逻辑功能及使用方法。
(2) 掌握译码器和数码管的使用方法。
(3) 掌握常见计数器的基本应用及故障排除。

2. 实验原理

1) 计数器

计数器是一种用来累计输入脉冲 CP 个数的功能部件。计数器的类型很多，按照计数脉冲引入方式的不同，可分为同步计数器和异步计数器；按计数容量(即模数)的不同，可分为二进制计数器和非二进制计数器；按计数器中数值的增减趋势不同，可分为递增(加法)计数器、递减(减法)计数器和可逆计数器。常用的 TTL 型集成计数器有 74LS160、74LS161、74LS163、74LS90 和 74LS192 等。

在同步计数器中，所有触发器都共用一个输入时钟脉冲 CP(被计数的输入脉冲)，这个脉冲直接通过组合电路反馈网络来控制，加到各触发器的 CP 端，使该翻转的触发器在同一时刻翻转计数，因此工作速度较快。异步计数器则不同，有的触发器的 CP 端直接由输入计数脉冲控制，有的则是依靠前一级触发器的输出作为时钟脉冲，因此它们的翻转是异步的，整个电路的工作速度比同步计数器慢，而且若由各级触发器直接译码，则会出现竞争-冒险现象，即出现译码尖峰，但电路一般比同步计数器简单些。

(1) 可预置 4 位二进制同步计数器 74LS161

74LS161 是可同步预置的 4 位二进制同步计数器，其逻辑图和功能表如图 4.10.1 和表 4.10.1 所列，它除了具有普通的 4 位二进制同步加法计数器的功能外，还具有异步清零、同步置数及数据保持等功能。这里的异步清零端不需要时钟脉冲作用，只要该使能端具有有效电平，就可以直接清零。而同步置数是指使能端除了具有有效电平外，还必须有有效时钟脉冲的作用，对应功能才能实现。

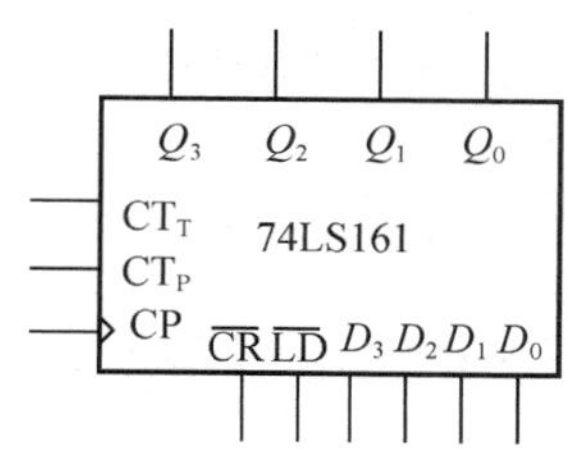

图 4.10.1 74LS161 逻辑图

当使能端 $CT_P = CT_T = 1$ 时，计数器实现计数功能。而当使能端 $CT_P = 0$ 或 $CT_T = 0$ 时，计数器禁止计数，为保持状态。利用 74LS161 的数据保持功能，可以实现数据的长时间保持，也可以利用此功能实现多级级联的同步计数。此外，74LS161 带有同步进位端 CO，当计数到 1111 时，进位输出 CO=1；否则 CO=0。使用时，可将进位输出信号接到后级计数器的使能端 CT_P 或 CT_T 端，就可以实现计数器的级联与扩展。

表 4.10.1 74LS161 功能表

输入									输出			
CP	$\overline{CR}$	$\overline{LD}$	CT_T	CT_P	D_3	D_2	D_1	D_0	Q_3	Q_2	Q_1	Q_0
×	0	×	×	×	×	×	×	×	0	0	0	0
↑	1	0	×	×	D_3	D_2	D_1	D_0	D_3	D_2	D_1	D_0
↑	1	1	1	1	×	×	×	×	计数			
×	1	1	0	×	×	×	×	×	保持			
×	1	1	×	0	×	×	×	×	保持			

74LS163 的逻辑图与 74LS161 一样，它除了具有同步清零功能外，其他功能均和 74LS161 相同。

(2) 用集成计数器实现任意 $N \neq 2^n$ 进制计数器的方法

① 反馈清零法

反馈清零法适用于带有清零输入端的集成计数器。在计数过程中，将某个中间状态 N 反馈到清零端，使计数器计到 N 时返回到零重新开始计数。这样可将模较大的计数器作为模较小(模为 N)的计数器使用。

a. 异步清零法(计数到 N，异步清零)

图 4.10.2 所示为使用 74LS161 的异步清零端实现的七进制计数器，图 4.10.3 是七进制计数器的主循环状态图。由图 4.10.3 可知，74LS161 从 0000 状态开始计数，当输入第 7 个 CP 脉冲(上升沿有效)时，输出 $Q_3Q_2Q_1Q_0=0111$，把计数到 N 时 Q 为 1 的所有触发器的输出相与非，然后反馈给 $\overline{CR}$ 端一个强制清零信号，立刻使 $Q_3Q_2Q_1Q_0$ 回到 0000 状态，随后 74LS161 重新从 0000 状态计数，如此循环。需注意：电路一进入 0111 状态后，立即被置成 0000 状态，即 0111 状态仅在极短的瞬间出现，而不被显示出来。因此，在主循环状态图中用虚线表示。这样就跳过 1000～1111 这 9 个状态，实现七进制计数器。

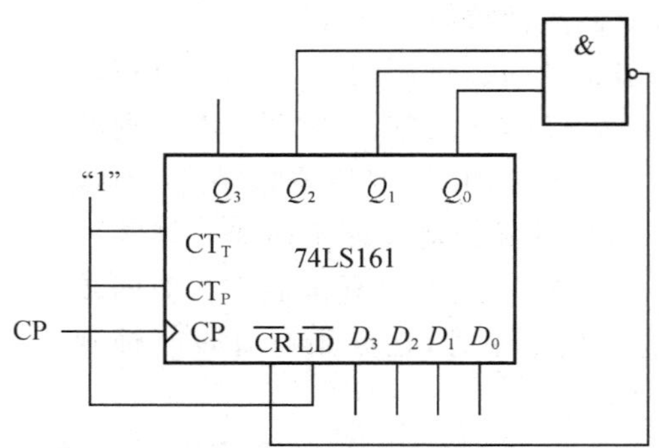

图 4.10.2　异步反馈清零法实现 $N=7$ 计数功能

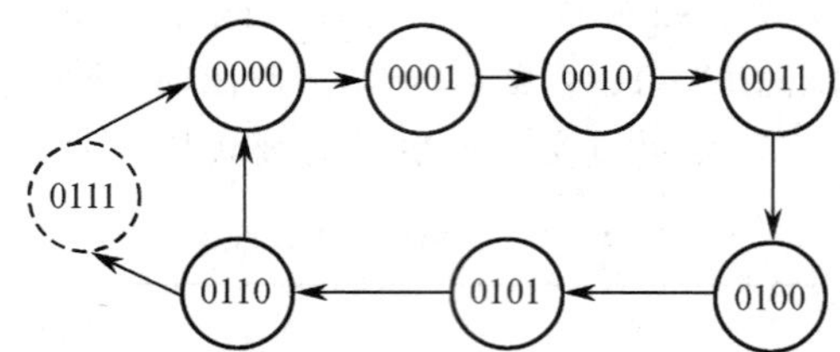

图 4.10.3　74LS161 构成的七进制计数器的主循环状态图

b. 同步复位法(计数到 $N-1$,同步清零有效,再来脉冲时清零)

先写出 $N-1$ 所对应的二进制代码,计数到 $N-1$ 时,把 $Q=1$ 的所有触发器的输出相与非接到计数器的同步清零端,当下一个时钟脉冲到达时,计数器回到 0 状态,完成模 N 计数功能。例如,用 74LS163 实现 $N=7$ 计数功能时,由 $N-1=(0110)_2$ 得反馈复位逻辑 $\overline{\mathrm{CR}}=\overline{Q_2Q_1}$,第 N 个计数脉冲到达时计数器清零,实现该功能的电路如图 4.10.4 所示。

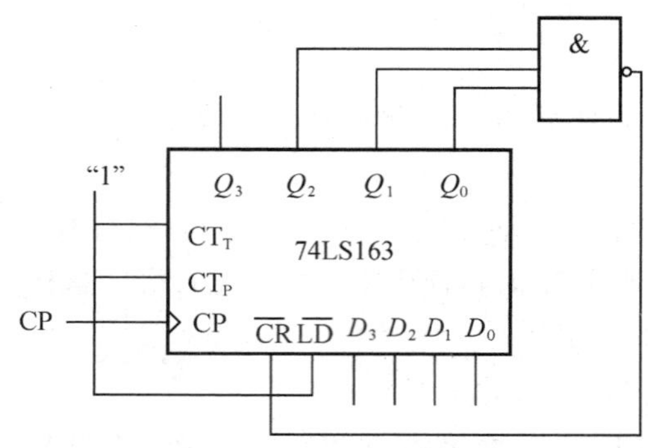

图 4.10.4　同步反馈复位法实现 $N=7$ 计数功能

② 反馈置数法

反馈置数法适用于具有预置数功能的集成计数器,反馈置数法分为以下两种。

a. 反馈置零法

将预置数输入端全部接地(即预置数为 0000),然后将计数到 N 时触发器输出为 1 的输出端相与非后反馈到置数端,从而在第 N 个时钟脉冲作用时,置数端为有效电平,将预先预置的数(零)送到输出端,即计数器归零,同步置数时,计数器的模为 $N+1$,异步置数则模

为 N。

b. 用进位输出端置最小数

74LS161、74LS163 等计数器都有进位输出端 CO，在计数器执行计数功能且 $Q_3Q_2Q_1Q_0$ 为全 1 时 CO=1。若将 CO 反相后连接到 $\overline{LD}$ 端，则计数器在输出全 1 后将执行置数功能，在下一个 CP 脉冲到来时(同步置数)，计数器被置成数据输入端的状态，然后再以此状态为起点进行计数。因此，改变数据输入端的数据可以改变计数器的模数。

例如，用 74LS163 实现 $N=12$ 计数功能时，预置数端数据输入为(同步置数) $D_3D_2D_1D_0=(N)_{补}=(0100)_2$，当计数到 CO=1111 时，再来一个有效的 CP 脉冲，置入 0100，则计数状态为 0100～1111，共 12 个状态，完成模 12 计数分频，电路如图 4.10.5 所示。

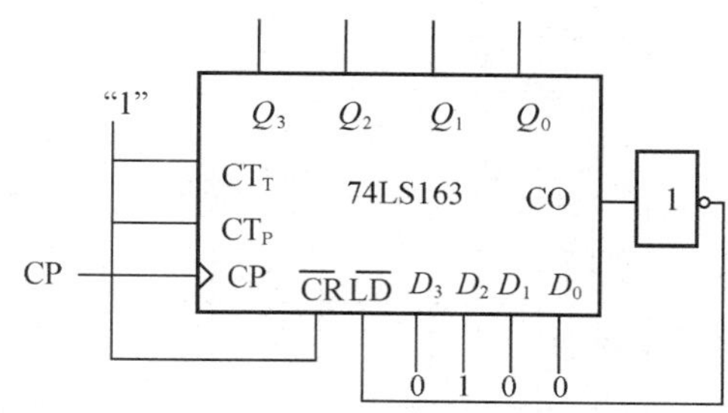

图 4.10.5 用 CO 置最小数实现 $N=12$ 计数功能

③ 计数器的级联

当一级计数器的模数 N 小于所要求的模数 M，或 MSI 计数器的计数状态不符合代码要求时，就需要用两级或多级 MSI 计数器级联实现。计数器的级联分为两种方式，即并行进位(低位计数器的输出信号作为高位计数器的使能信号)和串行进位(低位计数器的输出信号作为高位计数器的时钟脉冲，即异步计数方式)。

2) 译码器

译码器的作用是把"8421"二进制译成十进制的器件。常用的 LED 数码管译码器有 74LS48(共阴极译码驱动器)、74LS248(共阴极译码驱动器)、74LS47(共阳极译码驱动器)、CD4511(共阴极译码驱动器)等。

CD4511 是一片 CMOS BCD 类型的锁存/7 段译码/驱动器，用于驱动共阴极 LED(数码管)显示器的 BCD 码-七段译码器。它的电源电压范围为 3～18V，具有 BCD 转换、消隐和锁存控制、七段译码及驱动功能。由于 CMOS 电路能提供较大的拉电流，因此 CD4511 可直接驱动共阴极 LED 数码管。

CD4511 的逻辑功能表见表 4.10.2，逻辑图如图 4.10.6 所示。其中 A_3、A_2、A_1、A_0 是 BCD 码的输入端，A_0 为最低位。Y_a、Y_b、Y_c、Y_d、Y_e、Y_f、Y_g 是译码输出端，有效输出为高电平。器件内部有上拉电阻，不必再外接负载电阻至电源，能直接驱动共阴极七段 LED 数码管工作。由于数码管每段的正向工作电压仅约 2V，为了不使译码器输出的高电平值拉下太多，通常在中间串接一只几百欧姆的限流电阻。

表 4.10.2 CD4511 功能表

输入							输出							
LE	$\overline{BI}$	$\overline{LT}$	A_3	A_2	A_1	A_0	Y_a	Y_b	Y_c	Y_d	Y_e	Y_f	Y_g	显示
×	×	0	×	×	×	×	1	1	1	1	1	1	1	8
×	0	1	×	×	×	×	0	0	0	0	0	0	0	消隐
0	1	1	0	0	0	0	1	1	1	1	1	1	0	0
			0	0	0	1	0	1	1	0	0	0	0	1
			0	0	1	0	1	1	0	1	1	0	1	2
			0	0	1	1	1	1	1	1	0	0	1	3
			0	1	0	0	0	1	1	0	0	1	1	4
			0	1	0	1	1	0	1	1	0	1	1	5
			0	1	1	0	0	0	1	1	1	1	1	6
			0	1	1	1	1	1	1	0	0	0	0	7
			1	0	0	0	1	1	1	1	1	1	1	8
			1	0	0	1	1	1	1	1	0	1	1	9
			1	0	1	0	0	0	0	0	0	0	0	消隐
			1	0	1	1	0	0	0	0	0	0	0	消隐
			1	1	0	0	0	0	0	0	0	0	0	消隐
			1	1	0	1	0	0	0	0	0	0	0	消隐
			1	1	1	0	0	0	0	0	0	0	0	消隐
			1	1	1	1	0	0	0	0	0	0	0	消隐
1	1	1	×	×	×	×	锁存							锁存

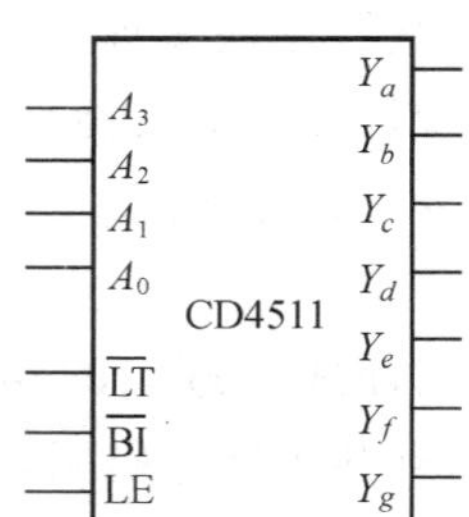

图 4.10.6 CD4511 逻辑图

此外,CD4511 还有 3 个输入控制端,其中 $\overline{LT}$ 是灯测试输入端,用来检验数码管的七段是否正常工作。当 $\overline{LT}=0$ 时,无论 A_3、A_2、A_1、A_0 为何种状态,Y_a、Y_b、Y_c、Y_d、Y_e、Y_f、Y_g 输出全为 1,数码管一直显示数码“8”,即数码管的各段都被点亮,以检查数码管是否有故障。$\overline{BI}$ 是输出消隐控制端,当 $\overline{LT}=1$,$\overline{BI}=0$ 时,无论 A_3、A_2、A_1、A_0 为何种状态,输出全为 0,数字 0 不显示,各段均被消隐(灭 0)。LE 是数据锁定控制端,LE 高电平时锁存,低电平时传输数据。CD4511 正常进行译码工作时,这 3 个输入控制端应该接在无效电平上,即 $\overline{LT}=\overline{BI}=1$,且 LE=0 时,CD4511 根据 A_3、A_2、A_1、A_0 端输入的 BCD 码进行译码输出。$Y_a \sim Y_g$ 端是 7 段输出,可驱动共阴极数码管。此外,CD4511 还有拒绝伪码的特点,当输入数据超过十进制数 9(二进制 1001)时,显示字形也消隐。

3）七段 LED 数码管

七段 LED 数码管（又称半导体数码管）的内部结构类似 PN 结，由 7 个条形发光二极管构成七段字形。它是将电信号转换为光信号的固体显示器件，通常由磷砷化镓（GaAsP）半导体材料制成，故又称 GaAsP 七段数码管，七段数码管每段最大驱动电流为 10mA 或 15mA，分共阴极（BS201/202）和共阳极（BS211/212）两种。七段 LED 数码管引脚排列如图 4.10.7 所示。选择不同字段发光，可显示不同的字形。例如，当 a、b、c、d、e、f、g 七个字段全亮时，显示"8"；b、c、f、g 字段亮时，显示"4"。

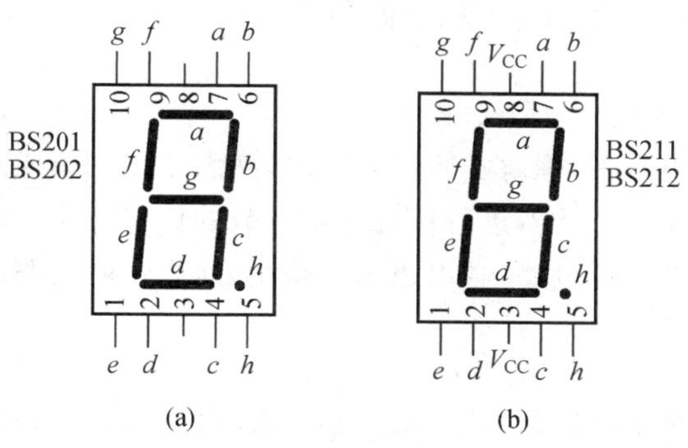

图 4.10.7　LED 七段数码管引脚排列

（a）共阴极 LED；（b）共阳极 LED

共阴极数码管就是把发光二极管的阴极都连到一起后接地，其内部构成图如图 4.10.8(a)所示，共阴极数码管与输出高电平有效的译码器配合使用。共阳极数码管就是把发光二极管的阳极都连到一起后接到高电平上，其内部构成图如图 4.10.8(b)所示，共阳极数码管与输出低电平有效的译码器配合使用。对于共阳极数码管而言，某一字段接低电平时该字段被点亮；共阴极数码管某一字段接高电平时，该字段被点亮。使用时每个管子都要串联限流电阻，限流电阻要根据电源电压来选取，电源电压为 +5V 时可使用 300Ω 的限流电阻。

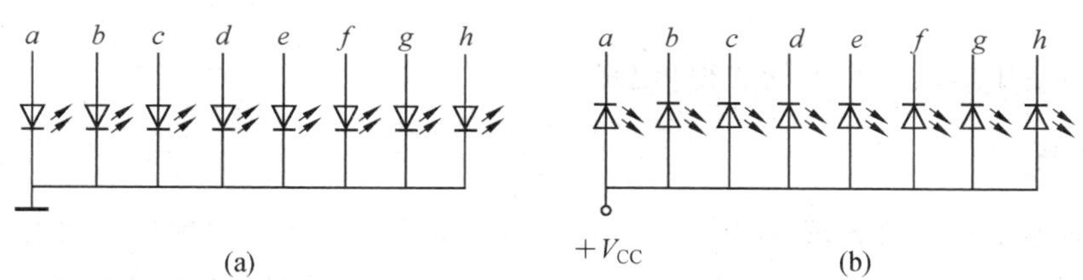

图 4.10.8　LED 七段数码管内部构成

（a）共阴极 LED；（b）共阳极 LED

3. 实验仪器与元器件

1）实验仪器

双踪示波器，1 台。

直流稳压电源，1 台。

信号发生器，1 台。

2）实验元器件

74LS161、74LS163 等，共阴极数码管、电阻若干。

4. 实验内容

(1) 用74LS161设计8421BCD码十进制计数器,CP脉冲信号选择频率为1Hz的TTL信号,接入译码器显示电路,观察电路的计数、译码、显示过程。

(2) 将上题中CP脉冲信号的频率改为1kHz,用示波器同时观察CP脉冲和计数器Q_3、Q_2、Q_1、Q_0端的波形并画出,注意它们的时序关系。

(3) 用两片74LS163设计8421BCD码模20加法计数器,CP脉冲信号选择频率为1Hz的TTL信号,接入译码显示电路并观察电路输出。

5. 预习要求

(1) 仔细阅读实验指导书,理解实验任务要求,熟悉所用的集成芯片功能和引脚排列。

(2) 复习用中规模集成计数器进行任意进制计数的设计方法。

(3) 按实验任务要求设计电路,画出逻辑电路图,简要说明电路的工作原理。

6. 注意事项

(1) 用示波器观察多个波形时,注意选择频率最低的电压作为触发电压。

(2) 中规模集成芯片闲置的输入端不能悬空,需要接高电平的输入端要老老实实地接入高电平,否则会引起干扰。

7. 实验报告要求

(1) 写出所有相关的实验原理,整理出完整的任务设计过程,画出实验电路图,并说明电路的工作原理。

(2) 记录、整理实验现象及实验所得的波形,并对实验结果进行分析。

(3) 总结实验过程中的注意事项,记录调试中所遇到的问题及解决方法。

(4) 回答思考题。

(5) 总结使用集成计数器的心得体会。

8. 思考题

(1) 如何测试数码管各段是否正常工作?在实验过程中,若发现数码管显示不正确或完全不显示时,可能是哪里出了问题?总结在实验中遇到的数码管工作不正常时的故障排除方法。

(2) 异步计数器与同步计数器的区别在哪里?

(3) 采用集成计数器进行N进制计数器设计时有哪些方法?这些方法有何区别?

4.11 A/D、D/A 转换器及其应用

1. 实验目的

(1) 了解A/D、D/A转换器的工作原理和基本结构。

(2) 掌握集成A/D转换器ADC0809和D/A转换器DAC0832的性能及其典型应用。

2. 实验原理

A/D 转换器和 D/A 转换器是模拟电路和数字电路之间的两种接口电路。A/D 转换器将连续的模拟量转换成离散的数字量，供数字设备或计算机使用；D/A 转换器将数字量转换成模拟量，用以控制设备。

1）集成 A/D 转换器 ADC0809

ADC0809 是采用 CMOS 工艺制作的 8 位逐次逼近型 A/D 转换器，该器件有与微处理器兼容的逻辑控制，可与 8051、8085 的微处理器直接接口。

（1）ADC0809 的内部结构

ADC0809 主要由 8 通道多路模拟开关、地址储存译码驱动电路、8 位逐次逼近模数转换器和三态输出寄存器构成。图 4.11.1 所示为 ADC0809 内部结构框图。

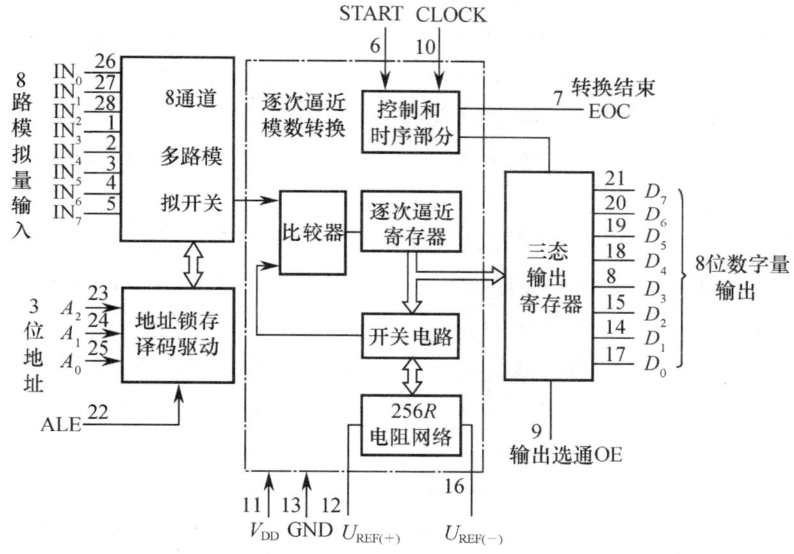

图 4.11.1 ADC0809 内部结构框图

其中 IN_0～IN_7 是 8 路模拟信号输入端。8 通道多路模拟开关可以选择其中的任何一路模拟信号送至 8 位模数转换电路进行转换。具体哪一路模拟信号被选通是由 3 位地址信号输入端 A_2、A_1、A_0 决定的。

A_2、A_1、A_0 是 3 位地址信号输入端，3 位地址信号与输入的 8 路模拟信号之间的对应关系见表 4.11.1。

表 4.11.1 模拟输入信号与地址信号的对应关系

地址信号			被选通的模拟信号
A_2	A_1	A_0	
0	0	0	IN_0
0	0	1	IN_1
0	1	0	IN_2
0	1	1	IN_3

续表

地址信号			被选通的模拟信号
A_2	A_1	A_0	
1	0	0	IN_4
1	0	1	IN_5
1	1	0	IN_6
1	1	1	IN_7

ALE 是地址锁存允许信号，上升沿有效，即在上升沿锁存地址信号，从而选通对应的模拟信号，以便进行 A/D 转换。

A/D 转换由 START 信号启动，在 START 上升沿到来时，A/D 转换器内部的逐次逼近寄存器清零，在 START 下降沿到来时，开始模数转换的过程。

EOC 是转换结束标志，高电平有效。在 START 上升沿到来后，EOC 变成低电平，此时正在进行 A/D 转换的过程。A/D 转换结束后，EOC 变成高电平。

D_0～D_7 是数字信号输出端，输出 A/D 转换后的 8 位数字信号。其中 D_7 为最高位，D_0 为最低位。输出选通端 OE 用来控制 D_0～D_7 是否允许输出，OE 高电平时允许输出；反之则 D_0～D_7 处于高阻状态。

A/D 转换所需要的时钟和基准电压是通过 CLOCK、$U_{REF(+)}$、$U_{REF(-)}$ 端由外部电路提供。一般来说，CLOCK 端输入的时钟信号频率范围为 50～640kHz，转换一次需要 64 个时钟周期，对应的时间为 100～1300μs。$U_{REF(+)}$、$U_{REF(-)}$ 分别是基准电压的正端和负端，它们应当在电源电压范围内，不得高于或低于电源电压和地，通常将 $U_{REF(+)}$ 接＋5V 电源电压，$U_{REF(-)}$ 接地。

(2) ADC0809 的工作原理

ADC0809 的工作波形如图 4.11.2 所示。

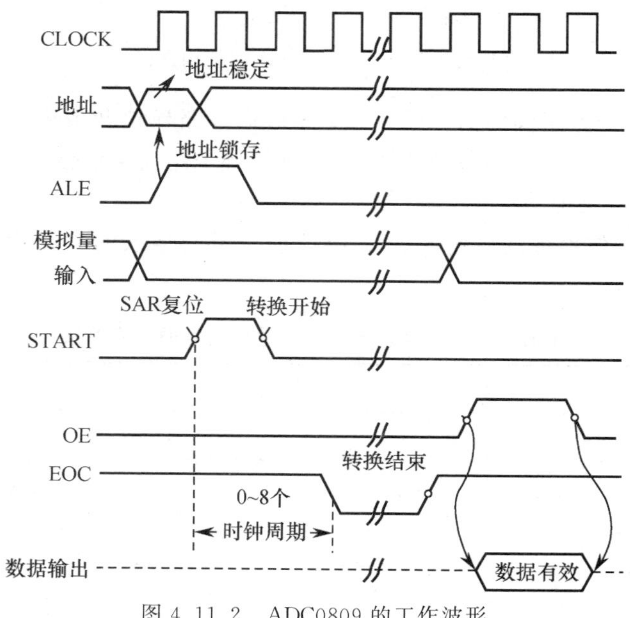

图 4.11.2　ADC0809 的工作波形

ADC0809 的工作过程大致如下。

首先，输入 3 位地址信号，等待地址信号稳定后，在 ALE 的上升沿将地址信号锁存，从而决定具体哪一路模拟信号被选通。接着由 START 信号启动 A/D 转换，在 START 上升沿到来时，A/D 转换器内部的逐次逼近寄存器清零，在 START 下降沿到来时，在时钟脉冲 CLOCK 的控制下开始进行模数转换的过程，EOC 变成低电平。最后，A/D 转换结束后，EOC 变成高电平，OE 输出高电平，输出转换结果。

若想实现连续的模数转换，可将 START 和 EOC 短接，然后外加一个启动信号来驱动第一次转换即可。

(3) ADC0809 的典型应用

图 4.11.3 所示为 ADC0809 与微处理器之间的典型应用连接。

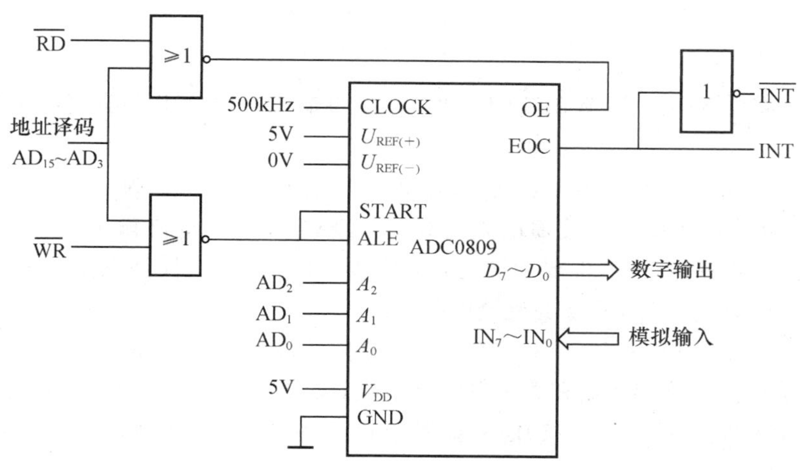

图 4.11.3　ADC0809 的典型应用

2) 集成 D/A 转换器 DAC0832

DAC0832 芯片是采用 CMOS 工艺制成的单片 8 位 D/A 转换器，它是微机控制系统中常用的一款数/模转换芯片，可以直接与 8051、8085 等微处理器接口。

(1) DAC0832 的内部结构

图 4.11.4 是 DAC0832 的内部结构。由内部结构图可知，DAC0832 内部主要由 1 个 8 位 DAC 寄存器、1 个 8 位 DAC 转换器和 1 个 8 位输入寄存器构成。

其中 DI_0～DI_7 是 8 位数字量输入端，DI_0 为最低位，DI_7 为最高位。

I_{OUT1} 和 I_{OUT2} 是 DAC 输出电流 1 和 DAC 输出电流 2。当 DAC 寄存器中的数据全为 1 时，I_{OUT1} 输出最大值 I_{SFR}，当 DAC 寄存器中的数据全为 0 时，I_{OUT1} 输出 0。I_{OUT2} 为电流最大值 I_{SFR} 与 I_{OUT1} 之差，即 $I_{OUT1}+I_{OUT2}=I_{SFR}$，$I_{OUT2}$ 一般接地。

控制信号 $\overline{CS}$、ILE 和 $\overline{WR_1}$ 用于控制对输入寄存器的操作。$\overline{CS}$ 是片选信号，低电平有效；ILE 是输入寄存器使能端，高电平有效；$\overline{WR_1}$ 为输入寄存器的写信号，低电平有效。只有当控制信号 $\overline{CS}$、ILE 和 $\overline{WR_1}$ 同时有效时，$\overline{WR_1}$ 才能把输入的数字量写入输入寄存器中。

控制信号 $\overline{XFER}$ 和 $\overline{WR_2}$ 则用于控制对 DAC 寄存器的操作。$\overline{XFER}$ 是控制传送信号输入端，低电平有效，用来控制 $\overline{WR_2}$ 选通 DAC 寄存器。$\overline{WR_2}$ 为 DAC 锁存器的写信号，低

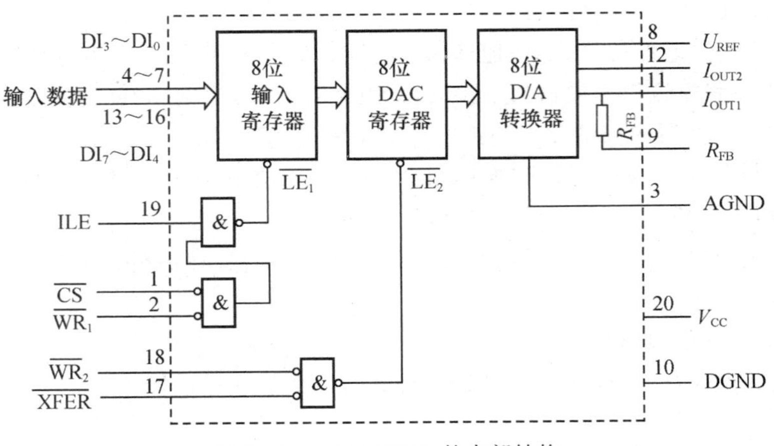

图 4.11.4 DAC0832 的内部结构

电平有效。只有当 $\overline{\text{XFER}}$ 和 $\overline{\text{WR}_2}$ 均为 0 时，才能将输入寄存器中当前的数字量写入 DAC 寄存器中。

DAC0832 需要外接基准电压，U_{REF} 是基准电压输入端，其范围为－10～＋10V。

R_{FB} 是为外接运放提供的反馈电阻连线端。DAC0832 是电流输出型 D/A 转换器，为了要获得模拟电压输出，该器件要外接运算放大器，此时运放的反馈电阻不需要外接，因为该器件内部已经集成一个 15kΩ 的反馈电阻 R_{FB}。

电源电压 V_{CC} 一般为＋5～＋15V，最佳状态时采用＋15V 的工作电压。AGND 和 DGND 分别是模拟电路接地端和数字电路接地端，接线时应当将所有数字电路接地端连接在一起，所有模拟电路接地端连接在一起，最后就近将 AGND 和 DGND 在一点（只能在一点）短接，以减少干扰。

(2) DAC0832 的工作原理

DAC0832 的核心部分采用倒 T 形电阻网络的 8 位 D/A 转换器，外接运算放大器与 DAC0832 电阻网络之间的连接电路，如图 4.11.5 所示。

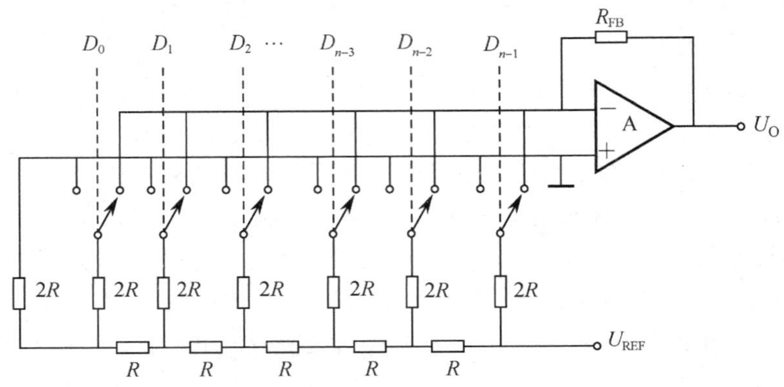

图 4.11.5 DAC0832 中的 D/A 转换电路

在图 4.11.5 中，运算放大器的输出电压为

$$U_{\text{O}} = -\frac{U_{\text{REF}} R_{\text{FB}}}{2^n R}(D_{n-1} \cdot 2^{n-1} + D_{n-2} \cdot 2^{n-2} + \cdots + D_0 \cdot 2^0)$$

在 DAC0832 中，$n=8$，通常 $R=R_{FB}\approx 15\text{k}\Omega$，所以

$$U_O=-\frac{U_{REF}}{2^8}(D_7\cdot 2^7+D_6\cdot 2^6+\cdots+D_0\cdot 2^0)$$

上式中输出电压与参考电压的绝对值成正比，与输入的数字量成正比，从而实现了从数字量向模拟量的线性转换。

（3）DAC0832 的 3 种工作方式

根据芯片内部的两个寄存器（8 位输入寄存器、8 位 DAC 寄存器）工作状态的不同，DAC0832 有 3 种工作方式，即双缓冲工作方式、单缓冲工作方式和直通工作方式。

直通工作方式，就是指两个寄存器均处于直通工作状态，外部输入数字量可以立刻在 D/A 转换器的输出端 I_{OUT} 得到反映。此时，$\overline{CS}$、$\overline{WR_1}$、$\overline{WR_2}$、$\overline{XFER}$ 固定接地，ILE 固定接高电平。

采用单缓冲工作方式，可以得到较大的吞吐量。此时，可以使 DAC0832 的两个寄存器之一处于受控锁存的状态，而使另一个寄存器处于时钟直通的状态；也可以控制两个寄存器同时进行锁存。

采用双缓冲工作方式，可以在输出的同时采集下一个数据量，以提高转换速度。双缓冲工作方式时，两个 8 位寄存器均处于受控锁存工作状态。在该工作方式下，数字量的写入主要分两步：首先是将数据写入 8 位输入寄存器；其次是将 8 位输入寄存器的内容写入 8 位 DAC 寄存器，开始 D/A 转换。这样，DAC0832 在进行 D/A 转换的同时就可以采集下一个数据。

（4）用 DAC0832 实现双极性的 D/A 转换

前面讨论的 DAC 电路都是单极性电路，即 DAC 的输入都是无符号的二进制数，只代表数字信号的幅度；输出模拟信号的极性只取决于基准电压的极性，也都是非正即负的单极性信号。若想要获得双极性输出电压，则需要两个运放。图 4.11.6 所示为一个有符号二进制数补码输入的双极性的 DAC 电路，其中将数字量的符号位 D_7 取反后再输入。

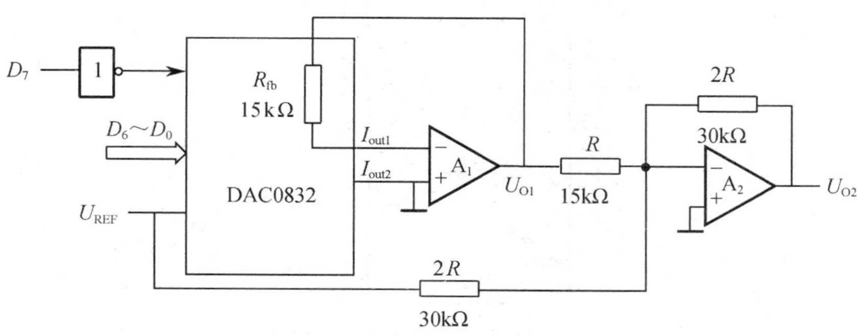

图 4.11.6　DAC0832 实现双极性 DAC 电路

此时，$U_{O2}=-\left(\frac{U_{REF}}{2R}+\frac{U_{O1}}{R}\right)\times 2R=-U_{REF}+U_{REF}\times\overline{D_7}+\frac{U_{REF}}{2^7}\sum_{i=0}^{6}(D_i\times 2^i)$。当 $D_7=0$ 时，$U_{O2}=\frac{U_{REF}}{2^7}\sum_{i=0}^{6}(D_i\times 2^i)$。当 $D_7=1$ 时，$U_{O2}=-\frac{U_{REF}}{2^7}\left[2^7-\sum_{i=0}^{6}(D_i\times 2^i)\right]$。

3. 实验仪器与元器件

1) 实验仪器

双踪示波器,1台。

直流稳压电源,1台。

信号发生器,1台。

2) 实验元器件

DAC0832、μA741等。

4. 实验内容

(1) A/D转换器ADC0809功能测试

① 按照图4.11.7连线,其中$D_0 \sim D_7$分别接8只发光二极管,CP接信号发生器的TTL端。

② 将CP脉冲调至1kHz以上输出,地址信号输入端$A_2 \sim A_0$全部置零,调节R_W,使$U_i=4V$。

③ START端输入一个单次正脉冲(该单次脉冲平时应当为0电平,开始转换时为1),观察输出结果并记录。

④ 调节R_W,依次使$U_i=3V$、2V、1V、0.5V、0.2V、0.1V、0V,重复步骤③,观察并记录结果。

⑤ 调节R_W,使$D_0 \sim D_7$全为1,测量此时的输入转换电压的大小。

⑥ 改变地址信号输入端$A_2A_1A_0=001$,同时改变U_i从IN0接到IN1,重复步骤②~⑤,观察并记录结果。

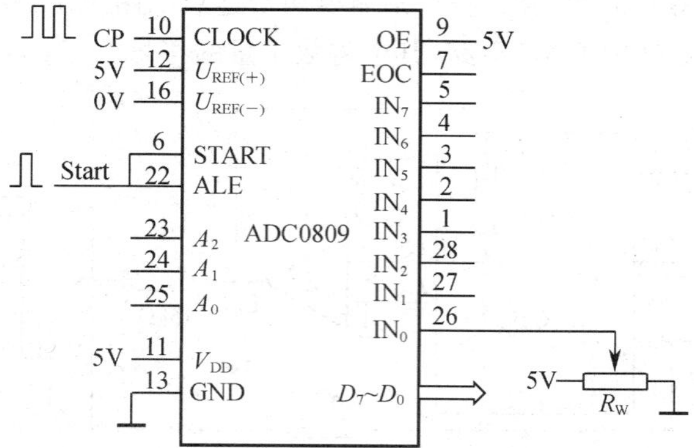

图4.11.7 A/D转换实验电路

(2) D/A转换器DAC0832功能测试

① 按图4.11.8接线,电路接成直通方式,即$\overline{CS}$、$\overline{WR_1}$、$\overline{WR_2}$、$\overline{XFER}$接地,ILE、V_{CC}、U_{REF}接+5V;集成运放电源接±12V;输出端接万用表。

② 调零,令$DI_0 \sim DI_7$全部接低电平,调节集成运放的电位器R_P使μA741输出为零。

③ 按照表4.11.2改变输入数字量,用万用表测量其输出电压并记入表4.11.2中,并与理论值进行比较。

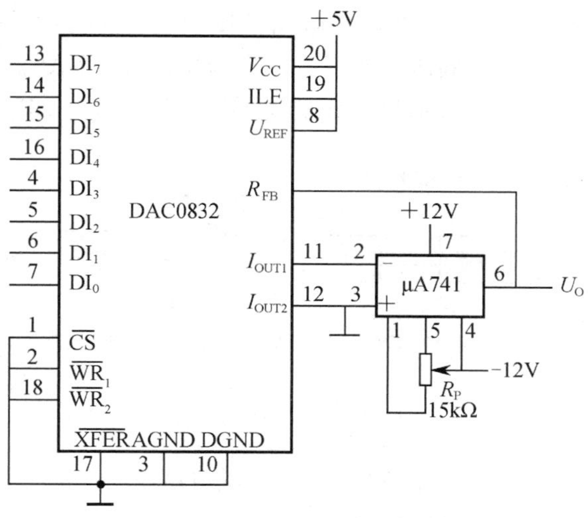

图 4.11.8　D/A 转换实验电路

表 4.11.2　D/A 转换测试结果

输入数字量								输出模拟量 U_O/V
DI_7	DI_6	DI_5	DI_4	DI_3	DI_2	DI_1	DI_0	
0	0	0	0	0	0	0	0	
0	0	0	0	0	0	0	1	
0	0	0	0	0	0	1	0	
0	0	0	0	0	1	0	0	
0	0	0	0	1	0	0	0	
0	0	0	1	0	0	0	0	
0	0	1	0	0	0	0	0	
0	1	0	0	0	0	0	0	
1	0	0	0	0	0	0	0	
1	1	1	1	1	1	1	1	

(3) 用 ADC0809 转换器构成除法器，实现 $D=2^8\dfrac{U_i}{U_{REF}}$。

要求：设计电路，按设计好的电路接线，自拟数据记录表格，分别改变各输入变量，观察输出结果。

(4) 试用 ADC0809 和适当的逻辑电路设计一个测量范围为 0～5V 的 3 位十进制显示的数字电压表。

(5) 用 DAC0832 转换器构成乘法器，实现数字量 D 与模拟量 U_1 的相乘，利用公式 $U_O=-\dfrac{U_{REF}D}{2^8}$。

要求：设计电路，按设计好的电路接线，自拟数据记录表格，分别改变各输入变量，观察输出结果。

(6) 设计一个用计数器、D/A 转换器、低通滤波器组成的锯齿波发生器，其原理框图如图 4.11.9 所示。

要求：计数器实现计数功能，计数器的输出端接 D/A 转换器的输入端，使 D/A 转换器输出周期性阶梯电压波形，经过低通滤波器后输出为锯齿波。计数器每计一个周期的波形，产生一个锯齿波。按图 4.11.9 所示设计实验电路，连线后加入 CP 脉冲信号，用示波器观察输出波形。

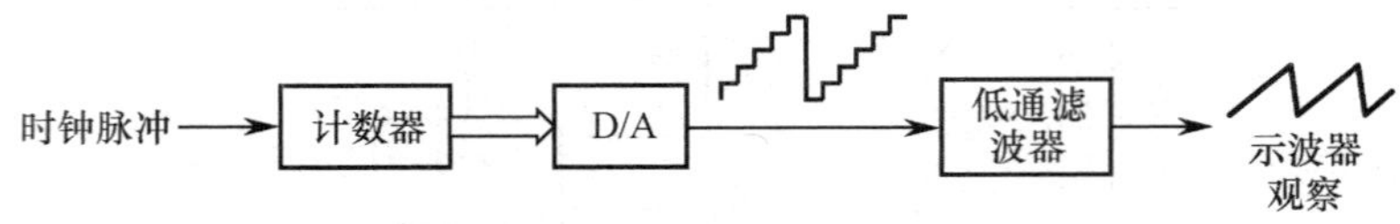

图 4.11.9 DAC0832 锯齿波发生器原理框图

5. 预习要求

(1) 复习 A/D 转换器 ADC0809 和 D/A 转换器 DAC0832 的工作原理。

(2) 熟悉 ADC0809、DAC0832 各引脚功能及其使用方法。

(3) 仔细阅读实验指导书，了解实验目的、实验原理和实验内容。

6. 注意事项

(1) 由于 DAC0832 由 CMOS 工艺制成，故要防止静电引起的损坏，所有未用的数字量输入端应与 V_{CC} 或地短接。如果悬空，D/A 转换器将识别为“1”。

(2) 当用 DAC0832 与任何微处理器接口时，最小的 $\overline{WR}$ 选通脉冲宽度一般不应小于 500ns，但若 $V_{CC}=15V$，也可小至 100ns。且保持数据有效时间不应小于 90ns，否则将锁存错误数据。

7. 实验报告要求

(1) 理解“实验内容(1)和(2)”的实验步骤，拟出实验数据记录表格。

(2) 详细写出“实验内容(3)～(6)”的设计过程。

(3) 写出在实验中所遇到的故障问题以及解决方法。

(4) 回答思考题。

(5) 写出实验心得、体会及建议等。

8. 思考题

(1) D/A 转换器的转换精度与什么因素有关？

(2) 要使图 4.11.7 中运放输出电压的极性相反，应采取何种措施？

(3) D/A 转换器中的模拟开关和基准电压源如何实现？

4.12 用 Multisim 软件仿真数字电路

1. 实验目的

(1) 学习 Multisim 软件的使用。

(2) 掌握用 Multisim 软件仿真数字电路的方法。

2. 实验内容

1）观察组合逻辑电路中的竞争-冒险现象

当电路中存在由反相器产生的互补信号，且在互补信号的状态发生变化时可能出现竞争-冒险现象，电路如图 4.12.1 所示。

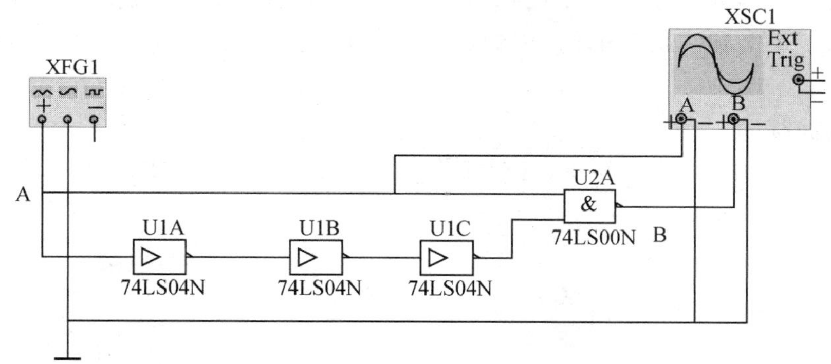

图 4.12.1　测试竞争-冒险现象仿真电路

（1）连接电路

① 放置元件

a. 找出 3 个非门，用的芯片为 TTL 芯片，型号为 74LS04，操作步骤如下。

首先，在元器件库栏单击 TTL 图标，如图 4.12.2 所示。

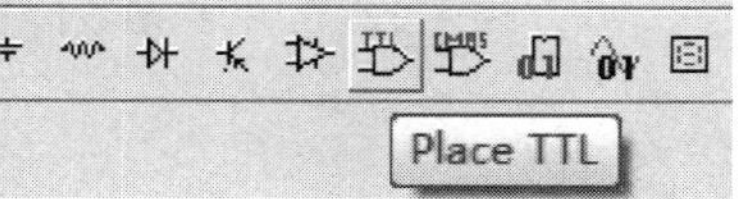

图 4.12.2　单击 TTL 图标

其次，选择所需型号 74LS04，如图 4.12.3 所示，单击“OK”按钮，即跳转到主界面，如图 4.12.4 所示，单击“A”，即选中这个 74LS04 芯片中 6 个非门中的第一个非门，然后拖动鼠标可将这个非门放置在图纸上的合适位置。

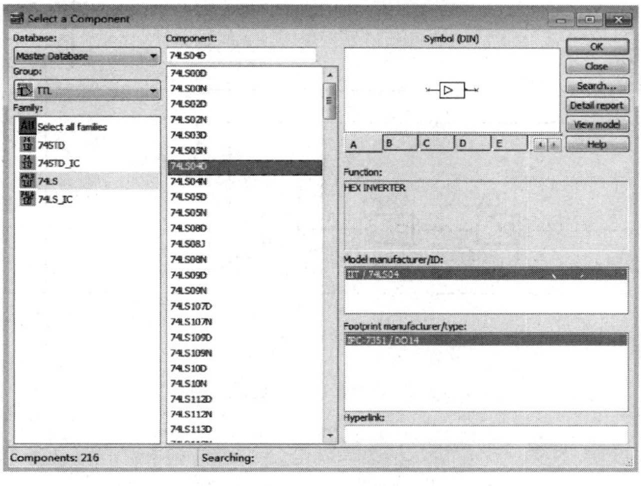

图 4.12.3　选择 74LS04 图标

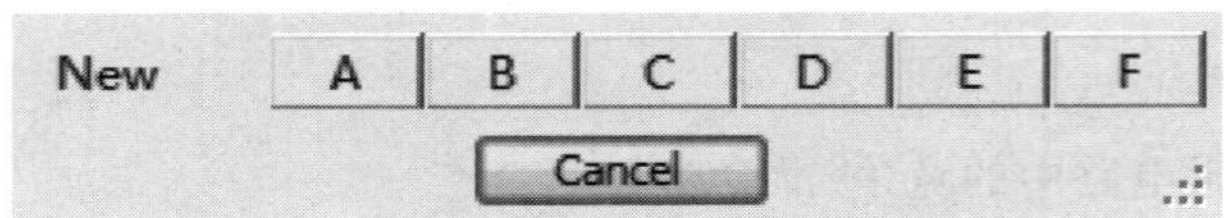

图 4.12.4　74LS04 芯片的 6 个非门

以此类推，一共需要 3 个非门芯片，将另外两个非门也放置到图纸的合适位置。

b. 找出一个 2 输入的与非门，用的芯片为 TTL 芯片，型号为 74LS00，操作步骤参照非门。

② 放置仪器

如图 4.12.5 和图 4.12.6 所示，选择仪器库里面的函数信号发生器(Function Generator)和示波器(Oscilloscope)。

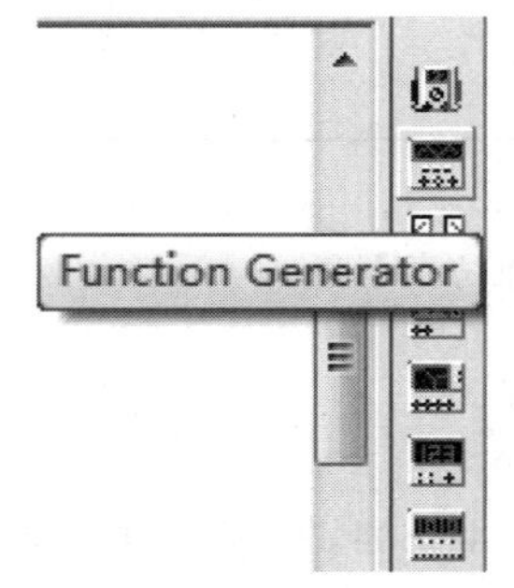

图 4.12.5　选择函数信号发生器

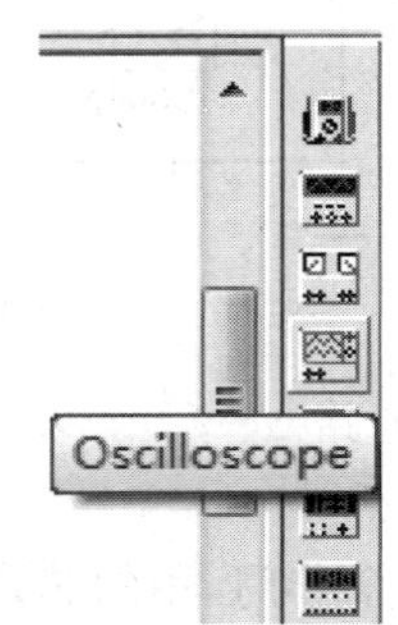

图 4.12.6　选择示波器

③ 连线

将鼠标移至需要连线的起点，单击鼠标左键，然后拖动鼠标至需要连线的终点，再次单击，如图 4.12.7 所示，完成所有连线。

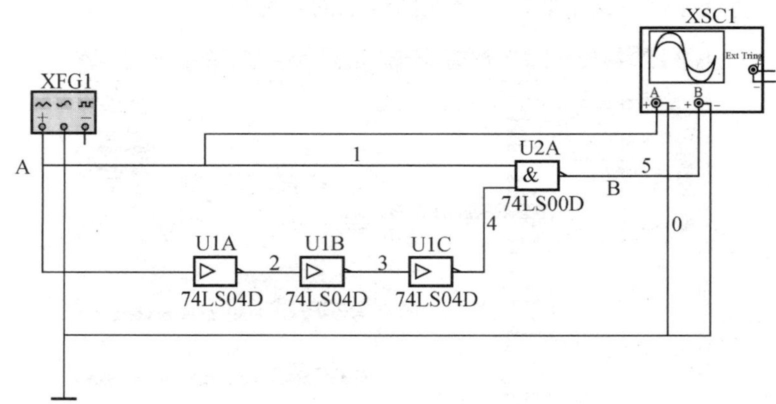

图 4.12.7　竞争-冒险现象实验电路

(2) 观察竞争-冒险现象

由函数信号发生器产生一个方波，频率为 100Hz，幅度为 2.5V，如图 4.12.8 所示设置，打开仿真开关 ▶，双击虚拟示波器图标，示波器参数设置如图 4.12.9 所示，竞争-冒险现象波形如图 4.12.9 所示。

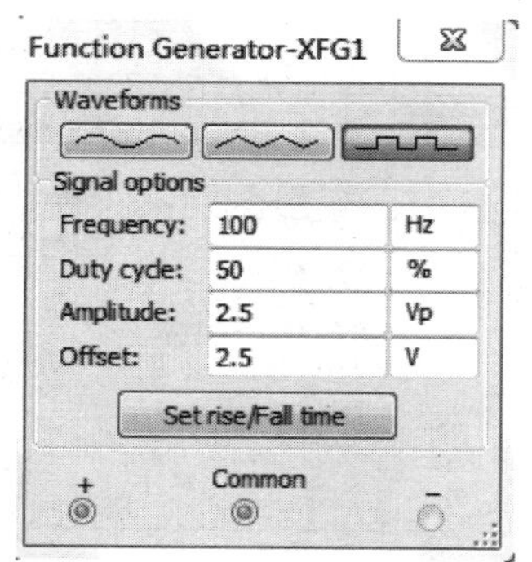

图 4.12.8　函数信号发生器设置

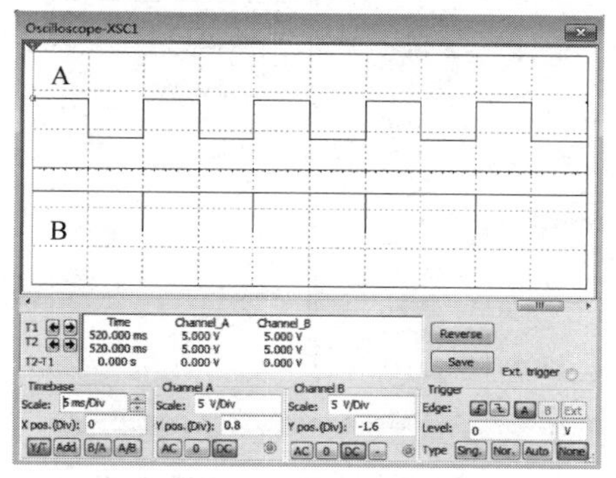

图 4.12.9　测试竞争-冒险现象波形

2）用逻辑分析仪观察全加器波形

（1）从虚拟仪器工具条中调出“字信号发生器”和“逻辑分析仪”，按图 4.12.10 所示连接仿真电路。

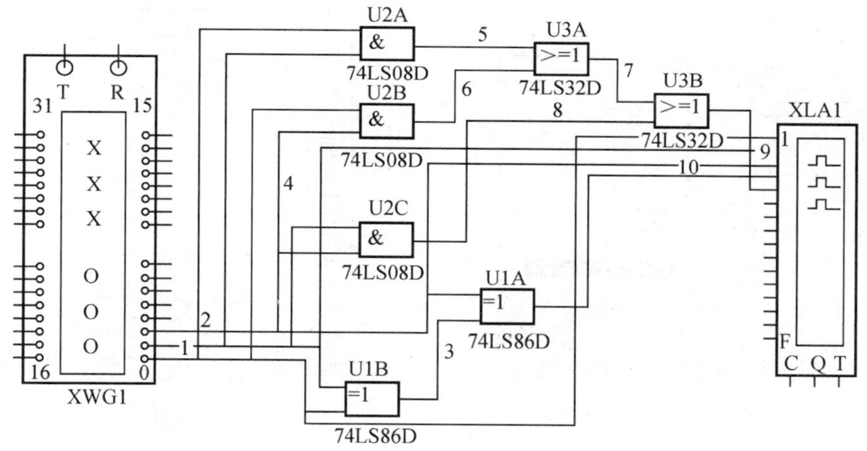

图 4.12.10　全加器仿真电路

（2）双击“字信号发生器”图标，打开放大面板，如图 4.12.11 所示，它是一台能产生 32 路同步逻辑信号的仪表。单击面板“Controls”栏的“Cycle”按钮，表示字信号发生器在设置好的初始值和终止值之间周而复始地输出信号；选中“Display”栏的“Hex”单选按钮，表示信号以十六进制数显示；“Trigger”栏用于触发的方式；“Frequency”栏用于设置信号的频率。

（3）单击“Controls”栏中的“Set...”按钮，将弹出“Settings”对话框，如图 4.12.12 所示，选中“Preset patterns”栏下的“Up counter”单选按钮，再选中“Display type”栏中的“Hex”单选按钮，再在“Buffer size”（设置缓冲区大小）微调框中输入“000B”，即十六进制的“11”，然后单击对话框右上角的“Accept”按钮返回。

（4）单击放大面板右侧 8 位字信号编辑区进行逐行编辑，在栏中从上至下输入十六进制 00000000～0000000A，共 11 条 8 位字信号，编辑好的 11 条 8 位字信号如图 4.12.13 所示。

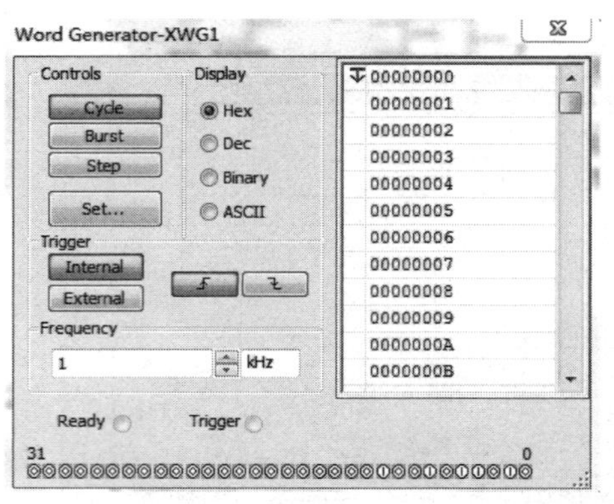

图 4.12.11　字信号发生器放大面板

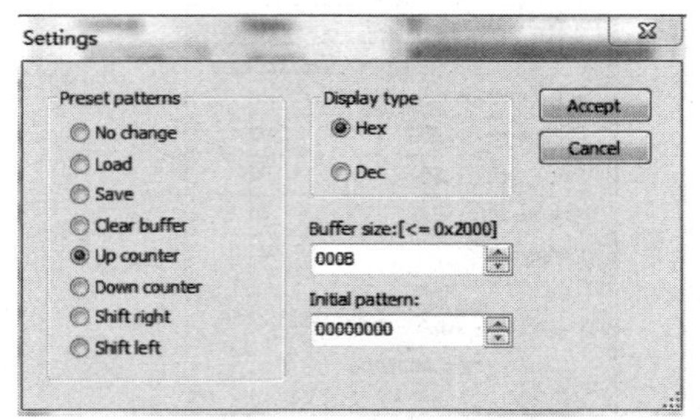

图 4.12.12　“Settings”对话框

(5) 开启仿真开关，双击“逻辑分析仪”图标，出现逻辑分析仪放大面板，如图 4.12.14 所示。在面板上“Clock”框的“Clocks/Div”微调框中输入 1，再单击面板左下角的“Reverse”按钮使屏幕变白。

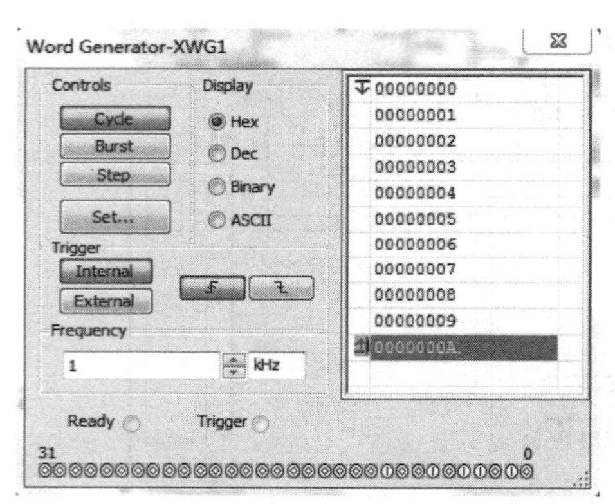

图 4.12.13　编辑好的 11 条 8 位字信号

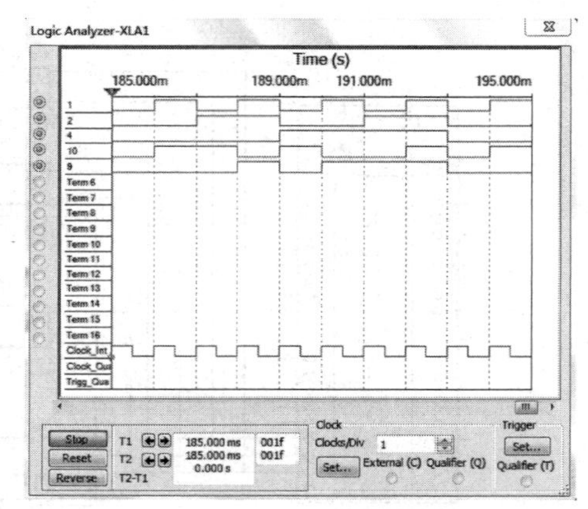

图 4.12.14　逻辑分析仪放大面板

(6) 根据图 4.12.14 所示的波形图填写表 4.12.1。

表 4.12.1　全加器真值表

输　入			输　出	
A	B	C_{i-1}	S	C_i

3）用逻辑转换仪根据全加器真值表自动转换成逻辑表达式和逻辑电路图

（1）从虚拟仪器工具条中调出“逻辑转换仪”，双击“逻辑转换仪”图标，打开它的放大面板，按图 4.12.15 所示设置其输入端口和输出端口，在面板中输入真值表。单击右侧“$\overline{10|1}\rightarrow A|B$”（将真值表自动转换成逻辑表达式）按钮，从放大面板下方可以看到全加器计算结果的逻辑表达式。同理，可得全加器进位结果的逻辑表达式。

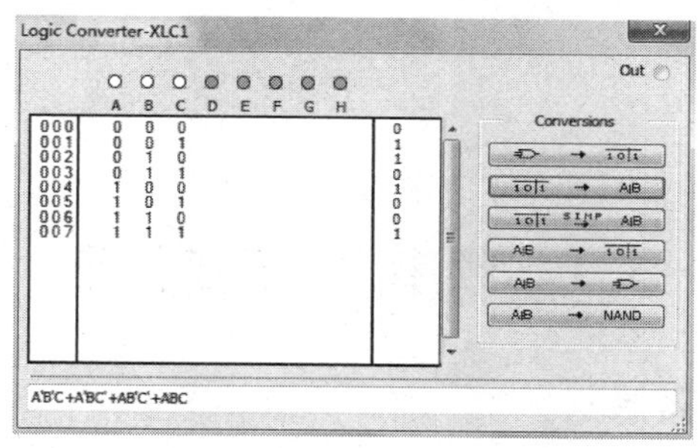

图 4.12.15　逻辑转换仪的放大面板

（2）单击右侧“$\overline{10|1}$ SIMP A|B”（将真值表自动转换成简化表达式）按钮，则从放大面板下方可以看到最简的逻辑表达式。

（3）单击右侧“A|B → 门电路”（将逻辑表达式自动转换成逻辑电路图）按钮，则在电路窗口中出现逻辑电路图。

（4）单击右侧“A|B → NAND”（将逻辑表达式自动转换成全由与非门构成的逻辑电路图）按钮，则在电路窗口中出现全由与非门构成的逻辑电路图。

3. 实验仪器

装有 Multisim 软件的计算机，1 台。

4. 预习要求

充分熟悉 Multisim 软件。

5. 实验报告要求

（1）打印组合电路的原理图和竞争-冒险现象波形图。

（2）打印时序电路的原理图和输入、输出波形图。

（3）总结使用 Multisim 软件时遇到的主要问题及解决方法。

6. 思考题

（1）分析图 4.12.1 所示电路，理论上 B 端应输出什么波形？为何 B 端的仿真波形与理论波形不同？

（2）图 4.12.9 所示竞争-冒险现象波形中，险象为何只出现在输入信号 A 的上升沿时刻？

模拟电子技术课程设计

5.1 频率/电压变换器

1. 设计任务与技术指标

1) 设计任务

设计一个频率/电压变换器，要求将不同频率的正弦波信号转换成按照线性变化的直流电压信号。

2) 技术指标

(1) 当正弦波信号的频率 f_i 在 200Hz～2kHz 范围内变化时，对应输出的直流电压 U_O 在 1～5V 范围内线性变化。

(2) 正弦波信号源是由集成电路 ICL8038 构成的函数波形发生器。

(3) 电路采用±12V 电源供电。

2. 设计方案

根据设计任务及技术指标要求，本课题有以下两种设计方案。

(1) 利用集成运算放大器构成频率/电压转换电路，输出信号电压与输入信号的频率成一定比例关系。

(2) 利用专用频率/电压变换集成芯片 LM331 构成频率/电压变换电路，输出信号电压与输入信号的频率成一定比例关系。

由于第二种设计方案的性价比较高，故本课题设计采用 LM331 专用集成芯片实现。

3. 设计原理

1) 系统总体设计

系统的总体设计结构框图如图 5.1.1 所示。

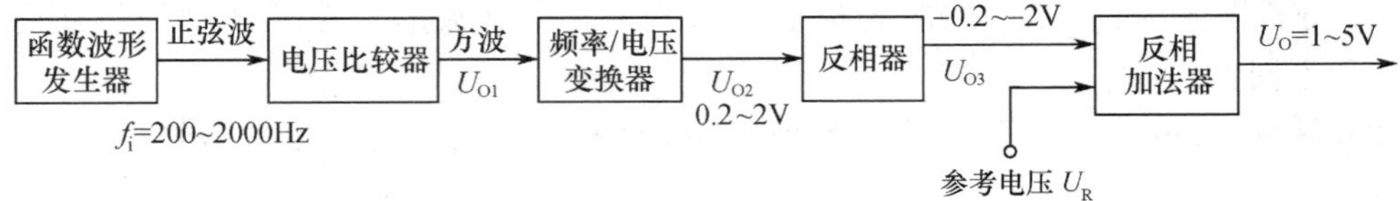

图 5.1.1 系统总体结构框图

函数波形发生器输出的是正弦波信号，其频率 f_i 在 200Hz～2kHz 范围内变化。正弦波信号经电压比较器变换成方波信号，方波信号经频率/电压变换电路变换成直流电压，直流正电压经反相器变成负电压，负直流电压信号最后与参考电压 U_R 通过反相加法器得到符合技术要求的输出直流电压 U_O。

2）电压比较器电路的设计

电压比较器电路的作用是将输入正弦波信号变换成方波信号。电压比较器电路可以采用集成运算放大器来实现，也可采用专用电压比较器集成芯片 LM311 来实现。本课题采用专用电压比较器集成芯片 LM311 实现。LM311 为双列直插式 8 脚芯片，其引脚排列和主要性能见附录。

3）频率/电压变换电路的设计

（1）LM331 的工作原理

LM331 是美国 NS 公司生产的性价比较高的集成芯片，可用作精密的频率电压转换器、A/D 转换器、线性频率调制解调、长时间积分器等。LM331 为双列直插式 8 脚芯片，其引脚排列和主要性能见附录。

LM331 采用了新的温度补偿能隙基准电路，在整个工作温度范围内和低到 4.0V 电源电压下都有极高的精度。同时它动态范围宽，可达 100dB；线性度好，最大非线性失真小于 0.01%，工作频率低到 0.1Hz 时尚有较好的线性；变换精度高，数字分辨率可达 12 位；外接电路简单，只需接入几个外部元件就可方便构成 V/F 或 F/V 等变换电路，并且容易保证转换精度。

LM331 集成芯片内部电路结构框图如图 5.1.2 所示。LM331 内部由输入比较器、定时比较器、RS 触发器、复零晶体管、输出驱动管、精密电流源电路、电流开关等几个部分组成。输出管采用集电极开路形式，因此可以通过选择逻辑电流和外接电阻，灵活改变输出脉冲的逻辑电平，从而适应 TTL、DTL 和 CMOS 等不同的逻辑电路。此外，LM331 可采用单/双电源供电，电压范围为 4～40V，输出也高达 40V。I_R(PIN1)为电流源输出端，在 f_o(PIN3)输出逻辑低电平时，电流源 I_R 输出对电容 C_L 充电。引脚 2(PIN2)为增益调整，改变 R_S 的

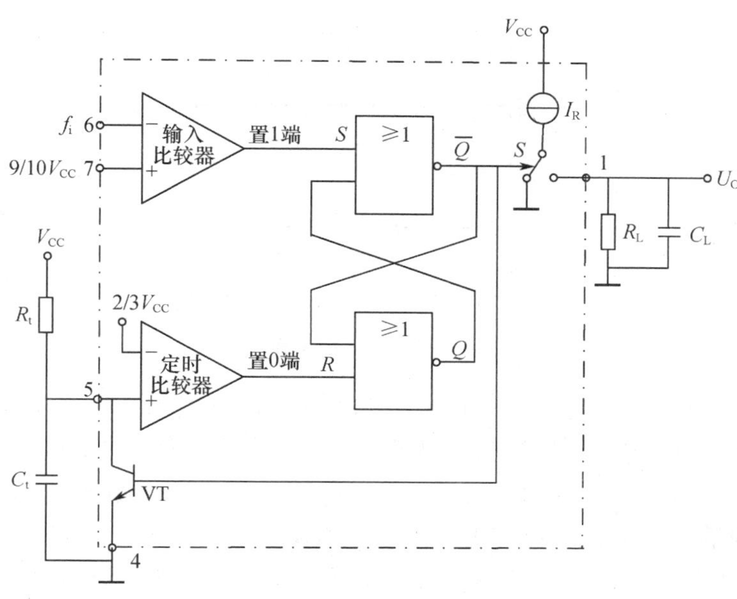

图 5.1.2　LM331 内部电路结构框图

值可调节电路转换增益的大小。f_o(PIN3)为频率输出端,为逻辑低电平,脉冲宽度由 R_t 和 C_t 决定。引脚 4(PIN4)为电源地。引脚 5(PIN5)为定时比较器的同相输入端。引脚 6(PIN6)为输入比较器的反相输入端。引脚 7(PIN7)为输入比较器的同相输入端。引脚 8(PIN8)为电源正端。

LM331 的工作波形如图 5.1.3 所示。

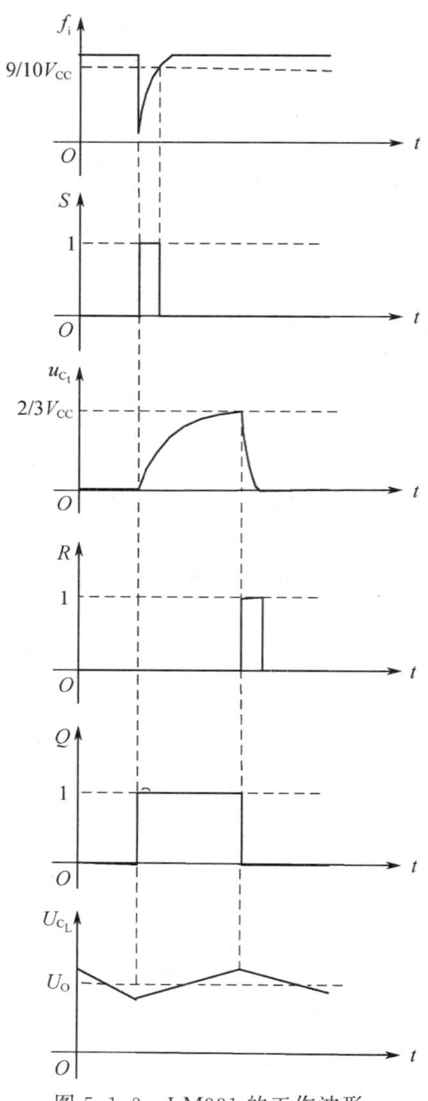

图 5.1.3 LM331 的工作波形

当输入端 6 脚输入一正电压($U_6 \approx V_{CC}$)时,高于 7 脚电压($U_7 = 9/10V_{CC}$),此时输入比较器输出为低电平,即 $S=0$(低电平)。当输入端 6 脚有一个负脉冲($U_6 < 9/10V_{CC}$)时,此时输入比较器输出为高电平,即 $S=1$(高电平),则 RS 触发器输出为高电平($Q=1$),而 $\bar{Q}=0$(低电平),此时晶体管 VT 截止,于是 V_{CC} 通过电阻 R_t 对电容 C_t 进行充电,电容上电压 u_{C_t} 按指数规律增加。与此同时,电流开关 S 使恒流源 I_R 与 1 脚接通,对 C_L 进行充电,u_{C_L} 按线性增加。

当经过 1.1R_tC_t 的时间后，u_{C_t} 增大到 2/3V_{CC} 时，定时比较器输出变为高电平，即 $R=1$（高电平）。此时输入端 6 脚已经恢复成正电压（$U_6 \approx V_{CC}$），输入比较器输出为低电平，即 $S=0$（低电平），则 RS 触发器输出变为低电平（$Q=0$），而 $\bar{Q}=1$（高电平），此时晶体管 VT 导通，电容 C_t 通过晶体管 VT 迅速放电。与此同时，电流开关 S 使恒流源 I_R 接地，电容 C_L 通过 R_L 进行放电，u_{C_L} 按线性减小。

当输入端 6 脚再次有一个负脉冲（$U_6 < 9/10V_{CC}$）时，又使输入比较器输出为高电平，即 $S=1$（高电平），则 RS 触发器输出为高电平（$Q=1$），而 $\bar{Q}=0$（低电平），则电容 C_t、C_L 再次进行充电，经过 1.1R_tC_t 的时间后，电容 C_t、C_L 均进行放电。如此反复循环，构成自激振荡，于是在电阻 R_L 上得到一个直流电压 U_O，并且 U_O 与输入脉冲的频率 f_i 成正比。但是，输入端 6 脚有负脉冲（$U_6 < 9/10V_{CC}$）的重复周期必须大于电容 C_t 的充电时间，电路才能正常工作。

电容 C_L 的平均充电电流为 $I_R \times (1.1R_tC_t) \times f_i$，平均放电电流为 U_O/R_L，当电容 C_L 充放电平均电流平衡时，有 $U_O/R_L = I_R \times (1.1R_tC_t) \times f_i$，其中 I_R 是恒流源电流（$I_R = 1.90\text{V}/R_S$，其中 1.90V 是 LM331 内部基准电压源提供的基准电压（即 2 脚上的电压））。因此有

$$U_O = \frac{1.1 \times 1.90 \times R_L}{R_S} R_tC_tf_i = 2.09 \frac{R_L}{R_S} R_tC_tf_i \tag{5.1.1}$$

由式(5.1.1)可见，当 R_S、R_t、C_t、R_L 一定时，U_O 正比于 f_i，若要使 U_O 与 f_i 之间的关系保持精确，则应选用高精度的元件。若 f_i 固定，要使 U_O 为某对应值，则可调节电阻 R_S 的大小。恒流源电流 I_R 可以在 10～500μA 内调节，故 R_S 可在 3.8～190kΩ 内调节，一般 R_S 取 10kΩ 左右。

(2) LM331 构成频率/电压变换器

由 LM331 构成的频率/电压变换电路如图 5.1.4 所示。图 5.1.4 中，输入信号 f_i 经 R_1、C_1 组成的微分电路加到 LM331 芯片的 6 管脚。由于 LM331 的 6 管脚要求的触发电压是脉冲波，因此图 5.1.4 中的输入信号 f_i 应是脉冲波。

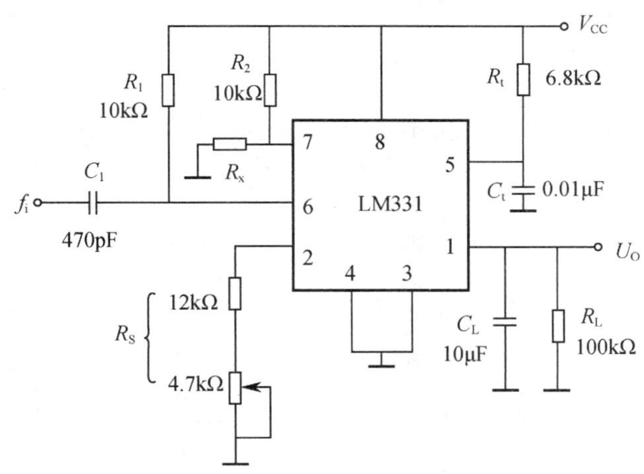

图 5.1.4　LM331 构成频率/电压变换电路

图 5.1.4 中，电阻 R_x 是按照式(5.1.2)来选取的，即

$$R_x = \frac{V_{CC} - 2\text{V}}{0.2\text{mA}} \tag{5.1.2}$$

将 $V_{CC}=12V$ 代入式(5.1.2)中，求得 $R_x=50k\Omega$，实际取 $R_x=51k\Omega$，则图 5.1.4 中输出电压与频率的关系为

$$U_O=2.09\frac{R_L}{R_S}R_tC_tf_i \quad (5.1.3)$$

若将图 5.1.4 中的 $R_L=100k\Omega$、$R_t=6.8k\Omega$、$C_t=0.01\mu F$ 代入式(5.1.3)中，则输出电压与频率的关系为 $U_O=\frac{14.212}{R_S}\times f_i$，若希望输出电压与频率的关系为 $U_O=f_i\times10^{-3}V$，则电阻 R_S 的值可以取 14.2kΩ，在实际电路图 5.1.4 中，可用 12kΩ 电阻和 4.7kΩ 电位器串联获得，通过调节电位器即可获得所需的阻值。

因此，输出电压 U_O 与输入信号 f_i 在几个特殊频率点上的对应关系见表 5.1.1。

表 5.1.1 U_O 与 f_i 的关系表

f_i/Hz	200	650	1100	1550	2000
U_O/V	0.20	0.650	1.100	1.550	2.00

图 5.1.4 中，电容 C_1 的值不宜选择得太小，要保证输入脉冲信号经微分后有足够的幅度来触发 LM331 内部的输入比较器，但电容 C_1 小些有利于提高转换电路的抗干扰能力。电阻 R_L 和电容 C_L 组成低通滤波器，电容 C_L 大些，输出电压 U_O 的纹波会小些；电容 C_L 小些，当输入脉冲频率变化时，输出响应会快些。这些因素在实际运用时要综合考虑。

4）反相器电路的设计

反相器电路如图 5.1.5 所示。为减小失调电压对输出电压的影响，运算放大器采用低失调运算放大器 OP07。

由于 LM331 构成的频率/电压变换电路的负载电阻 $R_L=100k\Omega$(图 5.1.4)，且频率/电压变换电路的负载电阻作为反相器的输入电阻，因此反相器的输入电阻为 100kΩ，即 $R_2=R_L=100k\Omega$。又因反相器的电压放大倍数 $A_u=-1$，所以 $R_F=R_2=100k\Omega$。

为使集成运放反相输入端和同相输入端对地的直流电阻一致，反相器电路中的平衡电阻 $R_1=R_2//R_F=50k\Omega$，取 $R_1=51k\Omega$。

5）反相加法器电路的设计

反相加法器的电路如图 5.1.6 所示，由图可得输出与输入的关系为

$$u_o=-\frac{R_F}{R_2}u_{i1}-\frac{R_F}{R_3}u_{i2} \quad (5.1.4)$$

式中，若 $u_{i1}=-f_i\times10^{-3}V$，$u_{i2}=U_R$，则式(5.1.4)可写成

$$u_o=\frac{R_F}{R_2}f_i\times10^{-3}-\frac{R_F}{R_3}U_R \quad (5.1.5)$$

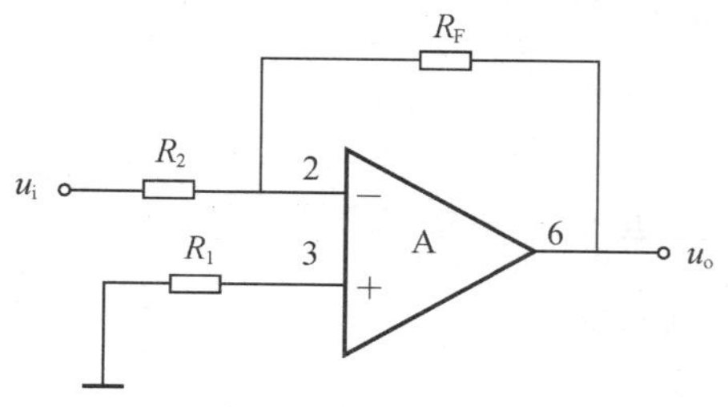

图 5.1.5 反相器

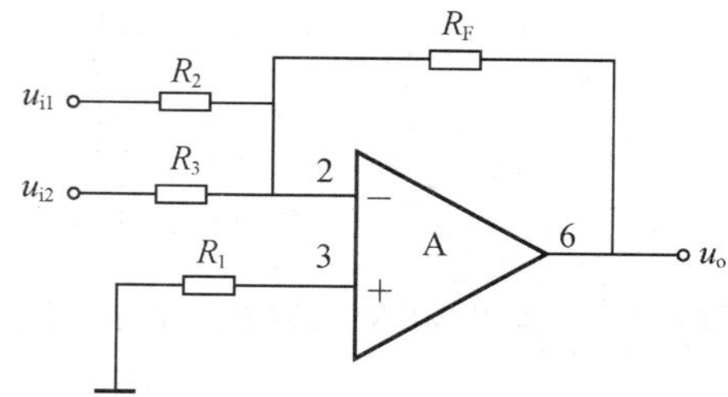

图 5.1.6 反相加法器

技术指标要求为：$f_i=200\text{Hz}$ 时，$u_o=1\text{V}$；$f_i=2000\text{Hz}$ 时，$u_o=5\text{V}$。将技术指标代入式(5.1.5)，可得

$$\frac{R_F}{R_2}\times 200\times 10^{-3}-\frac{R_F}{R_3}U_R=1 \tag{5.1.6}$$

$$\frac{R_F}{R_2}\times 2000\times 10^{-3}-\frac{R_F}{R_3}U_R=5 \tag{5.1.7}$$

将式(5.1.6)乘以 10 再与式(5.1.7)相减，得

$$-\frac{9R_F}{R_3}U_R=5 \tag{5.1.8}$$

即

$$\frac{R_F}{R_3}U_R=-\frac{5}{9} \tag{5.1.9}$$

由式(5.1.9)可见，确定参考电压 U_R、电阻 R_3 和 R_F 有两种方法。第一种：若取 $U_R=-1\text{V}$，则 $\frac{R_F}{R_3}=\frac{5}{9}$，确定其中一个电阻即可确定另外一个电阻。第二种：若取 $U_R=-\frac{5}{9}\text{V}$，则 $R_F=R_3$。

本设计中，选取第二种方法，选取 $U_R=-\frac{5}{9}\text{V}$，$R_F=R_3=20\text{k}\Omega$。将 $U_R=-\frac{5}{9}\text{V}$、$R_F=R_3=20\text{k}\Omega$ 代入式(5.1.6)，即可求得 $R_2=9\text{k}\Omega$，因此可用两个 18kΩ 电阻并联。

为使集成运放反相输入端和同相输入端对地的直流电阻一致，反相加法器电路中的平衡电阻 R_1 的值为 $R_1\approx R_2//R_3//R_F=4.7\text{k}\Omega$。

参考电压 $U_R=-\frac{5}{9}\text{V}$，可通过 -12V 电源电压进行分压获得，其电路如图 5.1.7 所示。

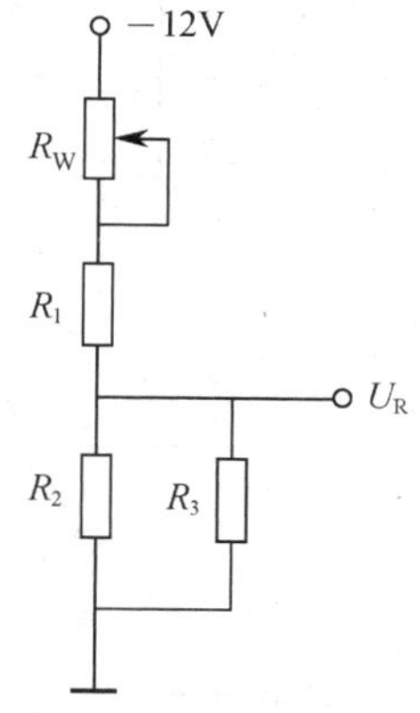

图 5.1.7　参考电压 U_R 的电路

由图 5.1.7 可得参考电压 U_R，其表达式为

$$U_R=\frac{R_3//R_2}{R_W+R_1+(R_3//R_2)}V_{EE}=-\frac{5}{9}\text{V} \tag{5.1.10}$$

式中，$V_{EE}=-12\text{V}$，则式(5.1.10)可写成

$$U_R=\frac{R_3//R_2}{R_W+R_1+(R_3//R_2)}\times(-12)=-\frac{5}{9}\text{V} \tag{5.1.11}$$

图 5.1.7 中，R_2 和 R_3 的阻值分别取 $R_2=1\text{k}\Omega$，$R_3=20\text{k}\Omega$，则 $R_2//R_3=0.95\text{k}\Omega$。将 $R_2//R_3=0.95\text{k}\Omega$ 代入式(5.1.11)，可得 $R_W+R_1=19.57\text{k}\Omega$。若 $R_1=15\text{k}\Omega$，R_W 用 10kΩ 电位器，通过调节电位器即可获得所需的 $R_W+R_1=19.57\text{k}\Omega$ 的阻值。

6）系统的整体电路设计

频率/电压变换器的整机电路如图 5.1.8 所示。图 5.1.8 中的 C_4、C_6、C_8、C_9 均为滤波电容，用以防止自激和输出直流电压上产生毛刺，电容值均为 10μF。

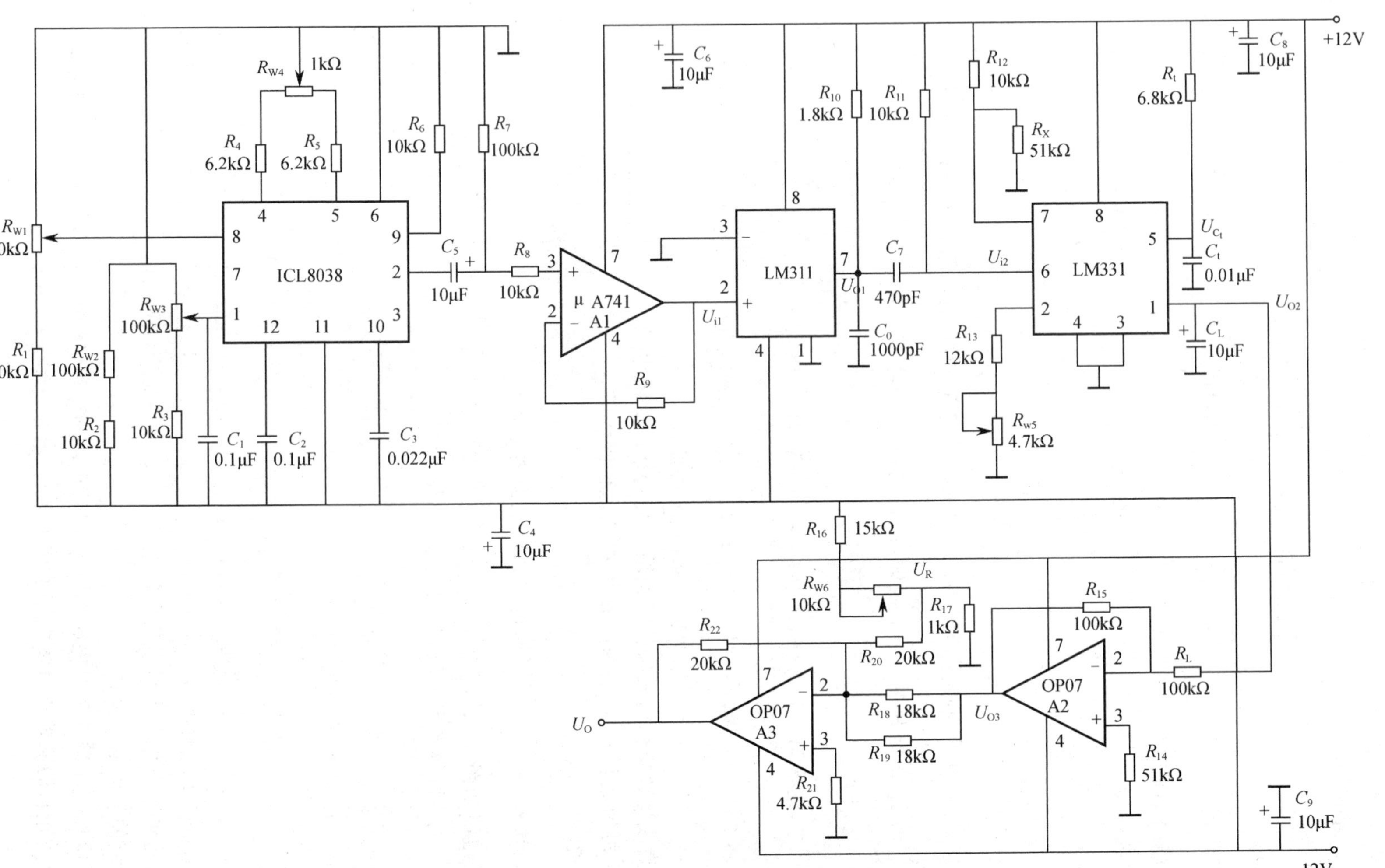

图 5.1.8 频率/电压变换器的整机电路

4. 设计报告要求

(1) 根据课设的设计指标及要求,选择技术方案。

(2) 确定系统的总体设计结构框图。

(3) 画出系统的整体电路图,并在图中标出元器件的型号及参数。

(4) 对系统中的各功能单元电路分别进行分析,包括电路的工作原理、电路的设计及电路中元件参数的选取方法。

(5) 写出调试步骤、调试结果和调试过程中遇到的故障及解决方法。

(6) 列出实验数据表格,在坐标纸上画出电路中需要记录的波形。

(7) 对理论值和实验值进行误差分析,分析产生误差的原因。

(8) 写出课设的收获及体会。

5. 实验仪器与元器件

1) 实验仪器

直流稳压电源,1 台。

信号发生器,1 台。

双踪示波器,1 台。

万用表,1 块。

2) 实验元器件

集成芯片:

μA741,1 只。

LM311,1 只。

LM331,1 只。

OP07,2 只。

电阻:

1kΩ,1 只; 1.8kΩ,1 只; 4.7kΩ,1 只; 6.8kΩ,1 只; 10kΩ,4 只; 12kΩ,1 只; 15kΩ,1 只; 18kΩ,2 只; 20kΩ,2 只; 51kΩ,2 只; 100kΩ,3 只。

电容:

0.01μF,1 只; 10μF,6 只; 470pF,1 只; 1000pF,1 只。

电位器:

4.7kΩ,1 只; 10kΩ,1 只。

5.2 音乐电平显示系统

音乐电平显示系统是利用驻极体话筒采集人讲话的声音,然后根据声波的强弱来改变发光二极管发光个数的综合性设计。

本课题主要介绍了音乐电平显示系统的设计方法。通过本课题的设计,要求掌握晶体管放大电路、加法运算电路、电压比较器和波形变换等电路的工作原理,并掌握它们的设计、测量和调试方法,以提高实际综合应用和设计能力。

1. 设计技术要求

(1) 电路采用±12V电源供电。

(2) 电路整体放大倍数为4500倍。其中前置放大器放大倍数为5倍,交流放大器放大倍数为30倍,直流放大电路放大倍数为30倍。

(3) 基准电压$U_R=4.5V$。

(4) 当人距离驻极体话筒(麦克)0.5m正常讲话时,要求系统能根据声波的大小实时改变LED灯发光的个数,声音越大,LED发光的个数越多;不讲话时,LED灯都不点亮。

2. 设计原理

1) 系统整体框图

音乐电平显示系统是通过驻极体话筒将声波转换成电信号,并将其放大后处理,最后用发光二极管显示其声波的强弱。由于驻极体话筒(麦克)输出的电信号很微弱(mV级),所以先要将其进行放大,以满足电压比较器的输入要求。为了实现上述目的,音乐电平显示系统按七部分电路来进行设计,分别包括:话筒输入、前置放大器、交流放大器、精密全波整流滤波器、直流放大器、电压比较器和LED发光二极管显示电路。系统的组成框图如图5.2.1所示。

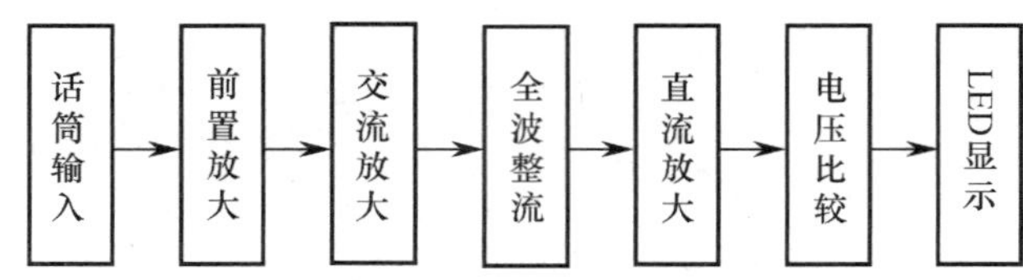

图5.2.1 音乐电平显示系统框图

2) 驻极体话筒(麦克)信号输入电路

当驻极体话筒检测到人讲话的声音信号以后,便会在话筒两端产生随声波变化而变化的交流电压信号,由于该信号非常微弱,所以经过电容C_1耦合后送到下一级放大电路进行放大。驻极体话筒信号输入电路如图5.2.2所示。

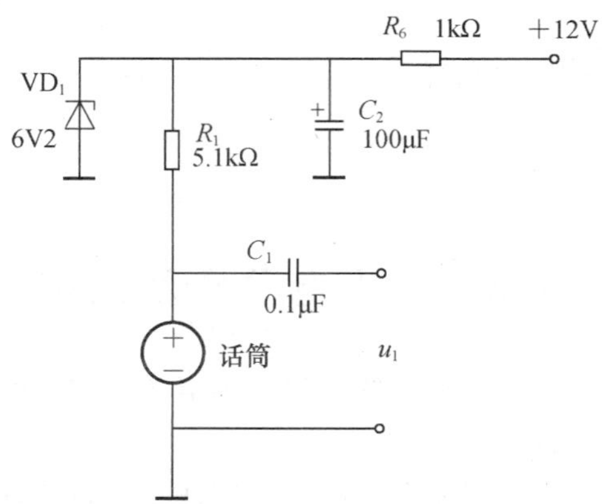

图5.2.2 驻极体话筒信号输入电路

3）前置放大器

前置放大器是将驻极体话筒电路输出的音频信号放大至运算放大器能接受的输入范围，再输出到下一级运算放大电路。设计要求前置放大器的输入阻抗较高，输出阻抗较小，放大倍数为 5 倍。前置放大器的电路如图 5.2.3 所示，图中放大电路满足深度负反馈条件，据此可计算出闭环电压放大倍数及输入、输出电阻。

图 5.2.3 中，由于引入了发射极电阻 R_5，构成了电流串联电压负反馈。在深度负反馈条件下，有 $U_f=U_1$，其中 $U_f=I_e\cdot R_{54}\approx I_c\cdot R_{54}\approx U_1$，且 $U_2=-I_c\cdot R'_L$，其中 $R'_L=R_4//R_L$。则可得 $A_{uf}=\dfrac{U_2}{U_1}\approx-\dfrac{I_c\cdot R'_L}{I_c\cdot R_{54}}\approx-\dfrac{R'_L}{R_{54}}$。

前置放大器的输入电阻为

$$R'_{if}=R_2//R_3//R_{if}$$

前置放大器的输出电阻为

$$R'_{of}=R_4//R_{of}\approx R_4$$

4）交流放大器

交流放大器的电路如图 5.2.4 所示，该电路为交流反相比例运算电路。

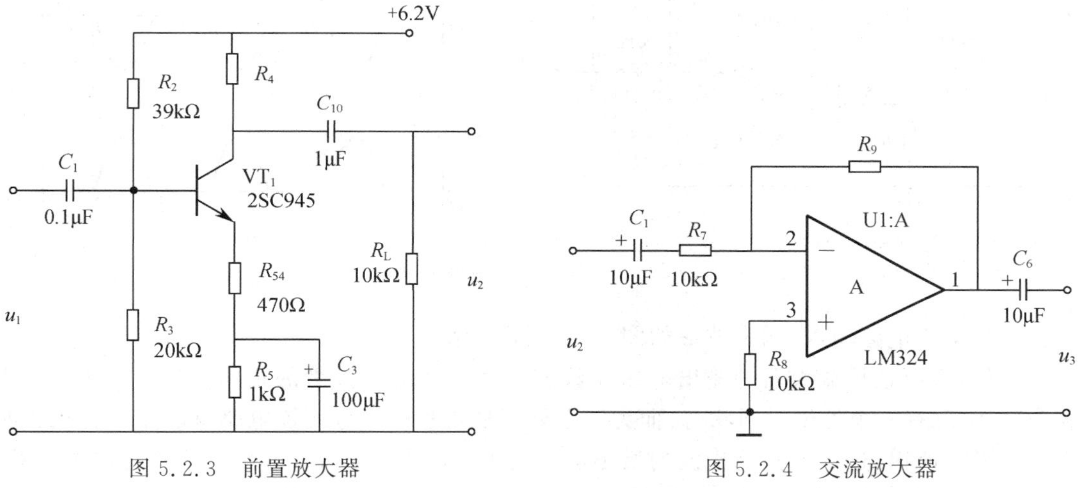

图 5.2.3　前置放大器　　图 5.2.4　交流放大器

该交流放大器电路是将前一级输出的音频信号 U_2 进行放大，其输出电压 U_3 是 U_2 的 R_9/R_7 倍，R_8 的电阻值为 $R_7//R_9$。

交流放大电路的放大倍数为

$$A_{uf}=\frac{u_3}{u_2}=-\frac{R_9}{R_7}$$

交流放大电路的输入电阻为

$$R_{if}=\frac{u_i}{i_1}=R_7$$

交流放大电路的输出电阻为

$$R_{of}=0$$

5）交流-直流转换电路

交流-直流转换电路又称为平均值电路，它是把交流音频信号整流后，再通过滤波器滤波，把交流音频电压按比例转换成脉动直流电压，一般称为平均值电压。

(1) 半波整流电路

在普通的二极管线性检波电路中，由于硅二极管的正向导通电压为0.7V，在检波1V以下的小信号时，误差很大。若把二极管置于运算放大器的反馈电路中，即使输入电压的峰值小于0.2V，检波仍能十分精确。常用的半波整流电路如图5.2.5(a)所示。

该半波整流电路具有反相结构，它的反相输入端为虚地，当输入信号电压为正极性时，VD_3 导通 VD_2 截止，U_{30} 输出为零；当输入信号电压为负极性时，VD_2 导通 VD_3 截止，放大器输出 $U_{30}=-\frac{R_{12}}{R_{10}}\cdot U_3$，电路处于反相比例运算状态。根据上述分析，可得

$$U_{30}=\begin{cases}-\frac{R_{12}}{R_{10}}\cdot U_3 & (U_3<0)\\ 0 & (U_3\geqslant 0)\end{cases} \tag{5.2.1}$$

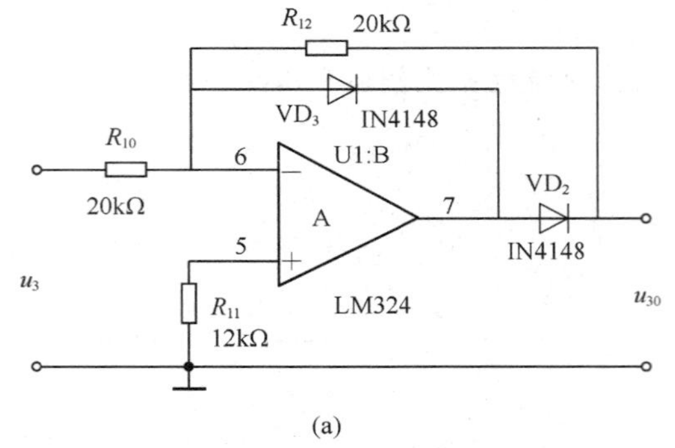

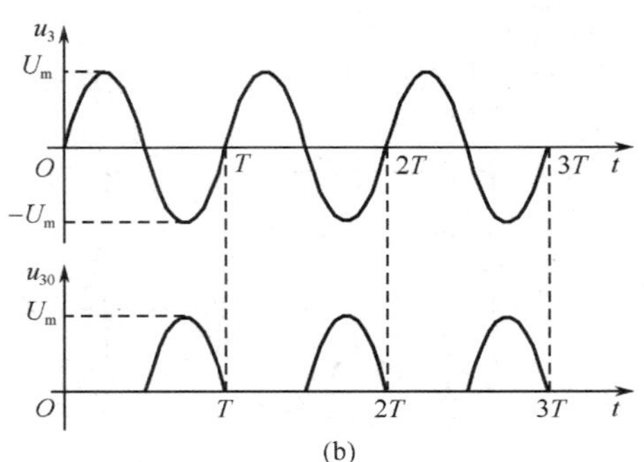

图5.2.5 半波整流电路及波形

半波整流电路输入/输出波形如图5.2.5(b)所示。

显然，只要运算放大器的输出电压在数值上大于整流二极管的正向导通电压 U_D，VD_3 和 VD_2 中总有一个处于导通状态，而另一个处于截止状态。应用该电路就能正常检出正半周的波形。所以，这个电路能检波的最小输入电压峰值为 U_D/A_u，可见二极管正向电压 U_D 的影响被削弱了 A_u 倍，从而使检波特性大大改善。例如，若输入信号频率为50Hz，放大器的开环放大倍数为 1×10^6，二极管的正向压降为0.7V时，则最小检波电压峰值为0.7μV，所以该电路能检出小信号的输入电压，优点是十分明显的。

(2) 全波整流电路

全波整流电路是在半波整流电路的基础上，再加上一级反相加法运算放大电路而构成的，如图5.2.6(a)所示。

图5.2.6(a)中前半部分即由U1：B放大器构成的半波整流电路，后半部分即由U1：C放大器构成的反相加法运算电路。

U_3 与 U_{30} 同时加到反相加法放大器U1：C的反相端进行求和。当 $U_3>0$ 时，半波整流电路输出 $U_{30}=0$，这时 U_3 通过 R_{13} 加到反相加法器U1：C的反相输入端，由于 $R_{13}=R_{15}$，所以反相加法运算器U1：C的输出电压 $U_4=-U_3$。当 $U_3<0$ 时，$U_{30}=-U_3$，由于 $R_{14}=\frac{1}{2}R_{15}$，所以 $U_4=-2U_3+U_3=-U_3$，故有 $U_4=-|U_3|$。这样，不论输入信号极性如

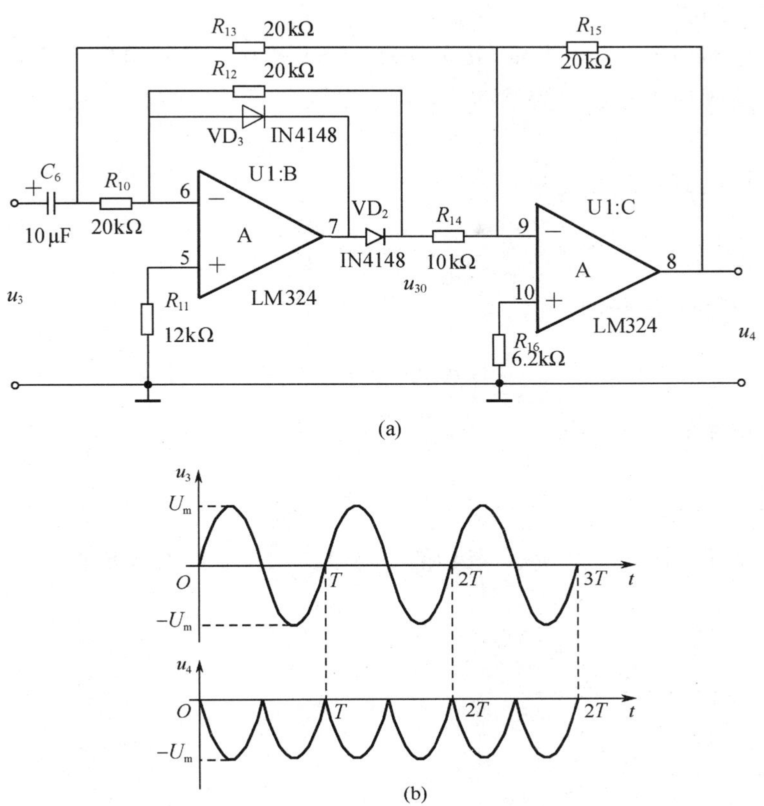

图 5.2.6 全波整流电路及波形

何,输出信号总是为负电压,且数值上等于输入信号的绝对值,实现了绝对值运算,所以该电路也可称为绝对值电路。

(3) 精密交流-直流转换电路

精密交流-直流转换电路如图 5.2.7 所示,电容 C_7 将整流信号进行平滑,其输出电压 U_4 为直流脉动信号。平滑滤波器的时间常数 $\tau=R_{15}C_7\approx 20\times10^3\times4.7\times10^{-6}\text{s}\approx0.1\text{s}$。

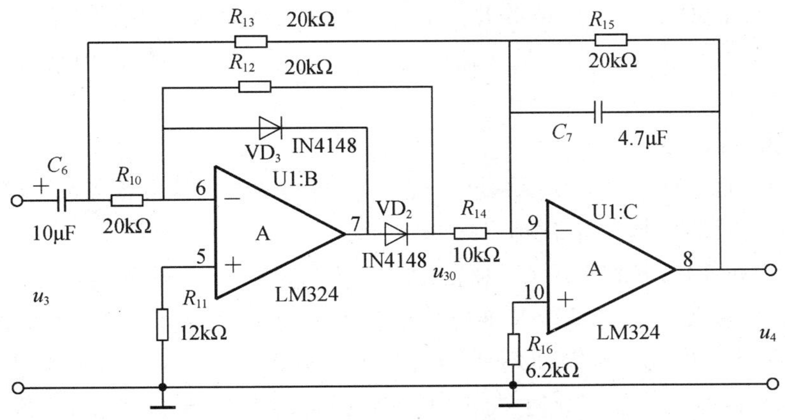

图 5.2.7 精密交流-直流转换电路

6）直流放大电路

直流放大电路如图 5.2.8 所示，其实质为一个反相比例运算电路。该放大电路是将前一级输出的直流脉动信号 U_4 进行放大，其输出电压 U_5 是 U_4 的 R_{19}/R_{17} 倍。R_{18} 的电阻值为 $R_{18}=R_{19}//R_{17}$。

直流放大电路的放大倍数为

$$A_{uf}=\frac{u_5}{u_4}=-\frac{R_{19}}{R_{17}}$$

直流放大电路的输入电阻为

$$R_{if}=\frac{u_i}{i_i}=R_{17}$$

直流放大电路的输出电阻为

$$R_{of}=0$$

7）基准电压电路

基准电压电路如图 5.2.9 所示，其功能是为电压比较器提供基准电压。

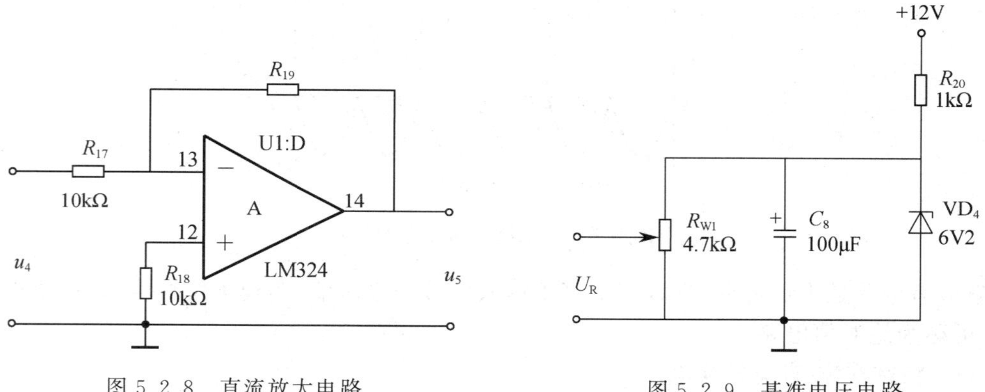

图 5.2.8　直流放大电路　　　　图 5.2.9　基准电压电路

该电路是由稳压二极管 VD_4、可调电位器 R_{W1} 和电阻 R_{20} 及电容 C_8 组成，其中稳压二极管的稳压值为 6.2V。可调电位器 R_{W1} 并联在稳压二极管 VD_4 两端，所以 R_{W1} 两端的电压为 6.2V，可调电位器 R_{W1} 中心抽头输出电压 U_R 为 0～6.2V 可调，用来为电压比较器提供可调的基准电压。

8）电压比较器电路

电压比较器是一种常见的信号幅度处理电路，可将两个模拟电压信号进行比较，输出比较结果。电压比较器的基本电路如图 5.2.10 所示。

由图 5.2.10 可知，基准电压 U_R 加在比较器的同相输入端，输入电压 u_i 加在比较器的反相输入端。当输入电压 u_i 低于基准电压 U_R 时，电压比较器 LM339 内部的输出三极管截止，没有电流流过发光二极管(LED)，发光二极管不亮；当输入电压 u_i 高于基准电压 U_R 时，LM339 内部的输出三极管导通，将 LED 的负极连接到地，电流经过 R_2 流过 LED，LED 点亮。

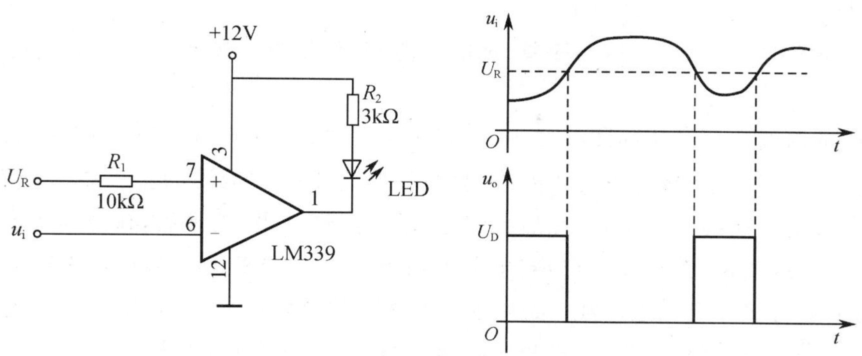

图 5.2.10　电压比较器

系统完整的电压比较器电路如图 5.2.11 所示。图中共采用了 16 个电压比较器，其输出分别驱动 16 个 LED，输入信号 U_5（即前级直流放大电路的输出）同时加到 16 个比较器的反相输入端。基准电压 U_R 经 R_{21} 至 R_{37} 构成分压器，从而产生 16 个分压值，作为每个比较器的基准电压，分别加到每个比较器的同相输入端。当输入信号 U_5 较小时，基准电压值较小的电压比较器所驱动的 LED 点亮；当输入信号 $U_5>U_R$ 时，所有的比较器驱动的 LED 全部点亮。由此可见，LED 点亮个数的多少直接反映了输入信号 U_5 的大小。

LED 的亮度与其流过的电流大小成正比，流过 LED 的电流越大，LED 的发光亮度就越高。串联在 LED 回路里的电阻 R_{38}～R_{53} 起限流作用。

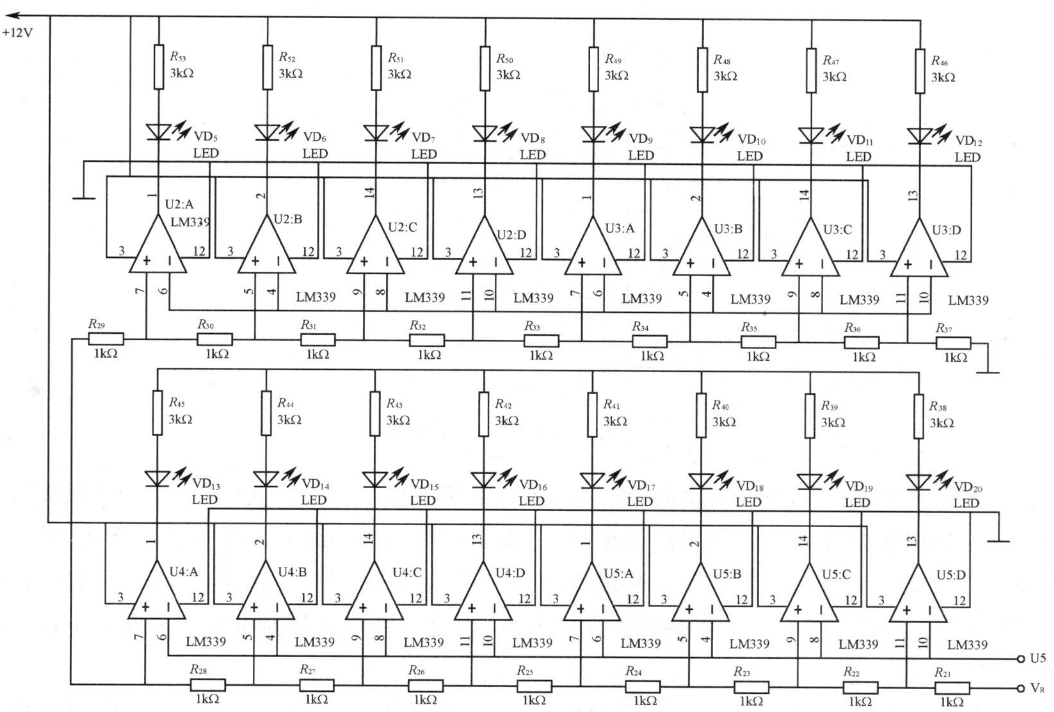

图 5.2.11　16 位电压比较器原理图

9）驻极体话筒

驻极体话筒具有体积小、结构简单、声电性能好、价格低的特点，广泛用于盒式录音机、无线话筒及声控等电路。

驻极体话筒的内部结构如图 5.2.12(a)所示，它主要由“声-电”转换和阻抗变换两部分组成。“声-电”转换的关键元件是驻极体振动膜片，它以一片极薄的塑料膜片作为基片，在其中一面蒸发上一层纯金属薄膜，然后再经过高压电场“驻极”处理后，在两面形成可长期保持的异性电荷，这就是“驻极体”(也称“永久电荷体”)一词的来历。振动膜片的金属薄膜面向外，并与话筒金属外壳相连；另一面靠近带有气孔的金属极板，其间用很薄的塑料绝缘垫圈隔离开。这样，振动膜片与金属极板之间就形成了一个本身具有静电场的电容。可见驻极体话筒实际上是一种特殊的、无需外接极化电压的电容式话筒。

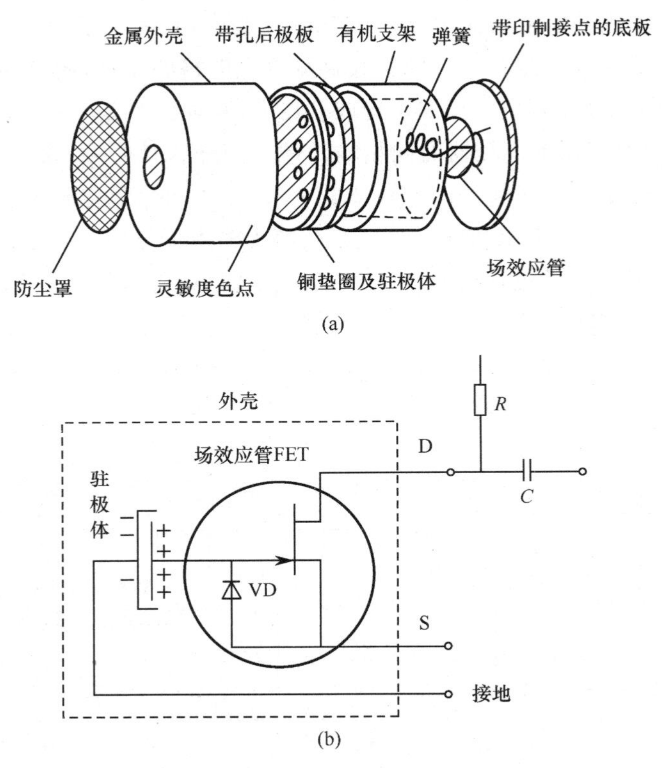

图 5.2.12 驻极体话筒结构

当驻极体膜片遇到声波振动时，就会引起与金属极板间距离的变化，也就是驻极体振动膜片与金属极板之间的电容随着声波变化，进而引起电容两端固有的电场发生变化，从而产生随声波变化而变化的交变电压。驻极体总的电荷量不变，当极板在声波压力下后退时，电容量减小，电容两极间的电压就会成反比地升高，反之电容量增加时电容两极间的电压就会成反比地降低。

驻极体膜片与金属板之间的电容量比较小，一般为几十皮法，因而它的输出阻抗值很高，在几十兆欧以上。因此，它不能直接与放大电路相连，必须连接阻抗变换器，通常用一个专用的场效应管和一个二极管复合组成阻抗变换器，如图 5.2.12(b)所示。由于场效应管必须工作在合适的外加直流电压下，所以驻极体话筒属于有源器件，即在使用时必须给驻极体话筒加上合适的直流偏置电压，才能保证它正常工作，这是有别于一般普通动圈式、压电陶瓷式话筒之处。

3. 设计报告要求

(1) 根据设计任务中的要求分析电路的工作原理，写出设计过程。

(2) 根据设计要求中放大倍数的要求，分别计算前置放大电路中的电阻 R_4、交流放大电路中的电阻 R_9 和直流放大电路中的电阻 R_{19} 的值。

(3) 测量前置放大电路的静态工作点 U_{BQ}、U_{CQ}、U_{EQ} 的电压值，并记录。

(4) 用信号发生器产生 $U_{P\text{-}P}$ 为 5mV、频率为 1kHz 的正弦波信号，利用毫伏表分别测量前置放大电路、交流放大电路的实际放大倍数，用数字万用表测量直流放大电路的放大倍数，分别记录并计算整个系统的实际电压放大倍数。

(5) 对系统调试过程中出现的故障进行分析和说明。

4. 思考题

(1) 在本课设电路中，若把全波整流电路改成半波整流电路，系统是否可以正常工作？为什么？

(2) 在本课设电路中，若把前置放大器电路去除，可否通过调整交流放大电路和直流放大电路的放大倍数，以满足设计指标中的 4500 放大倍数的要求？若可以，该如何实现？

(3) 本课设电路可否衍生他用？请举例说明。

5. 实验仪器与元器件

1) 实验仪器

信号发生器，1 台。

交流毫伏表，1 台。

直流稳压电源，1 台。

万用表，1 块。

2) 实验元器件

集成芯片：

LM324，1 只。

LM339，4 只。

驻极话筒，1 只。

三极管 2SC945，1 只。

电阻、电容、二极管，若干。

6. 音乐电平显示系统原理图

音乐电平显示系统原理图如图 5.2.13 所示。

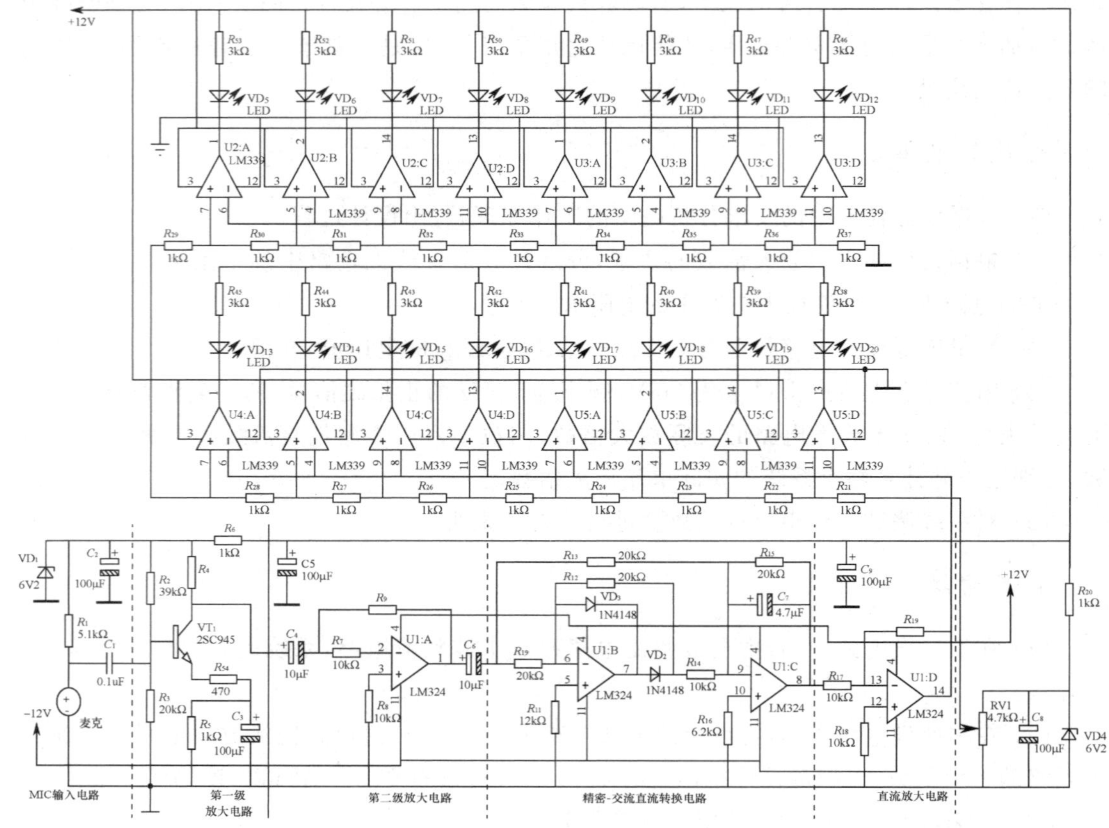

图 5.2.13　音乐电平显示系统原理图

5.3　热释电红外安防自动报警系统

本课题要求设计一个热释电红外安防自动报警系统，以热释电红外传感器为检测元件，当监控范围内有人进入时，蜂鸣器发出报警。该系统既可应用于安防报警，也可应用于检测人体信号控制开关、无线门磁等方面。同时，它还能鉴别出运动的生物与其他非生物。

1. 设计要求

(1) 电路采用+5V 电源供电。

(2) 采用 BISS001 传感信号集成处理芯片对热释电红外传感器输出的微弱信号进行放大和处理。

(3) BISS001 信号处理电路可分别设置成可重复触发和不可重复触发，并且触发封锁时间 T_i 和输出延迟时间 T_x 可调。

2. 设计原理

1) 系统总体设计方案

热释电红外报警系统主要由光学系统、热释电红外传感器、信号放大和处理以及报警电路等几部分组成。系统总体框图如图 5.3.1 所示。

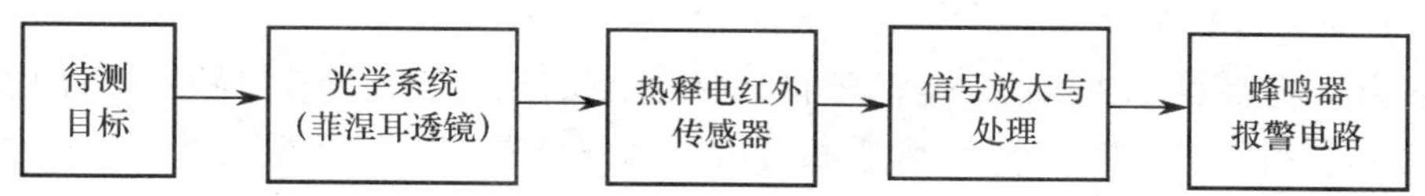

图 5.3.1 系统总体框图

热释电红外报警系统是一个“被动式”工作的系统,“被动式”是指探测器本身不发出任何探测信号,系统工作时通过菲涅尔透镜将人体辐射的红外信号聚焦到热释电红外传感器探测元件上,并把人体的红外信号转换为微弱电信号,经过滤波、放大与处理后,最后驱动蜂鸣器电路发出报警。

2) 热释电红外传感器

当一些晶体受热时,其自身的电子会随着温度梯度由高温区往低温区移动,这样便产生电流或电荷堆积现象,同时在晶体两端将会产生数量相等而符号相反的电荷,这种由于热变化产生的电极化现象,被称为热释电效应。

热释电红外传感器(pyroelectric infrared sensor)是利用热释电效应而制作的一种温度敏感性传感器,是一种能检测人体发射的红外线的新型高灵敏度红外探测元件。它能以非接触的形式检测出人体辐射的红外线能量的变化,并将其转换成电压信号输出,是一种非常有应用潜力的传感器。

热释电红外传感器由陶瓷氧化物或压电晶体元件组成,元件两个表面做成电极,当传感器监测范围内温度有 ΔT 的变化时,热释电效应会在两个电极上产生电荷 ΔQ,即在两电极之间产生一微弱电压 ΔU。

热释电红外传感器主要包括外壳、干涉滤光片、热释电探测元件 PZT 以及场效应管 FET 组成,实物如图 5.3.2 所示,结构示意图如图 5.3.3 所示。

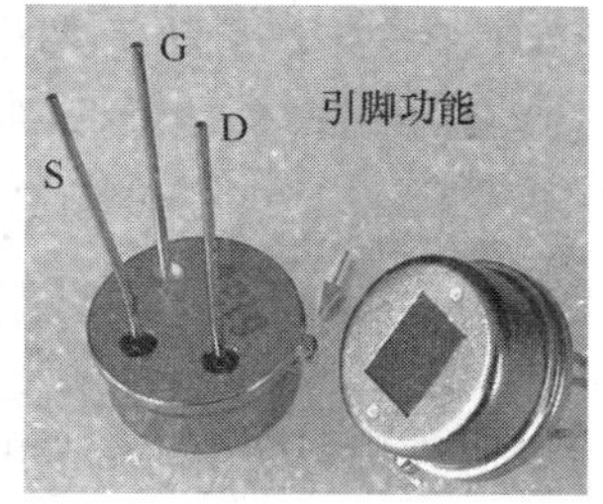

图 5.3.2 热释电红外传感器实物

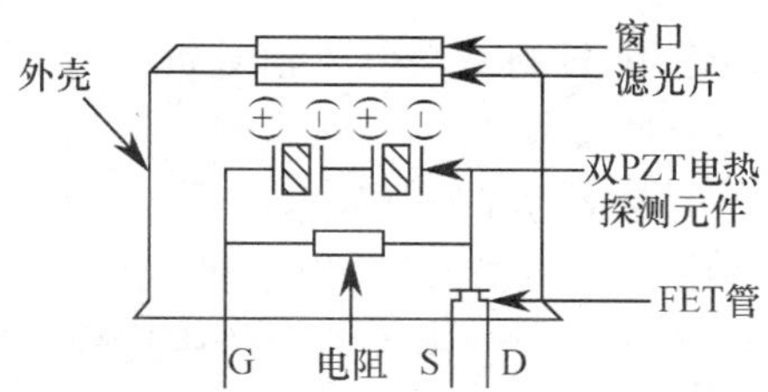

图 5.3.3 热释电红外传感器内部结构

(1) 干涉滤光片

考虑到对人体外的红外辐射干扰进行抑制,同时为了使传感器件辐射到的红外线与大气的红外透射率相结合,因此在热释电传感元件前加上一个 8～14μm 的干涉滤光片,波长小于 8μm 的红外线被吸收。一般人的体温为 37℃左右,会发出 10μm 左右特定波长的红外线,滤光片只通过对人体敏感的热释红外线光谱,而对其他波长的红外线由滤光片予以吸收,这样便形成了一种专门用作探测人体辐射的红外线传感器。这种滤波片除了允许某些波长范围的红外辐射通过外,还能将灯光、阳光和其他红外辐射拒之门外。另外,为了只对人体的红外辐射敏感,在热释电传感器的辐射照面通常覆盖有特殊的菲涅尔滤光片,使环境的干扰受到明显的抑制作用。

(2) 热释电探测元件 PZT

为抑制因自身温度变化而产生的干扰，该传感器将两个极性相反、特性一致的探测元串接在一起。它利用两个极性相反、大小相等的干扰信号在内部相互抵消的原理来使传感器得到补偿。

当传感器监测范围内温度有 ΔT 的变化时，热释电效应会在两个电极上产生电荷 ΔQ，即在两电极之间产生一微弱电压 ΔU。由于它的输出阻抗极高，所以传感器中有一个场效应管进行阻抗变换。热释电效应所产生的电荷 ΔQ 会跟空气中的离子所结合而消失，当环境温度稳定不变时，$\Delta T=0$，传感器无输出。当人体进入检测区时，因人体温度与环境温度有差别，产生 ΔT，所以有信号输出；若人体进入监测区后不动，则温度没有变化，传感器也没有输出，所以这种传感器只能检测人体或者动物的活动。

(3) 场效应管 FET

在热释电传感器内部，有一个场效应管和栅极电阻 R_g，栅极电阻 R_g 与热电探测元件并接后，它能将热电探测元件表面电荷的变化以电信号的形式加至场效应管的栅极。场效应管起阻抗变换的作用，输入阻抗很高，输出阻抗却很低。通过场效应管的匹配和放大，源极输出能反映外来红外线能量变化幅度的电压信号。

热释电红外传感器对人体的敏感程度还和人的运动方向关系很大。热释电红外传感器对于径向移动反应最不敏感，而对于横切方向(即与半径垂直的方向)移动则最为敏感。所以在选择安装位置时，应使入侵者的活动有利于横向穿越(即切割)红外监视光束带区，热释电红外传感器能敏锐地觉察出红外能量的变化，以提高检测灵敏度。

3) 光学系统(菲涅尔透镜)

光学系统的核心部分是菲涅尔透镜，它的主要作用就是将探测空间的红外线有效地集中到传感器上。通过分布在镜片上的同心圆的窄带(视窗)来实现红外线的聚焦，相当于凸透镜的作用。这部分选择主要是看透镜窄带的设计及透镜材质。菲涅尔透镜有两个作用：一是聚焦作用，即将热释红外信号折射(反射)在热释电红外传感器上；二是将探测区域内分为若干个明区和暗区，使进入探测区域的移动物体能以温度变化的形式在热释电红外传感器上产生变化的红外热释电信号。

4) BISS0001 芯片的工作原理

BISS0001 是一款高性能的传感信号处理集成电路，它配以热释电红外传感器和少量外接元件就可以构成热释电红外探测电路。其功能特点如下。

(1) CMOS 数模混合专用集成电路工艺。

(2) 具有独立高输入阻抗运算放大器，可与多种传感器匹配进行信号与处理。

(3) 内部的双向鉴幅器可有效抑制干扰。

(4) 内设延迟时间定时器和封锁时间定时器。

(5) 内置参考电压，工作电压范围 2～6V。

(6) 采用 16 脚 DIP 和 SOP 封装。

BISS0001 芯片的引脚排列如图 5.3.4 所示，各引脚的定义见表 5.3.1。

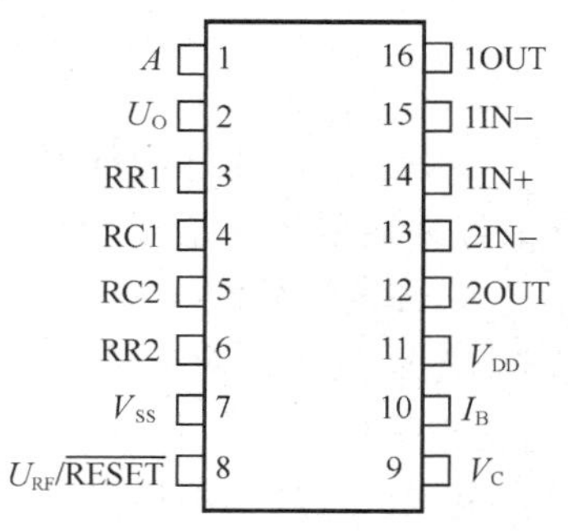

图 5.3.4 BISS0001 引脚排列

表 5.3.1　BISS0001 引脚功能

引脚	名称	I/O	功能描述
1	A	I	可重复触发和不可重复触发选择端。当 A 为“1”时，允许重复触发；当 A 为“0”时，不可重复触发
2	U_O	O	控制信号输出端。由 VS 上跳变沿触发，使 U_o 输出从低电平跳变到高电平时视为有效触发。在输出延迟时间 T_x 之外和无 VS 的上跳变时，U_o 保持低电平状态
3	RR1	—	输出延迟时间 T_x 的调节端
4	RC1	—	输出延迟时间 T_x 的调节端
5	RC2	—	触发封锁时间 T_i 的调节端
6	RR2	—	触发封锁时间 T_i 的调节端
7	V_{SS}	—	工作电源负端
8	U_{RF}	I	参考电压及复位输入端。通常接 V_{DD}，当接“0”时可使定时器复位
9	U_C	I	触发禁止端。当 $U_C<U_R$ 时禁止触发；当 $U_C>U_R$ 时，允许触发($U_R\approx0.2V_{DD}$)
10	I_B	—	运算放大器偏置电流设置端
11	V_{DD}	—	工作电源正端，范围为 3～5V
12	2OUT	O	第二级运算放大器的输出端
13	2IN－	I	第二级运算放大器的反相输入端
14	1IN＋	I	第一级运算放大器的同相输入端
15	1IN－	I	第一级运算放大器的反相输入端
16	1OUT	O	第一级运算放大器的输出端

BISS0001 是由运算放大器、电压比较器、状态控制器、延迟时间定时器以及封锁时间定时器等构成的数模混合专用集成电路。BISS0001 的内部组成结构框图如图 5.3.5 所示。

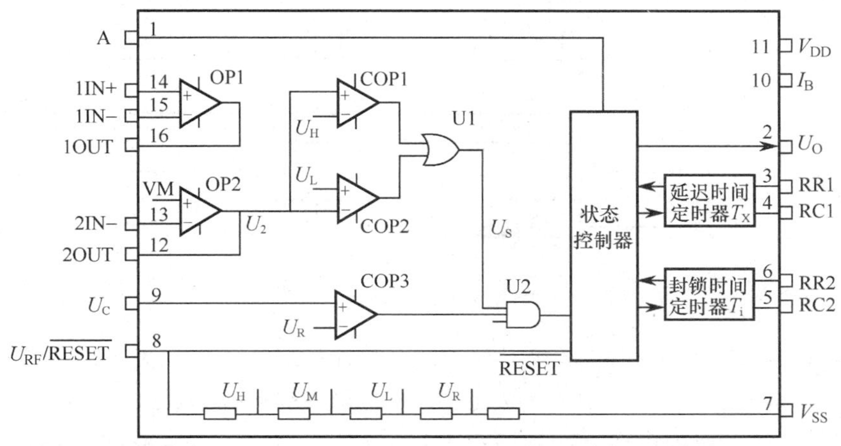

图 5.3.5　BISS0001 内部组成结构框图

首先，根据实际需要，利用运算放大器 OP1 组成传感信号预处理电路，将热释电传感器输出的电压信号进行放大。然后耦合给运算放大器 OP2，再进行第二级放大，同时将直流电位抬高为 U_M($\approx0.6U_{RF}$)后，将输出信号 U_2 送到由比较器 COP1 和 COP2 组成的双向鉴幅器，检出有效触发信号 U_S。在 BISS0001 芯片中，通过 5 个等效电阻将参考电压 U_{RF} 进行分压，分别为 U_H、U_M、U_L 和 U_R。当 U_{RF} 输入为 3.3V 电压时，由于 $U_H\approx0.8U_{RF}=2.64$V、

$U_L \approx 0.4U_{RF}=1.32V$,可有效抑制 1V 的噪声干扰,提高系统的可靠性。COP3 是一个条件比较器。当输入电压 $U_C<U_R(\approx 0.2V_{DD})$时,COP3 输出为低电平,封住了与门 U2,禁止触发信号 V_S 向下级传递;而当 $U_C>U_R$ 时,COP3 输出高电平,进入延时周期。

BISS0001 有两种工作方式,分别为不可重复触发方式和可重复触发方式。图 5.3.6 所示为不可重复触发方式下各点的波形。

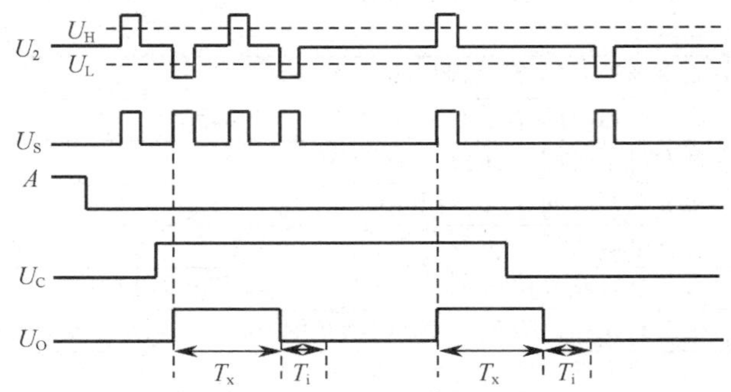

图 5.3.6 不可重复触发方式下各点的波形

当 A 端接"0"电平时,在 T_x 时间内任何 U_2 的变化都被忽略,直至 T_x 时间结束,即所谓不可重复触发工作方式。当 T_x 时间结束时,U_O 下跳回低电平,同时启动封锁时间定时器而进入封锁周期 T_i。在 T_i 时间内,任何 U_2 的变化都不能使 U_O 跳变为有效状态(高电平),可有效抑制负载切换过程中产生的各种干扰。

图 5.3.7 所示为可重复触发方式下各点的波形。

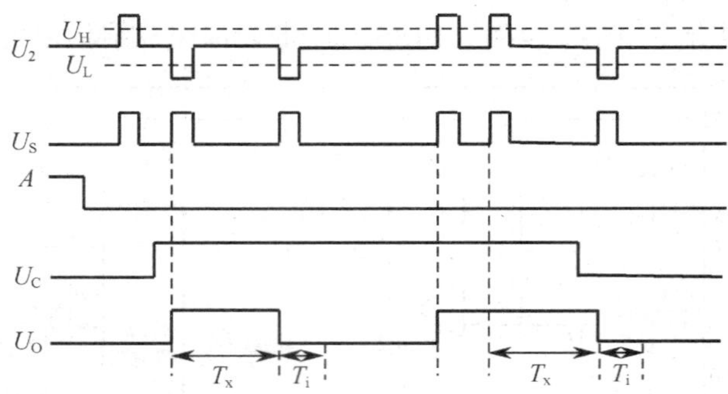

图 5.3.7 BISS0001 可重复触发方式下各点的波形

在可重复触发工作方式下,当 $U_C=0$、$A=1$ 时,信号 U_S 不能触发 U_O,为有效高电平状态。在 $U_C=1$、$A=1$ 时,U_S 可重复触发 U_O 为有效状态,并可促使 U_O 在 T_x 周期内一直保持有效状态。在 T_x 时间内,只要 U_S 发生上跳变,则 U_O 将从 U_S 上跳变时刻起继续延长一个 T_x 周期;若 U_S 保持"1"状态,则 U_O 一直保持有效状态;若 U_S 保持"0"状态,则在 T_x 周期结束后 U_O 恢复为无效状态,并且,同样在封锁时间 T_i 时间内,任何 U_S 的变化都不能触发 U_O 为有效状态。

5)系统的整体电路设计

热释电红外报警系统的整体电路如图 5.3.8 所示。

系统通常采用的电源电压为 5~12V,而 BISS0001 芯片电压要控制在 3~6V 之间,所

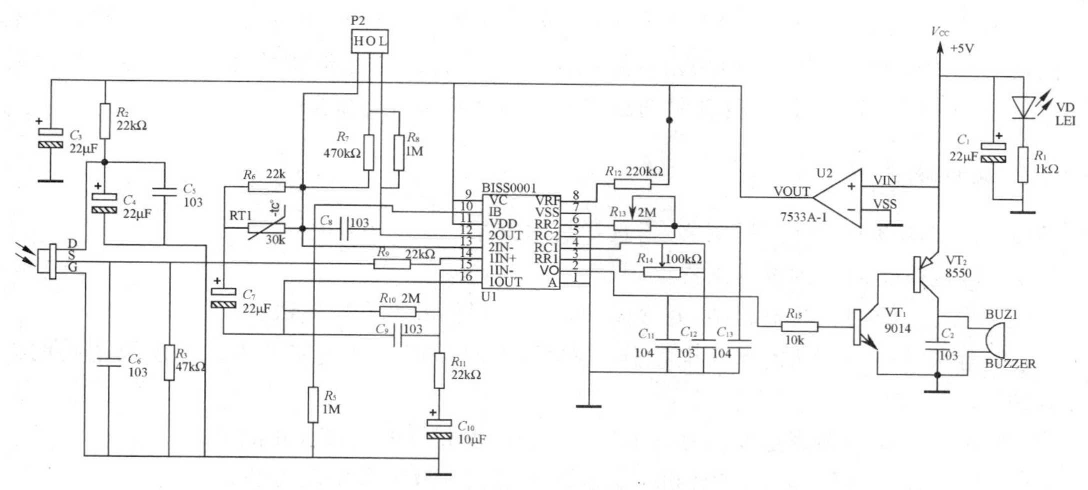

图 5.3.8　热释电红外安防自动报警系统电路图

以电源输入后需要进行稳压，这里使用了型号为 7533A 的一款三端稳压元件，该芯片是一款 5.0V 的高性能、低成本电源管理类芯片，非常适合于采用电池供电或外部电源不明情况下使用。通过稳压，就能保证热释电红外传感器 PIR 两端稳定的工作电压要求。同时，在电源端和 PIR 的 D 极分别引入 0.01μF 和 22μF 两种电容，同样也是为了防止高频和低频信号对 PIR 两端电压的干扰。

图 5.3.8 中，BISS0001 芯片中 13 管脚连接到一个热敏电阻 RT1，用来补偿环境温度的变化对热释电红外传感器 PIR 产生的影响。

图 5.3.8 中，BISS0001 芯片的 1 脚接到地信号上，此时芯片处于不可重复触发的工作方式。当然，也可以在 BISS0001 芯片的 1 脚接入工作方式选择开关 SW1，当 SW1 处于低电平“0”，即接地时，芯片处于不可重复触发工作方式；当 SW1 处于高电平“1”，即和电源正极相接时，芯片处于可重复触发工作方式。

图 5.3.8 中，R_6 可以调节放大器增益的大小，通常在十几千欧左右，实际使用时可以根据实际情况进行调整，这样可以提高电路增益，改善电路性能。输出延迟时间 T_x 的大小是由 BISS0001 芯片 3 脚和 4 脚外部连接的 R_{14} 和 C_{12} 的大小进行控制，通常 $T_x \approx 24576R_{14}C_{12}$，其中 R_{14} 为 100kΩ 的多圈可调精密电位器。而触发封锁时间 T_i 的大小可以通过 5 脚和 6 脚外部连接的 R_{13} 和 C_{13} 的大小调整，$T_i \approx 24R_{13}C_{13}$，其中 R_{13} 为 2MΩ 的多圈可调精密电位器。同时 T_i 与 T_x 两者有一定的联系，需要根据时间使用情况进行时间的调整。

BISS0001 中的 2 脚是整个电路的信号输出端，有信号输出时，其高电平电压基本保持在 3.2V 左右，外部控制电路及报警电路主要通过 2 脚进行控制输出。在本电路中，是通过三极管 9014 和 8550 结合控制蜂鸣器形成的自动控制报警电路。

电路中的 P2 为三线插针，用来调节测量距离的远近，当 O、L 端短接时，接入的电阻为 R_7(470kΩ)，此时测量距离较近；当 H、O 端短接时，接入的电阻为 R_8(1MΩ)，此时可测量的距离较远。

通过以上电路的调整，整个电路装置就可以正常工作，首先热释电红外传感器接收到外部信号后，微弱电压经过 14 脚进入第一级运算放大器 OP1(图 5.3.8)，将热释电红外传感器的输出信号作第一级放大，然后由 C_7 耦合给运算放大器 OP2 进行第二级放大，再经由电压比较器 COP1 和 COP2 构成的双向鉴幅器处理后，检出有效触发信号 U_S 去启动延迟时间定时器，输出信号 U_O 经三极管驱动后接通蜂鸣器负载进行报警。

3. 设计报告要求

(1) 根据课设的设计指标及要求，选择技术方案。

(2) 确定系统的总体设计结构框图。

(3) 画出系统的整体电路图，并在图中标出元器件的型号及参数。

(4) 对系统中的各功能单元电路分别进行原理分析，包括电路的工作原理及电路的设计方法。

(5) 用示波器分别测量输出延迟时间 T_x 和触发封锁时间 T_i，并记录。

(6) 写出调试步骤、调试结果和调试过程中遇到的故障及解决方法。

(7) 写出课设的收获及体会。

4. 实验仪器与元器件

1) 实验仪器

直流稳压电源，1 台。

双踪示波器，1 台。

万用表，1 块。

2) 实验元器件

集成块 BIS0001，1 只。

热释电传感器 500BP，1 只。

菲涅尔透镜，1 只。

稳压管 7533，1 只。

三极管 9014，1 只。

三极管 8550，1 只。

发光二极管，1 只。

热敏电阻，1 只。

可调电位器 2MΩ，1 只。

可调电位器 100kΩ，1 只。

有源蜂鸣器，1 只。

电阻、独石电容、电解电容，若干。

5.4 函数发生器

1. 设计任务与技术指标

1) 设计任务

设计一个能产生方波、三角波和正弦波等多种波形的函数发生器。

2）技术指标

（1）输出波形工作频率范围为 20Hz～2kHz，并且输出波形的频率连续可调。

（2）正弦波：峰-峰值 $U_{P-P}\approx 3V$，非线性失真系数 $\gamma \leqslant 5\%$。

（3）方波：$U_{P-P}\approx 10V$。

（4）三角波：$U_{P-P}\approx 6V$。

2. 设计方案

根据设计任务及技术指标要求，函数发生器可采用不同电路形式和元器件来实现。电路可以采用运放和分立器件设计，也可采用专用集成芯片设计。

1）采用运放和分立器件设计

采用运放和分立器件设计函数发生器的方法有多种，此处仅介绍用正弦波振荡器实现函数发生器的方法。用正弦波振荡器实现函数发生器的原理框图如图 5.4.1 所示，用正弦波振荡器产生正弦波，正弦波信号通过变换电路（如施密特触发器）得到方波，方波信号再经积分电路得到三角波。

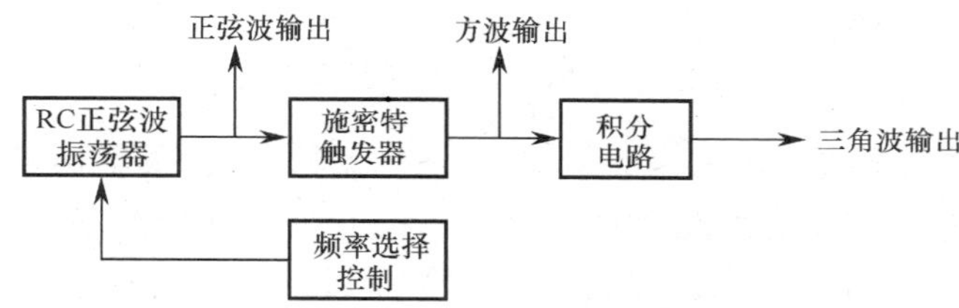

图 5.4.1　用正弦波振荡器实现函数发生器的原理框图

2）采用 ICL8038 专用集成芯片设计

目前用得较多的集成函数发生器芯片是 ICL8038。ICL8038 集成函数发生器只需连接少量外部元件就能产生高精度的方波、三角波和正弦波。

由于第二种设计方案具有电路简单的优势，故本课题设计采用 ICL8038 专用集成芯片实现。

3. 设计原理

1）ICL8038 的基本结构及其工作原理

ICL8038 是专用集成函数发生器芯片，可以同时输出方波（或矩形波）、三角波和正弦波，其内部原理如图 5.4.2 所示，由电流源 I_1 和 I_2、电压比较器 A_1 和 A_2、缓冲器 1 和 2、双稳态触发器和三角波变正弦波电路等组成。

外接电容 C 和两个电流源 I_1、I_2 构成积分电路。电压比较器 A_1 和 A_2 以及双稳态触发器构成积分电路的控制电路，控制电流源 I_2 是否接通。电流源 I_1 和 I_2 的大小可通过外接电阻来调节，但 I_2 必须大于 I_1。电压比较器 A_1 和 A_2 的阈值电压分别为 $2U_R/3$ 和 $1U_R/3$（$U_R=V_{CC}+V_{EE}$）。当双稳态触发器输出低电平时，电流源 I_2 断开，此时由电流源 I_1 给 10 脚的外接电容 C 充电，C 两端的电压 u_C 逐渐线性增大，当电压增大到 $u_C>2/3U_R$ 时，电压比较器 A_1 的输出发生跳变（由低电平变为高电平），从而触发双稳态触发器的输出发生跳变（由低电平变为高电平），同时控制电流源 I_2 接通，由于 $I_2>I_1$，因此电容 C 开始放电，u_C

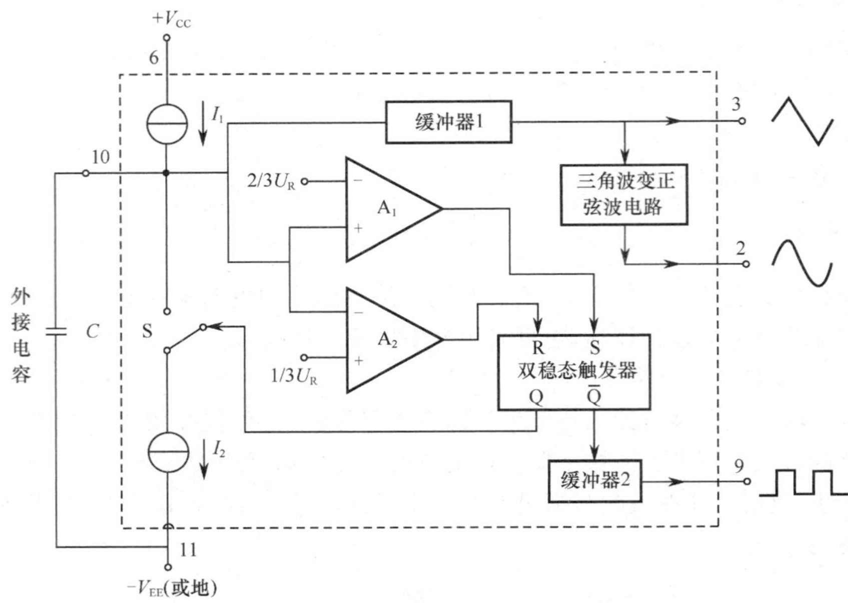

图 5.4.2 ICL8038 内部原理框图

又逐渐线性减小，当电压减小到 $u_C<1/3U_R$ 时，电压比较器 A_2 的输出发生跳变（由低电平变为高电平），从而触发双稳态触发器的输出发生跳变（由高电平变为低电平），使电流源 I_2 断开，电流源 I_1 又重新给 C 充电。如此周而复始，便可以实现振荡。

由上述工作过程可见，只有当电流源 I_1 和 I_2 的电流关系满足 $I_2=2I_1$ 时，电容 C 的充、放电时间常数才相等，这时输出的三种波形均对称。否则，三角波将变为锯齿波，方波将变为矩形波（占空比≠50%），正弦波将严重失真。

ICL8038 芯片采用双列直插式封装，其引脚排列及功能如图 5.4.3 所示。ICL8038 的工作频率范围在几赫兹至几十千赫兹之间，既可采用单电源（+10～+30V）供电，又可采用双电源（±5～±15V）供电。

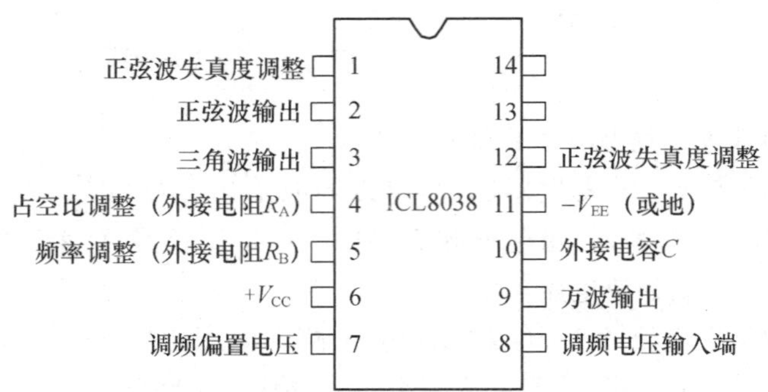

图 5.4.3 ICL8038 引脚排列及功能

2）ICL8038 的典型应用电路

ICL8038 的典型应用电路如图 5.4.4 所示。由于该器件的矩形波输出端为集电极开路形式，因此需要在引脚 9 与正电源之间接一个 10kΩ 左右的电阻 R_6。电流源 I_1 和 I_2 的大小分别取决于外接电阻 $R_A(R_A=R_4+R'_{W4})$ 和 $R_B(R_B=R_5+R''_{W4})$，只有当 $R_A=R_B$ 时电流源 I_1 和 I_2 的电流大小满足 $I_2=2I_1$，才能获得对称的方波、三角波和正弦波，R_A、R_B 的值可在 1kΩ～1MΩ 范围内选取，电位器 R_{W4} 用于调节输出波形的占空比。调节电位器 R_{W2} 和 R_{W3} 可以减小正弦波的失真度。引脚 10 外接一定值电容 C_3。

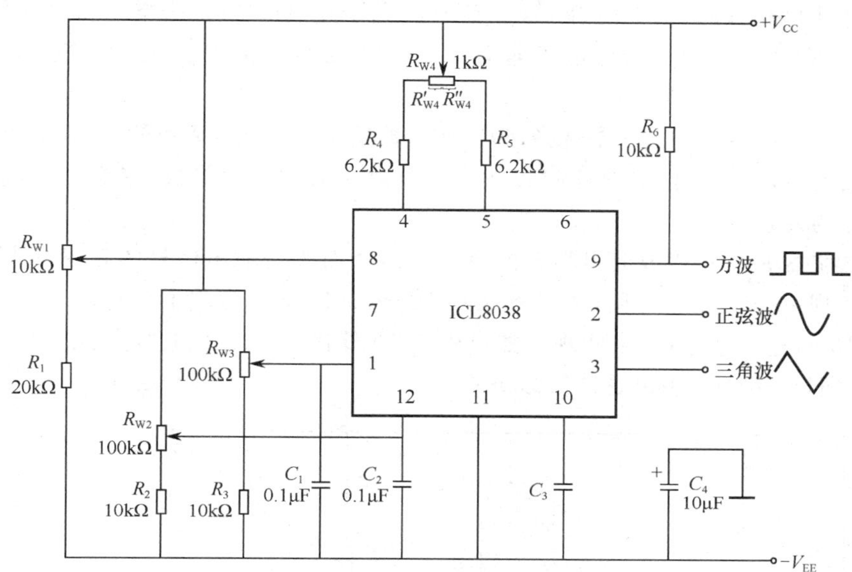

图 5.4.4　ICL8038 的典型应用电路

ICL8038 的输出频率是引脚 8 上电压的函数，即它是一个压控振荡器。当引脚 7 和引脚 8 短接，即引脚 8 的调频电压由内部供给，在这种情况下，由于引脚 7 的调频偏置电压一定，所以输出波形的频率 f 由 R_A、R_B 和 C_3 决定，其输出频率 f 为

$$f=\frac{3}{5R_AC_3\left(1+\frac{R_B}{2R_A-R_B}\right)} \tag{5.4.1}$$

式中，当 $R_A=R_B$ 时，其输出频率 f 为

$$f=\frac{0.3}{R_AC_3} \tag{5.4.2}$$

当引脚 8 与一个连续可调的直流电压相连接时，则输出频率连续可调，其输出频率 f 为

$$f=\frac{3(V_{CC}-V_{in})}{V_{CC}-V_{EE}}\cdot\frac{1}{R_AC_3\left(1+\frac{R_B}{2R_A-R_B}\right)} \tag{5.4.3}$$

式中，当 $R_A=R_B$ 时，其输出频率 f 为

$$f=\frac{3(V_{CC}-V_{in})}{V_{CC}-V_{EE}}\cdot\frac{1}{2R_AC_3} \tag{5.4.4}$$

式中，V_{in} 为引脚 8 的电位。

当 ICL8038 接单电源供电时，输出三角波和正弦波的平均值正好是电源电压的一半，输出方波的高电平为电源电压，低电平为地。当接电压对称的双电源时，所有输出波形都以地对称摆动。

3）函数发生器的电路设计

由设计指标要求可知，输出信号都是相对地电平对称的波形，所以应采用电压对称的双电源。函数发生器的电路如图 5.4.5 所示，调节电位器 R_{W4} 可以改变输出方波的占空比，当 R_{W4} 处于中间位置时，占空比为 50%；而 R_{W4} 处于其他位置时，占空比随之改变。引脚 1 外接的 R_{W3}、R_3 用来调节正弦波的正向失真。引脚 12 外接的 R_{W2}、R_2 用来调节正弦波的负向失真。

输出波形可以通过开关 S 来选择，为了使函数发生器实现低阻抗输出，在输出端接一个集成运算放大器，调节电位器 R_{W5} 可以改变运算放大器的放大倍数，使输出信号的幅值达到设计指标的要求。

调节电位器 R_{W1} 可以改变引脚 8 的电位 V_{in}，从而改变输出信号的频率。为了能用一个电位器实现频率的连续可调，通常将 0.01Hz～300kHz 分为若干个频率段，这时可通过改变引脚 10 的外接电容 C_3 来实现。如果引脚 10 外接 0.022μF 电容，则电位器调节的频率范围为 20Hz～2kHz，满足设计指标要求。

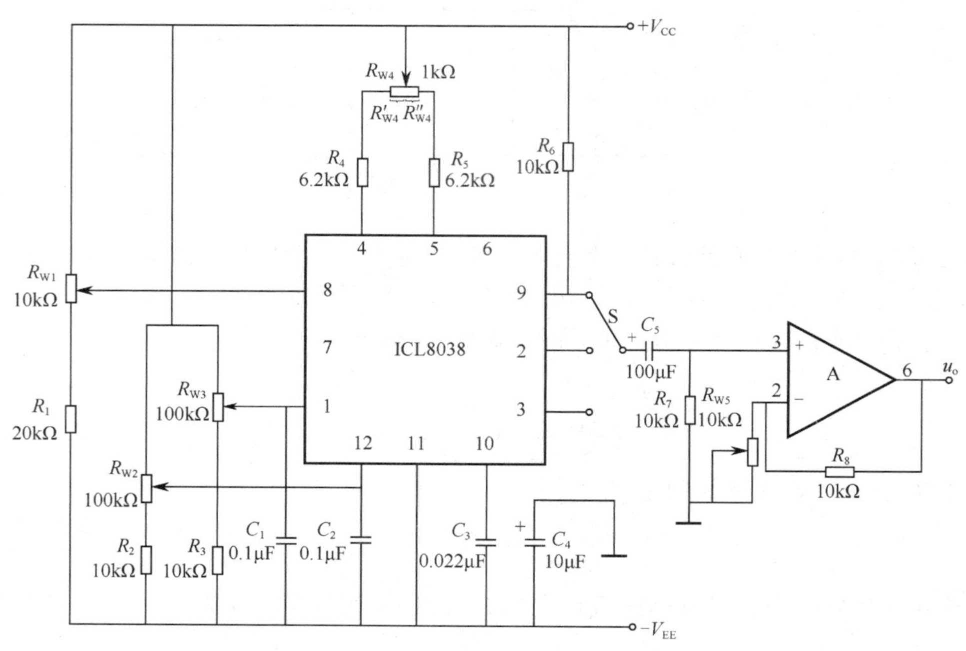

图 5.4.5　函数发生器的电路

4. 调试步骤

（1）按照图 5.4.5 组装电路，电位器 R_{W1}、R_{W2}、R_{W3}、R_{W4} 和 R_{W5} 均置中间位置。

（2）调节电路，使其处于振荡状态，产生方波，调节电位器 R_{W4} 使方波的占空比为 50%。

（3）保持方波的占空比 50%不变，观察正弦波输出端的波形，反复调节电位器 R_{W2}、R_{W3} 使正弦波不产生明显的失真。

（4）调节电位器 R_{W1} 使输出信号从小到大变化，记录引脚 8 的电位及输出波形的频率。

(5) 调节电位器 R_{W5} 使输出信号的幅值满足设计指标要求。

(6) 改变引脚 10 的外接电容 C_3 的值，观察三种输出波形，并与 $C_3=0.022\mu F$ 时测得的波形作比较，观察波形、频率和幅值有何变化？

(7) 改变电位器 R_{W4} 的值，观察三种输出波形有何变化？

(8) 如果有失真度测试仪，测出 C_3 取不同值时的正弦波失真系数 γ 值，设计指标要求 $\gamma\leqslant 5\%$。

5. 设计报告要求

(1) 根据课设的设计指标及要求，选择技术方案。

(2) 画出系统的整体电路图，并在图中标出元器件的型号及参数。

(3) 阐述函数发生器的组成及工作原理，画出原理框图，并写出电路的设计过程。

(4) 写出调试步骤、调试结果和调试过程中遇到的故障及解决方法。

(5) 列出实验数据表格，记录测量数据，在坐标纸上画出电路中需要记录的波形。

(6) 当外接电容 C_3 取不同值时，对相应的波形、频率和幅值的变化进行分析。

(7) 当电位器 R_{W4} 的值改变时，分析三种输出波形有何变化。

(8) 写出课设的收获及体会。

6. 实验仪器与元器件

1) 实验仪器

直流稳压电源，1 台。

双踪示波器，1 台。

失真度测试仪，1 台。

万用表，1 块。

2) 实验元器件

集成芯片：

μA741，1 只。

ICL8038，1 只。

电阻：

6.2kΩ，2 只；10kΩ，5 只；20kΩ，1 只。

电容：

0.1μF，2 只；0.022μF，1 只；10μF，1 只；100μF，1 只。

电位器：

1kΩ，1 只；10kΩ，2 只；100kΩ，2 只。

5.5　温度监测及控制系统

1. 设计任务与技术指标

1) 设计任务

设计一个温度监测及控制系统，能够对加热装置的温度进行检测，根据检测的温度控制加热器的工作状态。

2）技术指标

(1) 温度检测电路采用热敏电阻 R_t(NTC)作为测温元件。

(2) 用 100Ω/2W 的电阻元件作为加热装置。

(3) 设计温度检测和控制系统电路。

(4) 具有自动指示“加热”与“停止”功能。

2. 设计原理

温度监测及控制系统电路如图 5.5.1 所示，由具有负温度系数电阻特性的热敏电阻(NTC元件)R_t 为一臂组成测温电桥，其输出经测量放大器放大后由滞回比较器输出“加热”与“停止”信号，然后经三极管放大后控制加热器的“加热”与“停止”。改变滞回比较器的比较电压 U_R 即可改变控温的范围，而控温的精度是由滞回比较器的滞回宽度确定的。

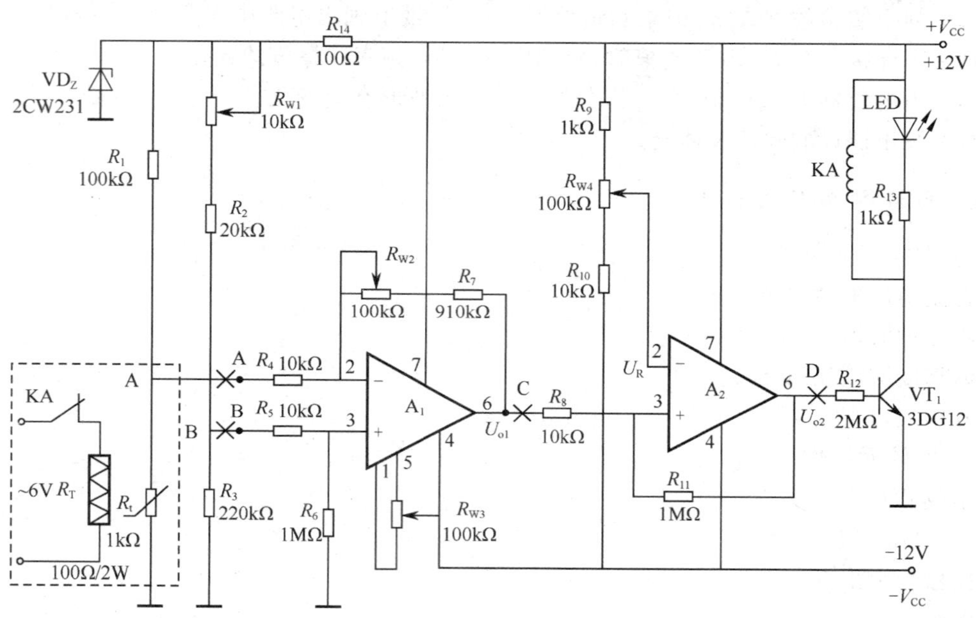

图 5.5.1　温度监测及控制系统电路

1）测温电桥

测温电桥由 R_1、R_2、R_3、R_{W1} 及 R_t 组成，其中 R_t 是温度传感器，其阻值与温度呈线性变化关系且具有负温度系数，而温度系数又与流过它的工作电流有关。为了稳定 R_t 的工作电流，达到稳定其温度系数的目的，设置了稳压管 VD_Z。电位器 R_{W1} 可决定测温电桥的平衡。

2）差动放大电路

由运算放大器 A_1 及外围电路构成差动放大电路。差动放大电路的作用是将测温电桥的输出电压 ΔU 按一定比例进行放大。差动放大电路的输出电压 U_{o1} 为

$$U_{o1}=-\left(\frac{R_7+R_{W2}}{R_4}\right)U_A+\left(\frac{R_4+R_7+R_{W2}}{R_4}\right)\left(\frac{R_6}{R_5+R_6}\right)U_B \tag{5.5.1}$$

式中，当 $R_4=R_5$，$R_7+R_{W2}=R_6$ 时，有

$$U_{o1}=\frac{R_7+R_{W2}}{R_4}(U_B-U_A) \tag{5.5.2}$$

由式(5.5.2)可知，差动放大电路的输出电压 U_{o1} 仅取决于两个输入电压之差和外部电阻的比值。差动放大电路中电位器 R_{W3} 用于差动放大器的调零。

3) 滞回比较器

关于滞回比较器的原理详见 3.7 节内容。差动放大电路的输出电压 U_{o1} 经分压后经运算放大器 A_2 构成滞回比较器，与反相输入端的参考电压 U_R 进行比较。当同相输入端的电压大于反相输入端的电压时，A_2 输出正饱和电压，三极管 VT_1 饱和导通，发光二极管 LED 点亮，此时加热器处于"加热"状态。反之，当同相输入端的电压小于反相输入端的电压时，A_2 输出负饱和电压，三极管 VT_1 截止，发光二极管 LED 熄灭，此时加热器处于"停止"状态。调节电位器 R_{W4} 可改变参考电压 U_R，同时改变滞回比较器的两个阈值电压，从而达到设定温度的目的。

3. 调试方法及步骤

先将电路图 5.5.1 中的各级之间暂时不连通，各级单元之间的电路相互独立。然后对各单元电路分别进行调试。

1) 差动放大电路

差动放大电路如图 5.5.2 所示，可实现差动比例运算。

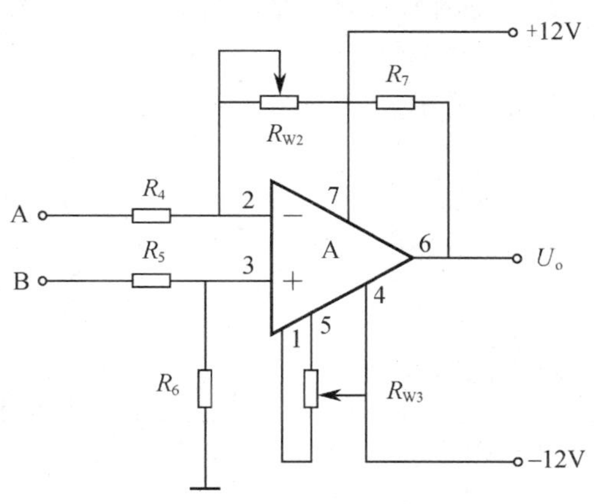

图 5.5.2　差动放大电路

(1) 运放调零。将 A、B 两端对地短路，调节电位器 R_{W3} 使 $U_o=0$。

(2) 去掉 A、B 两端对地短路线。在 A、B 两端分别加入不同的直流电平，当电路中 $R_{W2}+R_7=R_6$、$R_4=R_5$ 时，其输出电压为

$$U_o=\frac{R_7+R_{W2}}{R_4}(U_B-U_A) \tag{5.5.3}$$

测试时应注意，A、B 两端的输入电压不能太大，以免差动放大电路的输出进入饱和区。

(3) 将 B 点对地短路，将频率为 100Hz、有效值为 10mV 的正弦波加到 A 点。用示波器观察输出端的输出波形，在输出波形不失真的情况下，用交流毫伏表测出 U_i 和 U_o 的电压，计算差动放大电路的电压放大倍数 A_u。

2）桥式测温放大电路

将差动放大电路的A、B端与测温电桥的A′、B′端相连，构成一个桥式测温放大电路。

（1）在室温下使电桥平衡

在室温条件下，调节电位器R_{W1}，使差动放大电路输出$U_{o1}=0$（注意：前面差动放大电路实验中调节好的电位器R_{W3}不能再调节）。

（2）温度系数K（V/℃）

由于测温需要升温槽，为了使实验简捷，可虚设室温T及输出电压U_{o1}，温度系数K也是一个常数，具体参数可以填入表5.5.1中。根据表5.5.1中的数据，可以计算$K=\Delta U/\Delta T$。

表5.5.1 温度系数测量记录表

温度T/℃	室温				
电压U_{o1}/V	0				

（3）桥式测温放大电路的温度-电压关系曲线

根据前面测温放大电路的温度系数，可画出测温放大电路的温度-电压关系曲线，实验时要标注相关的温度和电压值，如图5.5.3所示。从图5.5.3中可求得在其他温度时，放大电路的实际输出电压，也可以求得在当前室温时，U_{o1}的实际对应值U_S。

（4）重新调节电位器R_{W1}，使测温放大电路在当前室温下的输出电压$U_{o1}=U_S$。

3）滞回比较器

滞回比较器电路如图5.5.4所示。

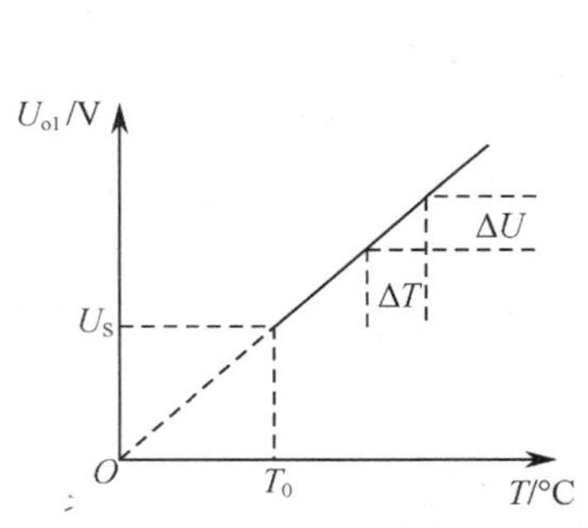

图5.5.3 温度-电压关系曲线

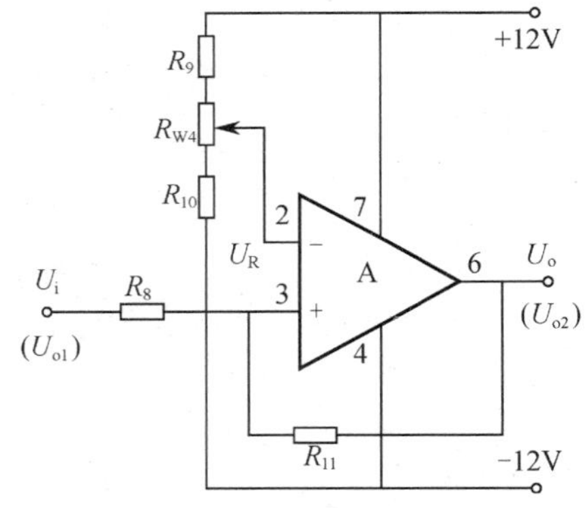

图5.5.4 滞回比较器

（1）用直流法测试滞回比较器的两个阈值电压

首先确定参考电压U_R的值。调节电位器R_{W4}，使$U_R=2$V。然后将可变的直流电压U_i加在滞回比较器的同相输入端。用示波器观察滞回比较器的输出波形（示波器的“输入耦合方式开关”置于“DC”挡，X轴“扫描触发方式开关”置于“自动”挡）。当改变直流输入电压U_i的值，从示波器显示屏上观察到当u_o跳变时所对应的U_i值，即为两个阈值电压值。

（2）用交流法测试电压传输特性曲线

将频率为100Hz、幅度为3V的正弦波加到滞回比较器输入端u_i处，同时接入示波器的

X 轴输入端，作为 X 轴扫描信号。滞回比较器的输出接入示波器的 Y 轴输入端。微调正弦波的大小，可从示波器显示屏上观察到完整的电压传输特性曲线。

4）整机电路调试

（1）按照图 5.5.1 连接各级电路。注意：可调电位器 R_{W1}、R_{W2}、R_{W3} 不能随意调节，若有调节，必须重新进行前面实验内容。

（2）根据所需检测报警，或者控制的温度 T，从测温放大电路的温度-电压关系曲线中确定对应的 U_{o1} 值。

（3）调节电位器 R_{W4}，使参考电压 $U'_R=U_R=U_{o1}$。

（4）用加热器升温，观察温度上升情况，直至报警电路报警，记下报警时所对应的温度 T_1 和电压 U_{o1s}。

（5）用自然降温法使热敏电阻降温，记下报警电路解除时所对应的温度 T_2 和电压 U_{o1j}。

（6）改变控制温度 T，重做步骤(2)、(3)、(4)、(5)，将测试结果填入表 5.5.2 中。

根据 T_1 和 T_2 值，可计算检测灵敏度 $T_0=T_2-T_1$。

注意：图 5.5.1 中的加热装置可用一个 100Ω/2W 的电阻 R_T 来模拟，将此电阻靠近热敏电阻 R_t 即可。

表 5.5.2　整机电路测量记录表

设定温度 T/℃								
设定电压	从曲线上查得 U_{o1}/V							
	U_R/V							
动作温度	T_1/℃							
	T_2/℃							
动作电压	U_{o1s}/V							
	U_{o1j}/V							

4. 设计报告要求

（1）画出系统的整体电路图，并在图中标出元器件的型号及参数。

（2）阐述温度监测及控制系统电路的工作原理，分析各功能单元电路的原理。

（3）写出调试方法及步骤、调试结果和调试过程中遇到的故障及解决方法。

（4）列出实验数据表格，记录测量数据，画出测温放大电路的温度-电压关系曲线及滞回比较器的电压传输特性曲线。

（5）如果差动放大电路中的运放不进行调零，分析将会引起什么结果。

（6）分析如何设定温度检测的控制温度。

（7）写出课设的收获及体会。

5. 实验仪器与元器件

1）实验仪器

直流稳压电源，1 台。

信号发生器,1台。
双踪示波器,1台。
交流毫伏表,1台。
万用表,1块。
2）实验元器件
集成芯片：μA741,2只。
热敏电阻(NTC),1只。
晶体三极管：3DG12,1只。
稳压管：2CW231,1只。
发光二极管,1只。
电阻：
100Ω,1只；1kΩ,2只；10kΩ,4只；20kΩ,1只；100kΩ,1只；220kΩ,1只；910kΩ,1只；1MΩ,2只；2MΩ,1只。
电位器：
10kΩ,1只；100kΩ,3只。

5.6 音频放大器

1. 设计任务与技术指标

1）设计任务
设计一个双声道集成高保真度音频放大器。
2）技术指标
(1) 额定输出功率：$P_o=0.3W$。
(2) 负载阻抗(扬声器)：$R_L=8\Omega$。
(3) 频率响应：$f_L \sim f_H = 20Hz \sim 20kHz$。
(4) 输入灵敏度：$u_i > 10mV$。
(5) 输入阻抗：$R_i > 20k\Omega$。
(6) 音调控制范围：低音：40Hz±15dB；高音：16kHz±15dB。

2. 设计方案

音频放大器是一种通用性较强的应用电路,广泛应用于收音机、录音机、电视机和扩音机等整机产品中,用来将微弱的音频信号进行放大,以获得足够大的输出功率推动扬声器。音频放大器是音响装置的重要组成部分,通常把它称作扩音机。音频放大器主要有以下功能。

(1) 对音频信号进行电压放大和功率放大,能输出较大的交流功率。
(2) 具有很高的输入阻抗和很低的输出阻抗,负载能力强。
(3) 非线性失真和频率失真要小(高保真)。
(4) 能对输入信号中的高频和低频部分(高低音)分别进行调节(增强或减弱),即具有音调控制能力。

音频放大器的设计可以采用多种方案，如：完全采用分立元件设计，采用运算放大器和部分晶体管等分立元件设计，采用集成音频功率放大器件设计。现在广泛应用的是后两种。

由于采用集成音频功率放大器件设计的方案具有电路简单的优点，故本课题设计采用第三种设计方案。

3. 设计原理

1）系统总体设计

系统的总体结构如图 5.6.1 所示，主要由前置放大器、音调控制电路和功率放大器共三级电路组成。前置放大器决定整机的灵敏度，因此应有足够大的增益。音调控制电路决定整机的音调控制功能，该级电压增益不是主要的。功率放大器决定整机的输出功率、非线性失真系数和上下限频率。

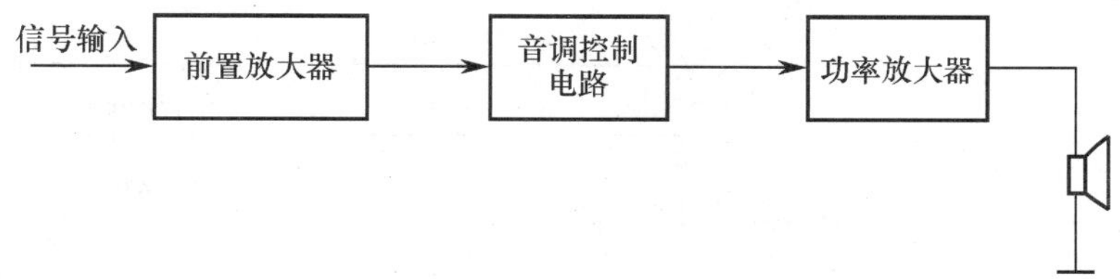

图 5.6.1　系统的总体结构

根据技术指标要求，可以计算出电路最大不失真电压幅值 $U_{omax}=\sqrt{2R_L P_{om}}=2.2V$，而灵敏度为 10mV，则可求得系统总增益为 $A_u=220$。综合设计指标要求，音调控制电路采用 LM1035 双声道直流音调控制芯片，功率放大器采用 LM386 音频集成功放芯片。由于 LM1035 无增益，LM386 具有 20～200 可调的电压增益，因此还需一级放大电路才能满足系统总增益要求。由于 LM1035 音量调节范围大且方便，因此将前置放大器和功率放大器的增益都设计为固定增益，总增益的调节由音调控制电路来完成。为了提高信噪比，通常将前置放大器的电压增益设计小些，本次设计中，前置放大器的电压增益为 10，功率放大器的电压增益为 22。前置放大器放在音调控制电路之前，可使音调控制电路获得较大的输入信号，提高电路工作的稳定性。系统的电源选择上，LM1035 和运算放大器均为小信号工作电路，其电源只要符合器件要求即可。功率放大器为大信号工作电路，通常取 $V_{CC}\geqslant(2.4\sim3)U_{omax}$，综合各电路的要求，电源 $V_{CC}=10V$。

2）音调控制电路

NSC 公司的 LM1035 是高性能的双声道音量、音调控制器，具有音量调节、高低音调节、声道平衡调节功能。它在 40Hz 和 16kHz 处有 15dB 的提升和衰减范围，音量调节范围大，能够满足设计指标要求。因此确定音调控制电路采用 LM1035 双声道直流音调控制芯片。

LM1035 为 20 脚双列直插式集成电路，其引脚排列及功能如图 5.6.2 所示。

LM1035 典型应用电路如图 5.6.3 所示。

左右声道信号分别从 LM1035 的引脚 2 和引脚 19 输入，引脚 8 和引脚 13 则为左、右声道信号输出端。引脚 17 输出约 5.4V 的稳定电压，将该电压加到高音、低音、平衡和音量控

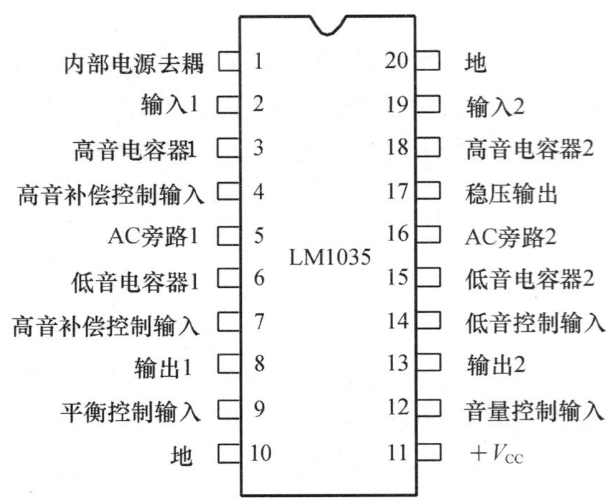

图 5.6.2 LM1035 引脚排列及功能

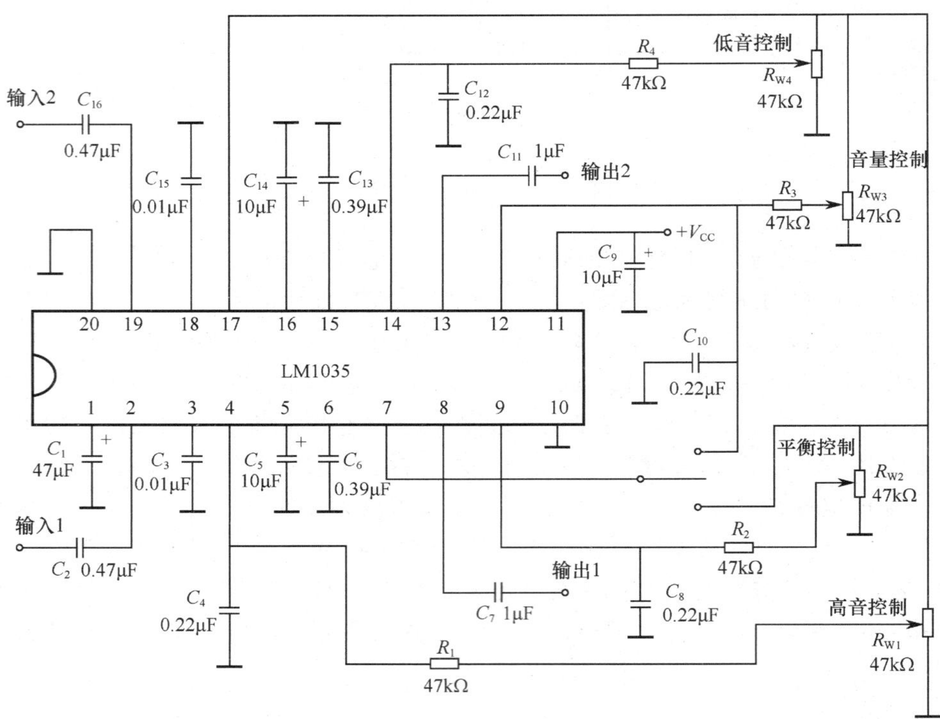

图 5.6.3 LM1035 典型应用电路

制的四个电位器，四个电位器的可调端分别接到 LM1035 的引脚 4(高音控制输入)、引脚 14(低音控制输入)、引脚 9(平衡控制输入)和引脚 12(音量控制输入)。当调节音量电位器时，音量控制输入端的直流电压发生变化，从而控制 LM1035 内部电路实现两个声道音量的同步调节。高音、低音和平衡的调节原理与音量的调节原理类似。LM1035 采用的这种通过控制直流电压实现音量、音调控制的方法，可以克服一般音量控制电路中由于电位器接触不良而引入的噪声。

高、低音调整特性还与外接电容器值有关，引脚 3 和引脚 18 分别为左、右声道的外接高音电容端，引脚 6 和引脚 15 分别为左、右声道的外接低音电容端。改变高、低音电容数值，即可改变高、低音调整的频率点，并且改变响度补偿特性。当引脚 3 和引脚 18 的高音电容为 0.01μF 时，可在 16kHz 处获得±15dB 的高音调节变化量；当引脚 6 和引脚 15 的低音电容为 0.39μF 时，可在 40Hz 处获得±15dB 的低音调节变化量。当引脚 7 和引脚 12 连通后，可实现响度补偿功能，引脚 7 和引脚 17 连通后，则去除响度补偿功能。

LM1035 的性能指标见表 5.6.1，根据经验，其输入电压幅值不宜小于 50mV，否则容易产生自激。

表 5.6.1　LM1035 的性能指标

参数名称	测试条件	最小值	最大值	典型值	单位
电源电压		8	18		V
电源电流			45	35	mA
稳压输出			5.4		V
最大输入电压(有效值)	f=1kHz	2		2.5	V
最大输出电压(有效值)	f=1kHz V_{CC}=8V	2		1.3	V
	f=1kHz V_{CC}=12V			2.5	V
	f=1kHz V_{CC}=18V			3.5	V
输入电阻	f=1kHz	20		30	kΩ
输出电阻	f=1kHz			20	Ω
音量控制范围	f=1kHz	70		80	dB
低音控制范围	f=40Hz			±15	dB
高音控制范围	f=15kHz			±15	dB
总谐波失真				0.05%	
通道分离度				75	dB
频率响应				250	kHz
纹波抑制				40	dB

3）功率放大器

功率放大器用来输出足够大的功率以驱动扬声器、音箱等。LM386 是低电压音频功放，其额定输出功率为 660mW，直流电源电压范围为 4～12V，电压增益在 20～200 之间可调，输入电阻为 50kΩ。LM386 引脚排列及功能如图 5.6.4 所示。LM386 典型应用电路如图 5.6.5 所示，调节引脚 1 和引脚 8 之间的电位器可使集成功放电压增益在 20～200 之间变化，当电位器 R_{W1} 阻值减小时，电压增益增加。引脚 7 与地之间外接电容 C_6，构成直流电源去耦电路。

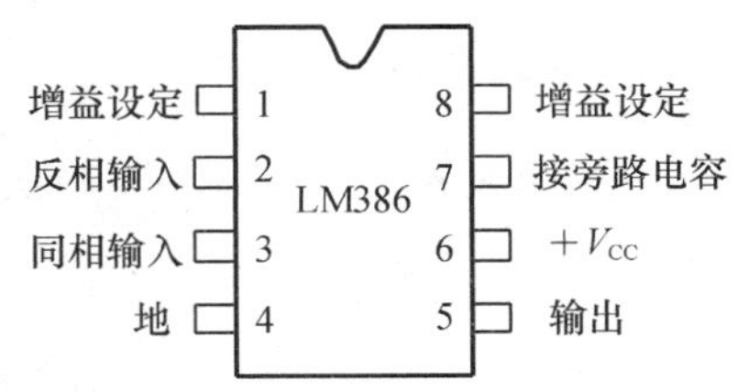

图 5.6.4　LM386 引脚排列及功能

4）前置放大器

由于前置放大器是运放小信号工作，因此选用时主要考虑满足频带要求。其下限频率由外电路决定，上限频率 f_H 应满足 $A_u f_H$≤单位增益带宽。

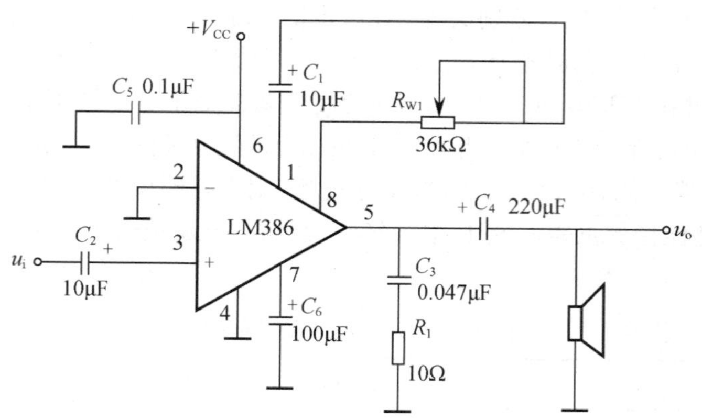

图 5.6.5 LM386 典型应用电路

若上限频率 f_H 为 20kHz,则运放的单位增益带宽为:带宽增益积$\geqslant A_u f_H = 2 \times 10^5$。

由于 LM386 和 LM1035 均为单电源工作,因此运算放大器选用单电源交流小信号运算放大器 μA741,其带宽增益积为 1MHz,符合要求,可选用。μA741 构成的单电源交流小信号放大器如图 5.6.6 所示。

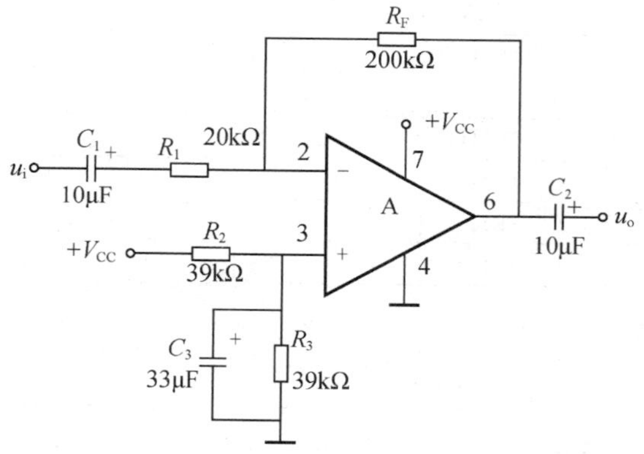

图 5.6.6 单电源交流小信号放大器

5)系统的整体电路设计

音频放大器的整体电路如图 5.6.7 所示。

4. 调试方法

按照图 5.6.7 组装电路。确认接线无误后,去除各级电路间的连线,对各级电路进行单独调试。

1)调试功率放大器

将负载接电阻 8Ω/0.5W,接通±10V 直流电源,观察 LM386 有无很烫、自激等异常现象。若正常,则通过隔直耦合电容输入幅值为 100mV、频率为 1kHz 的正弦波,观察输出波形是否正常。若正常,则选择调节电位器 R_{W5} 或 R_{W6},使输出幅值为 2.2V 的不失真正弦波。这样,功率放大器就调试好了。若出现自激,则应判断是高频自激还是低频自激。低频自激可以通过加强电源去耦消除;高频自激可以通过调节频率补偿元件值消除。

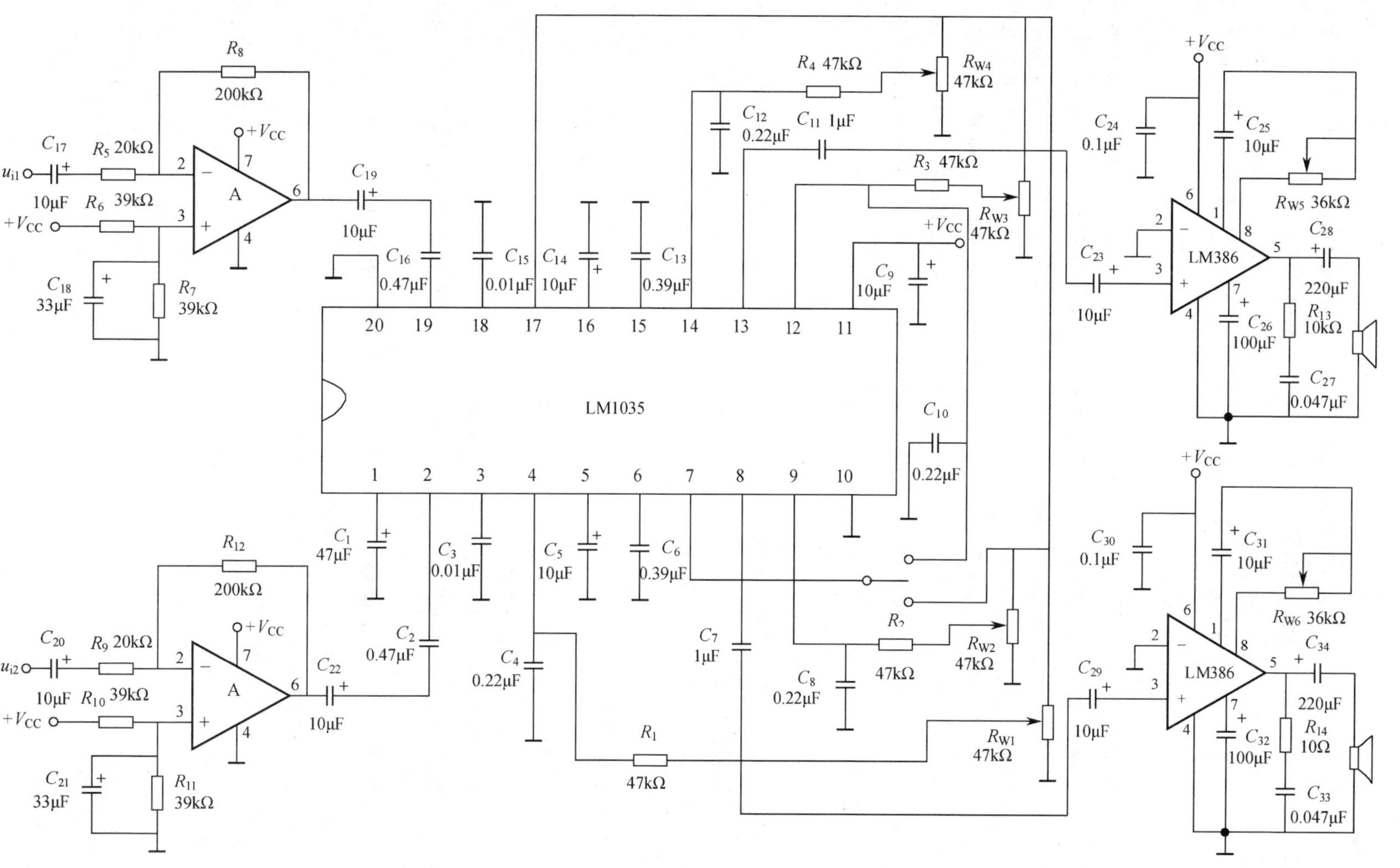

图 5.6.7 音频放大器的整体电路

2）调试前置放大器

接通±10V 直流电源，观察前置放大器电路。若无异常，则输入幅值为 100mV、频率为 1kHz 的正弦波，观察输出波形是否正常。若正常，则测量其电压增益和输入电阻。若满足电压增益为 10、输出电阻约为 10kΩ 时，则前置放大器电路就调试好了。若无输出，则应检查电路接线是否正确可靠、μA741 的电源引脚是否接±10V、运算放大器在零输入时能否零输出等。

3）调试音调控制电路

接通±10V 直流电源，LM1035 的引脚 17 应输出约 5.4V 直流电压。输入幅值为 100mV、频率为 1kHz 的正弦波，调节音量控制电位器 R_{W3}，使输出大小基本和输入一样，记录此时的输出电压值。保持输入信号的幅值不变，将频率调整为 40Hz，调节低音电位器 R_{W4}，观察并记录输出信号的最大值和最小值，与输入信号频率为 1kHz 时的输出幅值相比较，分析电路在频率为 40Hz 时的提升和衰减范围。同样，保持输入信号的幅值不变，将频率调整为 16kHz，若调节高音电位器 R_{W1}，分析电路在频率为 16kHz 时的提升和衰减范围。若音调控制电路的音量能正常调节，在 40Hz 和 16kHz 处有 15dB 的提升和衰减范围，则音调控制电路就调试好了。若有自激现象，可以在 LM1035 的输出端和地之间接一个几十皮法至几百皮法的电容，可以有效地抑制自激信号。

4）总体调试与性能指标测量

（1）按照图 5.6.7 连接各单元电路，正常情况下，当输入幅值为 100mV、频率为 1kHz 的正弦波时，应能输出幅值为 2.2V 的不失真正弦波。

（2）测量电路的额定输出功率、输入灵敏度、输入阻抗、在 40Hz 和 16kHz 处的提升和衰减范围。

5. 设计报告要求

（1）根据课设的设计指标及要求，选择技术方案。

（2）确定系统的总体设计结构框图。

（3）画出系统的整体电路图，并在图中标出元器件的型号及参数。

（4）对系统中的各功能单元电路分别进行分析，包括电路的工作原理、电路的设计及电路中元件参数的选取方法。

（5）写出调试步骤、调试结果和调试过程中遇到的故障及解决方法。

（6）列出实验数据表格，记录测量数据。

（7）对理论值和实验值进行误差分析，分析产生误差的原因。

（8）写出课设的收获及体会。

6. 实验仪器与元器件

1）实验仪器

直流稳压电源，1 台。

信号发生器，1 台。

双踪示波器，1 台。

万用表，1 块。

2）实验元器件

集成芯片：

μA741，2只。

LM1035，1只。

LM386，2只。

电阻：

10Ω，2只；20kΩ，2只；39kΩ，4只；47kΩ，4只；200kΩ，2只。

电容：

0.01μF，2只；0.047μF，2只；0.1μF，2只；0.22μF，3只；0.39μF，2只；0.47μF，2只；1μF，2只；10μF，11只；33μF，2只；47μF，1只；100μF，2只；220μF，2只。

电位器：

36kΩ，2只；47kΩ，4只。

数字电子技术课程设计

6.1 汽车尾灯控制电路

1. 设计任务与指标

假设汽车尾部左右两侧各有3个指示灯(用发光二极管模拟),设计并制作一个汽车尾灯控制电路,要求如下。

(1) 汽车正常运行时指示灯全部熄灭。

(2) 右转弯时,右侧3个指示灯按右循环顺序点亮,左侧指示灯熄灭。

(3) 左转弯时,左侧3个指示灯按左循环顺序点亮,右侧指示灯熄灭。

(4) 临时刹车时所有指示灯同时闪烁。

2. 设计原理

1) 汽车尾灯与汽车运行状态关系表

汽车尾灯控制电路中,汽车尾灯有正常运行、右转弯、左转弯和临时刹车4种不同的状态,因此可以采用2个开关 S_0 和 S_1 来控制汽车尾灯的不同状态,汽车尾灯和汽车运行状态的关系见表6.1.1。

表6.1.1 汽车尾灯和汽车运行状态的关系

开关控制		运行状态	左尾灯 VD_4 VD_5 VD_6	右尾灯 VD_1 VD_2 VD_3
S_1	S_0			
0	0	正常运行	灯灭	灯灭
0	1	右转弯	灯灭	按 VD_1 VD_2 VD_3 顺序循环点亮
1	0	左转弯	按 VD_4 VD_5 VD_6 顺序循环点亮	灯灭
1	1	临时刹车	所有的尾灯随时钟CP同时闪烁	

2) 总体框图

由于汽车向左或者向右转弯时,对应的3个指示灯应当循环点亮,所以采用三进制计数器控制译码器电路按顺序输出低电平,进而控制汽车尾灯按要求点亮。逻辑功能表见表6.1.2,该表表示出在不同的运行状态下,各指示灯与给定条件之间的关系(表中灯灭状态用0表示,灯亮状态用1表示)。

表 6.1.2　汽车尾灯控制逻辑功能表

开关控制		三进制计数器		6 个指示灯					
S_1	S_0	Q_1	Q_0	VD_6	VD_5	VD_4	VD_1	VD_2	VD_3
0	0	×	×	0	0	0	0	0	0
0	1	0	0	0	0	0	1	0	0
		0	1	0	0	0	0	1	0
		1	0	0	0	0	0	0	1
1	0	0	0	0	0	1	0	0	0
		0	1	0	1	0	0	0	0
		1	0	1	0	0	0	0	0
1	1	×	×	CP	CP	CP	CP	CP	CP

根据表 6.1.2 可得出图 6.1.1 所示的汽车尾灯控制电路的总体框图。

3）单元电路

（1）三进制计数器

三进制计数器电路可由触发器构成，图 6.1.2 所示为双 JK 触发器 74LS76 构成的三进制计数器。

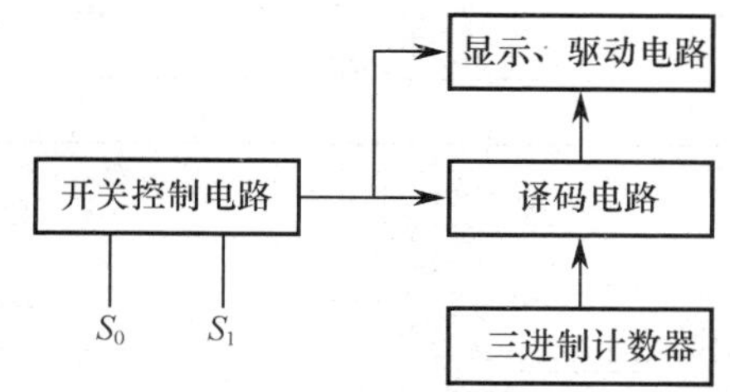

图 6.1.1　汽车尾灯控制电路原理框图

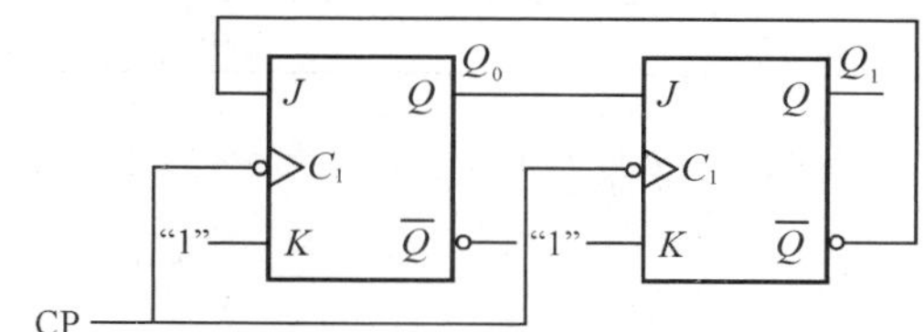

图 6.1.2　三进制计数器

（2）汽车尾灯电路

汽车尾灯电路如图 6.1.3 所示，其显示驱动电路由 6 个发光二极管和 6 个反相器构成，译码电路是由 3-8 线译码器 74LS138 和 6 个与非门构成。74LS138 的 3 个输入端 A_2、A_1、A_0 分别接 S_1、Q_1、Q_0，其中 Q_1Q_0 是三进制计数器的输出端。当 $S_1=0$，使能信号 $A=G=1$，计数器的状态为 00、01、10 时，74LS138 对应的输出端 $\overline{Y}_0$、$\overline{Y}_1$、$\overline{Y}_2$ 依次输出有效的低电平（此时 $\overline{Y}_4$、$\overline{Y}_5$、$\overline{Y}_6$ 输出高电平无效），故发光二极管按照 $VD_1 \to VD_2 \to VD_3$ 的顺序依次点亮示意汽车右转弯。若上述条件不变，当 $S_1=1$ 时，74LS138 对应的输出端 $\overline{Y}_4$、$\overline{Y}_5$、$\overline{Y}_6$ 依次输出有效的低电平，此时发光二极管按照 $VD_4 \to VD_5 \to VD_6$ 的顺序依次点亮，示意汽车左转弯。当 $G=0$、$A=1$ 时，74LS138 的输出端全为高电平，发光二极管全灭；当 $G=0$、$A=CP$ 时，发光二极管则随着 CP 脉冲的频率闪烁。

（3）开关控制电路

假设 74LS138 和显示驱动电路的使能端分别为 G 和 A，根据总体逻辑功能表分析及组合得到 G、A 与给定条件（S_1、S_0、CP）的真值表，见表 6.1.3。

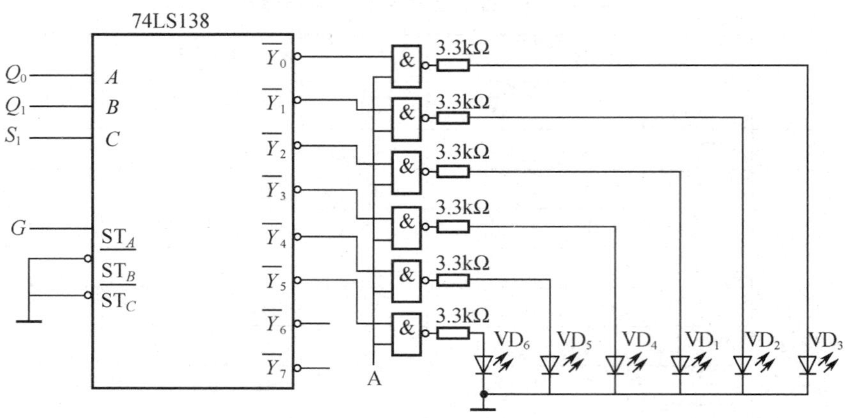

图 6.1.3 汽车尾灯电路

表 6.1.3 S_1、S_0、CP 与 G、A 逻辑功能表

开关控制		CP	使能信号	
S_1	S_0		G	A
0	0	×	0	1
0	1	×	1	1
1	0	×	1	1
1	1	CP	0	CP

将表 6.1.3 整理后得

$$G = S_1 \oplus S_0$$

$$A = \overline{S_1 S_0} + S_1 S_0 CP = \overline{\overline{S_1 S_0} \cdot \overline{S_1 S_0 CP}}$$

根据表达式，即可画出开关控制电路图。

3. 设计报告要求

(1) 分析课设任务要求，掌握设计原理和设计方法。

(2) 画出完整的电路图，标出元器件的性能参数。

(3) 记录汽车尾灯电路的调试过程及遇到的故障，分析故障原因，写出故障排除过程。

(4) 根据调试结果，记录汽车尾灯的实际功能。

(5) 若三进制计数器采用的是减法计数器，会出现怎样的实验结果？

(6) 写出收获和体会。

4. 实验仪器与元器件

1) 实验仪器

直流稳压电源，1 台。

双踪示波器，1 台。

信号发生器，1 台。

2）实验元器件

74LS138,1 只。

74LS00,3 只。

74LS86,1 只。

74LS74,1 只。

发光二极管,6 只。

逻辑开关,3 只。

3.3kΩ 电阻,8 只。

6.2　篮球竞赛 24s 定时器的设计

1. 设计任务与指标

1）设计任务

设计一个篮球竞赛 24s 定时器。

2）设计指标

(1) 设计一个定时器,定时时间为 24s,按递减方式计时,每隔 1s 定时器减 1,能以数字形式显示时间。

(2) 设置两个外部控制开关,控制定时器的直接启动/复位计时、暂时/连续计时。

(3) 当定时器递减计时到 0(即定时时间到),定时器保持 0 不变,同时发出声光报警信号(提示：用较高频率(如 1kHz)的矩形波信号驱动扬声器时扬声器才会发声)。

2. 设计原理

1）8421BCD 码二十四进制递减计数器的设计

8421BCD 码二十四进制递减计数器由 74LS192 构成。

2）时序控制电路的设计

时序控制电路要完成以下功能：在操作直接清零开关时,要求计数器清零,数码显示器灭灯；当启动开关闭合时,控制电路应封锁时钟信号 CP(秒脉冲信号),同时,计数器完成置数功能,译码显示电路显示 24s 字样；当启动开关断开时,计数器开始计数；当暂停/连续开关拨至暂停位置时,计数器停止计数,处于保持状态；当暂停/连续开关拨至连续位置时,计数器继续累计计数；另外,外部操作开关都应采取去抖动措施,以防止机械抖动造成电路工作不稳定。

3）秒信号发生器

产生秒信号的电路有多种形式：可以由 NE555 时基电路构成多谐振荡器电路产生 1Hz 的秒信号；还可以用晶体振荡器产生准确的脉冲信号,再经过分频电路得到 1Hz 的秒信号。

3. 设计报告要求

(1) 设计要求及设计指标。

(2) 设计思想及原理,拟定定时器的组成框图。

(3) 详细分析各单元电路。

(4) 画出定时器的整机逻辑电路图。

(5) 写出调试步骤。

(6) 写出调试过程中所遇到的问题及解决方法。

(7) 回答思考题。

(8) 写出收获和体会。

4. 思考题

能否增加一个按钮以控制定时时间在 24s 和 30s 之间转换？

5. 实验仪器与元器件

1) 实验仪器

直流稳压电源，1 台。

双踪示波器，1 台。

2) 实验元器件

74LS00、74LS90、74LS191、CD4511BC，各 2 只。

74LS192、NE555，各 1 只。

共阴数码管、发光二极管，各 2 只。

电阻、电容、扬声器等。

6.3 多路抢答器

1. 设计任务与指标

设计并制作一个多路抢答器，具体要求如下：

(1) 抢答组数为 8 组，每组编号分别为 0、1、2、3、4、5、6、7，每组设有一个抢答开关，用按键 S_0、S_1、S_2、S_3、S_4、S_5、S_6、S_7 实现，按键编号和每组编号分别一一对应。

(2) 抢答器具有数据锁存和显示的功能。抢答开始后，若有选手抢答，则该组选手编号立即锁存并予以 LED 显示，同时封锁其他组的输入使其他按键失去作用。

(3) 设有外部控制开关，用来将 LED 显示器清零和解锁所有抢答按键，以开始新一轮的抢答。

(4) 抢答器具有定时抢答功能，定时抢答时间为 30s。当抢答开始后，定时器开始减法计数，此时扬声器配合减法计数发出声响，声响持续时间 0.5s 左右。若定时时间到，无人抢答，则本次抢答无效，系统报警提示本轮抢答结束；若定时时间内有选手抢答，则定时器停止工作，LED 显示器显示本轮答题者编号。

2. 设计原理

1) 系统参考方案

能满足以上设计要求的抢答器的设计方案很多，如图 6.3.1 所示为给定要求下的系统总体设计框图。

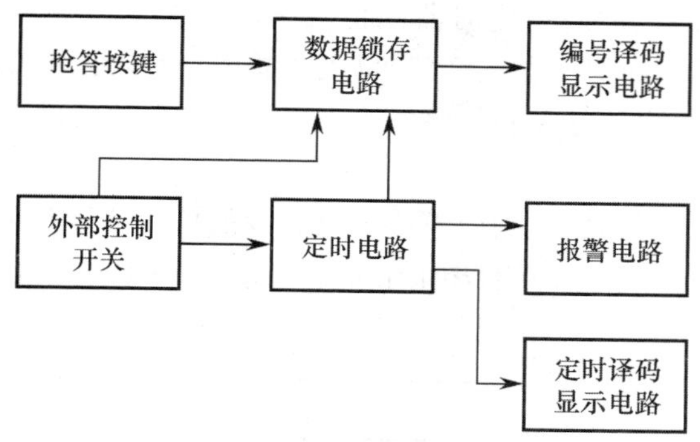

图 6.3.1　多路抢答器系统框图

由图 6.3.1 可见，整个系统主要由抢答按键输入电路、数据锁存电路、外部控制开关、定时电路、报警电路和译码显示电路组成。其中定时电路和数据锁存电路的设计至关重要。

图 6.3.1 中的数据锁存电路，目前较为常见的设计有两种方案可选。一种方案是选用优先编码器将抢答者选出，然后送入锁存器，接着将锁存器的输出译码后显示出抢答者的编号。另一种方案是直接用锁存器将抢答者的编号锁存，然后译码显示抢答者的编号。这两种方案中，第二种方案是考虑到在每组参赛人员的抢答几率要一致的情况下，直接采用电平信号锁存的方式，将输出状态的组合连接到输出控制线，使锁存器一旦响应第一个抢答者，则输出控制线就封锁对其他抢答者的响应，即锁存器仅对第一个抢答者做出响应。第一种方案是常用的抢答器电路，而且优先编码器理论上也能够保证抢答者的公平性，再加上数码管直接显示抢答者编号，比较直观。

考虑到第二种方案虽然简单，但由于对抢答者的输入信号没有进行编码，故无法显示抢答者的编号。因此这里选用第一种方案设计数据锁存电路。改进后的系统总体框图如图 6.3.2 所示。

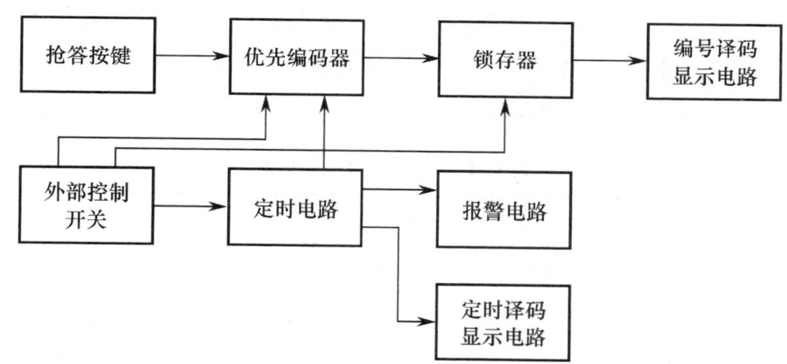

图 6.3.2　改进后的多路抢答器系统框图

抢答器的工作过程如下。

首先将外部控制开关拨至“复位”位置，锁存器清零，编号译码显示电路不显示；定时器置数并显示设定的定时时间。

接着将外部控制开关拨至“开始”位置，抢答开始，定时器开始减法计数，扬声器配合减法计数发出声响。同时锁存器的输出使优先编码器使能，编码器等待抢答结果。在 30s 内，首先抢答者的编号被锁存并显示，定时器停止工作；同时，优先编码器禁止工作，封锁其他抢答者的按键信号。若定时时间 30s 已到，仍无人抢答，则锁定编码器，使任何抢答按键信号均无效，同时定时器输出信号控制报警电路报警提示本轮抢答结束。

2）编码/锁存电路

编码/锁存电路的主要功能是响应第一个抢答者的抢答信号并锁存和显示，接着封锁其他抢答者的按键信号。编码/锁存电路如图 6.3.3 所示，该电路可采用 8—3 线优先编码器 74LS148 和 RS 锁存器 74LS279 实现。

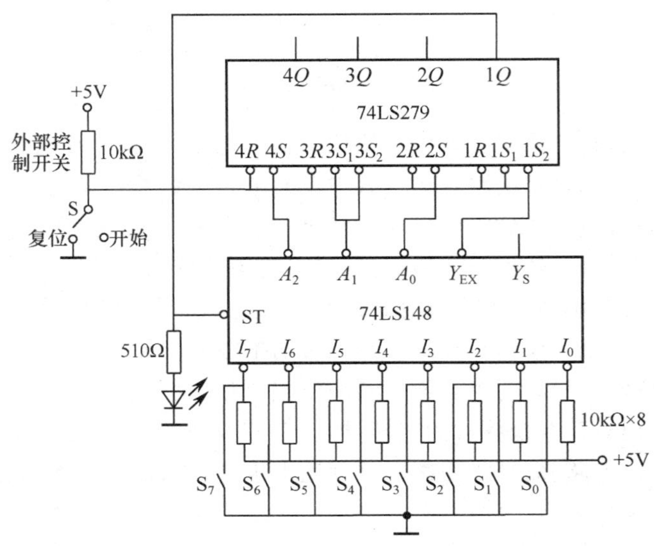

图 6.3.3　编码/锁存电路

74LS148 的功能表见表 6.3.1，其中 $\overline{ST}$、$\overline{Y_{EX}}$、$\overline{Y_S}$ 分别是输入使能端、输出使能端、片选优先编码输出端。当 $\overline{ST}=0$ 时，允许编码，若此时输入端 $\overline{I_0}\sim\overline{I_7}$ 中至少有一个编码请求信号(低电平)输入，则输出端 $A_2A_1A_0$ 有编码信号输出，且 $\overline{Y_{EX}}$ 输出 0。当 $\overline{ST}=1$ 时，$\overline{Y_{EX}}$ 输出 1，$\overline{Y_S}$ 输出 1，编码器处于禁止编码状态。

表 6.3.1　74LS148 功能表

输入									输出				
$\overline{ST}$	$\overline{I_0}$	$\overline{I_1}$	$\overline{I_2}$	$\overline{I_3}$	$\overline{I_4}$	$\overline{I_5}$	$\overline{I_6}$	$\overline{I_7}$	$\overline{A_2}$	$\overline{A_1}$	$\overline{A_0}$	$\overline{Y_{EX}}$	$\overline{Y_S}$
1	×	×	×	×	×	×	×	×	1	1	1	1	1
0	1	1	1	1	1	1	1	1	1	1	1	1	0
0	×	×	×	×	×	×	×	0	0	0	0	0	1
0	×	×	×	×	×	×	0	1	0	0	1	0	1
0	×	×	×	×	×	0	1	1	0	1	0	0	1
0	×	×	×	×	0	1	1	1	0	1	1	0	1
0	×	×	×	0	1	1	1	1	1	0	0	0	1
0	×	×	0	1	1	1	1	1	1	0	1	0	1
0	×	0	1	1	1	1	1	1	1	1	0	0	1
0	0	1	1	1	1	1	1	1	1	1	1	0	1

由图 6.3.3 可见，当外部控制开关处于“复位”位置时，74LS279 中的 4 个 RS 触发器全部清零，触发器输出端 1Q～4Q 全部输出低电平。此时可将 1Q 的输出接至译码电路的灭灯端（如 74LS48 的 $\overline{BI}/\overline{RBO}$ 端，译码驱动电路请大家自行设计），LED 显示器灭灯。同时由于 1Q 输出端为低电平使得 $\overline{ST}=0$，允许编码器工作。但由于此时 74LS279 仍处于清零状态，无论 $S_0 \sim S_7$ 有无按键按下，LED 显示器仍然无显示。当外部控制开关处于“开始”位置时，锁存器优先编码器和锁存器均处于工作状态，发光二极管点亮，抢答开始。假设输入端 $\overline{I_0}=0$ 有有效信号输入，$\overline{Y_{EX}}$ 由 1 翻转为 0，1Q 输出高电平，即 $\overline{ST}=1$，编码器禁止输入，停止编码，封锁其他组的按键输入信号，编码器输出 $\overline{A_2A_1A_0}=111$，锁存器输出 $4Q3Q2Q=000$，译码后 LED 显示“0”，实现了优先抢答的功能。

3）定时电路

30s 减法定时电路可采用十进制可逆计数器 74LS192 进行设计，具体电路如图 6.3.4 所示。图 6.3.4 中，当外部控制开关处于“复位”位置时，编码器清零的同时将计数器置数为“30”。当外部控制开关处于“开始”位置时，计数器进行减法计数，当计数器减到“0”时，十位计数器的借位输出端 $\overline{BO}$ 输出 0，通过两个与非门封锁了秒脉冲，计数器停止计数。

图 6.3.4 中的秒脉冲信号可由 555 电路构成，也可用石英振荡器构成，此部分电路请大家自行设计。

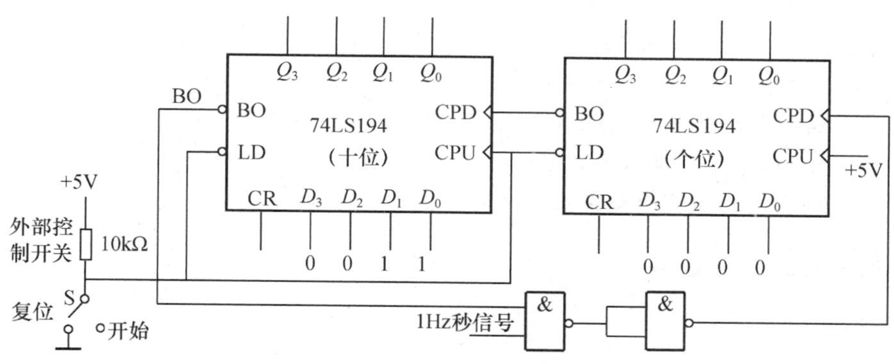

图 6.3.4 定时器电路

4）报警电路

报警电路主要由 555 电路构成单稳态触发器 74LS121，其电路如图 6.3.5 所示。其中 555 构成多谐振荡器，负责推动扬声器发声。多谐振荡器产生的振荡频率为

$$f=\frac{1}{(R_1+2R_2)C\ln 2}\approx\frac{1.43}{(R_1+2R_2)C}$$

这个矩形波经过三极管用来推动扬声器发声。消除报警开关按下时，多谐振荡器停止振荡，可实现手动消除报警。

报警持续时间长短的电路由单稳态触发器实现，电路图 6.3.5 中的 R 和 C 决定了报警时间的长短 t_w，$t_w=0.69RC$。

3. 设计报告要求

（1）分析课设任务要求，掌握设计原理和设计方法。

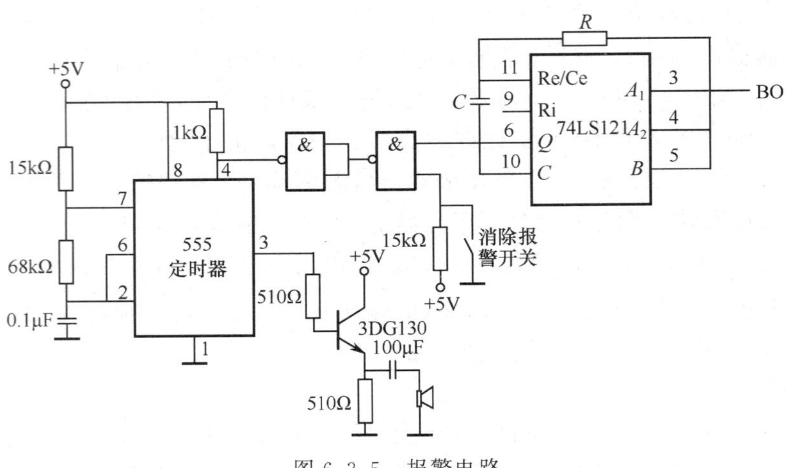

图 6.3.5 报警电路

(2) 画出抢答器的整机电路图,并标出元器件的参数。

(3) 测试抢答器的逻辑功能,验证是否满足设计功能要求。

(4) 写出调试过程及调试结果,分析故障原因与故障排除方法。

(5) 写出收获和体会。

4. 思考题

(1) 若抢答器每组编号分别为 1、2、3、4、5、6、7、8,如何实现?

(2) 若有 15 名选手参加抢答,如何设计?

(3) 本设计方案和单元电路还有哪些不足之处?如何进一步改进?写出改进方案。

5. 实验仪器与元器件

1) 实验仪器

直流稳压电源,1 台。

双踪示波器,1 台。

信号发生器,1 台。

2) 实验元器件

74LS00,1 只。

74LS121,1 只。

74LS48,4 只。

74LS148,1 只。

74LS279,1 只。

74LS192,1 只。

NE555,1 只。

发光二极管,2 只。

逻辑开关,9 只。

共阴极数码管,4 只。

扬声器，1 只。

电阻、电容、三极管，若干。

6.4　数字频率计

1. 设计任务与指标

1）设计任务

设计并制作一个简易的数字频率计。

2）设计指标

（1）频率测量范围为 1Hz～99.99kHz，分为两挡。

① ×1 挡为 1～9.999Hz。

② ×10 挡为 10～99.99kHz。

（2）测量频率的准确度$\frac{\Delta f_x}{f_x} \leqslant \pm 2\times 10^{-3}$。

（3）能测试幅度 0.2～5V 的方波、三角波和正弦波。

2. 设计原理

频率计是用来测量各种信号频率的仪器。简易频率测量的方法就是在单位时间（1s）内对待测的数字信号的脉冲个数进行计算、显示。若在一定时间间隔 T 内测得这个周期性信号的重复变化次数为 N，则其频率可表示为

$$f = N/T$$

1）总体设计

图 6.4.1 所示是数字频率计的组成框图。

被测信号 U_x 经过放大整形电路变成计数器所要求的脉冲信号，其频率与被测信号的频率 f_x 相同。时基电路提供标准时间基准信号，其高电平持续时间 $t_1=1\text{s}$，当 1s 信号来到时，闸门开通，被测脉冲信号通过闸门，计数器开始计数，直到 1s 信号结束时闸门关闭，停止计数。若在闸门时间 1s 内计数器计得的脉冲个数为 N，则被测信号频率 $f_x=N(\text{Hz})$。逻辑控制电路的作用有两个：一是产生锁存脉冲，使显示器上的数字稳定；二是产生清零脉冲，使计数器每次测量从 0 开始计数。各信号之间的时序关系如图 6.4.2 所示。

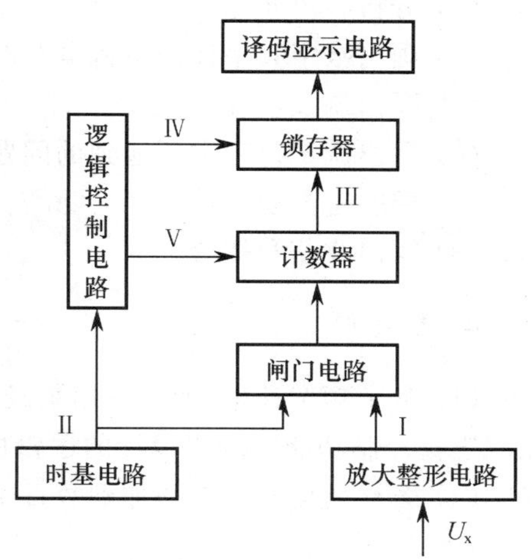

图 6.4.1　数字频率计组成框图

2）模块设计

（1）放大整形电路

放大整形电路由三极管 3DG100、与非门 74LS00 等组成。其中，3DG100 组成放大器，将输入频率为 f_x 的周期信号如正弦波、三角波等进行放大，74LS00 构成施密特触发器，对

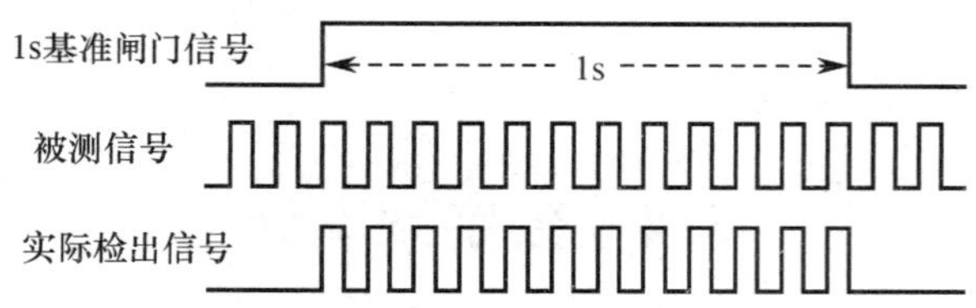

图 6.4.2 数字频率计时序图

放大器的输出信号进行整形，使之成为矩形脉冲。

(2) 时基电路

时基电路的作用是产生一个标准时间信号(高电平持续时间为 1s)，由 555 定时器构成的多谐振荡器产生或由晶体振荡器分频得到。

(3) 逻辑控制电路

根据图 6.4.2 所示波形，在时基信号结束时产生的负跳变用来产生锁存信号，锁存信号的负跳变又用来产生清零信号。脉冲信号可由两个单稳态触发器 74LS123 产生。

(4) 锁存器

锁存器的作用是将计数器在 1s 结束时所计得的数进行锁存，使显示器上能稳定显示此时计数器的值。如图 6.4.2 所示，1s 计数时间结束时，逻辑控制电路发出锁存信号，将此时计数器的值送译码显示器。选用 8D 锁存器 74LS273 可以完成上述功能。

3. 设计报告要求

(1) 设计要求及设计指标。

(2) 设计思想及原理，拟定数字频率计的组成框图。

(3) 分析各单元电路。

(4) 画出数字频率计的整机电路图。

(5) 写出调试步骤。

(6) 写出调试过程中所遇到的问题及解决方法。

(7) 回答思考题。

(8) 写出收获和体会。

4. 思考题

(1) 数字频率计中，如果不用集成的单稳态触发器芯片，是否可以用其他器件或电路来完成逻辑控制功能？画出设计的逻辑控制电路。

(2) 若被测信号频率增加到数百千赫兹或数兆赫兹，电路需要做哪些改动？

6.5 数字闹钟

1. 设计任务与指标

设计并制作一个多功能的数字电子钟，具体要求如下。

(1) 具有“时”“分”十进制显示，“秒”使用“分”个位显示数码管上的“dp”点闪烁显示。

（2）小时计数器按 24h 制计时。

（3）具有手动校时功能，能够对“分”和“小时”进行手动脉冲输入校正。

（4）走时过程中能够按照预设的定时时间（精确到小时）启动闹钟产生闹铃，闹铃持续时间自设。

2. 设计原理

数字闹钟的实现方法很多，图 6.5.1 所示为数字闹钟电路的系统框图，数字闹钟由秒脉冲信号发生器、走时电路、时间校对电路和闹钟电路组成。

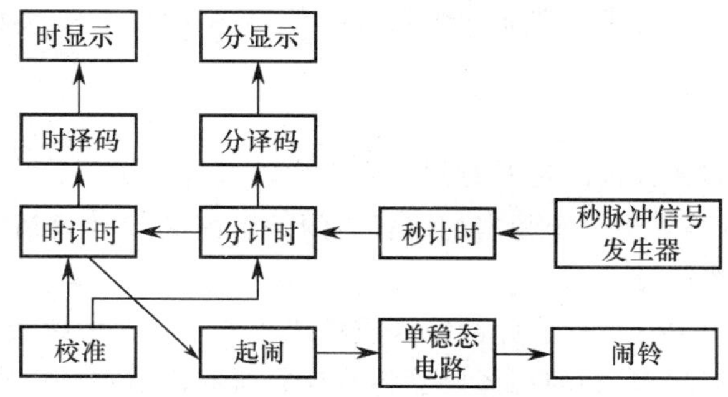

图 6.5.1　数字闹钟系统框图

1）秒脉冲信号发生器

秒脉冲信号发生器是数字闹钟的核心部分，它的精度直接影响整个系统的性能。常见的秒脉冲信号发生器的实现方法有很多，可以由非门和石英振荡器构成，可以由单稳态电路构成，可以由施密特触发器构成，还可以由 555 电路构成等。这里选用 555 构成多谐振荡器。

2）走时电路

走时电路包括秒、分、时三部分电路，其中秒和分电路为六十进制，时电路为二十四进制，它们可采用同步或异步中规模计数器实现，然后通过译码显示电路显示出来。

秒、分走时电路利用两片 74LS163 组成的异步六十进制递增计数器来实现，如图 6.5.2 所示，其中个位计数器接成十进制形式。十位计数器选择 Q_0 与 Q_2 作反馈端，经与非门输出控制复位端，接成六进制计数形式。

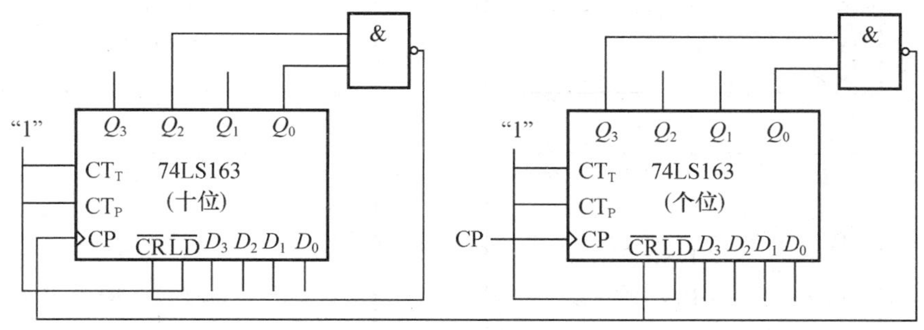

图 6.5.2　六十进制递增计数器电路

时计数器只需将个位计数器接成十进制，十位计数器只要计数到 2 即可，并且需要 24h 清零。这里采用两片 74LS160 实现，个位与十位计数器都接成十进制计数形式，两片计数器间的连接采用同步级联方式。选择个位计数器的输出端 Q_2 和十位计数器的输出端 Q_1，通过与非门控制两片计数器的置数端，实现二十四进制递增计数。

译码显示电路采用 4-7 线译码器驱动共阴极数码管实现。

3）时间校对电路

数字钟刚通电或当数字钟走时不准确而造成显示的时间快或慢时，就要对数字钟进行校正。本设计任务中只要求进行分钟和小时部分的校时。

校时方式有两种，即快校时和慢校时。快校时是将所需校对的时或分计数电路的脉冲输入端切换到秒信号，使之用快脉冲计数，当到达标准时间后再切换回正确的输入信号，从而达到校准的目的。慢校时则需要做一个防抖动开关，手动输入计数脉冲，使之对计数单元进行手动校准。

4）闹钟电路

闹钟电路要求能够在预设的定时时间到来时启动闹钟产生闹铃。铃声可使用简单的蜂鸣器，也可使用振荡电路输出一定频率的声音。闹钟电路的设计包括闹点的设计和闹钟持续时间长短的设计两个部分。

闹点的设计可使用 BCD 码盘、脉冲输入或跳线等方法。其中跳线的方法最为简单。

使用跳线方法实现闹点，即使用译码器将时计数器的输出进行译码，在译码输出处通过跳线设置起闹点，参考电路如图 6.5.3 所示。例如，将闹点设置为 18 点，当时钟走时到 18 点时，只有个位译码器的 Y_8 与十位译码器的 Y_1 输出为 0，经过简单的组合逻辑电路后，将起闹信号送给单稳态电路的输入端。

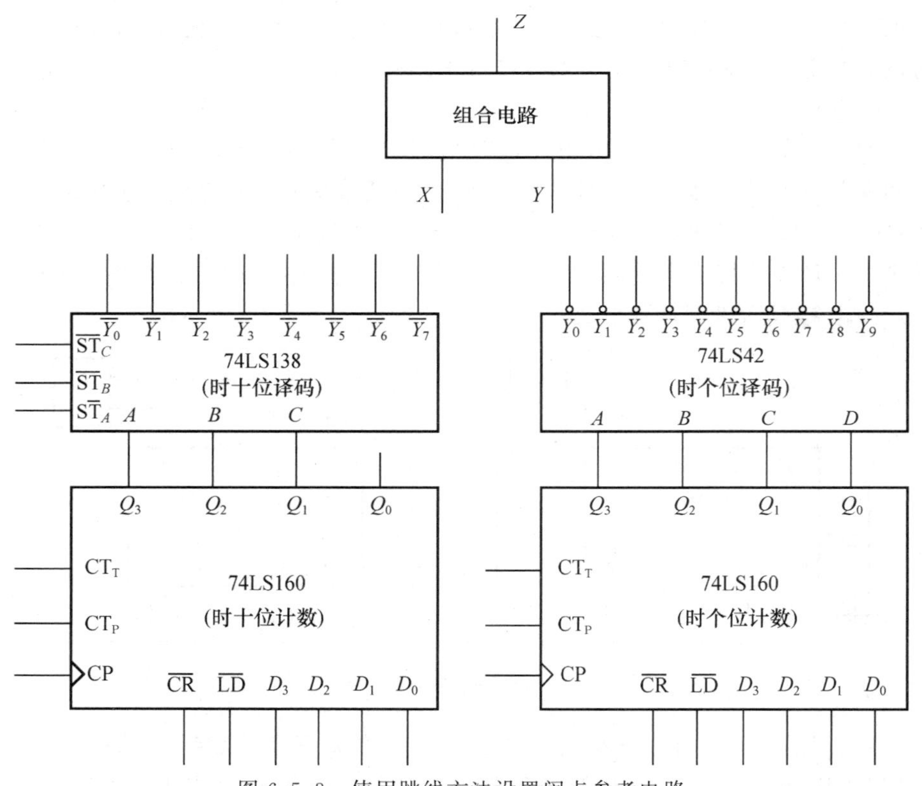

图 6.5.3 使用跳线方法设置闹点参考电路

控制闹钟持续时间长短的单稳态电路可用555或74LS123等集成芯片实现。设计时需要注意,应当使单稳态电路的触发方式与图6.5.3中的组合电路相匹配。当时间到达闹点需要闹铃时,若Z由0变1,则可以接正脉冲触发的单稳态电路;反之,需接负脉冲触发的单稳态电路。此外,由于Z信号有效的持续时间长达1h,因此所设计的单稳态电路要允许触发信号的脉宽超过定时时间电路才能正常工作。

3. 设计报告要求

(1) 分析课设任务要求,选择技术方案。
(2) 设计原理框图。
(3) 画出完整的电路图,并标出元器件的参数。
(4) 对所设计的电路进行综合分析,包括工作原理和设计方法。
(5) 写出调试步骤和调试结果。
(6) 画出关键信号的波形。
(7) 分析调试过程中产生的故障现象及解决方法。
(8) 写出收获和体会。

4. 实验仪器与元器件

1) 实验仪器
直流稳压电源,1台。
双踪示波器,1台。
信号发生器,1台。
2) 实验元器件
74LS163,4只。
74LS160,2只。
CD4511,4只。
74LS138,1只。
74LS42,1只。
74LS123,1只。
74LS00,3只。
74LS20,1只。
LM555,1只。
共阴极数码管,4只。
蜂鸣器,1只。
电阻:
1.5kΩ,1只;1kΩ,1只;2.4kΩ,1只;51kΩ,1只;300Ω,4只。
电容:
0.01μF,1只;220μF,2只。

6.6 十字路口交通灯控制器

1. 设计要求

1）设计任务

用中小规模集成芯片设计并制作一个十字路口交通灯控制器。

2）设计指标

每个路口应配备一个具有红、绿、黄3种颜色灯的灯箱。每一个方向的道路应安装有2个灯箱，2个灯箱构成一组，控制方式一致。这样共有两组4个灯箱组合成一个十字路口的交通灯控制系统。十字路口的交通灯平面布置如图6.6.1所示。

（1）主干道和支干道各有红、黄、绿三色信号灯。信号灯正常工作时有4种可能状态，4种状态如图6.6.2所示，且4种状态需按图6.6.2所示的流程自动转换。

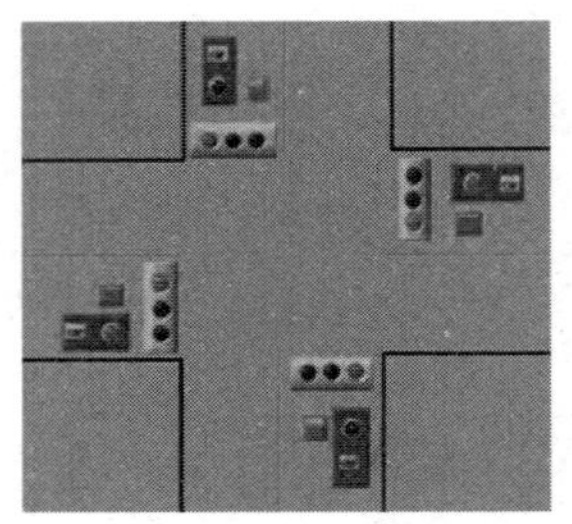

图6.6.1 十字路口交通灯平面布置

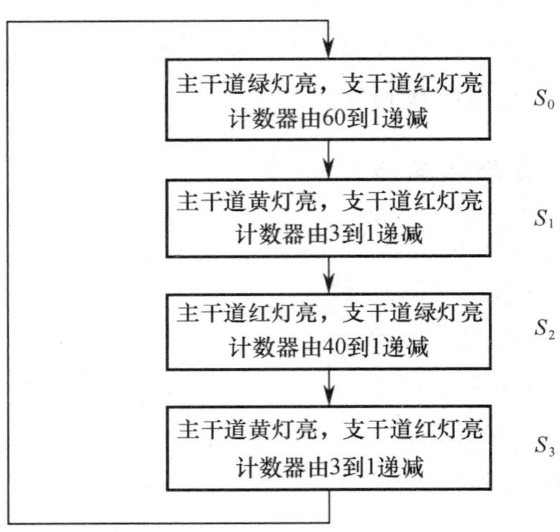

图6.6.2 交通信号工作流程图

（2）主干道和支干道均设有倒计时数字显示，作为时间提示，以便人们直观地把握时间。

2. 设计原理

1）总体设计

图6.6.3所示是十字路口交通灯控制器电路总体设计的一个参考方案框图。

2）详细设计

（1）秒信号发生器

产生秒信号的电路有多种形式：可以由NE555时基电路构成多谐振荡器产生1Hz的秒信号；还可用晶体振荡器产生准确的脉冲信号，再经过分频电路得到1Hz的秒信号。

（2）状态控制器电路

由图6.6.2可见，系统有4种不同的工作状态（$S_0 \sim S_3$），选用4位二进制递增计数器

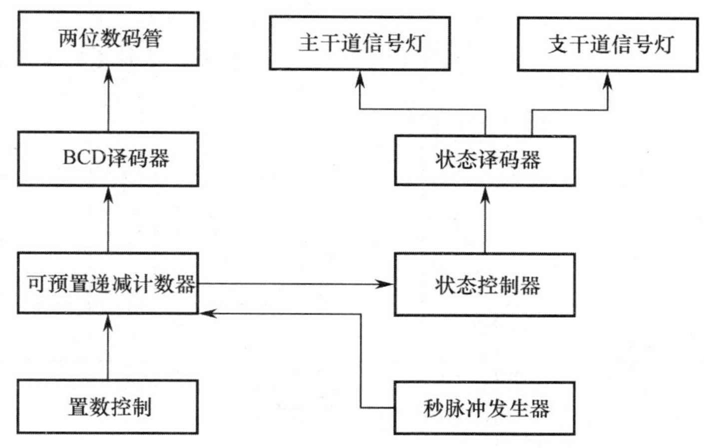

图 6.6.3 十字路口交通灯控制器设计参考方案框图

74163 作为状态控制器，取低两位输出 Q_1、Q_0 为状态控制器的输出。状态编码 S_0、S_1、S_2、S_3 分别为 00、01、10、11。

(3) 信号灯状态译码电路

以状态控制器输出的 Q_1、Q_0 为译码器的输入变量，根据 4 个不同通行状态对主、支干道三色信号灯的控制要求，列出灯控函数真值表，见表 6.6.1。

表 6.6.1 灯控函数真值表

控制器状态		主 干 道			支 干 道		
Q_1	Q_0	R_1	Y_1	G_1	R_2	Y_2	G_2
0	0	0	0	1	1	0	0
0	1	0	1	0	1	0	0
1	0	1	0	0	0	0	1
1	1	1	0	0	0	1	0

经化简获得 6 个灯控函数逻辑表达式为

$$R_1 = Q_1, \quad Y_1 = \bar{Q}_1 Q_0, \quad G_1 = \bar{Q}_1 \bar{Q}_0$$

$$R_2 = Q_1, \quad Y_2 = Q_1 Q_0, \quad G_2 = Q_1 \bar{Q}_0$$

根据灯控函数逻辑表达式，可画出状态译码电路。将状态控制器、状态译码器及模拟三色信号灯相连接，构成信号灯状态译码控制电路，如图 6.6.4 所示。

(4) 信号灯计时显示电路

选用两片 74LS190 十进制可逆计数器，构成 2 位十进制可预置递减计数器，如图 6.6.5 所示。两片计数器之间采用异步级连方式，利用个位计数器的借位输出脉冲(RCO)，直接作为十位计数器的计数脉冲(CLK)，个位计数器输入秒脉冲作为计数脉冲。选用两只带译码功能的七段显示数码管实现 2 位十进制数显示。由 74LS190 的功能表可知，该计数器在零状态时～RCO 端输出低电平。将个位与十位计数器的～RCO 端通过或门控制两片计数器的置数控制端～LOAD(低电平有效)，实现计数器减计数至“00”状态瞬间完成置数的要求。通过 8421BCD 码置数输入端，可以在 100 以内自由选择定时要求。

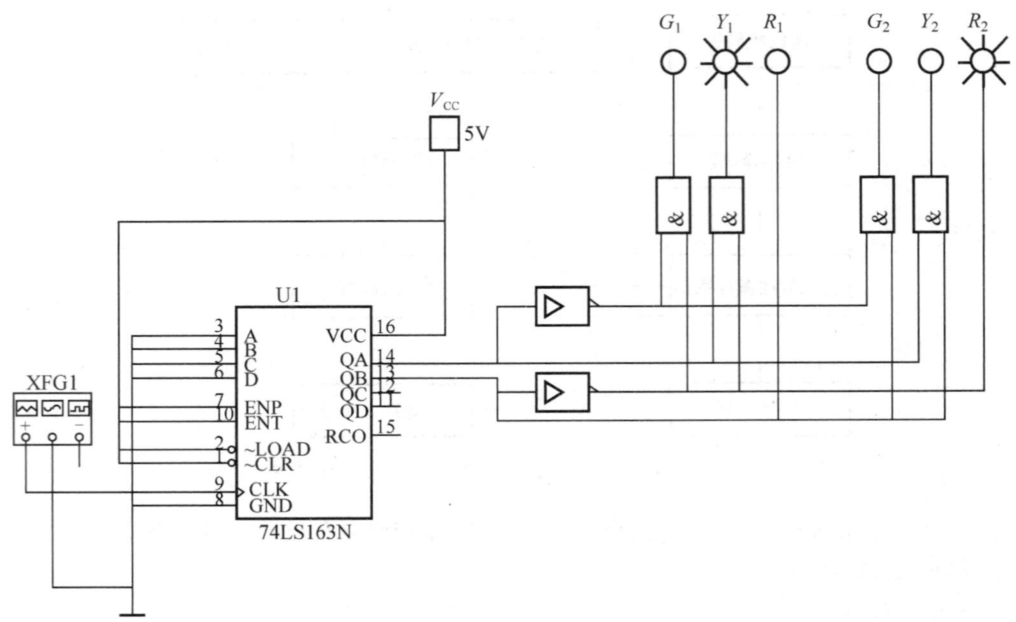

图 6.6.4 信号灯状况译码控制电路

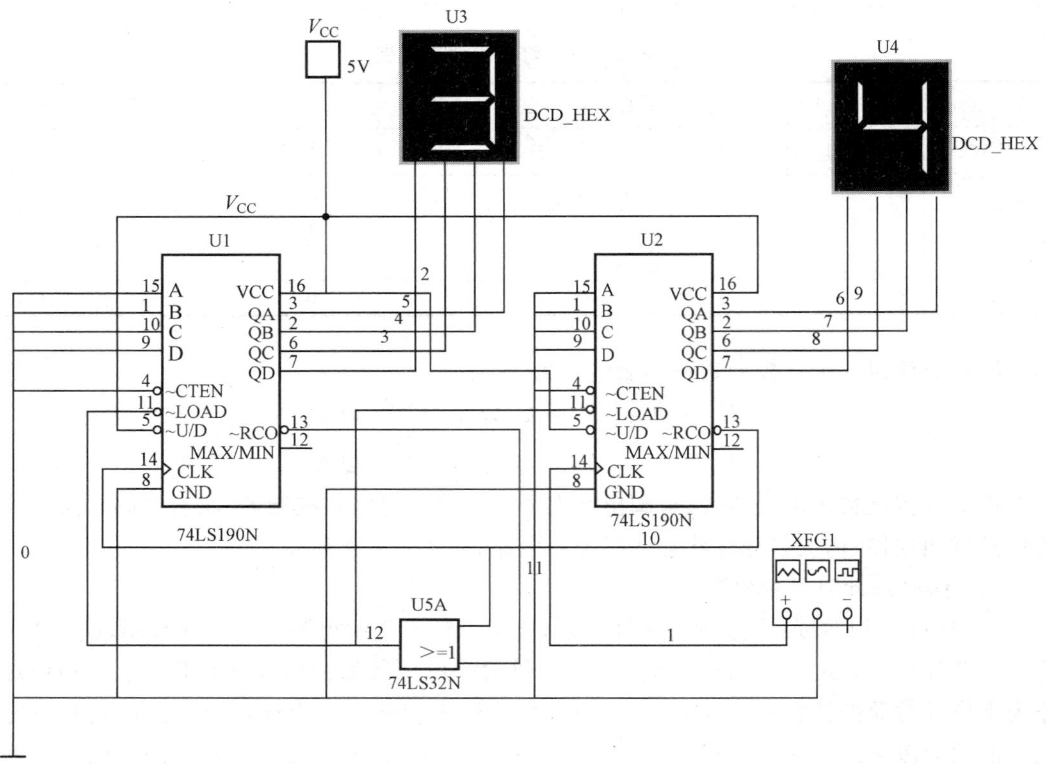

图 6.6.5 从 100 开始递减的计数显示逻辑电路

3. 设计报告要求

（1）设计要求及设计指标。
（2）设计思想及设计原理。
（3）写出总体设计过程及设计方案。
（4）画出系统框图和完整电路图。
（5）写出调试步骤和调试结果。
（6）写出调试过程中所遇到的问题及解决方法。
（7）回答思考题。
（8）写出收获和体会。

4. 思考题

上述要求的设计只实现了交通信号灯状态的自动转换，功能不全面，请增加扩展功能，扩展功能要求如下。

（1）手动控制。在某些特殊情况下，往往要求信号灯处在某一特定状态，所以要增加手动控制功能。

（2）夜间控制。夜间车辆少，为节约能源，保障安全，要求信号灯在夜间只有黄灯闪烁，并关闭数字显示。

（3）能根据交通流量的改变，从而改变主干道、支干道放行时间。

5. 实验仪器与元器件

1）实验仪器
直流稳压电源，1台。
万用表，1块。
2）实验元器件
74LS00、74LS20、74LS86、74LS190、74LS163等芯片若干。

6.7 出租车计费器

出租车计费器是一种数字仪表，它的主要功能就是根据乘客用车的实际情况来帮助驾驶员自动计算乘客用车费用。乘客乘坐出租车的费用主要由基本里程内的起步价和超出基本里程外的行车里程计费构成。此外，若乘客需要出租车长时间等待时，则总费用里还应包含等候计时费。这些费用自动计算后通过数码管显示，还可根据乘客的需要打印单据。

1. 设计任务与指标

设计一款出租车计费器，使其具有以下几个功能。

（1）按下“启动”键后计费器开始计费，并能够实时显示当前的行车里程，行车里程显示为3位数，精确到1km。

（2）按下“下客”键后，计费器停止计费，用4位数码管显示乘客乘坐出租车的总费用并打印单据。总费用包括基本里程内的起步价、超出基本里程外的行车里程计费和等候计时费3个部分，计费器自动计算并显示，最大金额不超过999.9元。

(3) 起步价、行车里程计费和等候计时费均可预先手动设置。

(4) 若乘客需要出租车长时间等待时，只需按下"计时"键，开始计算等候计时费。等候计时费按照出租车等待时间收费，每十分钟收一次等候计时费。若等候计时费开始计算，则行车里程费暂停计算。当出租车重新行驶后，停止计算等候计时费，继续计算行车里程费。

(5) 关闭启动键后，计费器行车里程显示和总费用显示清零。

(6) 乘客上车后和下车前，扬声器发声，提示乘客计费开始和结束。

2. 设计原理

出租车计费器原理框图如图6.7.1所示。这里，可将行车里程、等候时间都转换成脉冲个数，然后分别对这些脉冲进行计数。

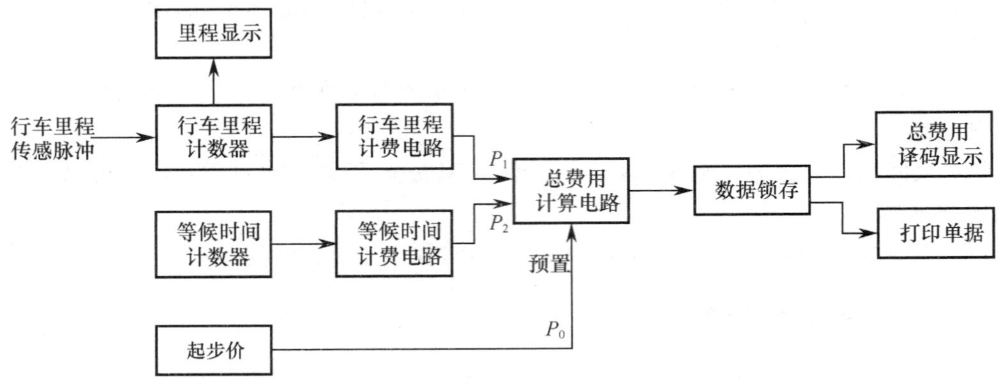

图6.7.1 出租车计费器原理框图

1) 行车里程计费电路

为了获得出租车的行车里程数，通常是在出租车转轴上加装一个传感器，将汽车行驶的里程数转换成与之成一定比例关系的脉冲个数，最后换算成行车里程计费金额。

行车里程传感器采用普通用环氧树脂密封的干簧继电器实现，一般安装在与汽车车轮相连的涡轮变速装置上的软轴接头上，使得汽车每前进10m，涡轮边缘的磁铁就从干簧继电器旁经过一次，即输出一次行车里程传感脉冲信号，为负脉冲。汽车前进1km(10×100m)输出100个脉冲信号。所以行车里程计数器要设一个模100计数器。如图6.7.2所示，干簧继电器产生的行车里程传感脉冲信号经与非门后输入到由与非门组成的基本RS触发器，用来防止干簧继电器触点闭合时的抖动而误发脉冲。接着将行车里程传感脉冲信号输入到由两片74LS161构成的一百进制计数器个位计数器的CP端进行计数，车子前进1km时计数器输出脉冲为CP_{1km}。

行车里程计费电路的主要作用是将里程计费变换为脉冲个数，它的实现主要有以下两种方法。

一种方法是利用计数器实现。假设车子每前进1km输出一个脉冲信号，则行车里程计数器应当输出与单价对应的脉冲个数，此时若单价是1.4元/km，则设计一个一百四十进制计数器，每千米输出140个脉冲到总费用计数器，即每个脉冲为0.01元。

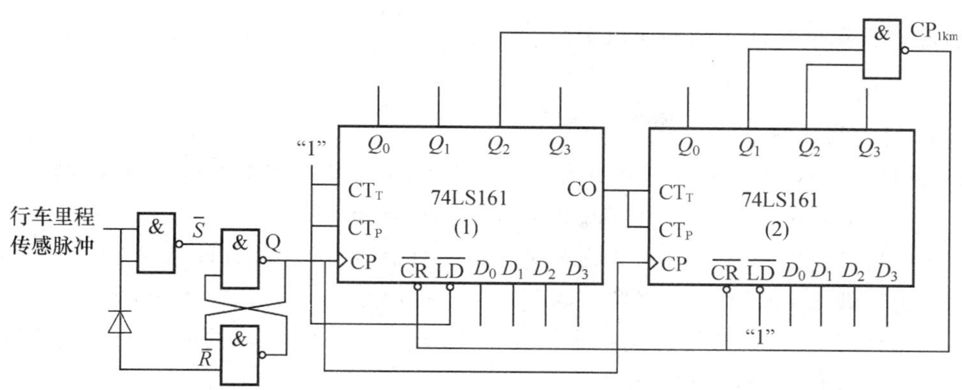

图 6.7.2　行车里程计数器

图 6.7.3 所示为用计数器实现的行车里程计费电路。当出租车行驶到 1km 后，行车里程计数器 CP_{1km} 输出 1 个脉冲到 RS 触发器的置数端，使 74LS161 组成的一百四十进制计数器开始对标准脉冲 CP_{500}(500Hz 脉冲)计数，计满 140 个脉冲后，计数器清零，RS 触发器复位，计数器停止计数。同时，在一百四十进制计数器计数期间，RS 触发器的输出 Q_1 始终等于 1，所以行车里程计费脉冲 P_1 输出 140 个脉冲信号，代表每千米行车的里程计费，即每个脉冲为 0.01 元。

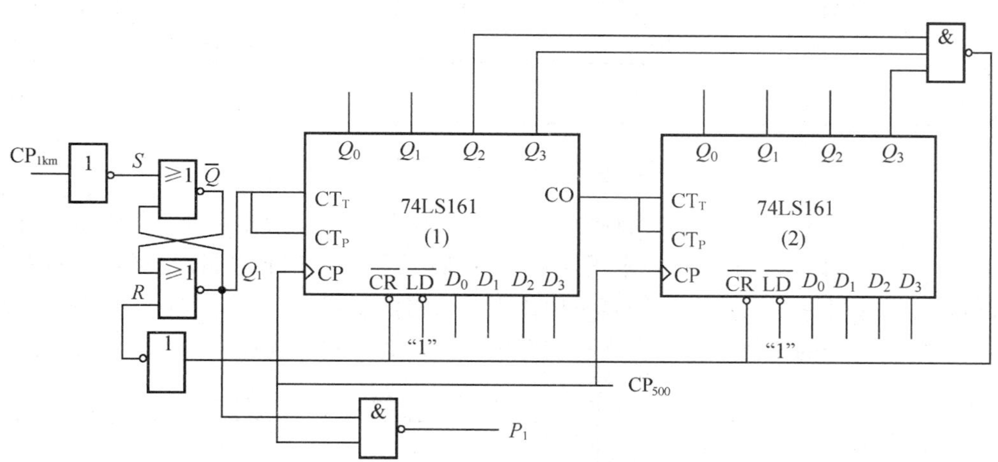

图 6.7.3　用计数器实现的行车里程计费电路

另一种方法是采用比例乘法器实现，它将行车里程脉冲乘以单价比例系数得到代表里程费用的脉冲信号。比例乘法器采用 CD4527，CD4527 是低功耗 4 位数字比例乘法器，主要功能是输出的脉冲数等于时钟脉冲乘以一个比例系数，比例系数的范围为 0.1～0.9，可以通过 BCD 码拨盘开关在 CD4527 的 D～A 端预置。当 CD4527 的清零、选通、置 9 和使能端均为低电平时，乘法器处于使能状态，此时输出频率就等于输入频率乘以输入数的十进制再除以 10，即 $f_{\text{OUT}}=\dfrac{(DCBA)_{\text{十进制}}\times f_{\text{IN}}}{10}$，其中 D、C、B、A 是乘法器系数输入端。可将两片 CD4527 级联成加法模式，如单价是 1.4 元/km，则预置的两位 BCD 码分别为 $B_2=10$、

$B_1=4$，此时行车里程计费脉冲输出 $P_1=\frac{CP_{1km}(B_2+B_1)}{10}$，经比例乘法器运算后使 P_1 输出 140 个脉冲，即每个脉冲为 0.01 元。

2）等候时间计费电路

等候时间计费电路与行车里程计费电路基本相同，也需要把等候时间转换成脉冲个数，且每个脉冲所表示的金额应当和行车里程费一样(0.01 元/脉冲)。

由于等候计时电路是每 10min 收一次等候计时费，所以这里对秒脉冲 CP_{1s} 进行计数，计数六百进制即 10min 为一个周期。如图 6.7.4 所示，用 3 片 74LS161 构成的模六百进制计数器开始计时，每次计数器计满一个周期即 10min 计数器清零，同时将计时 10min 信号 CP_{10min} 发送给等候时间计费电路。

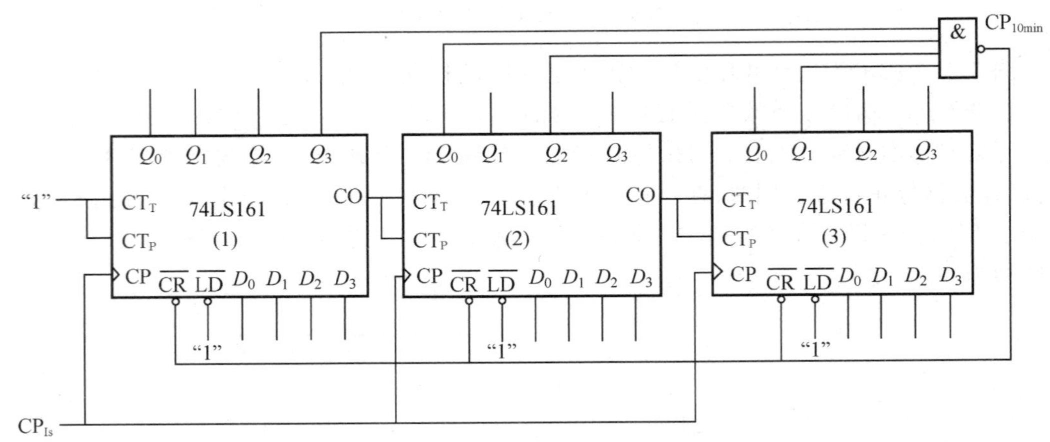

图 6.7.4 等候 10min 计时电路

等候时间计费电路的实现有两种方法。一种方法是利用计数器实现。假设等候计时费为 1.5 元/10min，即用计时 10min 信号 CP_{10min} 控制一个一百五十进制计数器，向总费用计数器输入 150 个脉冲。另一种方法是采用比例乘法器实现，如图 6.7.5 所示，将计时 10min 脉冲乘以单位时间的比例系数就得到代表等候时间的时间费用脉冲。

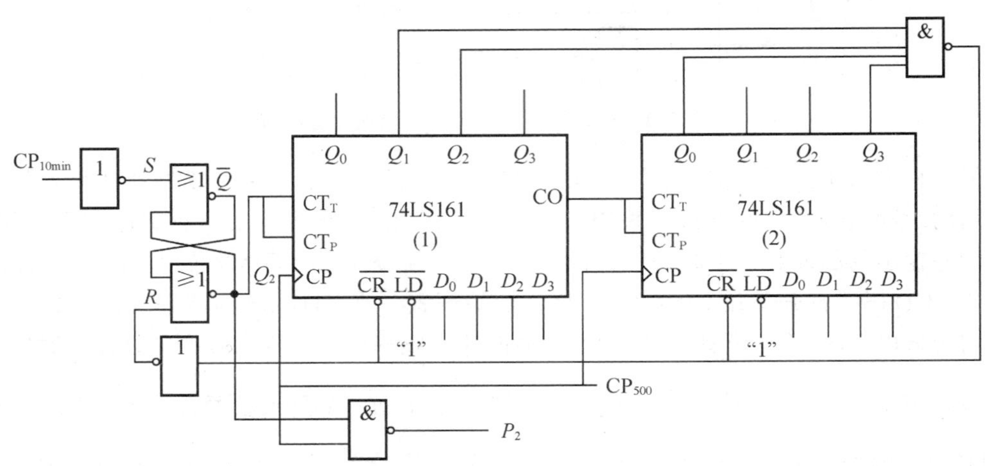

图 6.7.5 用计数器实现的等候时间计费电路

3）总费用计算与显示电路

出租车总费用由基本行程内的起步价、超出基本行程外的行车里程费和等候计时费三个部分构成。其中起步价的计费可以和其他两种费用一样，按照 0.01 元/脉冲的比例系数设计电路，也可以在总费用计数器的预置端直接进行数据预置。最后，根据起步价所预置的初值，加上行车里程脉冲和等候时间脉冲之和即可得总的用车费用。

如图 6.7.6 所示，将行车里程计费脉冲 P_1 和等候计时脉冲 P_2 送入与门相加后，再送入 4 个计数器 74LS160 构成的 4 位计数器的 CP 端，这 4 位 74LS160 中已经预置 9 元的起步价（0000，1001，0000，0000）。计数器的输出与锁存器 74LS273 的输入相连，锁存器在单稳态触发器 74LS123 的控制下锁存数据。

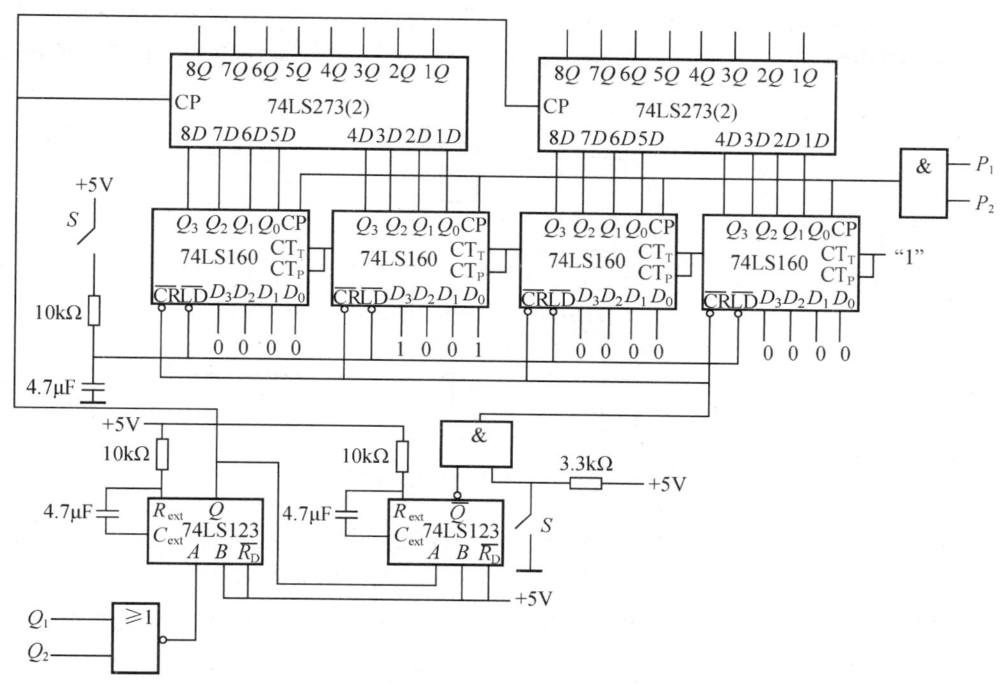

图 6.7.6　总费用计算显示电路

双重可触发单稳态触发器 74LS123 的真值表见表 6.7.1。

表 6.7.1　双重可触发单稳态触发器 74LS123 的真值表

输　　入			输　　出	
$\overline{R}_D$	A	B	Q	$\overline{Q}$
0	×	×	0	1
×	1	×	0	1
×	×	0	0	1
1	0	↑	⊓	⊔
1	↓	1	⊓	⊔
↑	0	1	⊓	⊔

由表 6.7.1 可见,当出租车行车里程到达 1km 或停车等候时间到达 10min 时,图 6.7.6 中的 Q_1 或 Q_2 输出高电平。接着,行车里程计数器或等候时间计数器开始重新计数,Q_1 或 Q_2 输出低电平,Q_1 或 Q_2 输出的下降沿触发了 74LS123(1)输出一个正脉冲给锁存器,正脉冲持续时间由 74LS123 外接的电阻和电容所决定,保证锁存器将数据锁存,然后译码显示。在数据可靠锁存后,由 74LS123(1)输出的下降沿触发 74LS123(2),使 74LS123(2)输出一个负脉冲给计算总费用的计数器,将总费用计数器清零。

4) 控制电路

控制电路包括基本里程判别控制电路和行车里程/等候计时控制电路。

当所设置的起步价千米数到达时,基本里程判别控制电路要将行车里程费用清零,同时扣除总费用电路中的起步价千米数内的行车里程费用。基本里程判别控制电路如图 6.7.7 所示。当车子行驶到所设置的起步价千米数时,图 6.7.7 所示为到达 5km 时使触发器翻转。

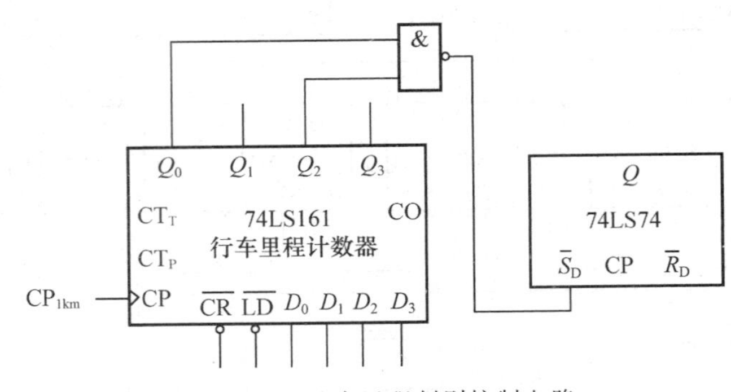

图 6.7.7 基本里程判别控制电路

行车里程/等候计时控制电路需要实现的功能:当出租车到达某地需要长时间等待时,每等候 10min,就需增加一定的等候费用;当汽车行驶时,停止等候费用的计算,继续增加行车里程费。这里可使用一个 D 触发器来实现,将"计时"按钮连接触发器的置数端,当按下"计时"按键时,触发器置数,触发器输出端控制秒脉冲信号发生器的开启,秒脉冲又控制等候计时计数器的运行,从而实现该电路的功能。

若等候时间不到 10min,汽车继续行驶,这时,由于行车里程传感脉冲连接到触发器的 CP 端,使触发器翻转 $Q=0$,秒脉冲信号发生器停止工作,等候计时结束。这样,行车里程计费和等候计时计费两者不会重复,保证收费的正确性。

5) 其他电路

其他电路还有秒信号发生器电路、清零复位电路、打印驱动电路等电路,请自行设计。

3. 设计报告要求

(1) 分析课设任务要求,掌握设计原理和设计方法。

(2) 画出正确、完整的电路图,标出元器件的参数。

(3) 组装调试电路,以满足设计要求。

(4) 记录调试过程中所遇到的电路故障,分析故障原因并写出排除故障的方法。

(5) 写出收获和体会。

4. 实验仪器与元器件

1）实验仪器

直流稳压电源，1 台。

双踪示波器，1 台。

信号发生器，1 台。

2）实验元器件

74LS08，1 只。

74LS161，9 只。

74LS160，4 只。

74LS273，2 只。

74LS123，1 只。

74LS74，1 只。

74LS32，1 只。

74LS48，9 只。

CD4527，4 只。

555，1 只。

BCD 拨码开关，6 只。

按键开关，4 只。

共阴极数码管，9 只。

逻辑开关，3 只。

3.3kΩ 电阻，8 只。

6.8　简易流水灯控制电路

彩灯流水控制电路，主要是实现对多个彩灯按流水的规律的亮灭进行控制，即在预定的时间到来时，产生一个控制信号控制彩灯的流向、间歇等，可利用中规模集成电路中可逆计数器和译码器来实现正、逆流水功能，利用组合电路实现自控、手控、流向控制等功能。

1. 设计任务与指标

1）设计任务

设计一个彩灯流水控制电路，能使彩灯的流向变化。

2）设计指标

（1）灯流动的方向可以是正向的、也可以是逆向的，可以手控也可以自控，自控往返变换时间为 5s。

（2）彩灯可以间歇流动，10s 间歇一次，间歇时间为 1s。

（3）选做：设计显示图案循环的控制电路（详见思考题）。

2. 设计原理

利用555定时电路组成一个多谐振荡器，发出连续脉冲作为计数器的时钟脉冲。通过分频器改变时钟脉冲的频率，从而改变彩灯流速；彩灯流向改变，可以选用加/减计数器。计数器的输出接译码器以实现流水的效果。流向和间歇控制电路的控制信号周期应大于多谐振荡器的基础时钟，可利用分频电路实现，通过分频得到所需要的控制信号。控制电路的框图如图6.8.1所示。

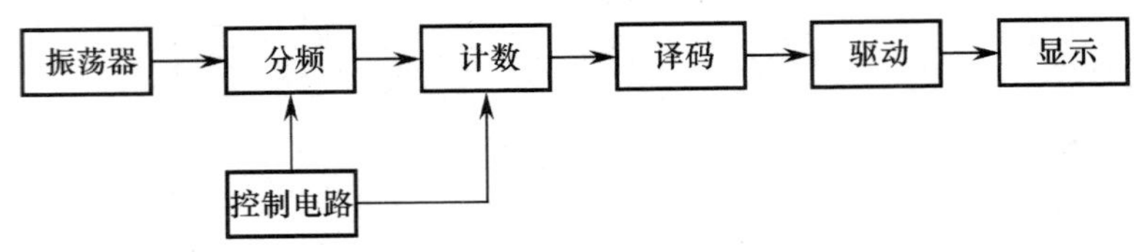

图6.8.1 流水灯控制电路框图

为了实现人眼能分辨的灯光流水效果，必须使时钟脉冲的周期大于人眼的视觉暂留时间，即时钟脉冲的周期 $T \geqslant 0.01\text{s}$。

3. 实验内容

(1) 按照设计好的原理图在面包板上搭接组装电路。

(2) 按单元电路分块调试。

① 调试振荡器单元电路。

② 调试计数单元电路。

③ 调试译码单元电路。

④ 调试控制灯流向单元电路。

(3) 进行整体电路调试，观察彩灯工作情况，并记录结果和波形。

4. 预习要求

(1) 复习555定时电路的工作原理及555定时电路的内部结构。

(2) 复习计数、分频器和加/减计数器的工作原理。

(3) 复习4-10线译码器和D触发器的工作原理。

(4) 熟悉用555定时器设计振荡器的方法，并计算电路中电阻、电容的参数。

5. 设计报告要求

(1) 设计要求及设计指标。

(2) 写出设计思想及原理，画出系统框图。

(3) 详细分析各单元电路。

(4) 画出整机逻辑电路图。

(5) 写出调试步骤。

(6) 写出调试过程中遇到的问题及解决方法。

(7) 回答思考题。

(8) 写出收获和体会。

6. 思考题

设计一电路控制彩灯，按一定的图案循环显示。9 个发光二极管排成一行，二极管的亮灭顺序按以下规律。

(1) 彩灯自左向右逐渐亮，直至全亮。

(2) 彩灯自右向左逐渐灭，直至全灭。

(3) 彩灯自第 5 个开始亮，左右两边彩灯逐个亮起，直至全亮。

(4) 彩灯从左右两边第一个开始灭，向中心方向逐个灭，直至全灭。

7. 实验仪器与元器件

1) 实验仪器

直流稳压电源，1 台。

双踪示波器，1 台。

2) 实验元器件

分频器 CD4017，计数器 CD4510，译码器 CD4028，555 定时器，发光二极管等。

6.9　加/减法运算电路

加/减法运算电路是数字电路中的基本运算电路，掌握其设计方法有助于对中规模集成组合电路的理解。

1. 设计任务与指标

1) 设计任务

设计一个 1 位十进制并行加/减法运算电路。

2) 设计指标

(1) 通过按键输入被减数和减数，并设置＋、－号按键。

(2) 允许减数大于被减数，负号可采用数码管或其他显示器件。

(3) 选做：设计串行加减运算电路。

2. 设计原理

1) 并行加/减法运算电路的基本原理

并行加/减法运算电路执行二进制加/减法算术运算。在加法器上执行减法运算，需要分两种情况进行讨论，即两数之差大于零和小于零的情况。但是有一点是相同的，即首先需要求出减数的反码，然后把减数的反码和被减数相加，再通过加法运算后即可求得两数之差。

下面举例说明。

(1) 两数之差大于零

1010 为被减数，0011 为减数，反码相加，为 $1010+1101=10110(A-B)>0$，将结果加

上1即为两数之差。

(2) 两数之差小于零

0100为被减数，1000为减数，反码相加，为0100+(−1000)=1011($A-B$)<0，将结果加1，得到1100，求其补码，得到两数之差0100。

综合以上两例，得到当差大于0时，将减数转换为补码与被减数相加即可得到结果，而当被减数小于减数时，同样将减数转换为补码，与被减数相加，得到结果后再求其补码，即可得到正确的差值。因此当电路执行减法功能时，需要区别对待，也就是说需要得到一个控制信号。另外电路完成加法功能时，需要再加一个控制信号，可通过按键提供。

电路如何提供控制信号，需要将以上分析结果推广到一般。

$$A-B=A+(-B)$$

$$[A+(-B)]_{补}=A+(-B)_{补}=A+(-B)_{反}+1$$

被减数小于减数、被减数大于减数两种情况下差的表达形式如下。

设差为S，S的补码为S'，借位为C'。

当$A>B$，即$C'=0$时，$S=A-B=A+(-B)=S'$。

当$A<B$，即$C'=1$时，$S=A-B=\{[A+(-B)]_{补}\}_{补}=(S')_{补}=(S')_{反}+1$。

由于$A\oplus 1=\overline{A}$，$A\oplus 0=A$，因此，采用异或门得到$S=S'\oplus C'$。

由此可见，二进制数的加/减运算可以由硬件电路实现，总体设计框图如图6.9.1所示，由编码器、加法器、加/减控制和译码显示电路组成。

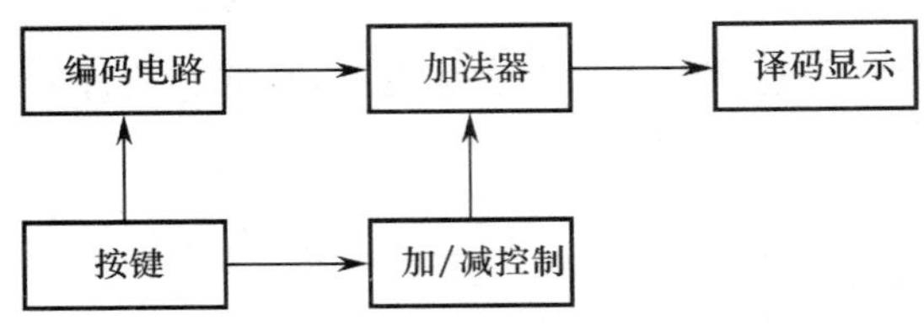

图6.9.1 并行加/减法电路设计框图

电路采用74LS147进行编码，所以输出为反码，将A反相送入加法器，B可能是加数或减数，此时需要判断执行加或减功能，控制端X用拨码开关控制，作为加/减功能的控制，当$X=1$为加法，$X=0$为减法，将数B和控制信号送入异或门，当异或门控制端为1时，输出反码；当异或门控制端为0时，输出原码，分别作为减数和加数。如果为加法功能，将输入的两个数原码相加即可。如果是减法功能，首先数B通过反码转换电路，然后送到74LS283与A相加，同时将74LS283低位进位端置1，74LS283的输出分为两种情况：大于0，即为运算结果，小于0，需要将74LS283输出结果取反加1，为了完成这个功能，再加一个74LS283，只有这种情况下完成取反加1。

设计电路时，可以采用拨码开关将二进制编码送入寄存器中，或通过编码电路对按键开关进行编码，再将数据送入加法器中。

2) 单元电路设计

(1) 编码电路

编码电路可以选择74LS147十进制10-4线BCD编码器。这种编码器的特点是可以对输入进行优先编码，以保证高位数据的优先权，其优先权位从9到0依次递减，低电平有效。

(2) 转换电路

转换电路部分首先需要对 74LS147 输出反码进行转换，将数 A 送入反相器，然后送入加法器，数 B 可以先进行反相，这里采用异或门。因为数 B 在执行加法时，以原码方式参加运算，在执行减法时，以反码参加运算，所以只要加一个控制信号。

(3) 加法电路

转换电路之后需要执行加/减法。这部分首先采用一块加法器电路 74LS283 完成数 A 和数 B(原码或反码)的加法功能，根据上面的讨论，完成减法功能还需要第二片 74LS283。

① 74LS283 4 位二进制全加器

74LS283 4 位二进制全加器可以执行两个 4 位二进制数的相加，输入分别为 A_3、A_2、A_1、A_0 和 B_3、B_2、B_1、B_0，其中 A_0 或 B_0 是最低有效位。输出为 4 位编码和进位输出 C_4。CI 是最低位进位的输入。全加器的逻辑(包括进位)操作都采用原码形式。74LS283 的芯片如图 6.9.2 所示。

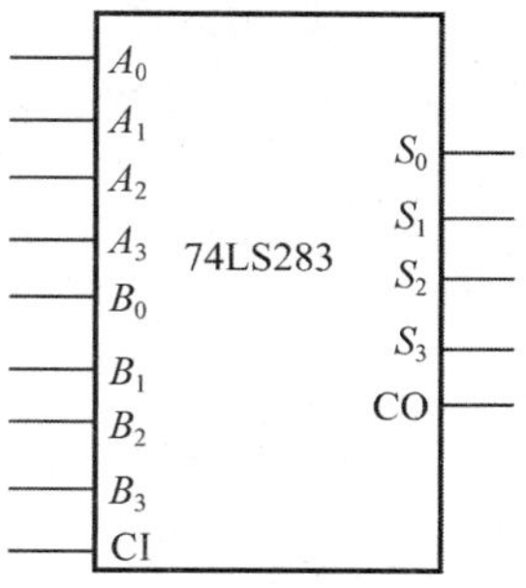

图 6.9.2　74LS283 芯片

② 74LS87 互补器

74LS87 互补器是 4 位正/反码控制转换器。互补的工作由 B 端和 C 端控制。当 B 和 C 端输入低电平时，4 位二进制输入(A)将以反码形式传输到输出(Y)；B 为低电平但 C 为高电平时将以原码形式传输到输出(Y)；B 为高电平时，输出将是 C 端输入电平的反码，与数据输入电平无关。

3. 预习要求

(1) 复习编码器、译码器的工作原理。
(2) 复习加法器的工作原理。
(3) 分析加/减法电路的工作原理。
(4) 画出初步的原理框图。

4. 实验步骤

(1) 设计编码单元电路。
(2) 设计全加器单元电路。
(3) 设计转换单元电路。
(4) 组装、调试电路。
(5) 画出逻辑电路图，写出总结报告。

5. 设计报告要求

(1) 设计要求及设计指标。
(2) 写出设计思想及设计原理，画出系统的结构框图。
(3) 详细分析各单元电路。
(4) 画出整机逻辑电路图。
(5) 写出调试步骤。
(6) 写出调试过程中遇到的问题及解决方法。

(7) 回答思考题。

(8) 写出收获和体会。

6. 实验仪器与元器件

1) 实验仪器

直流稳压电源,1 台。

双踪示波器,1 台。

2) 实验元器件

74LS147、74LS87、74LS283、74LS47、数码管及门电路等芯片。

第7章 Multisim 软件

7.1 Multisim 软件简介

Multisim 是在 EWB 的基础上发展来的，可以说 Multisim 是 EWB 的升级版。EWB 是加拿大 Interactive Image Technologies 公司(交互图像技术有限公司)在 20 世纪 90 年代初推出的 EDA 软件，用于模拟电路和数字电路的混合仿真，利用它可以直接从屏幕上看到各种电路的输出波形。EWB 小巧，常用的 5.0 版本只有 6M 左右，而且免安装。Multisim 也是该公司继 EWB 后推出的以 Windows 为基础的仿真工具，该公司被美国国家仪器(NI)有限公司收购后，更名为 NI Multisim。加拿大交互图像技术有限公司在被收购前推出的 EWB 和 Multisim 版本包括：EWB 4.0、EWB 5.0、EWB 6.0、Multisim 2001、Multisim 7 和 Multisim 8；美国国家仪器(NI)有限公司推出的版本包括 Multisim 9、Multisim 10.0、Multisim 11.0。

Multisim 9.0 开始推出了 3D 模拟实验板环境(包括 NI ELVIS I 和 NI ELVIS II 系列)。在该模拟环境中，学生可以方便地找到硬件原型。进入实验室前，学生可以在 3D 环境下建立自己的电路并进行试验。在 3D 模拟实验板环境下，使用真实的元件图片替代了传统的图解符号，有助于迅速理解图解和实际电路设计的差别。

1. Multisim 主窗口

启动 Multisim 11.0，可以看到如图 7.1.1 所示窗口。

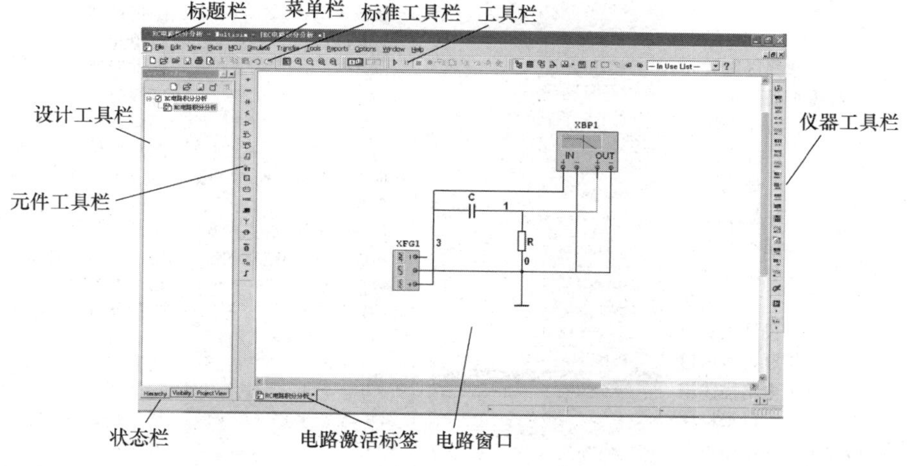

图 7.1.1　Multisim 主窗口

2. Multisim 菜单栏

Multisim 的界面与所有 Windows 应用程序一样，可以在主菜单中找到各个功能的命令。“文件(File)”菜单如图 7.1.2 所示；“编辑(Edit)”菜单如图 7.1.3 所示；“视图(View)”菜单及“工具栏(Toolbars)”菜单命令列表如图 7.1.4 所示；“Place”菜单如图 7.1.5 所示；“MCU”

图 7.1.2 “文件”菜单

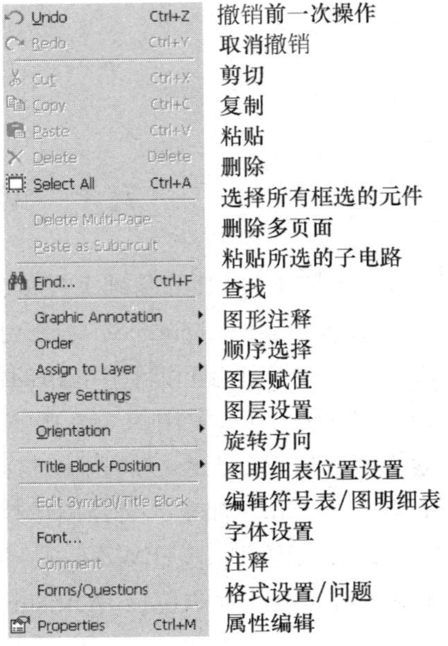

图 7.1.3 “编辑”菜单

图 7.1.4 “视图”菜单及“工具栏”菜单命令列表

菜单如图 7.1.6 所示；“仿真(Simulate)”菜单如图 7.1.7 所示；“传送(Transfer)”菜单如图 7.1.8 所示；“工具(Tools)”菜单如图 7.1.9 所示；“报告(Reports)”菜单如图 7.1.10 所示；“设置(Options)”菜单如图 7.1.11 所示；“窗口(Window)”菜单如图 7.1.12 所示；“帮助(Help)”菜单如图 7.1.13 所示。

图 7.1.5 “Place”菜单

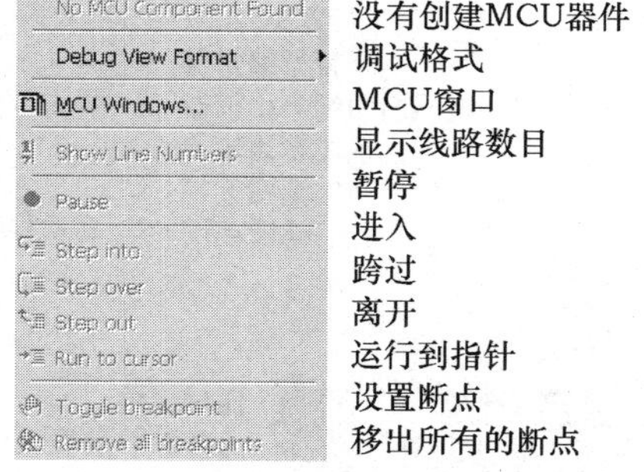

图 7.1.6 “MCU”菜单

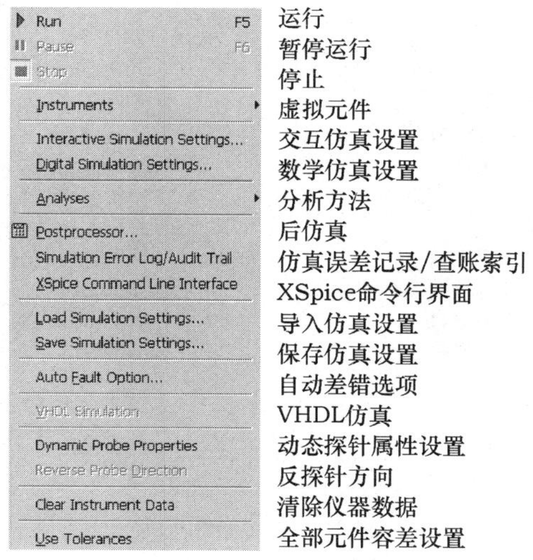

图 7.1.7 “仿真”菜单

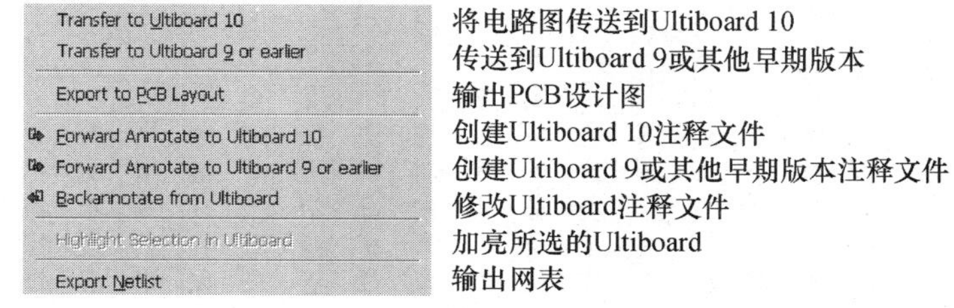

图 7.1.8 “传送”菜单

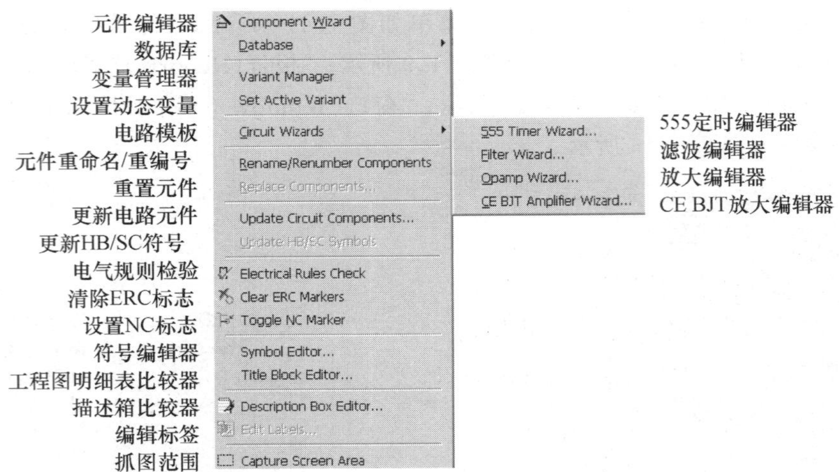

图 7.1.9 “工具”菜单

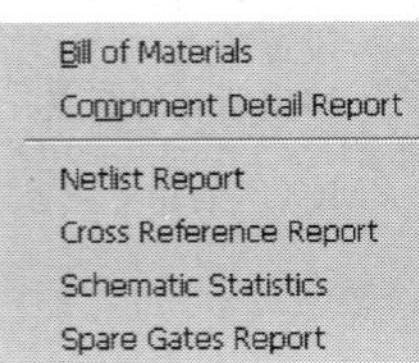

图 7.1.10 “报告”菜单

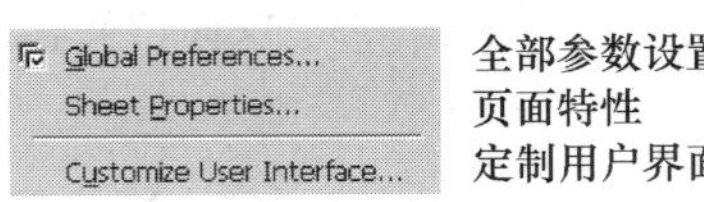

图 7.1.11 “设置”菜单

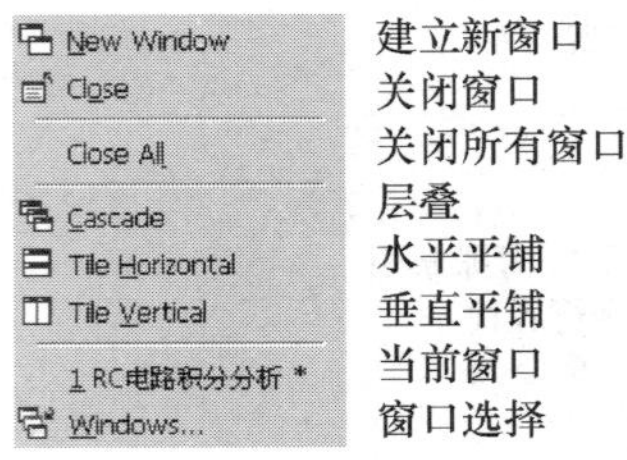

图 7.1.12 “窗口”菜单

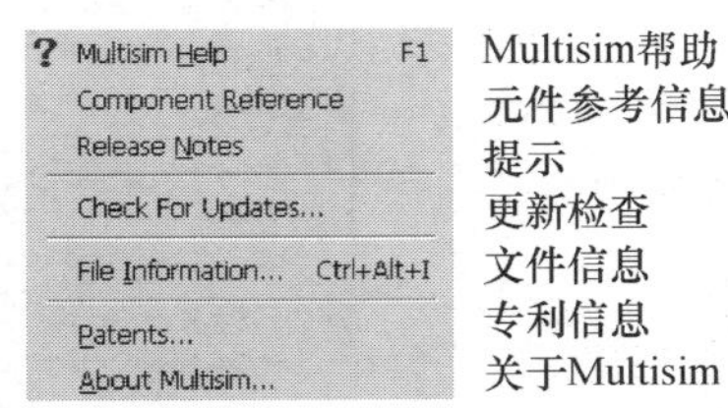

图 7.1.13 “帮助”菜单

3. 仪器的使用

仪表工具栏如图 7.1.14 所示，仪表工具栏是进行虚拟电子实验和电子设计仿真最快捷而又形象的特殊窗口，也是 Multisim 最具特色的地方。

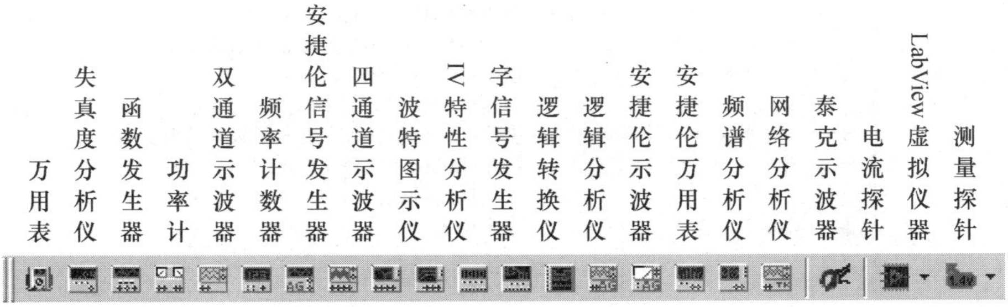

万用表 失真度分析仪 函数发生器 功率计 双通道示波器 频率计数器 安捷伦信号发生器 四通道示波器 波特图示仪 IV特性分析仪 字信号发生器 逻辑转换仪 逻辑分析仪 安捷伦示波器 安捷伦万用表 频谱分析仪 网络分析仪 泰克示波器 电流探针 LabView虚拟仪器 测量探针

图 7.1.14 仪表工具栏

1）数字万用表

数字万用表（multimeter）可以用来测量交流电压和电流、直流电压和电流、电阻以及电路中两个节点间的分贝损耗，量程根据测量值大小自动调整。单击 Simulate→Instruments→Multimeter，或直接单击数字万用表图标，有一个万用表虚影跟随鼠标移动，在电路窗口的适当位置单击，完成万用表的放置，得到图 7.1.15 所示的数字万用表图标。双击该图标，得到图 7.1.16 所示的数字万用表参数设置控制面板。

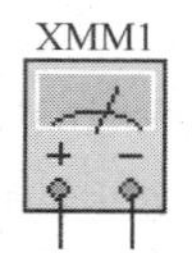

图 7.1.15　数字万用表

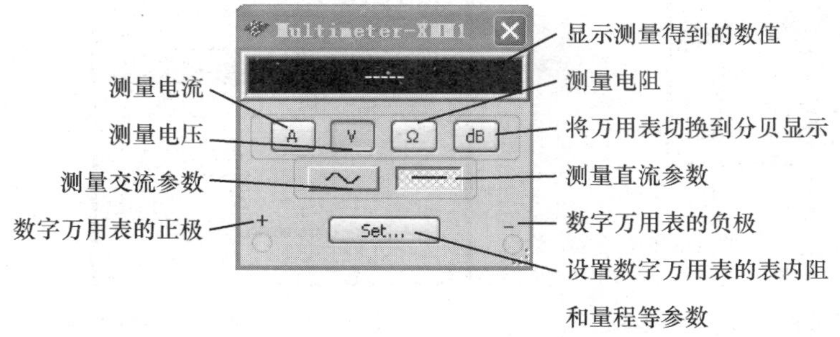

图 7.1.16　数字万用表参数设置控制面板

单击 Set...按钮，弹出 Multimeter Settings 对话框，如图 7.1.17 所示。

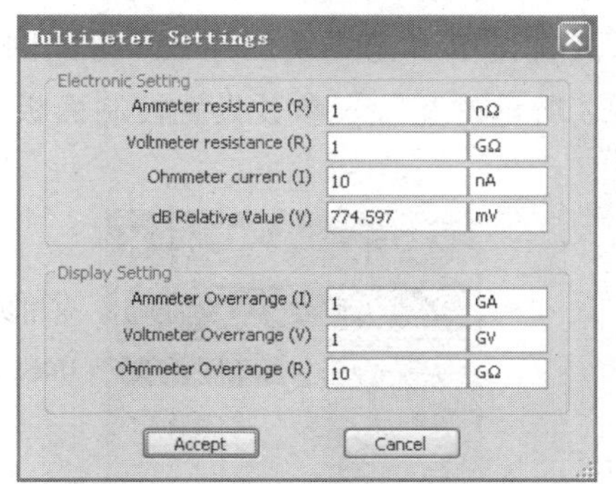

图 7.1.17　"Multimeter Settings"对话框

图 7.1.18 是一个简单的分压电路，以此说明数字万用表的应用。万用表的接法如图 7.1.18 所示，仿真分析结果如图 7.1.19 所示。

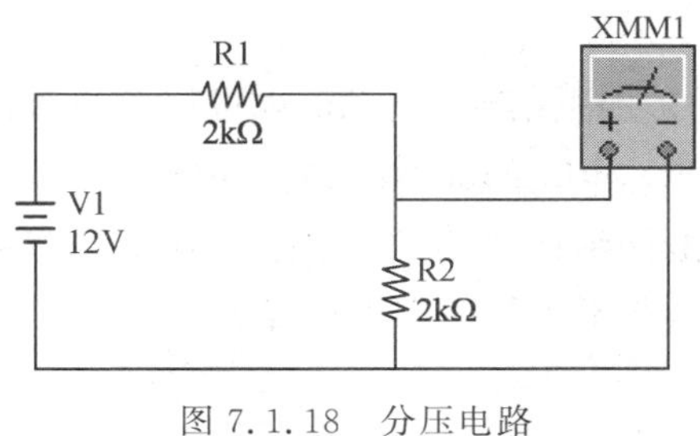

图 7.1.18　分压电路

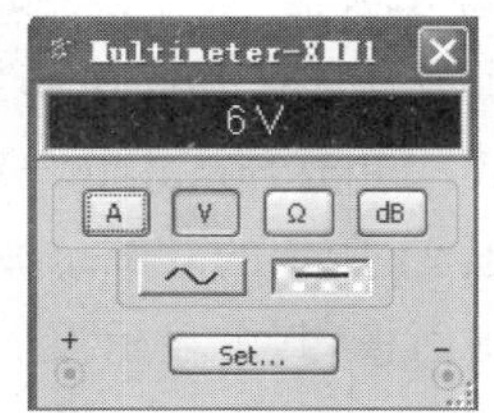

图 7.1.19　万用表示数

2）函数信号发生器

函数信号发生器(function generator)是用来提供正弦波、三角波和方波的电压源。单击 Simulate→Instruments→Function Generator，或直接单击函数信号发生器图标，得到图 7.1.20 所示的函数信号发生器图标。双击该图标，得到图 7.1.21 所示的函数信号发生器参数设置控制面板。

XFG1

+ −

波形电压信号的正极输出端　公共接地端　波形电压信号的负极输出端

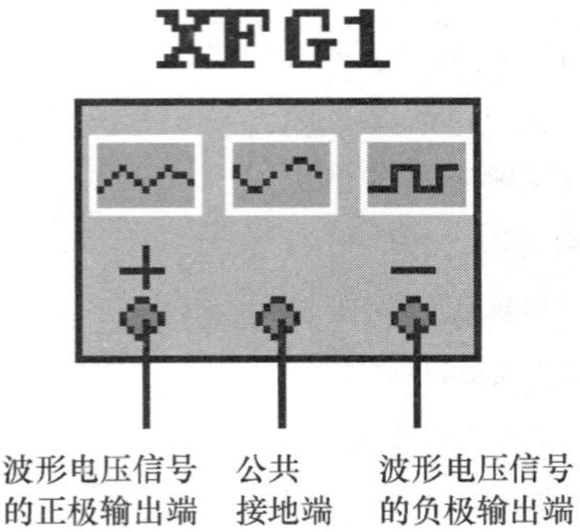

图 7.1.20　函数信号发生器图标

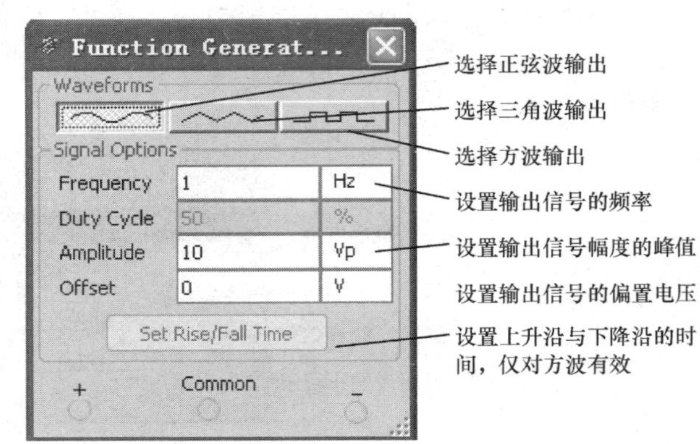

图 7.1.21　函数信号发生器参数设置控制面板

3）瓦特表

瓦特表(Wattmeter)用于测量电路的交流和直流的有用功功率和功率因数。单击 Simulate→Instruments→Wattmeter，或直接单击瓦特表图标，得到图 7.1.22 所示的瓦特表图标。双击该图标，得到图 7.1.23 所示的瓦特表参数设置控制面板。

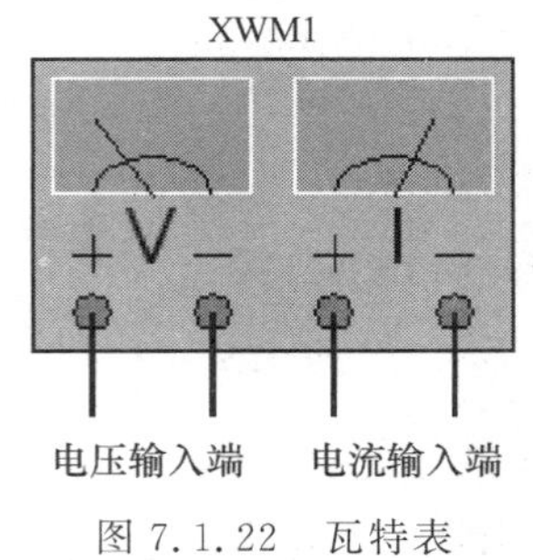

图 7.1.22　瓦特表

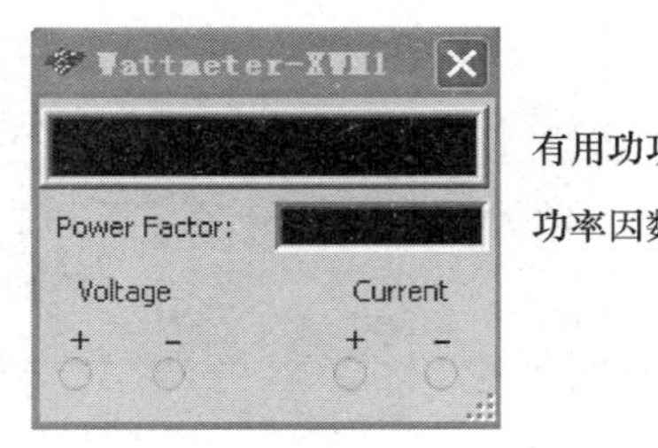

图 7.1.23　瓦特表参数设置控制面板

使用时应注意：电压输入端应与测量电路并联，电流输入端应与测量电路串联。

4）双踪示波器

双踪示波器(oscilloscope)主要用来显示被测量信号的波形，也可以测量被测量信号的频率等参数。单击 Simulate→Instruments→Oscilloscope，或直接单击双踪示波器图标，得到图 7.1.24 所示的双踪示波器图标。双击该图标，得到图 7.1.25 所示的双踪示波器参数设置控制面板，其中显示波形为信号发生器产生的频率 1kHz、峰值 10V 的正弦波。

(1) Timebase 区

Timebase 区用来设置 X 轴的基准扫描时间。

Scale：设置 X 轴上每一大格所代表的时间(每格用"/div"来表示)。单击该栏则出现

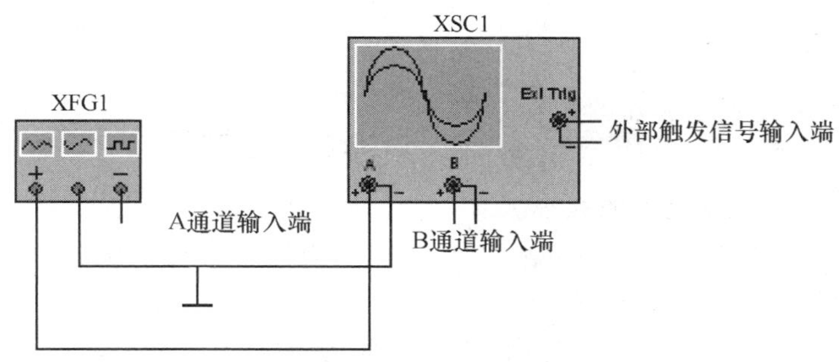

图 7.1.24 双踪示波器图标

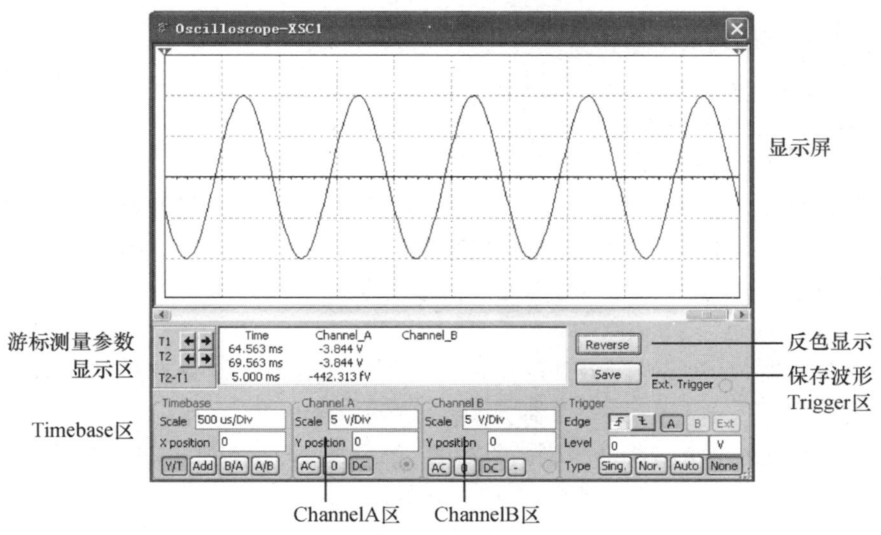

图 7.1.25 双踪示波器参数设置控制面板

一对上下翻转箭头，可根据显示信号频率的大小，通过上、下翻转箭头选择合适的扫描时间。例如，频率为 1kHz 的信号，则扫描基准时间应设置在 500μs/div 左右。

X Position：设置 X 轴方向时间基准的起点位置，则显示的波形将左右移动。

Y/T：显示随时间变化的信号波形。

Add：显示的波形是 A 通道的输入信号和 B 通道的输入信号之和。

B/A：将 A 通道的输入信号作为 X 轴扫描信号，B 通道的输入信号施加在 Y 轴上。

A/B：与 B/A 相反。

(2) Channel A 区和 Channel B 区

Channel A 区用来设置 A 通道的输入信号在 Y 轴的显示刻度。

Scale：设置 Y 轴的刻度。

Y Position：设置 Y 轴的起点，随着 Y Position 的改变，则显示的波形将上下移动。

AC：显示信号的波形只含有 A 通道输入信号的交流成分。

0：A 通道的输入信号被短路，显示为一条直线。

DC：显示信号的波形含有 A 通道输入信号的交直流成分。

Channel B 区用来设置 B 通道的输入信号在 Y 轴的显示刻度，其设置方法与通道 A

相同。

(3) Trigger 区

Trigger 区用来设置示波器的触发方式。

Edge：表示将输入信号的上升沿或下降沿作为触发信号。

Level：用于选择触发电平的大小。

Sing：当触发电平高于所设置的触发电平时，示波器就采样一次。每单击一次“Sing”，便产生一次触发脉冲。

Nor：每当触发电平高于所设置的触发电平时，示波器就采样一次。

Auto：若输入信号变化比较平坦或只要有输入信号就要求其尽可能显示波形时，就选择 Auto。

A：用 A 通道的输入信号作为触发信号。

B：用 B 通道的输入信号作为触发信号。

Ext：用示波器的外触发端的输入信号作为触发信号。

(4) 游标测量参数显示区

游标测量参数显示区是用来显示两个游标所测得的显示波形的数据。单击两个游标上部的箭头(红、蓝两个箭头)来移动游标，可测量的波形参数有游标所在的时刻、两游标间的时间差以及通道 A、B 输入信号在游标处的信号幅度。

5) 四通道示波器

四通道示波器(4 channel oscilloscope)的使用方法和参数设置方式与双踪示波器的完全一样，只是多了一个通道控制器按钮。单击 Simulate→Instruments→4 Channel Oscilloscope，或直接单击四通道示波器图标，得到图 7.1.26 所示的四通道示波器图标。双击该图标，得到图 7.1.27 所示的四通道示波器参数设置控制面板。

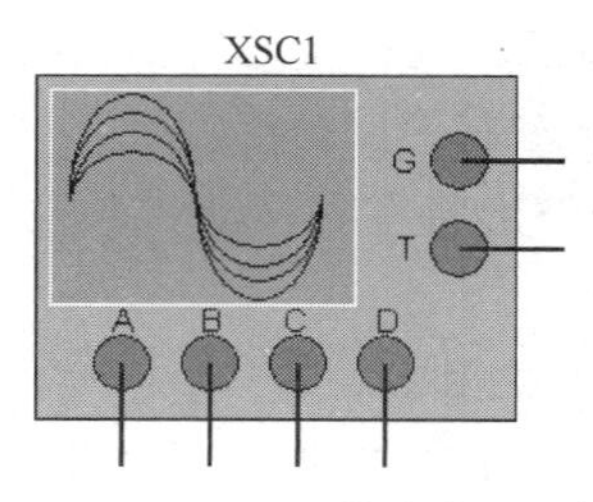

图 7.1.26 四通道示波器图标

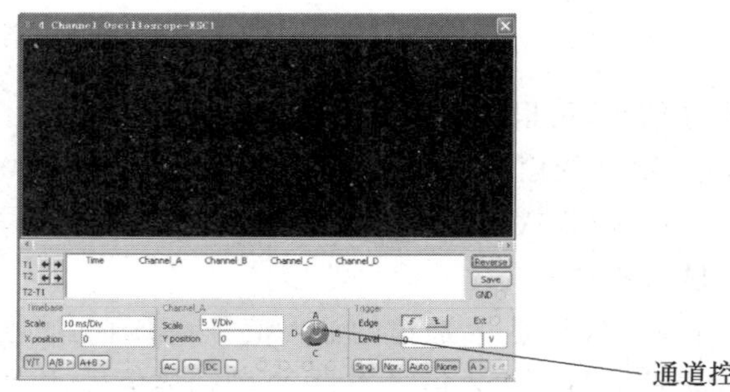

图 7.1.27 四通道示波器参数设置控制面板

6) 字信号发生器

字信号发生器(word generator)可以采用多种方式产生 32 位同步逻辑信号，用于对数字电路进行测试，是一个通用的数字输入编辑器。单击 Simulate→Instruments→Word Generator，或直接单击字信号发生器图标，得到图 7.1.28 所示的字信号发生器图标。双击该图标，得到图 7.1.29 所示的字信号发生器参数设置控制面板，该控制面板大致分为 5 个部分。

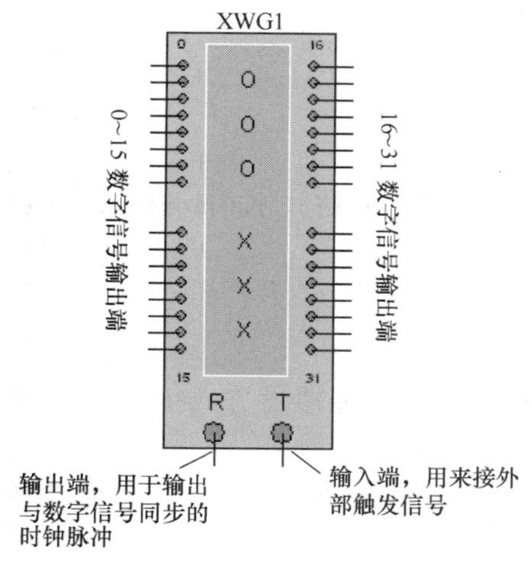

图 7.1.28 字信号发生器图标

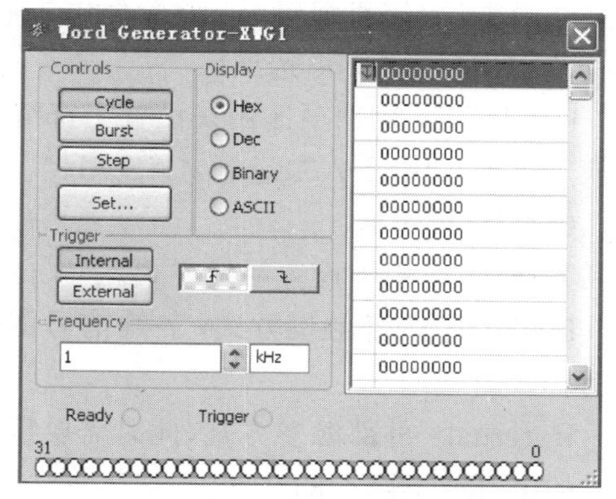

图 7.1.29 字信号发生器参数设置控制面板

(1) 字符编辑显示区

字符编辑显示区位于字信号发生器的最右侧，用来显示字符。

(2) Controls 区

Controls 区控制输出字符，用来设置字信号发生器的字符编辑显示区中字符信号的输出方式，有以下 3 种模式：

Cycle：在已经设置好的初始值和终止值之间循环输出字符；

Burst：每单击一次，数字信号发生器将从初值开始到终止值结束的逻辑字符输出一次，即单帧模式；

Step：每单击一次，输出一条字信号，即单步模式。

Set...：单击 Set...按钮，弹出图 7.1.30 所示的对话框，主要用来设置字符信号的变化规律，其中各种参数含义如下。

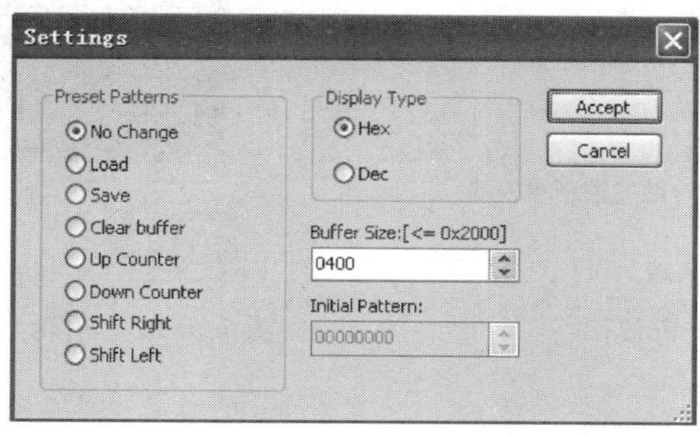

图 7.1.30 “Settings”对话框

No change：保持原有的设置。

Load：装载以前的字符信号的变化规律的文件。

Save：保存当前的字符信号的变化规律的文件。

Clear buffer：将字信号发生器的最右侧的字符编辑显示区字信号清零。

Up Counter：字符编辑显示区字信号以加 1 的形式计数。

Down Counter：字符编辑显示区字信号以减 1 的形式计数。

Shift Right：字符编辑显示区字信号右移。

Shift left：字符编辑显示区字信号左移。

(3) Display Type 选项区

Display Type 选项区用来设置字符编辑显示区字信号的显示格式，如 Hex（十六进制）、Dec（十进制）、Binary（二进制）、ASCII。

(4) Trigger 区

Trigger 区用于设置触发方式。

Internal：内部触发方式，字符信号的输出由 Control 区 3 种输出方式中的某一种来控制。

External：外部触发方式，此时需要接入外部触发信号，右侧的两个按钮用于外部触发信号的上升或下降沿的选择。

(5) Frequency 区

Frequency 区用于设置字符信号的输出频率。

7) 逻辑分析仪

逻辑分析仪(logic analyzer)可以同时显示 16 路逻辑信号。逻辑分析仪常用于数字电路的时序分析。对逻辑信号进行测量时其功能类似于示波器，只不过逻辑分析仪可以同时显示 16 路的逻辑信号，而示波器最多可以显示 4 路信号。单击 Simulate→Instruments→Logic Analyzer，或直接单击逻辑分析仪图标，得到图 7.1.31 所示的逻辑分析仪图标。双击该图标，得到图 7.1.32 所示的逻辑分析仪参数设置控制面板。

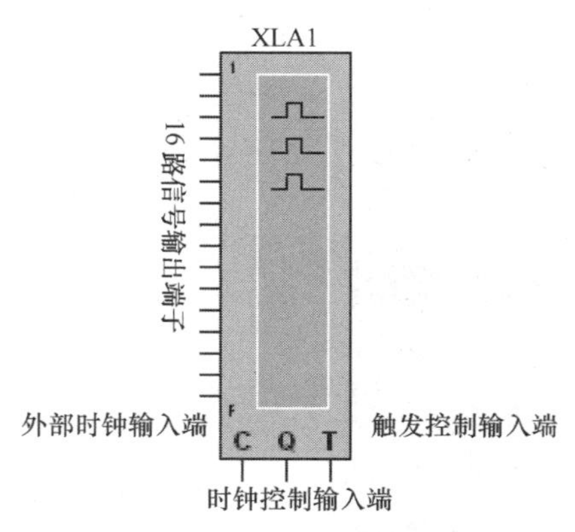

图 7.1.31 逻辑分析仪图标

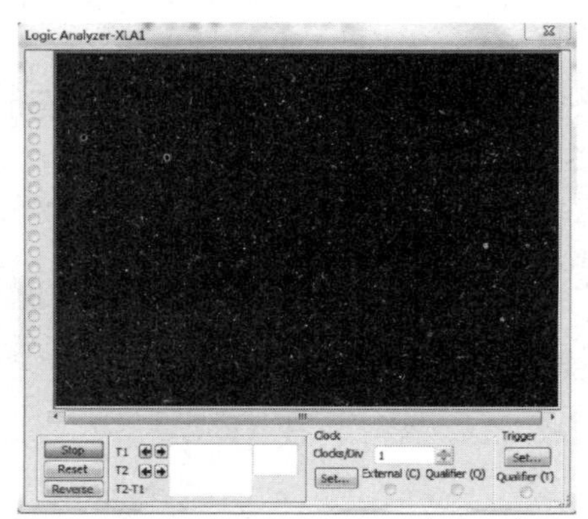

图 7.1.32 逻辑分析仪参数设置控制面板

8) 逻辑转换仪

逻辑转换仪(logic converter)是 Multisim 提供的一种虚拟仪表，目前没有与之相对应的实际仪器。逻辑转换仪在数字电路中进行组合电路的分析时，有很实际的应用，逻辑转换仪可以在组合电路的真值表、逻辑表达式、逻辑电路之间任意地转换。单击 Simulate→Instruments→Logic Converter，或直接单击逻辑转换仪图标，得到图 7.1.33 所示的逻辑转换仪图标。双击该图标，得到图 7.1.34 所示的逻辑转换仪参数设置控制面板。

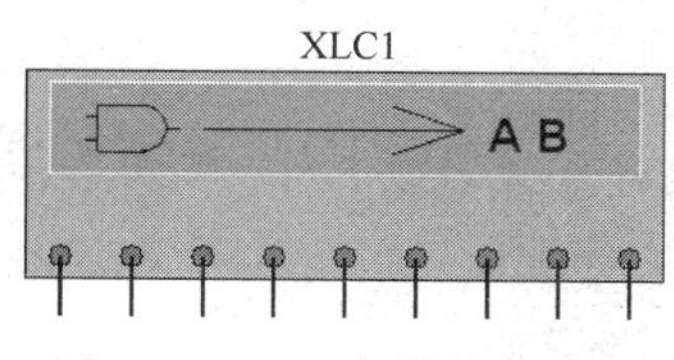

图 7.1.33　逻辑转换仪图标

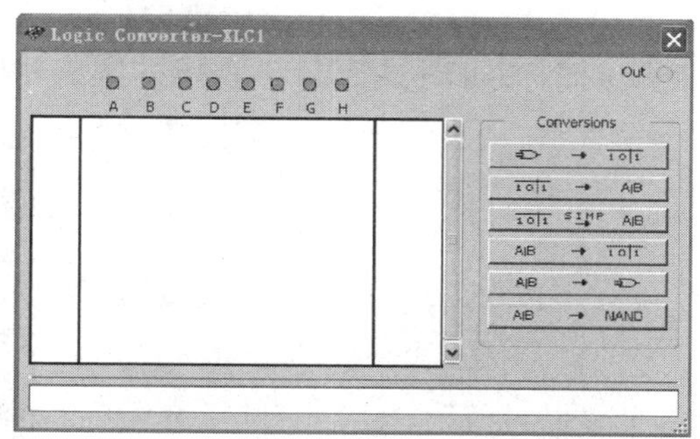

图 7.1.34　逻辑转换仪参数设置控制面板

9）频率计

频率计(frequency counter)是用于检测信号的频率、周期、脉冲宽度、上升/下降沿时间的一种仪表。单击 Simulate→Instruments→Frequency Counter，或直接单击频率计图标，得到图 7.1.35 所示的频率计图标。双击该图标，得到图 7.1.36 所示的频率计参数设置控制面板。

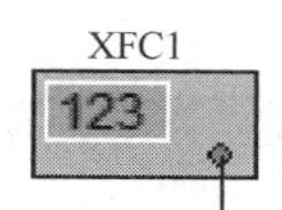

图 7.1.35　频率计图标

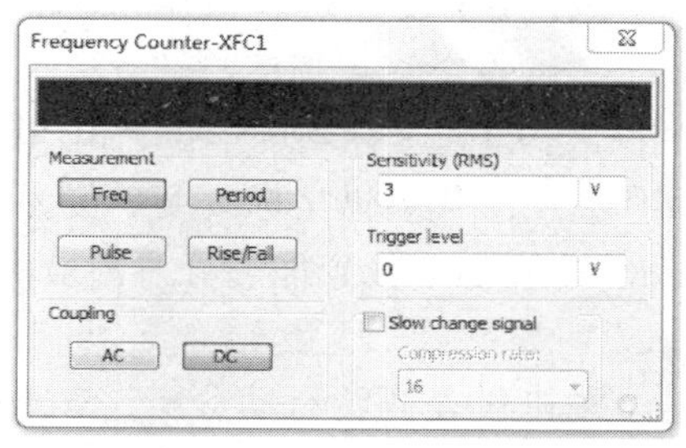

图 7.1.36　频率计参数设置控制面板

10）波特图仪

波特图仪(Bode plotter)是用来测量和显示电路幅频特性和相频特性的一种仪器。单击 Simulate→Instruments→Bode Plotter，或直接单击波特图仪图标，得到图 7.1.37 所示的波特图仪图标。双击该图标，得到图 7.1.38 所示的波特图仪参数设置控制面板。

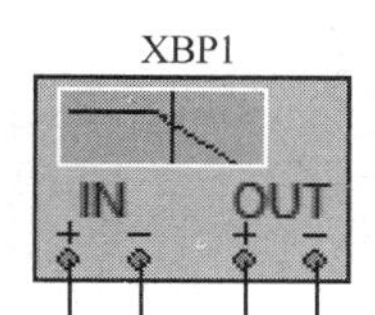

图 7.1.37　波特图仪图标

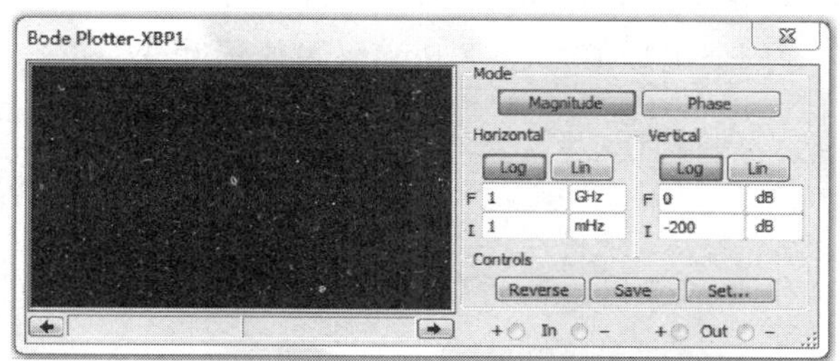

图 7.1.38　波特图仪参数设置控制面板

11）频谱分析仪

Multisim 在 EWB 的基础上增加了频谱分析仪(spectrum analyzer)，可以用来分析信号的频域特性，Multisim 提供的频谱分析仪的频率上限为 4GHz。单击 Simulate→Instruments→

Spectrum Analyzer,或直接单击频谱分析仪图标 ,得到图 7.1.39 所示的频谱分析仪图标。双击该图标,得到图 7.1.40 所示的频谱分析仪参数设置控制面板。

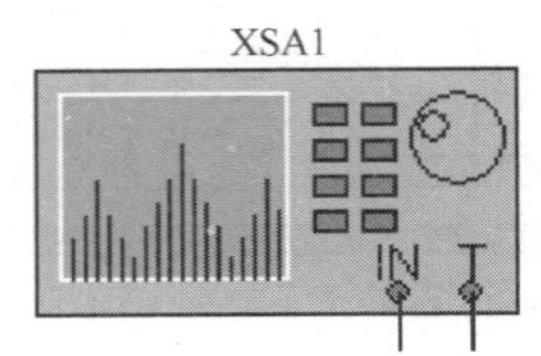

图 7.1.39 频谱分析仪图标

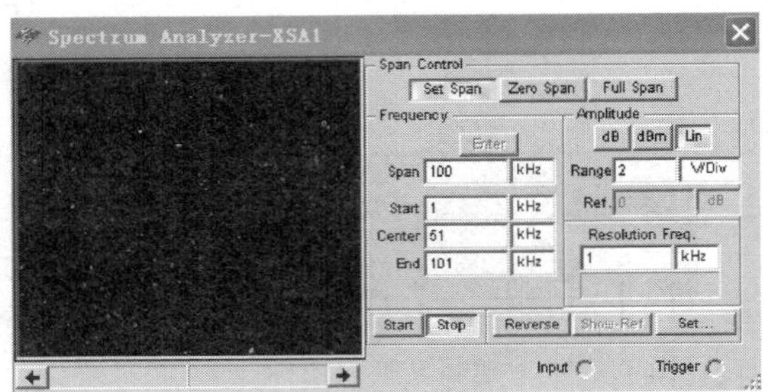

图 7.1.40 频谱分析仪参数设置控制面板

Span Control 区：单击 Set Span 按钮时,其频率范围由 Frequency 区域设定；单击 Zero Span 按钮时,频率范围仅由 Frequency 区域的 Center 栏设定的中心频率确定；单击 Full Span 按钮时,频率范围设定为 0～4GHz。

Frequency 区：用于设置频率范围。Span 设定频率范围；Start 设定起始频率；Center 设定中心频率；End 设定终止频率。

Amplitude 区：设置坐标刻度单位。dB 代表纵坐标刻度单位为 dB；dBm 代表纵坐标刻度单位为 dBm；Lin 代表纵坐标刻度单位为线性。

Resolution Freq. 区：设置能够分辨的最小谱线间隔。

其他按钮说明如下：

单击 Start 按钮代表开始启动分析；Stop 按钮代表停止分析。

Reverse 按钮用于改变显示屏幕背景颜色。

Set...按钮用于设置触发源及触发模式,如图 7.1.41 所示。触发设置对话框共分为 4 个部分内容：Trigger Source 区用于设置触发源,Internal 选择内部触发源,External 选择外部触发源。Trigger Mode 区用于设置触发方式,Continous 为连续触发方式,Single 为单次触发方式。Threshold Volt (V)为阈值电压值。FFT Points 为傅里叶变换点。

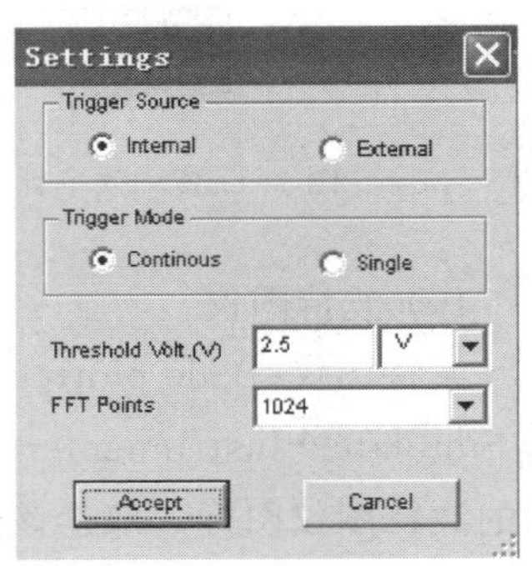

图 7.1.41 "Settings"对话框

7.2 Multisim 软件应用

利用 Multisim 软件仿真电子电路主要包括创建电路图和电路仿真两步。

1. 创建电路图

1) 选取元件

选取元件有两种方法：从菜单中取用或从工具栏中的元件栏直接取用。元件栏菜单如图 7.2.1 所示,该库中的元件均为真实元件。

图 7.2.1　元件栏菜单

电源及信号源库。

基本元件库，其中包括电容、电阻、电感、开关等基本元件。

二极管类元件库。

晶体管类元件库。

模拟集成电路类元件库。

TTL 集成电路类元件库，皆为 74 系列元件。

CMOS 集成电路类元件库。

其他数字电路类器件库。

模数混合电路类器件库。

指示类器件库。

POWER 库，其中含有晶振、传输线等。

MISC 混合项元件。

微机外围设备器件库，其中含有键盘、液晶显示器等。

射频类器件库。

机械电子类器件库。

MCU 模块库，其中含有单片机、存储器等。

选取元件时，首先需要明确所需元件属于哪个元件库，然后将鼠标指向该元件分类库，单击该分类库都会出现一个界面，每个元件组的界面相似，下面以 Source 元件组界面（图 7.2.2）为例说明。在显示的元件列表中找到自己需要的元件，单击该元件，再单击 OK 按钮，用鼠标将所选元件拖曳到电路窗口的合适位置。

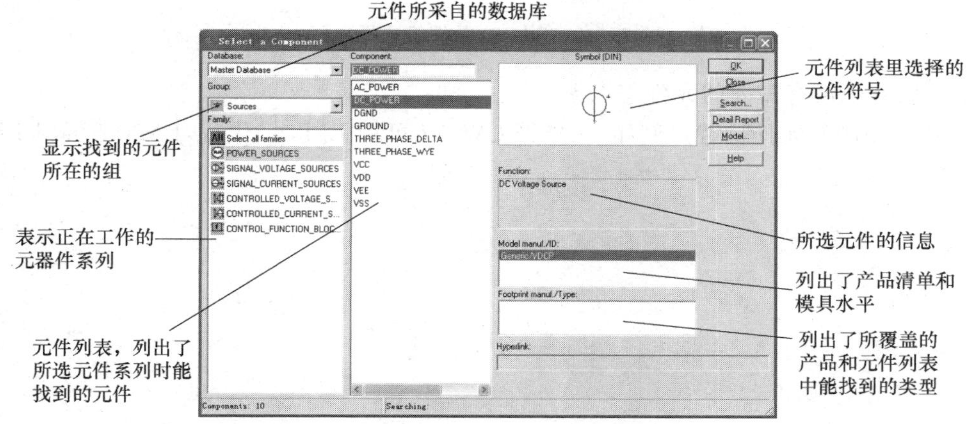

图 7.2.2　Source 元件组选择界面

2）元件操作

连接电路时，可以对元件进行剪切、复制、删除、移动、旋转和设置参数等操作，具体方法

参见前文菜单栏的介绍。

3）电路连线

只要将光标移动到需要连接的元件引脚附近，光标就会自动变成一个带十字的黑圆点，这时单击拖动光标，就会自动拖出一条黑色线，将光标继续移动到需要连接的另一个元件引脚附近，当出现一个红圆点时再单击即完成两个引脚间的连线。

2. 电路仿真

电路图编辑好后，就可以对电路进行仿真分析。首先需从仪器库中选取所需仪器仪表，将其与被测电路相连；然后单击仿真开关图标 [0|I]，软件自动开始仿真；要暂停仿真，则单击暂停图标 [II]，再次单击该图标，电路继续仿真。

Multisim 中常见问题解答：

（1）如何放大图纸（放大电路窗口）

在菜单栏单击“Options”→“Sheet Proterties...”→“Workspace”→“Sheet Size”→单击下拉箭头，选择 A3（要想工作区更大，可选择 A2 或 A）。

（2）如何定制用户界面

操作：设置菜单栏“Option”→“Global Preferences”中各属性，如图 7.2.3 所示。

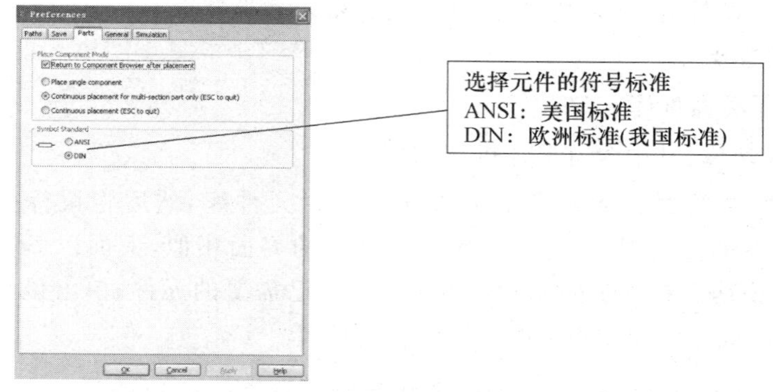

图 7.2.3　Source 元件组选择界面

（3）软件中没有需要的元件怎么办

找功能相同的元件代替。例如，三极管 CW317 可用 LM317 代替，LM317 可用 LM117 代替。

常用集成电路的型号、功能及引脚图

(1) 74HC00 四 2 输入与非门(见图 A-1)

(2) 74HC02 四 2 输入或非门(见图 A-2)

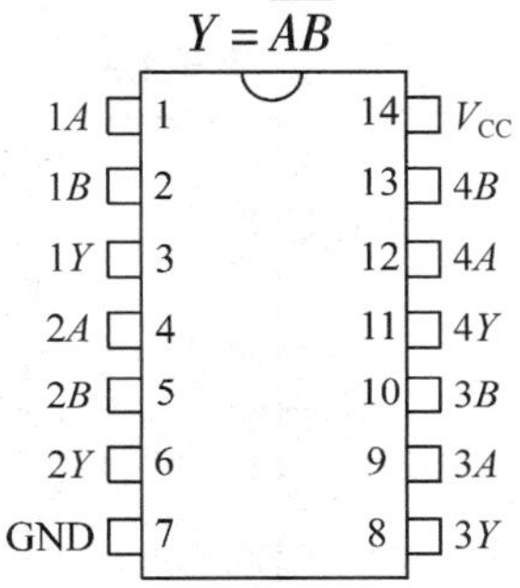

$Y=\overline{AB}$

图 A-1 74HC00 四 2 输入与非门

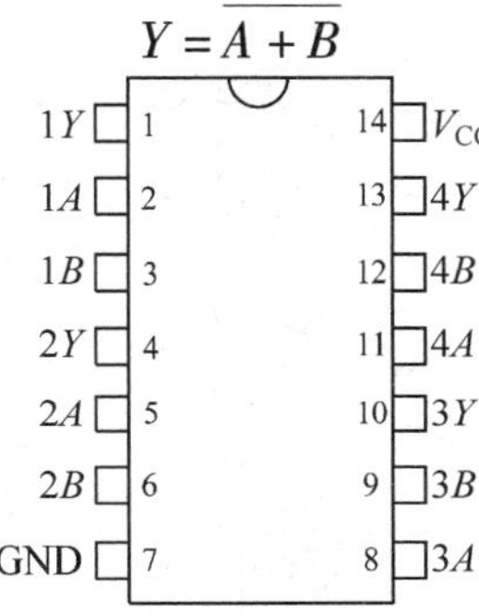

图 A-2 74HC02 四 2 输入或非门

(3) 74HC04 六反相器(见图 A-3)

(4) 74HC08 四 2 输入与门(见图 A-4)

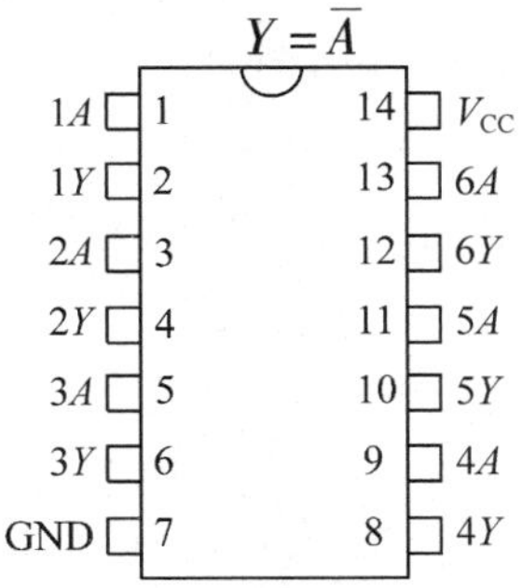

$Y=\overline{A}$

图 A-3 74HC04 六反相器

$Y=AB$

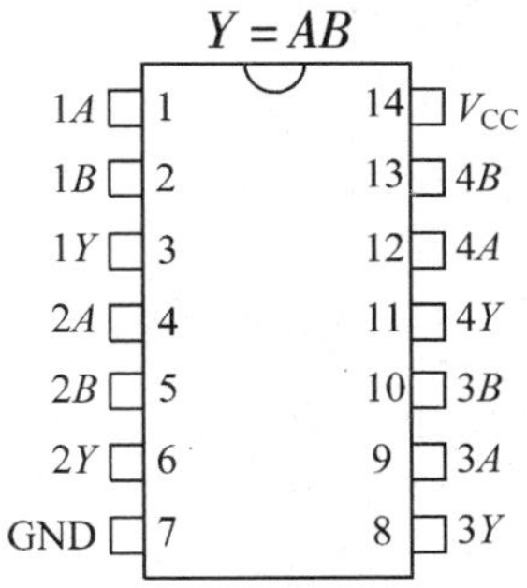

图 A-4 74HC08 四 2 输入与门

(5) 74HC10 三 3 输入与非门(见图 A-5)

(6) 74HC20 双 4 输入与非门(见图 A-6)

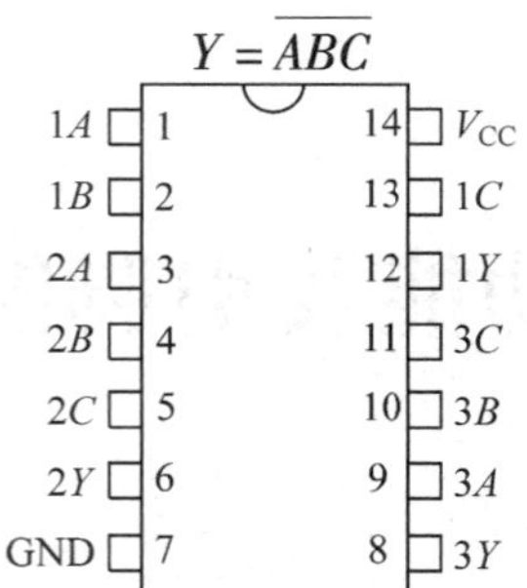

图 A-5　74HC10 三 3 输入与非门

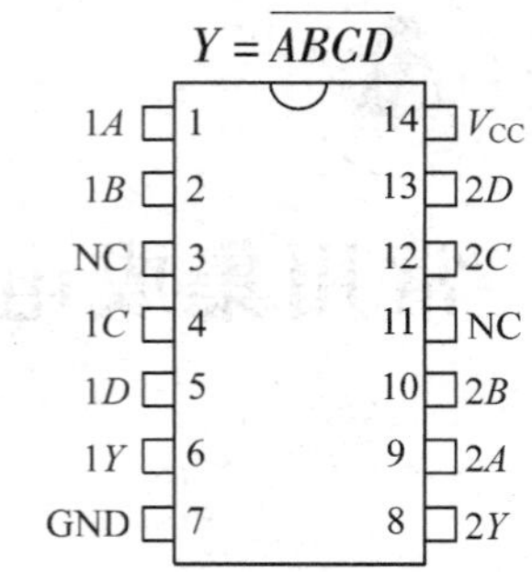

图 A-6　74HC20 双 4 输入与非门

(7) 74HC30 8 输入与非门(见图 A-7)

(8) 74HC32 四 2 输入或门(见图 A-8)

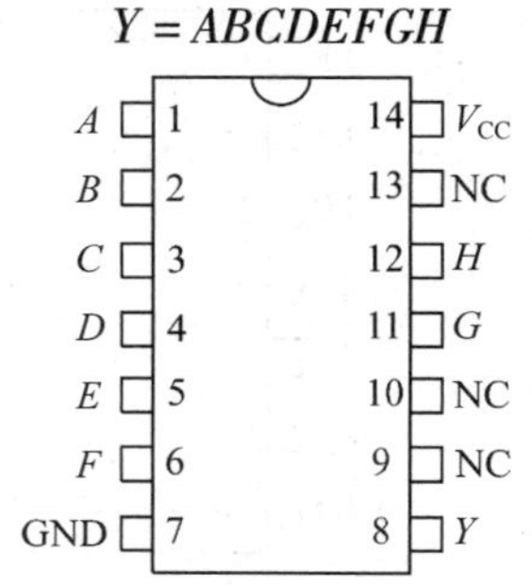

图 A-7　74HC30 8 输入与非门

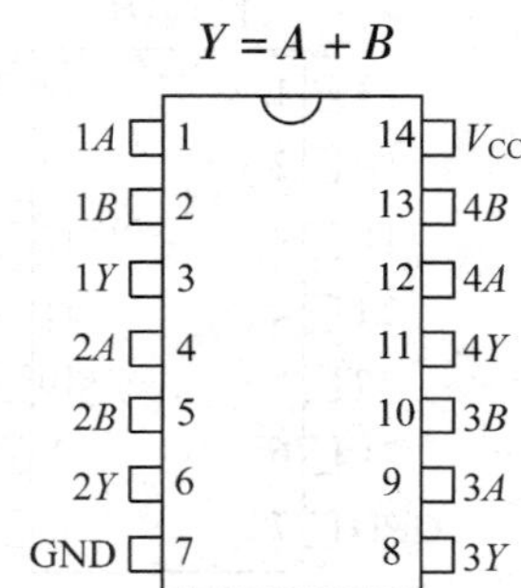

图 A-8　74HC32 四 2 输入或门

(9) 74HC42 BCD-十进制译码器(见图 A-9)

十选一,在所有无效输入状态下,维持输出高电平,其功能表见表 A-1。

$\overline{Y_0}$ 1　16 V_{CC}
$\overline{Y_1}$ 2　15 A_0
$\overline{Y_2}$ 3　14 A_1
$\overline{Y_3}$ 4　13 A_2
$\overline{Y_4}$ 5　12 A_3
$\overline{Y_5}$ 6　11 $\overline{Y_9}$
$\overline{Y_6}$ 7　10 $\overline{Y_8}$
GND 8　9 $\overline{Y_7}$

图 A-9　74HC42 BCD-十进制译码器

表 A-1　74HC42 功能表

序号	输入				输出									
	A_3	A_2	A_1	A_0	$\overline{Y_0}$	$\overline{Y_1}$	$\overline{Y_2}$	$\overline{Y_3}$	$\overline{Y_4}$	$\overline{Y_5}$	$\overline{Y_6}$	$\overline{Y_7}$	$\overline{Y_8}$	$\overline{Y_9}$
0	L	L	L	L	L	H	H	H	H	H	H	H	H	H
1	L	L	L	H	H	L	H	H	H	H	H	H	H	H

续表

序号	输入				输出									
	A_3	A_2	A_1	A_0	$\overline{Y}_0$	$\overline{Y}_1$	$\overline{Y}_2$	$\overline{Y}_3$	$\overline{Y}_4$	$\overline{Y}_5$	$\overline{Y}_6$	$\overline{Y}_7$	$\overline{Y}_8$	$\overline{Y}_9$
2	L	L	H	L	H	H	L	H	H	H	H	H	H	H
3	L	L	H	H	H	H	H	L	H	H	H	H	H	H
4	L	H	L	L	H	H	H	H	L	H	H	H	H	H
5	L	H	L	H	H	H	H	H	H	L	H	H	H	H
6	L	H	H	L	H	H	H	H	H	H	L	H	H	H
7	L	H	H	H	H	H	H	H	H	H	H	L	H	H
8	H	L	L	L	H	H	H	H	H	H	H	H	L	H
9	H	L	L	H	H	H	H	H	H	H	H	H	H	L
无效	H	L	H	L	H	H	H	H	H	H	H	H	H	H
	H	L	H	H	H	H	H	H	H	H	H	H	H	H
	H	H	L	L	H	H	H	H	H	H	H	H	H	H
	H	H	L	H	H	H	H	H	H	H	H	H	H	H
	H	H	H	L	H	H	H	H	H	H	H	H	H	H
	H	H	H	H	H	H	H	H	H	H	H	H	H	H

(10) 74LS48 BCD 七段译码器/驱动器(见图 A-10),其功能表见表 A-2。

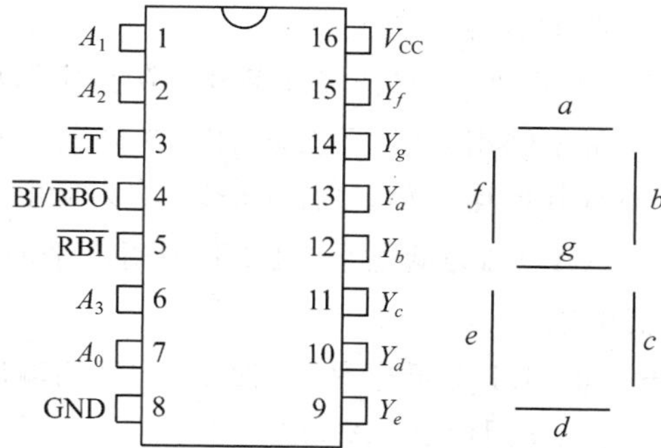

图 A-10　74LS48 BCD 七段译码器/驱动器

表 A-2　74LS48 功能表

十进制或功能	输入						$\overline{BI}/\overline{RBO}$	输出						
	$\overline{LT}$	$\overline{RBI}$	A_3	A_2	A_1	A_0		Y_a	Y_b	Y_c	Y_d	Y_e	Y_f	Y_g
0	H	H	L	L	L	L	H	H	H	H	H	H	H	L
1	H	×	L	L	L	H	H	L	H	H	L	L	L	L
2	H	×	L	L	H	L	H	H	H	L	H	H	L	H
3	H	×	L	L	H	H	H	H	H	H	H	L	L	H
4	H	×	L	H	L	L	H	L	H	H	L	L	H	H
5	H	×	L	H	L	H	H	H	L	H	H	L	H	H
6	H	×	L	H	H	L	H	L	L	H	H	H	H	H
7	H	×	L	H	H	H	H	H	H	H	L	L	L	L

续表

十进制或功能	输入						$\overline{\mathrm{BI}}/\overline{\mathrm{RBO}}$	输出						
	$\overline{\mathrm{LT}}$	$\overline{\mathrm{RBI}}$	A_3	A_2	A_1	A_0		Y_a	Y_b	Y_c	Y_d	Y_e	Y_f	Y_g
8	H	×	H	L	L	L	H	H	H	H	H	H	H	H
9	H	×	H	L	L	H	H	H	H	H	L	L	H	H
10	H	×	H	L	H	L	H	L	L	L	H	H	L	H
11	H	×	H	L	H	H	H	L	L	H	H	L	L	H
12	H	×	H	H	L	L	H	L	H	L	L	L	H	H
13	H	×	H	H	L	H	H	H	L	L	H	L	H	H
14	H	×	H	H	H	L	H	L	L	L	H	H	H	H
15	H	×	H	H	H	H	H	L	L	L	L	L	L	L
消影	×	×	×	×	×	×	L	L	L	L	L	L	L	L
脉冲消影	H	L	L	L	L	L	L	L	L	L	L	L	L	L
灯测试	L	×	×	×	×	×	H	H	H	H	H	H	H	H

74LS48 引脚说明：

① $A_3 \sim A_0$：译码地址输入端。

② $\overline{\mathrm{BI}}/\overline{\mathrm{RBO}}$：双向脚，消影输入(低电平有效)/脉冲消影输出(低电平有效)。

③ $\overline{\mathrm{LT}}$：灯测试输入端(低电平有效)。

④ $\overline{\mathrm{RBI}}$：脉冲消影输入端(低电平有效)。

⑤ $Y_a \sim Y_g$：输出端，高电平有效，可驱动缓冲器和共阴极 LED；当要求输出 0～15 时，消影输入 $\overline{\mathrm{BI}}$ 应为高电平或开路；输出 0 时，还要求 $\overline{\mathrm{RBI}}$ 为高电平或开路。

⑥ 当 $\overline{\mathrm{BI}}$ 为低电平时，不管其他输入端如何，$Y_a \sim Y_g$ 均为低电平。

⑦ 当 $\overline{\mathrm{RBI}}$ 和地址端($A_3 \sim A_0$)均为低电平，且 $\overline{\mathrm{LT}}$ 为高电平时，$Y_a \sim Y_g$ 为低电平，且脉冲消影输出($\overline{\mathrm{RBO}}$)也变为低电平。

⑧ 当 $\overline{\mathrm{BI}}$ 为高电平或开路时，$\overline{\mathrm{LT}}$ 为低电平，可使 $Y_a \sim Y_g$ 均输出高电平。

(11) 74HC54 4-2 输入与或非门(见图 A-11)

(12) 74HC73 双 JK 触发器(带清零端)(见图 A-12)

(13) 74HC74 双上升沿 D 触发器(带预置和清零端)(见图 A-13)，其功能表见表 A-3。

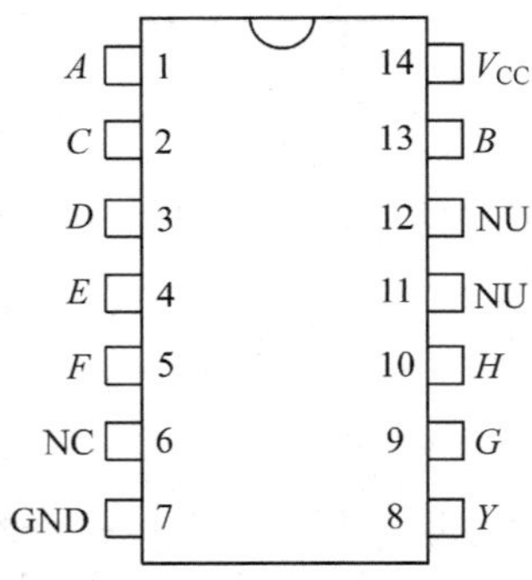

图 A-11　74HC54 4-2 输入与或非门

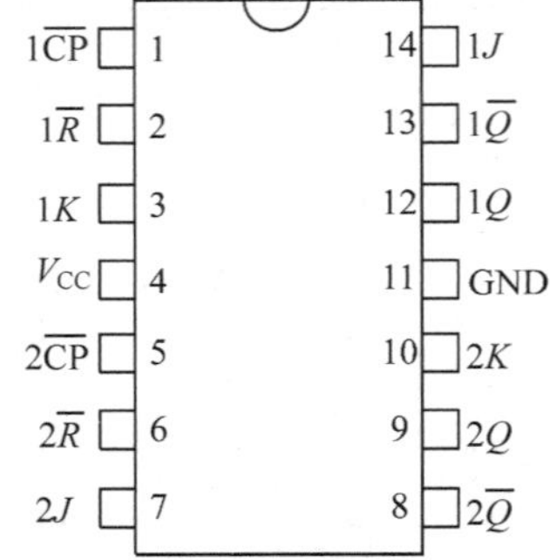

图 A-12　74HC73 双 JK 触发器 DW(带清零端)

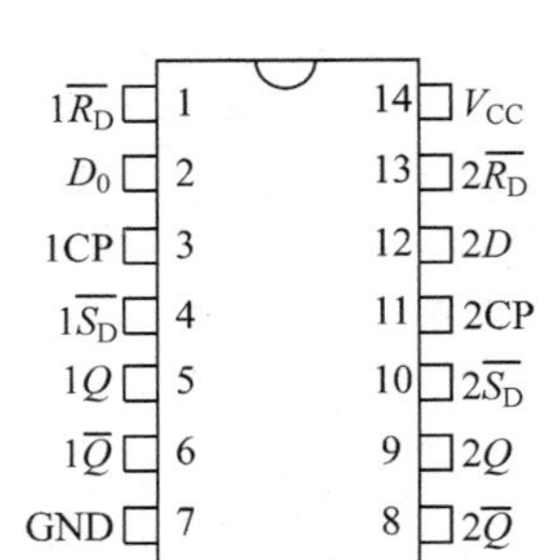

图 A-13　74HC74 双上升沿 D 触发器

表 A-3　74HC74 功能表

输入				输出	
$\overline{S_D}$	$\overline{R_D}$	CP	D	Q	$\overline{Q}$
L	H	×	×	H	L
H	L	×	×	L	H
L	L	×	×	H*	H*
H	H	↑	H	H	L
H	H	↑	L	L	H
H	H	L	×	Q_0	$\overline{Q_0}$

* 不稳定状态。当置位($\overline{S_D}$)和清除($\overline{R_D}$)输入回到高电平时,状态将不能保持。Q_0＝建立稳态输入条件前的电平。$\overline{Q_0}$＝建立稳态输入条件前$\overline{Q}$的电平。

(14) 74HC85 四位数值比较器(见图 A-14)

74HC85 功能说明:当输入 $A_3A_2A_1A_0=B_3B_2B_1B_0$ 时,输出 $A>B$(OUT)、$A=B$(OUT)、$A<B$(OUT)依次由级联输入 $A>B$(IN)、$A=B$(IN)、$A<B$(IN)决定,其功能表见表 A-4。

(15) 74HC86 四 2 输入异或门(见图 A-15)

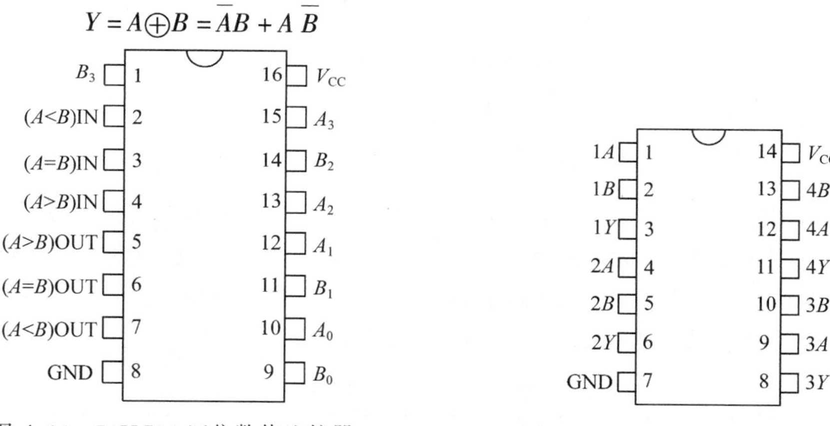

图 A-14　74HC85 四位数值比较器

图 A-15　74HC86 四 2 输入异或门

表 A-4　74HC85 功能表

比较输入				比较输出			输出		
A_3,B_3	A_2,B_2	A_1,B_1	A_0,B_0	$A>B$	$A<B$	$A=B$	$A>B$	$A<B$	$A=B$
$A_3>B_3$	×	×	×	×	×	×	H	L	L
$A_3<B_3$	×	×	×	×	×	×	L	H	L
$A_3=B_3$	$A_2>B_2$	×	×	×	×	×	H	L	L
$A_3=B_3$	$A_2<B_2$	×	×	×	×	×	L	H	L
$A_3=B_3$	$A_2=B_2$	$A_1>B_1$	×	×	×	×	H	L	L

续表

比较输入				比较输出			输出		
A_3,B_3	A_2,B_2	A_1,B_1	A_0,B_0	$A>B$	$A<B$	$A=B$	$A>B$	$A<B$	$A=B$
$A_3=B_3$	$A_2=B_2$	$A_1<B_1$	×	×	×	×	L	H	L
$A_3=B_3$	$A_2=B_2$	$A_1=B_1$	$A_0>B_0$	×	×	×	H	L	L
$A_3=B_3$	$A_2=B_2$	$A_1=B_1$	$A_0<B_0$	×	×	×	L	H	L
$A_3=B_3$	$A_2=B_2$	$A_1=B_1$	$A_0=B_0$	H	L	L	H	L	L
$A_3=B_3$	$A_2=B_2$	$A_1=B_1$	$A_0=B_0$	L	H	L	L	H	L×
$A_3=B_3$	$A_2=B_2$	$A_1=B_1$	$A_0=B_0$	×	×	H	L	L	H
$A_3=B_3$	$A_2=B_2$	$A_1=B_1$	$A_0=B_0$	H	L	L	L	L	L
$A_3=B_3$	$A_2=B_2$	$A_1=B_1$	$A_0=B_0$	L	H	L	H	H	L

（16）74LS90 十进制计数器(见图 A-16)

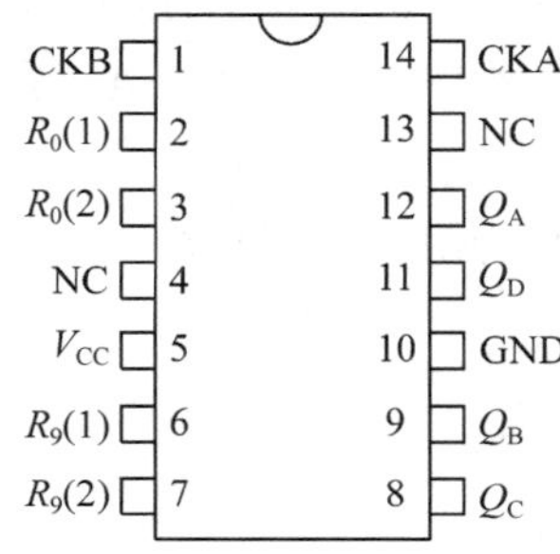

图 A-16 74LS90 十进制计数器

74LS90 功能说明：74LS90 是二-五-十进制异步计数器；有复零输入和置 9 输入(供 BCD 的补码应用中使用)；为利用计数器最大计数长度，可将 CKB 输入接 Q_A 输出，输入计数脉冲加到 CKA，可实现 8421 码十进制计数；将 CKA 输入接 Q_D 输出，输入计数脉冲加到 CKB，可实现 5421 码十进制计数。74LS90 输出功能表见表 A-5。

表 A-5 74LS90 功能表

输入					输出				功能
R_0	R_9	CKA	CKB	脉冲数	Q_A	Q_B	Q_C	Q_D	
L	L	对于 Q_A 的 CK	对于 $Q_B \sim Q_D$ 的 CK	0	L	L	L	L	计数
				1	H	H	L	L	
				2	L	L	H	L	
				3		H	H	L	
				4		L	L	H	
				5		L	L	L	
L	H	×	×	—	H	L	L	H	预置 9
H	×	×	×	—	L	L	L	L	清零

(17) 74LS92 12 分频计数器(见图 A-17),其功能表见表 A-6。

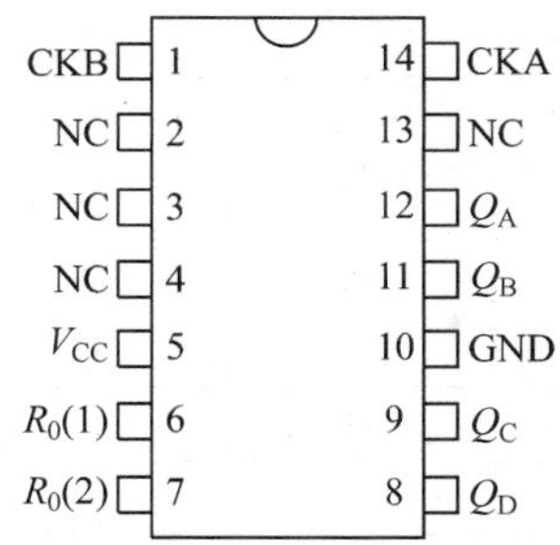

图 A-17　74LS92 12 分频计数器

表 A-6　74LS92 功能表

输　　入				输　　出				功能
R_0	CKA	CKB	脉冲数	Q_A	Q_B	Q_C	Q_D	
L	对于 Q_A 的 CK	对于 $Q_B \sim Q_D$ 的 CK	0	L	L	L	L	计数
			1	H	H	L	L	
			2	L	L	H	L	
			3		L	L	H	
			4		H	L	H	
			5		L	H	H	
			6		L	L	L	
H	×	×	—	L	L	L	L	清零

(18) 74HC112 双下降沿 JK 触发器(带预置和清零端)(见图 A-18),其功能表见表 A-7。

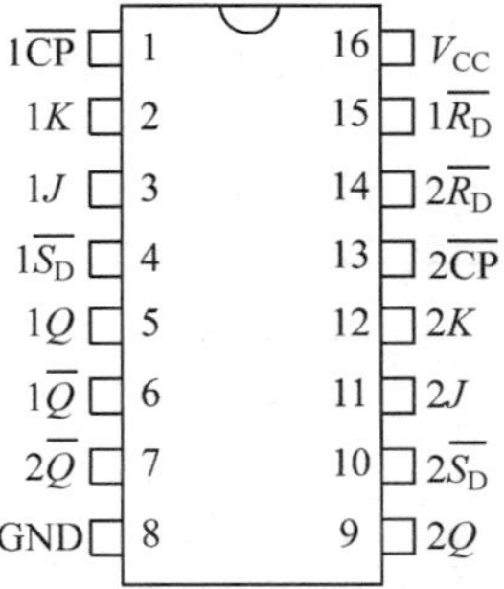

图 A-18　74HC112 双下降沿 JK 触发器

表 A-7　74HC112 功能表

输　　入					输　　出	
$\overline{S_D}$	$\overline{R_D}$	$\overline{CP}$	J	K	Q	$\overline{Q}$
L	H	×	×	×	H	L
H	L	×	×	×	L	H
L	L	×	×	×	H*	H*

续表

输　入					输　出	
$\overline{S_D}$	$\overline{R_D}$	$\overline{CP}$	J	K	Q	$\overline{Q}$
H	H	↓	L	L	Q_0	$\overline{Q_0}$
H	H	↓	H	L	H	L
H	H	↓	L	H	L	H
H	H	↓	H	H	触发	
H	H	H	×	×	Q_0	$\overline{Q_0}$

* 不稳定状态，当预置($\overline{S_D}$)和清零($\overline{R_D}$)输入回到高电平时的状态。

(19) 74HC123 双可再触发单稳态多谐振荡器(见图 A-19)，其功能表见表 A-8。

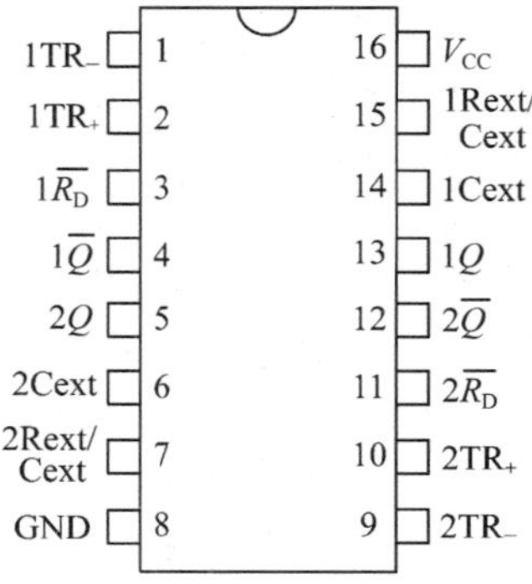

图 A-19　74HC123 双可再触发单稳态多谐振荡器

表 A-8　74HC123 功能表

输　入			输　出	
$\overline{R_D}$	TR−	TR+	Q	$\overline{Q}$
L	×	×	L	H
×	H	×	L	H
×	×	L	L	H
H	L	↑	⊓	⊔
H	↓	H	⊓	⊔
↑	L	H	⊓	⊔

使用说明：外接定时电容 C_T 接在 C_{ext} 端和 R_{ext}/C_{ext} 端(正)之间；外接定时电阻 R_T 接在 R_{ext}/C_{ext} 端和 V_{CC} 之间；输出脉冲宽度(即定时时间)$t_W=0.28R_TC_T\left(1+\frac{0.7\text{k}\Omega}{R_T}\right)$。

(20) 74HC125 四总线缓冲门(三态)(见图 A-20)

74HC125 功能说明：当 $\overline{OE}=0$ 时，$Y=A$；当 $\overline{OE}=1$ 时，输出为高阻。

(21) 74HC138 3-8 线译码器/多路分配器(见图 A-21)，其功能表见表 A-9。

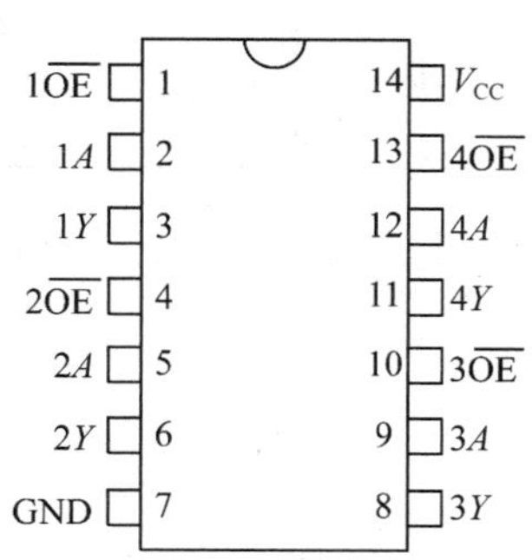

图 A-20　74HC125 四总线缓冲门

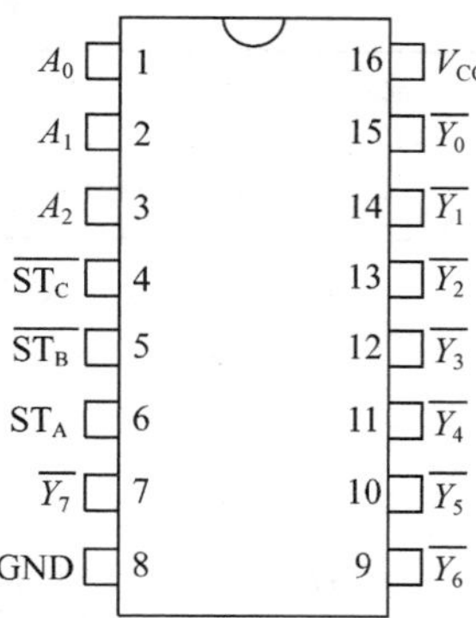

图 A-21　74HC138 3-8 线译码器/多路分配器

表 A-9　74HC138 功能表

输入						输出							
使能			选择										
$\overline{ST_C}$	$\overline{ST_B}$	ST_A	A_2	A_1	A_0	$\overline{Y_0}$	$\overline{Y_1}$	$\overline{Y_2}$	$\overline{Y_3}$	$\overline{Y_4}$	$\overline{Y_5}$	$\overline{Y_6}$	$\overline{Y_7}$
H	×	×	×	×	×	H	H	H	H	H	H	H	H
×	H	×	×	×	×	H	H	H	H	H	H	H	H
×	×	L	×	×	×	H	H	H	H	H	H	H	H
L	L	H	L	L	L	L	H	H	H	H	H	H	H
L	L	H	L	L	H	H	L	H	H	H	H	H	H
L	L	H	L	H	L	H	H	L	H	H	H	H	H
L	L	H	L	H	H	H	H	H	L	H	H	H	H
L	L	H	H	L	L	H	H	H	H	L	H	H	H
L	L	H	H	L	H	H	H	H	H	H	L	H	H
L	L	H	H	H	L	H	H	H	H	H	H	L	H
L	L	H	H	H	H	H	H	H	H	H	H	H	L

（22）74HC139 双 2-4 译码器/多路分配器（见图 A-22），其功能表见表 A-10。

$1\overline{E}$ 1　16 V_{CC}
$1A_0$ 2　15 $2\overline{E}$
$1A_1$ 3　14 $2A_0$
$1\overline{Y_0}$ 4　13 $2A_1$
$1\overline{Y_1}$ 5　12 $2\overline{Y_0}$
$1\overline{Y_2}$ 6　11 $2\overline{Y_1}$
$1\overline{Y_3}$ 7　10 $2\overline{Y_2}$
GND 8　9 $2\overline{Y_3}$

图 A-22　74HC139 双 2-4 译码器/多路分配器

表 A-10　74HC139 功能表

输入			输出			
使能	选择					
$\overline{E}$	A_1	A_0	$\overline{Y}_0$	$\overline{Y}_1$	$\overline{Y}_2$	$\overline{Y}_3$
H	×	×	H	H	H	H
L	L	L	H	H	H	H
L	L	H	H	H	H	H
L	H	L	H	H	H	H
L	H	H	H	H	H	H

(23) 74HC151 8 选 1 数据选择器(见图 A-23),其功能表见表 A-11。

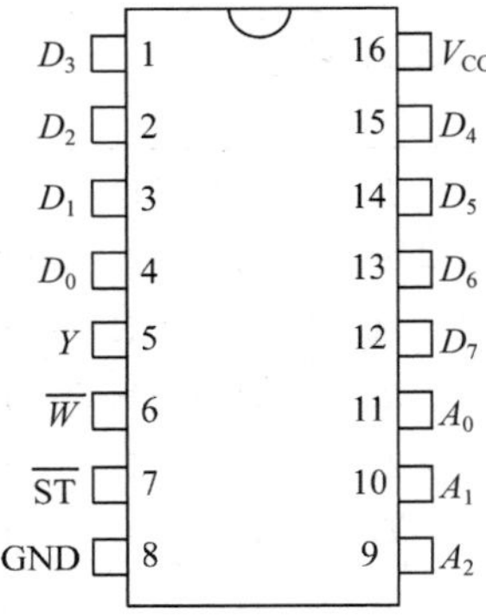

图 A-23　74HC151 8 选 1 数据选择器

表 A-11　74HC151 功能表

输入				输出	
选择			$\overline{\text{ST}}$	Y	$\overline{W}$
A_2	A_1	A_0			
×	×	×	H	L	H
L	L	L	L	D_0	$\overline{D_0}$
L	L	H	L	D_1	$\overline{D_1}$
L	H	L	L	D_2	$\overline{D_2}$
L	H	H	L	D_3	$\overline{D_3}$
H	L	L	L	D_4	$\overline{D_4}$
H	L	H	L	D_5	$\overline{D_5}$
H	H	L	L	D_6	$\overline{D_6}$
H	H	H	L	D_7	$\overline{D_7}$

(24) 74HC153 双 4 选 1 数据选择器(见图 A-24),其功能表见表 A-12。

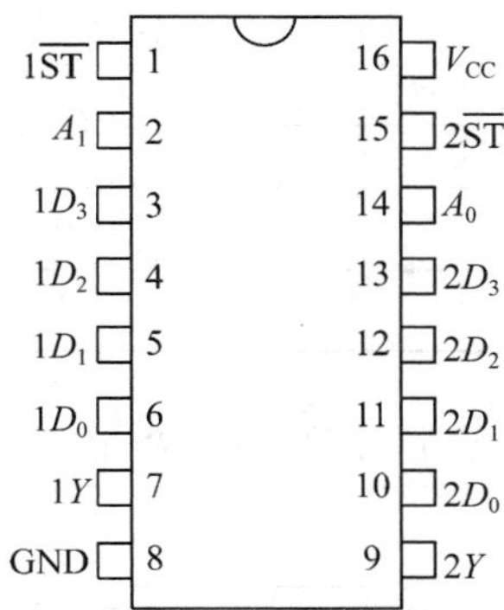

图 A-24 74HC153 双 4 选 1 数据选择器

表 A-12 74HC153 功能表

输入			输出
选择		使能	Y
A_1	A_0	$\overline{ST}$	
×	×	H	L
L	L	L	D_0
L	H	L	D_1
H	L	L	D_2
H	H	L	D_3

(25) 74HC160 可预置 BCD 计数器(异步清零,同步预置)(见图 A-25),其功能表见表 A-13。

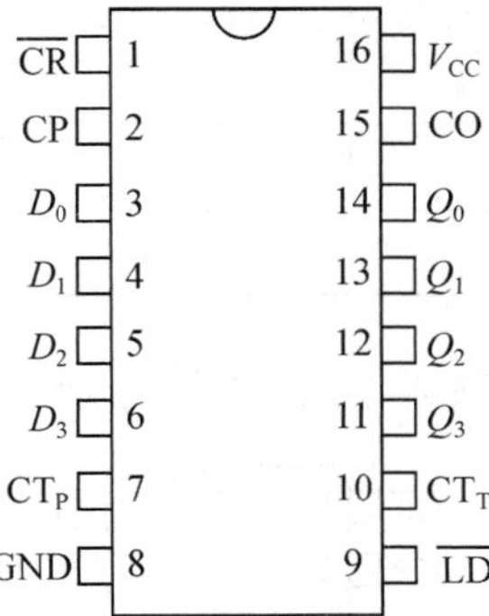

图 A-25 74HC160 可预置 BCD 计数器

表 A-13 74HC160 功能表

输入					输出		功能
$\overline{CR}$	$\overline{LD}$	CP	使能		$Q_0Q_1Q_2Q_3$	CO	
			CT_P	CT_T			
H	H	↑	H	H	—	—	计数
H	L	↑	×	×	$D_0D_1D_2D_3$	—	数据置位

续表

输入					输出		功能
$\overline{CR}$	$\overline{LD}$	CP	使能		$Q_0Q_1Q_2Q_3$	CO	
			CT_P	CT_T			
L	×	×	×	×	L L L L	—	清零
H	×	×	×	H	H L L H	H	—

(26) 74HC161 可预置 4 位二进制计数器(异步清零,同步预置)(见图 A-26),其功能表见表 A-14。

引脚	名称	引脚	名称
1	$\overline{CR}$	16	V_{CC}
2	CP	15	CO
3	D_0	14	Q_0
4	D_1	13	Q_1
5	D_2	12	Q_2
6	D_3	11	Q_3
7	CT_P	10	CT_T
8	GND	9	$\overline{LD}$

图 A-26 74HC161 可预置 4 位二进制计数器

表 A-14 74HC161 功能表

输入					输出		功能
$\overline{CR}$	$\overline{LD}$	CP	使能		$Q_0Q_1Q_2Q_3$	CO	
			CT_P	CT_T			
H	H	↑	H	H	—	—	计数
H	L	↑	×	×	$D_0D_1D_2D_3$	—	数据置位
L	×	×	×	×	L L L L	—	清零
H	×	×	×	H	H L L H	H	—

(27) 74HC162 可预置 BCD 计数器(同步清零,同步预置)(见图 A-27),其功能表见表 A-15。

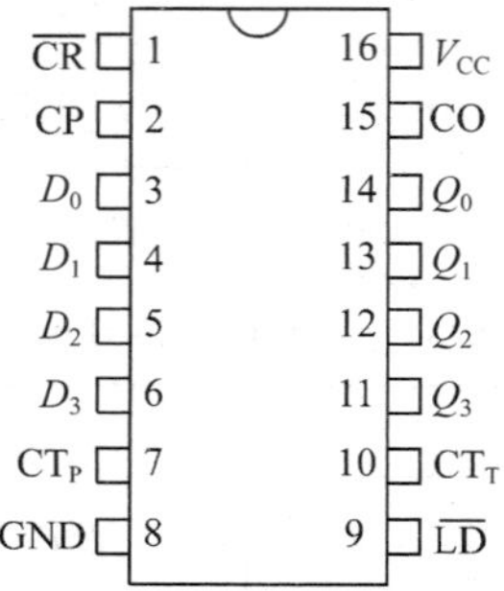

图 A-27 74HC162 可预置 BCD 计数器

表 A-15　74HC162 功能表

输入					输出		功能
$\overline{CR}$	$\overline{LD}$	CP	使能		$Q_0Q_1Q_2Q_3$	CO	
			CT_P	CT_T			
H	H	↑	H	H	—	—	计数
H	L	↑	×	×	$D_0D_1D_2D_3$	—	数据置位
L	×	↑	×	×	L L L L	—	清零
×	×	×	×	H	H H H H	H	—

(28) 74HC163 可预置 4 位二进制计数器(同步清零,同步预置)(见图 A-28),其功能表见表 A-16。

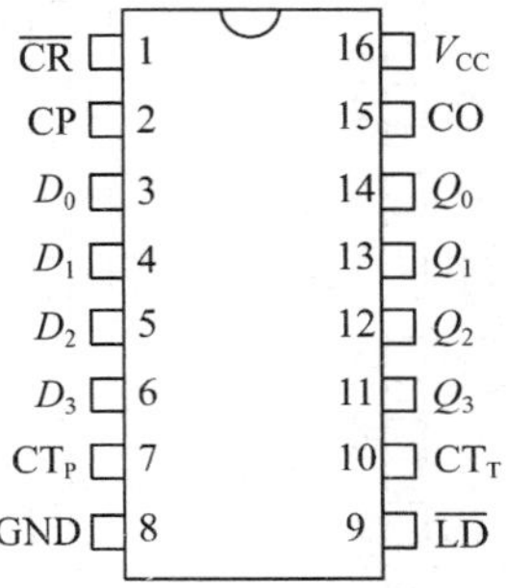

图 A-28　74HC163 可预置 4 位二进制计数器

表 A-16　74HC163 功能表

输入					输出		功能
$\overline{CR}$	$\overline{LD}$	CP	使能		$Q_0Q_1Q_2Q_3$	CO	
			CT_P	CT_T			
H	H	↑	H	H	—	—	计数
H	L	↑	×	×	$D_0D_1D_2D_3$	—	数据置位
L	×	↑	×	×	L L L L	—	清零
×	×	×	×	H	H H H H	H	—

(29) 74HC175 四上升沿 D 触发器(带公共清零端)(见图 A-29),其功能表见表 A-17。

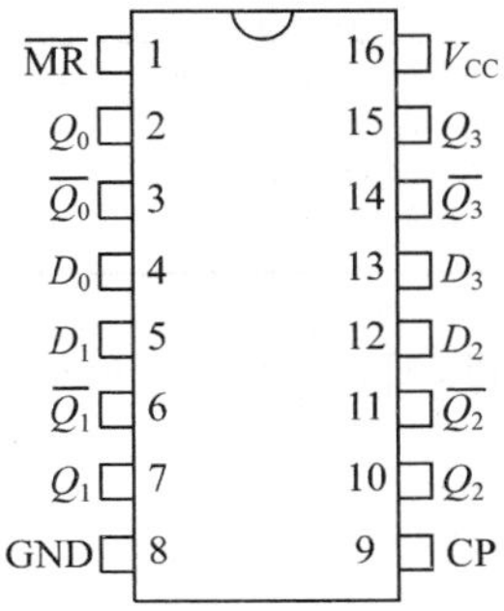

图 A-29　74HC175 四上升沿 D 触发器

表 A-17　74HC175 功能表

输入			输出	
$\overline{MR}$	CP	D	Q	$\overline{Q}$
L	×	×	L	H
H	↑	H	H	L
H	↑	L	L	H
H	L	×	Q_0	$\overline{Q_0}$

(30) 74HC190 可预置 BCD 十进制同步加/减计数器(带方式控制)(见图 A-30),其功能表见表 A-18。

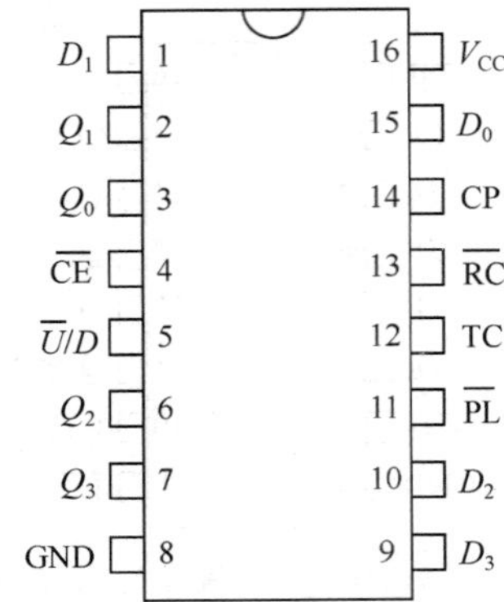

图 A-30　74HC190 可预置 BCD 十进制同步加/减计数器

表 A-18　74HC190 功能表

输入				输出			功能
$\overline{PL}$	$\overline{U}/D$	CP	$\overline{CE}$	$Q_0Q_1Q_2Q_3$	$\overline{RC}$	TC	
H	L	↑	L	—	—	—	加计数
H	H		L	—	—	—	减计数
⊔(L)	×	×	×	$D_0D_1D_2D_3$	—	—	数据置位
×	L	⊔(L)	L	H H H H (H L L H)	⊔(L)	⊓(H)	—
×	L	×	×		H		
×	H	⊔(L)	L	L L L L	⊔(L)	⊓(H)	—
×	H	×	×		H		

(31) 74HC191 可预置 4 位二进制同步加/减计数器(带方式控制)(见图 A-31),其功能表见表 A-19。

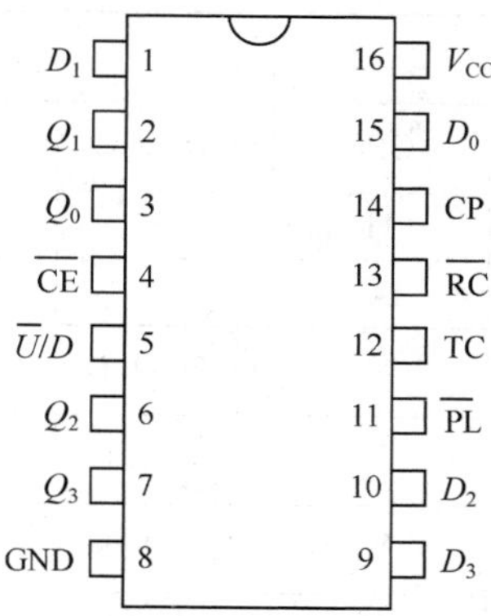

图 A-31 74HC191 可预置 4 位二进制同步加/减计数器

表 A-19 74HC191 功能表

输入				输出			功能
$\overline{PL}$	$\overline{U}/D$	CP	$\overline{CE}$	$Q_0Q_1Q_2Q_3$	$\overline{RC}$	TC	
H	L	↑	L	—	—	—	加计数
H	H	↑	L	—	—	—	减计数
⊔ L	×	×	×	$D_0D_1D_2D_3$	—	—	数据置位
×	L	⊔ L	L	H H H H	⊔ L	⊓ H	—
×	L	×	×	H H H H	H	⊓ H	—
×	H	⊔ L	L	L L L L	⊔ L	⊓ H	—
×	H	×	×	L L L L	H	⊓ H	—

(32) 74HC192 可预置 BCD 十进制同步加/减计数器(双时钟,带清零)(见图 A-32),其功能表见表 A-20。

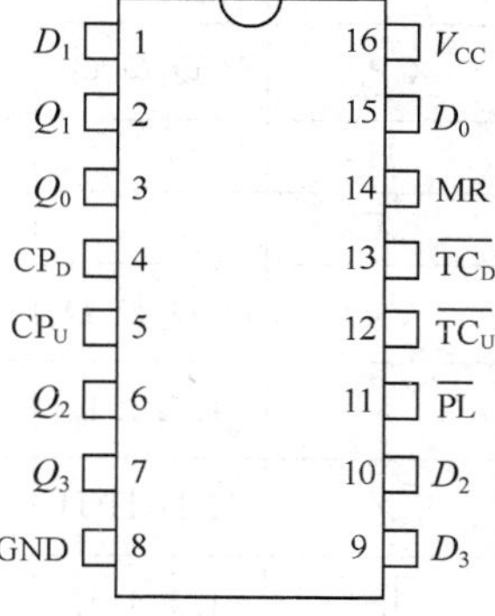

图 A-32 74HC192 可预置 BCD 十进制同步加/减计数器

表 A-20　74HC192 功能表

输　入				输　出			功　能
MR	$\overline{PL}$	CP_U	CP_D	$Q_0Q_1Q_2Q_3$	$\overline{TC_U}$	$\overline{TC_D}$	
L	H	↑	H	—	—	—	加计数
L	H	H	↑	—	—	—	减计数
L	⊔ L	×	×	$D_0D_1D_2D_3$	—	—	数据置位
⊓ H	×	×	×	L L L L	—	—	清零
×	×	⊔ L	×	H L L H	⊔ L	H	—
×	×	×	⊔ L	L L L L	H	⊔ L	—

(33) 74HC193 可预置 4 位二进制同步加/减计数器(双时钟、带清零)(见图 A-33),其功能表见表 A-21。

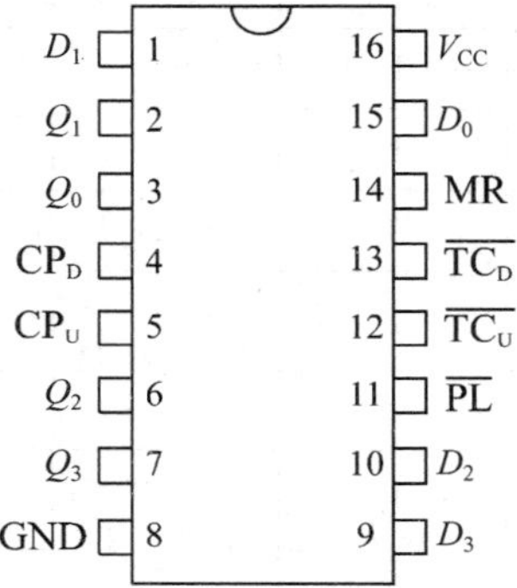

图 A-33　74HC193 可预置 4 位二进制同步加/减计数器

表 A-21　74HC193 功能表

输　入				输　出			功　能
MR	$\overline{PL}$	CP_U	CP_D	$Q_0Q_1Q_2Q_3$	$\overline{TC_U}$	$\overline{TC_D}$	
L	H	↑	H	—	—	—	加计数
L	H	H	↑	—	—	—	减计数
L	⊔ L	×	×	$D_0D_1D_2D_3$	—	—	数据置位
⊓ H	×	×	×	L L L L	—	—	清零
×	×	⊔ L	×	H H H H	⊔ L	H	—
×	×	×	⊔ L	L L L L	H	⊔ L	—

(34) 74HC245 八同相三态总线收发器(见图 A-34),其功能表见表 A-22。

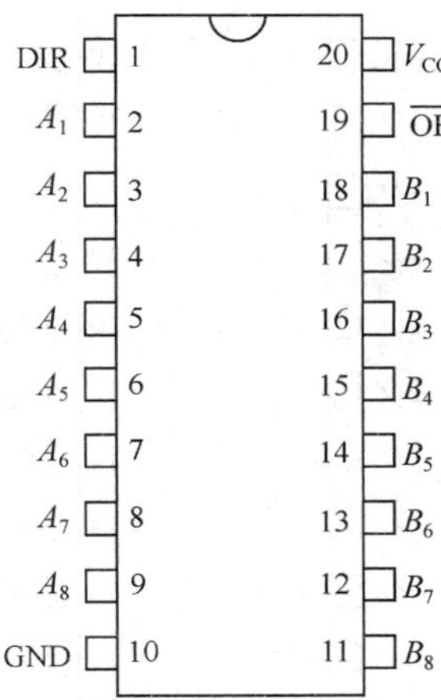

图 A-34　74HC245 八同相三态总线收发器

表 A-22　74HC245 功能表

输　　入		输入/输出	
$\overline{OE}$	DIR	A_n	B_n
L	L	$A=B$	input
L	H	input	$B=A$
H	×	Z(高阻)	Z(高阻)

(35) 74HC273 八 D 触发器(带清零端)(见图 A-35),其功能表见表 A-23。

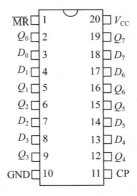

$\overline{MR}$ 1
Q_0 2
D_0 3
D_1 4
Q_1 5
Q_2 6
D_2 7
D_3 8
Q_3 9
GND 10
20 V_{CC}
19 Q_7
18 D_7
17 D_6
16 Q_6
15 Q_5
14 D_5
13 D_4
12 Q_4
11 CP

图 A-35　74HC273 八 D 触发器

表 A-23　74HC273 功能表

输　　入			输　　出
$\overline{MR}$	CP	D_n	Q_n
L	×	×	L
H	↑	H	H
H	↑	L	L

(36) 74HC373 八 D 锁存器(三态)(见图 A-36),其功能表见表 A-24。

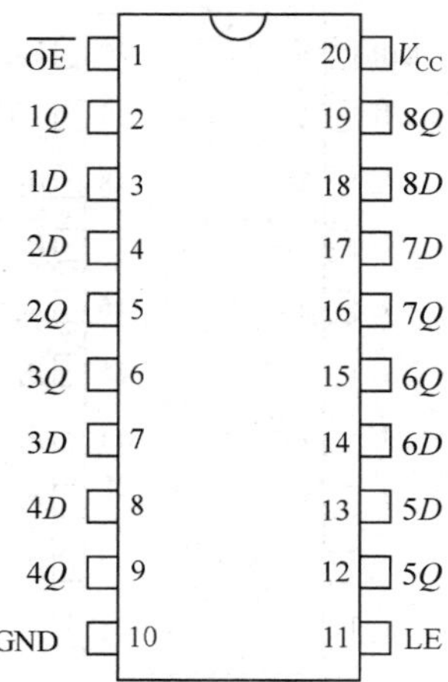

图 A-36 74HC373 八 D 锁存器(三态)

表 A-24 74HC373 功能表

输入			输出
$\overline{\mathrm{OE}}$	LE	D	Q
L	H	H	H
L	H	L	L
L	L	×	Q_0
H	×	×	Z(高阻)

注:Q_0 为稳态输入条件建立之前的输出电平。

(37) CD4511 BCD 七段译码器/驱动器(见图 A-37),其功能表见表 A-25。

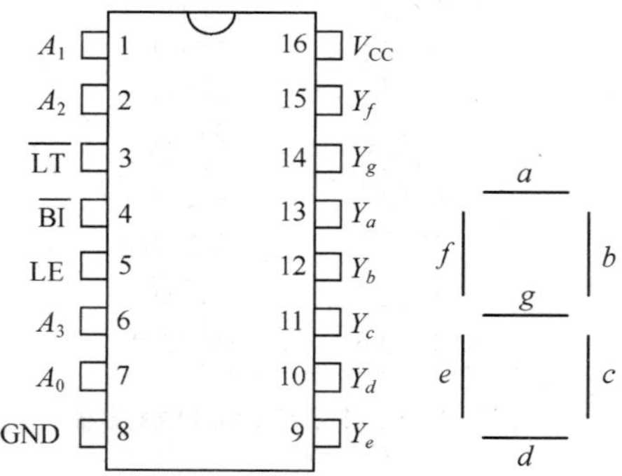

图 A-37 CD4511 BCD 七段译码器/驱动器

CD4511 引脚说明如下。

① $A_3 \sim A_0$:BCD 译码地址输入端。

② $\overline{\mathrm{LT}}$:灯测试输入端(低电平有效)。

③ $\overline{\mathrm{BI}}$:输出消隐控制端(低电平有效)。

④ LE：数据锁存控制端(高电平有效)。

⑤ $Y_a \sim Y_g$：输出端，高电平有效，可驱动缓冲器和共阴极 LED。

表 A-25 74HC4511 功能表

十进制或功能	输入							输出							显示
	LE	$\overline{BI}$	$\overline{LT}$	A_3	A_2	A_1	A_0	Y_a	Y_b	Y_c	Y_d	Y_e	Y_f	Y_g	
0	L	H	H	L	L	L	L	H	H	H	H	H	H	L	0
1	L	H	H	L	L	L	H	L	H	H	L	L	L	L	1
2	L	H	H	L	L	H	L	H	H	L	H	H	L	H	2
3	L	H	H	L	L	H	H	H	H	H	H	L	L	H	3
4	L	H	H	L	H	L	L	L	H	H	L	L	H	H	4
5	L	H	H	L	H	L	H	H	L	H	H	L	H	H	5
6	L	H	H	L	H	H	L	L	L	H	H	H	H	H	6
7	L	H	H	L	H	H	H	H	H	H	L	L	L	L	7
8	L	H	H	H	L	L	L	H	H	H	H	H	H	H	8
9	L	H	H	H	L	L	H	H	H	H	L	L	H	H	9
10	L	H	H	H	L	H	L	L	L	L	L	L	L	L	熄灭
11	L	H	H	H	L	H	H	L	L	L	L	L	L	L	熄灭
12	L	H	H	H	H	L	L	L	L	L	L	L	L	L	熄灭
13	L	H	H	H	H	L	H	L	L	L	L	L	L	L	熄灭
14	L	H	H	H	H	H	L	L	L	L	L	L	L	L	熄灭
15	L	H	H	H	H	H	H	L	L	L	L	L	L	L	熄灭
灯测试	×	×	L	×	×	×	×	H	H	H	H	H	H	H	8
灭灯	×	L	H	×	×	×	×	L	L	L	L	L	L	L	熄灭

(38) μA741 集成运算放大器(见图 A-38)

μA741 引脚说明如下。

① 引脚 1、5(OFFSET)：调零端。

② 引脚 2(IN－)：反相输入端。

③ 引脚 3(IN＋)：同相输入端。

④ 引脚 4(V_{CC}－)：负电源端。

⑤ 引脚 6(OUT)：输出端。

⑥ 引脚 7(V_{CC}＋)：正电源端。

⑦ 引脚 8(NC)：空脚。

μA741 典型调零电路如图 A-39 所示，可在两引脚之间接入一只 100kΩ 的电位器，并将滑动端接到负电源端。

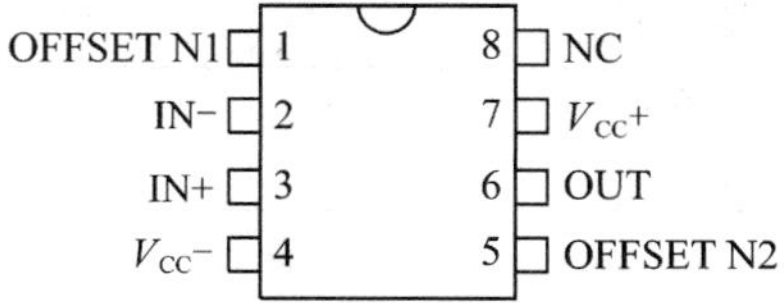

图 A-38 μA741 集成运算放大器

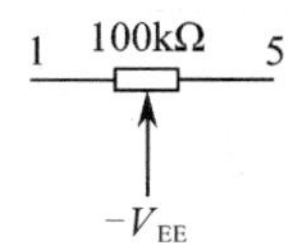

图 A-39 μA741 典型调零电路

(39) ICL8038集成单片函数发生器(见图A-40)

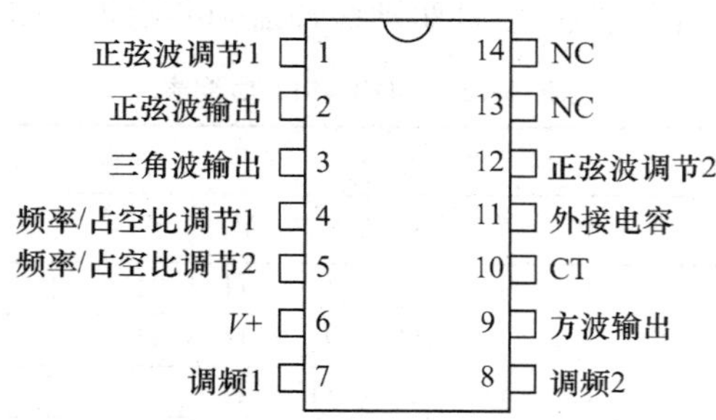

图A-40 ICL8038集成单片函数发生器

ICL8038芯片的主要性能参数见表A-26～表A-28。

表A-26 ICL8038主要特性

主要性能与特点		
频率的温度漂移		≤50ppm[①]/℃
输出波形(可同时)		正弦波、三角波、方波
正弦波输出失真		≤1%
三角波输出线性度		≤0.1%
工作频率范围		0.001Hz～300kHz
占空比(D)可调		2%～98%
输出电平		TTL电平～28V
输出电平特性	方波	0.2V(2mA)/V+(1μA漏电),OC式
	三角波	幅度:0.33V_{SUPP},输出阻抗:200Ω(5mA)
	正弦波	幅度:0.22V_{SUPP},输出阻抗:1kΩ(典型)

表A-27 ICL8038极限参数

极限参数	界限值	单位
电源电压	±18(双),36(单)	V
功耗	750	mW
输入电压(任一脚)	电源电压	
输入电流(4、5脚)	25	mA
输出吸收电流(3、9脚)	25	mA
储存温度	−65～+125	℃
工作温度	0～70(民用),−55～+125(军用)	℃

表A-28 ICL8038电参数

电参数	典型值	单位
电源电压	单:+10～+30,双:±5～±15	V
电源电流	15	mA

① 1ppm=10^{-6}。

续表

电　参　数	典　型　值	单　　位
FM 扫频范围	10	kHz
FM 线性度(10∶1)	0.5%	
频率漂移 $\Delta f/\Delta T$	100	ppm/℃
方波输出低电平(2mA)	0.4V	
占空比可调范围	2～98	%
三角波线性度	0.1%	
正弦波失真度	≤5	%
输出阻抗	200	Ω
R_A/R_B 使用范围	1～100	kΩ

(40) LM331 集成 F/V 变换器(见图 A-41)

① 极限参数

电源电压：40V。

输出与地短路：连续。

输出与电源 V_{CC} 短路：连续。

输入电压：0.2V～V_{CC}。

工作温度范围：0～+70℃。

② 主要电气参数

VFC 非线性：典型值为满量程的±0.003%。

VFC 变换增益：典型值为 1.00kHz/V。

增益的温度稳定性：典型值为±30ppm/℃。

增益随电源电压的变化：最大为 0.1%/V。

输入比较器失调电压：最大±10mV。

输入比较器偏流：最大为−300nA。

输入比较器失调电流：最大为±100nA。

响应时间：300ns。

(41) LM311 单电压比较器(见图 A-42)

图 A-42 中，O.E 表示发射极输出(或接地)，O.C 表示集电极输出。

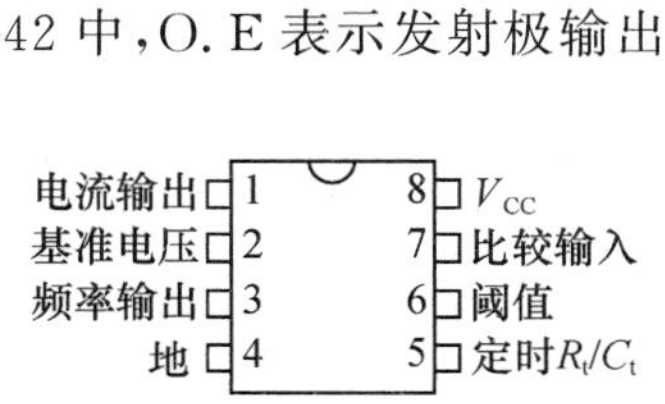

电流输出 1　8 V_{CC}
基准电压 2　7 比较输入
频率输出 3　6 阈值
地 4　5 定时 R_t/C_t

图 A-41　LM331 集成 F/V 变换器

O.E 1　8 V_{CC}
+IN 2　7 O.C
−IN 3　6 平衡/选通
$-V_{EE}$ 4　5 平衡

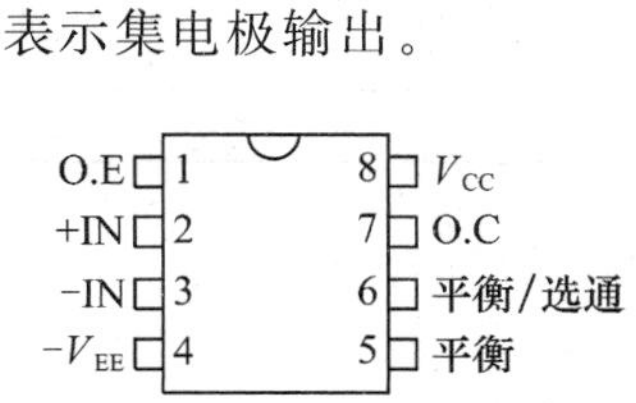

图 A-42　LM311 单电压比较器

LM311 的主要性能参数见表 A-29。

表 A-29 LM311 性能参数表

(a) 极限参数	
总电源电压 36V	共模输入电压：±15V
输出端到负电源电压：40V	允许功耗：500mW
地到负电源电压：30V	输出短路持续时间：10s
差模输入电压：±30V	选通端电压：$+V_{CC}$(+5V)
(b) 点参数($\pm V_S=\pm15$V，全温度范围，典型值)	
输入失调电压：2.0mV	饱和电压：0.75V
输入失调电流：6.0nA	选通电流：3.0mA
输入偏置电流：100nA	输出漏电流：0.2nA
电压增益：200V/mV	正电源电流：5.1mA
响应时间：200ns	负电源电流：4.1mA

(42) 555 定时器(见图 A-43)

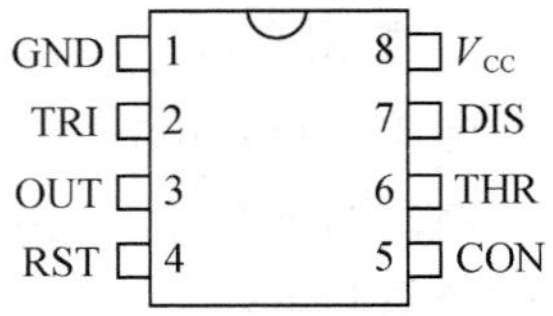

555 各引脚说明如下。

图 A-43 555 定时器

① 引脚 1(GND)：接地端。

② 引脚 2(TRI)：触发输入端。

③ 引脚 3(OUT)：输出端。

④ 引脚 4(RST)：复位端。此端为低电平时，可使输出端变为低电平。正常工作时，引脚 4 接高电平。

⑤ 引脚 5(CON)：控制电压端。

⑥ 引脚 6(THR)：阈值输入端。

⑦ 引脚 7(DIS)：放电端。

⑧ 引脚 8(V_{CC})：电源端。

555 集成电路的具体功能见表 A-30。

表 A-30 555 功能表

输入			输出	
RST	THR	TRI	OUT	DIS
0	*	*	0	低阻
1	$>2V_{CC}/3$	$>V_{CC}/3$	0	低阻
1	$<2V_{CC}/3$	$>V_{CC}/3$	保持	保持
1	*	$<V_{CC}/3$	1	高阻

实验、课程设计报告撰写要求

1. 实验报告撰写要求

撰写实验报告是对实验进行总结和提高的过程，它可以加深对基本理论的认识和理解，更好地将理论与实际结合起来，同时也是提高分析思维能力和表达能力的有效手段。其目的是培养学生对实验结果的处理和分析能力、文字表达能力及严谨的科学态度。

一般实验报告的内容应包括以下几项。

(1) 实验目的和要求。

(2) 实验仪器设备和主要元器件的型号。

(3) 实验原理。

(4) 实验任务内容、实验步骤及线路连接图。

(5) 实验数据及波形图。

(6) 实验小结。即对实验现象及结果进行理论分析，作出简要的结论，对实验误差进行简单的分析；分析实验中出现的故障或问题，总结排除故障、解决问题的方法；简单叙述实验的收获和体会，以及对改进实验的意见与建议。

(7) 回答思考题。

实验报告是一份技术总结，要求层次分明，文理通顺，书写整洁，简明扼要。图表、曲线要符合规范。实验内容和结果是报告的主要部分，它应包括实际完成的全部实验内容，并且应当按实验任务逐个撰写，每个实验任务都应包含以下内容。

(1) 实验课题的方框图、逻辑图(或测试电路)、状态图、真值表及文字说明等，对于设计性课题，还应有整个设计过程和关键的设计技巧说明。

(2) 实验记录和经过整理的数据、表格、曲线和波形图，其中曲线和波形图应使用专用绘图坐标纸，并且用直尺等工具描绘，力求画得准确，不得随手示意性地画图。

(3) 实验结果分析、讨论及结论，对讨论的范围没有严格要求，一般应对重要的实验现象、结论加以讨论，以便进一步加深理解。此外，对实验中的异常现象，可进行一些简要说明。对实验中的收获，可谈一些心得体会。

2. 课程设计报告撰写要求

撰写课程设计报告是对学生撰写科学论文和科研说明书的能力的训练，通过撰写课程设计报告，将设计、组装和调试的内容进行全面的总结，不仅提高了学生的文字组织和表达能力，同时也将实践内容上升到了理论的高度。

课程设计结束后要在规定的时间内交一份课程设计报告，这里的课程设计报告要求设计观点、理论分析、方案论证和计算等都必须正确，尽量做到纲目分明、逻辑清楚、内容充实、轻重得当、文字通顺、图样清晰规范。

课程设计报告的封面包括课题名称、课程设计时间、学生姓名、班级和指导教师等内容。

课程设计报告主要包含以下几点。

(1) 课题名称：从所给出的题目范围中，选择设计题目或自选题目，但要先经指导教师批准后确定题目。

(2) 分析任务：主要指标及要求。

(3) 设计方案：对总体设计方案做一简要说明，画出模块结构方框图。

(4) 电路设计与器件选择：详细说明各个单元电路设计过程，包括每个单元电路的模块电路及参数计算过程，单元电路的工作原理和功能说明，元器件参数、型号说明以及元器件工作原理等。

(5) 画出完整的整机电路图，列出元器件清单。

(6) 安装调试与性能测量：写出电路安装调试的过程，如使用的主要仪器和仪表、调试电路的方法和技巧以及测试的数据和波形，并与计算结果进行比较分析，详细描述调试中出现的故障、故障可能的原因及排除方法。

(7) 课程设计总结：总结课设的收获、体会，指出课设电路的特点和方案的优缺点，提出改进意见和展望。

实际撰写时可根据具体情况进行适当调整。

参 考 文 献

[1] 金凤莲.模拟电子技术基础实验及课程设计[M].北京：清华大学出版社，2009.
[2] 陈军，孙梯全，胡健生，等.电子技术基础实验(上)：模拟电子电路[M].南京：东南大学出版社，2011.
[3] 王鲁云，张辉.模拟电路实验教程[M].大连：大连理工大学出版社，2010.
[4] 谭海曙.模拟电子技术实验教程[M].北京：北京大学出版社，2008.
[5] 李进，宋滨.电子技术实验[M].北京：化学工业出版社，2011.
[6] 汤琳宝，何平，丁晓青.电子技术实验教程[M].北京：清华大学出版社，2008.
[7] 王成华，王友仁，胡志忠.现代电子技术基础(模拟部分)[M].北京：北京航空航天大学出版社，2005.
[8] 童诗白，华成英.模拟电子技术基础[M].4版.北京：高等教育出版社，2006.
[9] 臧春华.电子线路设计与应用[M].北京：高等教育出版社，2004.
[10] 毕满清.电子技术实验与课程设计[M].3版.北京：机械工业出版社，2005.
[11] 吴慎山，郭亚群，卢丹.模拟电子技术实验与实践[M].北京：电子工业出版社，2011.
[12] 杨志忠，华沙，康广荃.电子技术课程设计[M].北京：机械工业出版社，2008.
[13] 朱定华.电子电路实验与课程设计[M].北京：清华大学出版社，2009.
[14] 侯传教，刘霞，杨智敏.数字逻辑电路实验[M].北京：电子工业出版社，2009.
[15] 王静波.电子技术实验与课程设计指导[M].北京：电子工业出版社，2011.
[16] 王久和，李春云.电工电子实验教程[M].北京：电子工业出版社，2013.
[17] 张秀娟，薛庆军.数字电子技术基础实验教程[M].北京：北京航空航天大学出版社，2007.
[18] 高文焕.电子电路实验[M].北京：清华大学出版社，2008.
[19] 沈小丰.电子线路实验——数字电路实验[M].北京：清华大学出版社，2007.
[20] 邓元庆，关宇，贾鹏.数字设计基础与应用[M].2版.北京：清华大学出版社，2010.
[21] 张令通.电子电路实验教程[M].北京：北京理工大学出版社，2013.